高等职业教育公共基础课系列教材

电子技术基础

孙　凯　张纯伟　李春英◎主　编

胡海燕　钟雪燕　张晓娟◎副主编

周先春◎主　审

中国铁道出版社有限公司

2022年·北　京

内容简介

本书分两部分共六章。第一部分为模拟电子技术基础，包含直流稳压电源的基本分析、放大电路的基本分析和集成运算放大器的基本分析三章；第二部分为数字电子技术基础，包含数字电路基础、组合逻辑电路的基本分析和时序逻辑电路的基本分析三章。每章最后附有若干实作项目，用于检查本章知识的应用。

本书适合作为高等职业院校轨道交通类、机电类、电力类、计算机类等专业的专业基础课教材，也可作为相关技术人员的参考书。

图书在版编目（CIP）数据

电子技术基础/孙凯，张纯伟，李春英主编．—北京：中国铁道出版社有限公司，2022.12

高等职业教育公共基础课系列教材

ISBN 978-7-113-29875-3

Ⅰ.①电… Ⅱ.①孙… ②张… ③李… Ⅲ.①电子技术-高等职业教育-教材 Ⅳ.①TN

中国版本图书馆CIP数据核字（2022）第226421号

书　　名：电子技术基础

作　　者： 孙　凯　张纯伟　李春英

策　　划： 阚济存

责任编辑： 尹　娜　　**编辑部电话：**（010）51873206　　**电子邮箱：** 624154369@qq.com

编辑助理： 倪英翰

封面设计： 高博越

责任校对： 安海燕

责任印制： 高春晓

出版发行： 中国铁道出版社有限公司（100054，北京市西城区右安门西街8号）

网　　址： http://www.tdpress.com

印　　刷： 河北宝昌佳彩印刷有限公司

版　　次： 2022年12月第1版　2022年12月第1次印刷

开　　本： 787 mm×1 092 mm 1/16　**印张：** 16　**字数：** 387千

书　　号： ISBN 978-7-113-29875-3

定　　价： 49.00元

前 言

为了全面提高人才培养质量，本着高职教育“以立德树人为根本，以服务发展为宗旨，以促进就业为导向”的指导思想，我们在“电子技术基础”课程的长期教学实践过程中，不断探索适合专业需求、适合职业人才培养需求的专业技术基础课教学模式，积累了一定的经验，特地编写了《电子技术基础》(本书主要针对少学时)。

本书以实作任务为中心组织课程内容，将实作过程中所需的专业基础能力分解为若干知识点进行教学，具有如下特色：

1. 本书融教、学、做于一体，培养学生的专业思维、实践技能及职业素养，学习者从知道→实践→明白→提升，逐步完成知识体系的学习和技能训练，可以正确建立理论与实践的联系。

2. 本书充分考虑了职业院校有效教学的特性，突出了不同专业的共需内容，又适度保持了知识体系的完整性。本书每个章节围绕能力目标和知识目标，构建、延伸并拓展相关知识内容，将专业所需的基础能力分解成若干知识点进行教学。

3. 本书集习题册、实作指导书于一体，丰富的实作内容方便教师选择使用，大量的综合习题与参考答案方便学习者自学自查。

4. 本书每章都给出了实作考核及评价方式，便于实施理论与实作分别独立考核评价的教学模式，强化学生的综合能力，促进学生职业道德、职业素养及职业精神的养成。

5. 本书努力贴近专业、生活及生产案例，以增强技术基础课教材的服务性。

6. 本书以够用、实用为度，重在加强理论基础知识的运用，力求通俗易懂。其中带“※”号部分为选学内容。

本书由南京铁道职业技术学院教材编写团队组织编写，由孙凯、张纯伟、李春英任主编，胡海燕、钟雪燕、张晓娟任副主编，张玉洁、顾娜、甘艳参与编写，南京信息工程大学周先春教授主审。具体编写分工如下：模拟电子技术基础部分由张纯伟、李春英、钟雪燕、张玉洁编写，数字电子技术基础部分由孙凯、胡海燕、顾娜、张晓娟编写，课后习题及参考答案由孙凯、李春英、甘艳编写，实作内容由孙凯、张晓娟编写。全书由李春英组织并统稿。

编写本书时，查阅和参考了众多文献资料，在此向参考文献的作者致以最诚挚的谢意。

由于编者水平有限，难免存在不妥之处，恳请专家和读者批评指正。

编　者

2022 年 4 月

目录

一 模拟电子技术基础

二 数字电子技术基础

一

模拟电子技术基础

第一章 直流稳压电源的基本分析

本章介绍半导体与PN结,二极管的结构、符号、伏安特性、主要参数,常用特殊二极管及二极管的应用,单相整流电路、滤波电路及稳压电路。

能力目标

1. 能简单识别、检测半导体二极管。
2. 能完成直流稳压电源的基本制作与测试。
3. 能查找和处理整流滤波稳压电路的常见故障。

知识目标

1. 熟悉半导体二极管及其主要参数。
2. 熟悉二极管的应用,掌握二极管在直流电路中的分析计算。
3. 熟悉常用特殊二极管及其使用。
4. 熟悉直流稳压电源的组成及作用。
5. 掌握单相整流滤波电路及其基本工作;熟悉常用三端集成稳压器。

第一节 半导体的基础知识

知识点一 半导体的导电性能

导电能力介于导体和绝缘体之间的物质称为半导体,常用的半导体材料有硅、锗等,在化学元素周期表中,硅和锗都是四价元素。

半导体的导电能力与许多因素有关,其中温度、光、杂质等因素对半导体的导电能力有比较大的影响,因而它具有热敏特性、光敏特性、掺杂特性,利用这些特性可以制成各种不同用途的半导体器件,如热敏二极管、光敏二极管和光敏三极管、半导体二极管和半导体三极管、场效应晶体管及晶闸管等。

(一)本征半导体

本征半导体是一种完全纯净、结构完整的半导体晶体。在常温下或无外界条件激发时,本征半导体中有大量的价电子,但没有自由电子,此时半导体不导电。当受热或受光照射时,共价键中的电子会获得足够能量,从共价键中挣脱出来,变成自由电子,同时在原共价键的相应位置上留下一个空位,这个空位称为空穴,如图1-1所示。由此可见,电子和空穴是成对出现的,所以称为电子—空穴对,在本征半导体中电子和空穴的数目总是相等的。由于半导体呈电中性，价电子挣脱共价键的束缚成为自由电子后，原子核因失去电子而带等量的异性电，因为自由电子带负电荷，所以认为空穴带等量的正电荷。

由于共价键中出现了空穴，邻近的价电子就容易挣脱其共价键的束缚填补到这个空穴中来，从而使该价电子的原位置上又留下新的空穴，以后其他价电子又可填补到新的空穴中，于是电子和空穴就产生了相对移动，运动方向相反。自由电子和空穴在运动中相遇会结合而成对消失，此为复合现象。温度一定时，自由电子和空穴的产生与复合达到动态平衡，这时自由电子和空穴的浓度为一定值。

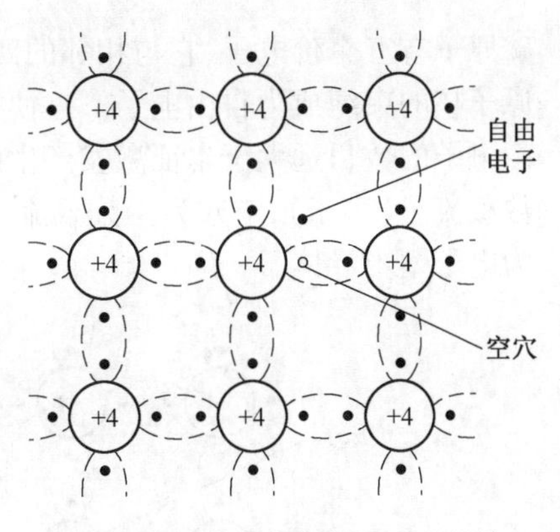

图 1-1　本征激发产生电子—空穴对

在外电场作用下，自由电子和空穴都做定向移动，自由电子的定向移动产生电子电流，空穴的定向移动产生空穴电流，两部分电流的方向相同，总电流为两者之和。因此，半导体中存在两种载流子（导电粒子）：电子和空穴，而导体中只有一种载流子电子，这是半导体与导体导电的一个本质区别。在常温下本征半导体中载流子浓度很低，因此导电能力很弱，几乎不导电。

（二）杂质半导体

在本征半导体（纯净硅或纯净锗）中掺入微量的杂质，会使半导体的导电性能发生显著的变化。杂质半导体可分为 P 型半导体和 N 型半导体。

1. P 型半导体

在本征半导体硅（或锗）中掺入微量的三价元素（如硼、铟、镓），则可构成 P 型半导体。因硼原子只有三个价电子，它与相邻的四个硅原子组成共价键时，因缺少一个价电子而出现空穴。这样 P 型半导体中的载流子除了本征激发产生的电子—空穴对外，还有因掺杂而出现的空穴，如图 1-2 所示。在 P 型半导体中，空穴的数目远大于本征激发产生的自由电子的数目，空穴为多数载流子，简称多子；电子为少数载流子，简称少子。由于 P 型半导体主要靠空穴导电，因而又称为空穴型半导体。

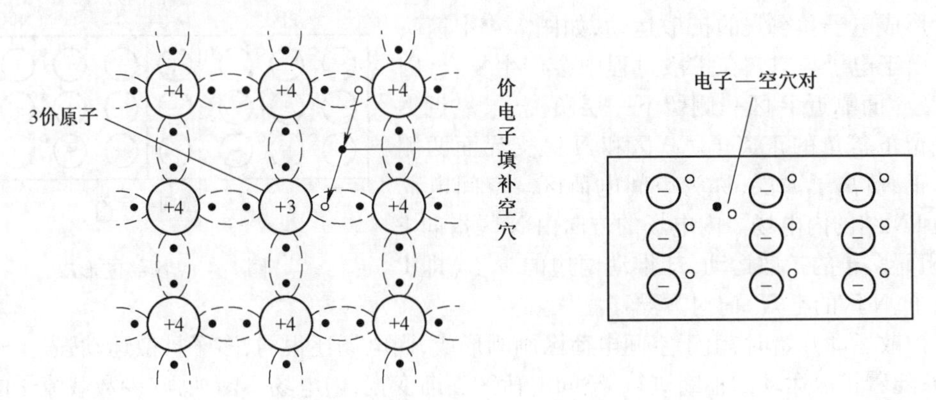

图 1-2　P 型半导体的原子结构和简化结构示意图

2. N 型半导体

在本征半导体硅（或锗）中掺入微量的五价元素（如磷、砷、锑），则可构成 N 型半导体。因磷原子有五个价电子，它与相邻的四个硅原子组成四个共价键时，多出的一个价电子容易挣脱原子核的束缚成为自由电子。这使得N型半导体中的载流子电子和空穴的数目不再相等，自由电子的数目远大于本征激发产生的空穴的数目，如图1-3所示。在N型半导体中，电子为多数载流子（多子），空穴为少数载流子（少子）。由于N型半导体主要靠自由电子导电，因而称为电子型半导体。

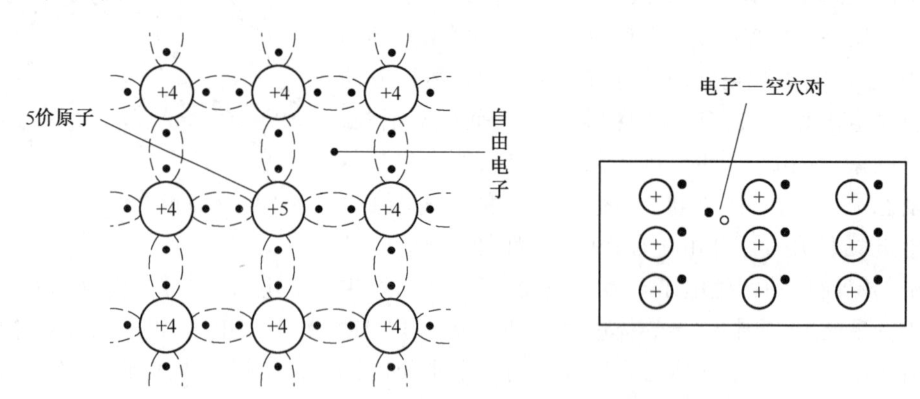

图1-3　N型半导体的原子结构和简化结构示意图

杂质半导体的导电性能主要取决于多子浓度，而多子浓度取决于掺杂浓度。少子浓度与掺杂无关，只与温度等激发因素有关。

知识点二　PN结

在同一块本征硅（或锗）的一边掺杂成为N型半导体、另一边掺杂成为P型半导体，在它们的交界面就会形成一个特殊的薄层，称PN结。如图1-4所示为PN结的形成过程。利用PN结可制成各种不同特性的半导体器件。

（一）PN结的形成

P区一侧的多子空穴浓度远大于N区的少子空穴浓度，而N区一侧的多子电子浓度远大于P区的少子电子浓度，则P区的空穴向N区扩散、N区的电子向P区扩散。于是，在P区和N区的交界面附近形成电子和空穴的扩散运动，如图1-4中箭头所示。由于电子与空穴在扩散过程中会产生复合，因此，在交界面靠近P区一侧留下一层负离子，靠近N区一侧留下等量的正离子。P区和N区交界面两侧形成了正、负离子薄层，称为空间电荷区。空间电荷区即为PN结的内电场。内电场的方向由N区指向P区，它阻碍多子的扩散运动，却推动两边的少子（即P区的电子、N区的空穴）向对方漂移。

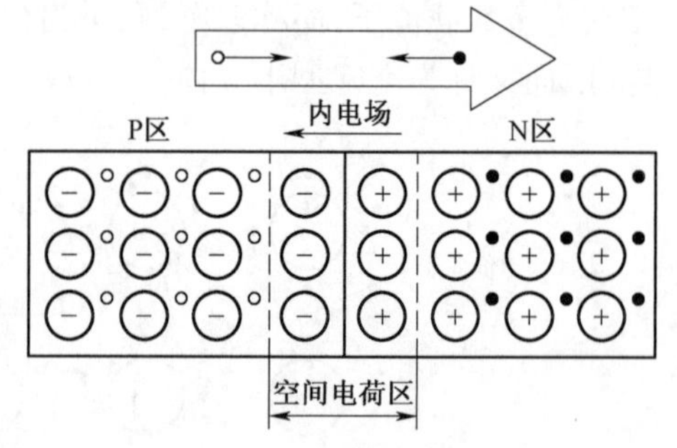

图1-4　PN结的形成

在扩散运动开始时，由于空间电荷区刚刚形成，内电场还很弱，多子扩散运动强、少子漂移运动弱；随着扩散运动的不断进行，空间电荷区逐渐变宽，内电场不断加强，少数载流子的漂移运动随之增强，而多子扩散运动逐渐减弱。最后，因浓度差产生的多子扩散运动与内电场推动的少子漂移运动达到动态平衡，空间电荷区的宽度不再加宽。

在空间电荷区内，由于电子和空穴几乎全部复合完成，或者说载流子都消耗尽了，因此空间电荷区也称为耗尽层；又因为空间电荷区产生的内电场，对多数载流子具有阻碍作用，好像壁垒一样，所以又称为阻挡层或势垒区。

（二）PN 结的单向导电性

PN 结的基本特性就是单向导电性，即外加正向电压时，PN 结导通；外加反向电压时，PN 结截止。

当 PN 结加上正向电压，即 P 区接电源正极，N 区接电源负极，此时称 PN 结为正向偏置，简称正偏，如图 1-5(a)所示。这时外加电压产生的外电场与 PN 结的内电场方向相反，削弱了 PN 结的内电场，使空间电荷区变窄，有利于多数载流子的扩散运动，形成较大的正向电流。随着外加正向电压的增加，正向电流迅速增大，这种情况称为 PN 结正向导通，PN 结的正向电阻小。

当 PN 结外加反向电压，即 P 区接电源负极，N 区接电源正极，此时称 PN 结为反向偏置，简称反偏，如图 1-5(b)所示。这时外加电压产生的外电场与 PN 结的内电场方向相同，增强了内电场的作用，空间电荷区变宽，阻碍了多数载流子的扩散运动，却有助于少数载流子的漂移运动。由于是少数载流子移动形成的电流，所以反向电流很小，即 PN 结的反向电阻很大。在常温下，少数载流子非常有限，因而反向电流很弱，近似为零，称为 PN 结反向截止。

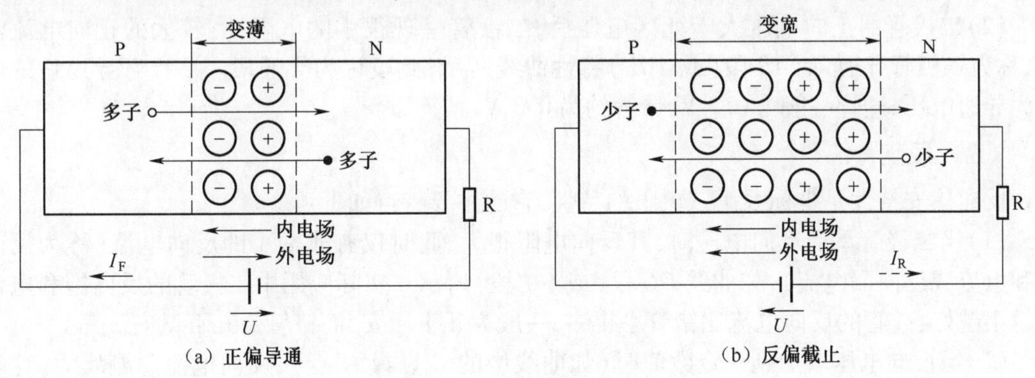

图 1-5　PN 结的单向导电性

第二节　半导体二极管

知识点一　二极管的结构和符号

将 PN 结的两个区(P 区和 N 区)分别加上相应的电极引线引出，并用管壳将 PN 结封装起来就构成了半导体二极管，其结构与图形符号如图 1-6 所示，常见外形如图 1-7 所示。从 P 区引出的电极为阳极(或正极)，从 N 区引出的电极为阴极(或负极)。半导体二极管又称晶体二极管，以下简称二极管。

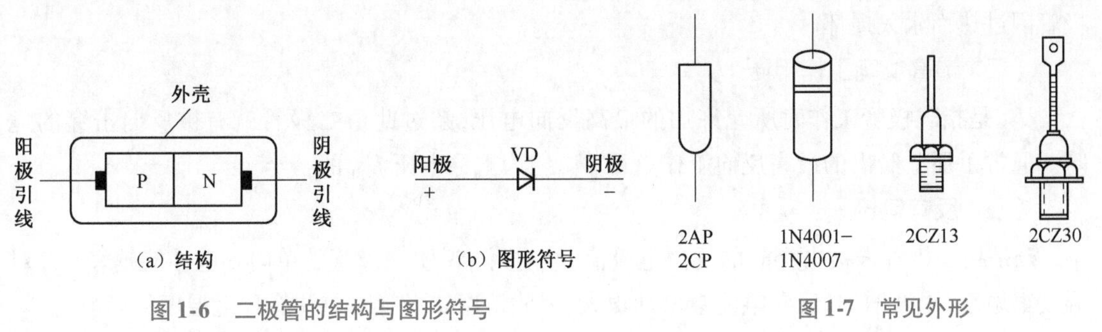

图 1-6　二极管的结构与图形符号　　图 1-7　常见外形

知识点二 二极管的伏安特性

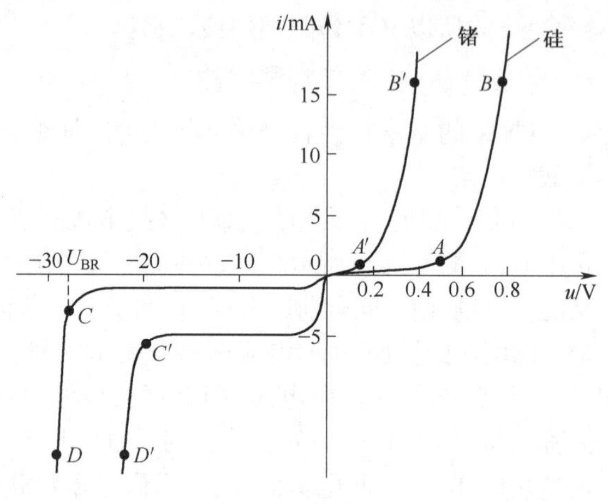

图 1-8 二极管的伏安特性

二极管最主要的特性就是单向导电性，这可以用伏安特性曲线来说明。所谓二极管的伏安特性曲线就是指二极管两端的电压 u 与流过它的电流 i 的关系曲线，如图 1-8 所示。

（一）正向特性

正向伏安特性是指坐标系第一象限的特性，它的主要特点如下：

(1)外加正向电压很小时，二极管呈现较大的电阻，几乎没有正向电流通过。曲线 OA 段（或 OA' 段）称作死区，A 点（或 A'）的电压称为死区电压，硅管的死区电压一般为 0.5 V，锗管则约为 0.1 V。

(2)二极管的正向电压大于死区电压后，二极管呈现很小的电阻，有较大的正向电流流过，称为二极管导通，如 AB 段（或 $A'B'$）特性曲线所示，此段称为导通段。二极管导通后的电压为导通电压，硅管一般为 0.7 V，锗管约为 0.3 V。

（二）反向特性

反向伏安特性是坐标系第三象限的特性，它的主要特点如下：

(1)当二极管承受反向电压时，其反向电阻很大，此时仅有非常小的反向电流（称为反向饱和电流或反向漏电流），如曲线 OC 段（或 OC'段）所示。实际应用中二极管的反向饱和电流值越小越好，硅管的反向电流比锗管小得多，一般为几十微安，而锗管为几百微安。

(2)当反向电压增加到一定数值时（如曲线中的 C 点或 C'点），反向电流急剧增大，这种现象称为反向击穿，此时对应的电压称为反向击穿电压，用 U_{BR} 表示，曲线 CD 段（或 $C'D'$段）称为反向击穿区。通常加在二极管上的反向电压不允许超过击穿电压，否则会造成二极管的损坏（稳压二极管除外）。

知识点三 二极管的主要参数

二极管的参数是二极管特性的定量描述，是合理选择和正确使用二极管的依据，它有以下一些主要参数。

（一）最大整流电流 I_{FM}

I_{FM}是指二极管长期工作时所允许通过的最大正向平均电流。不同型号的二极管，其最大整流电流差别很大。实际应用时，流过二极管的平均电流不能超过这个数值，否则，将导致二极管因过热而永久损坏。

（二）最高反向工作电压 U_{RM}

U_{RM}是指二极管工作时所允许加的最高反向电压，超过此值二极管就有被反向击穿的危险。通常手册上给出的最高反向工作电压 U_{RM} 约为击穿电压 U_{BR} 的一半。

（三）反向电流 I_R

I_R是指二极管未被击穿时的反向电流值。I_R 越小，说明二极管的单向导电性能越好。I_R 对温度很敏感，温度增加，反向电流会增加很大，因此使用二极管时要注意环境温度的影响。

（四）最高工作频率 f_M

f_M主要由 PN 结的结电容大小决定。信号频率超过此值时，结电容的容抗变得很小，使二极管反偏时的等效阻抗变得很小，反向电流很大。于是，二极管的单向导电性变差。

知识点四　常用特殊二极管

前面讨论的二极管属于普通二极管，另外还有一些特殊用途的二极管，如稳压二极管、发光二极管、光敏二极管等。

（一）稳压二极管

稳压二极管简称稳压管，它是一种用特殊工艺制造的面结合型硅半导体二极管，其图形符号和外形封装如图 1-9 所示。使用时，它的阴极接外加电压的正极，阳极接外加电压负极，管子反向偏置，工作在反向击穿状态，利用它的反向击穿特性稳定直流电压。

稳压管的伏安特性曲线如图 1-10 所示，其正向特性与普通二极管相同，反向特性曲线比普通二极管更陡。二极管在反向击穿状态下，流过管子的电流变化很大，而两端电压变化很小，稳压管正是利用这一点实现稳压作用的。稳压管工作时，必须接入限流电阻，才能使其流过的反向电流在 I_{Zmin} ~ I_{Zmax} 范围内变化。在这个范围内，稳压管工作安全且两端的反向电压变化很小。

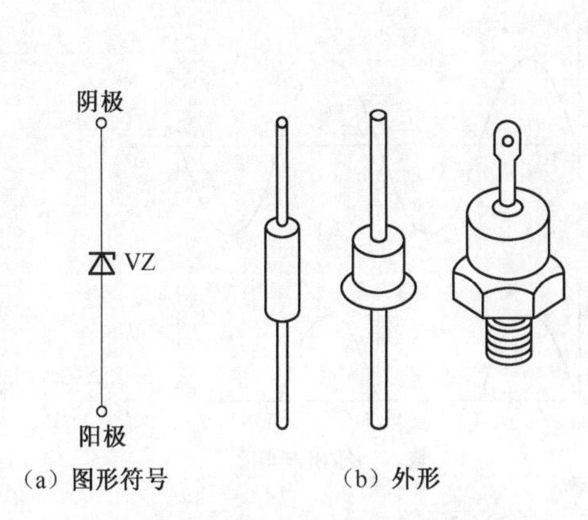

图 1-9　稳压二极管的图形符号与外形

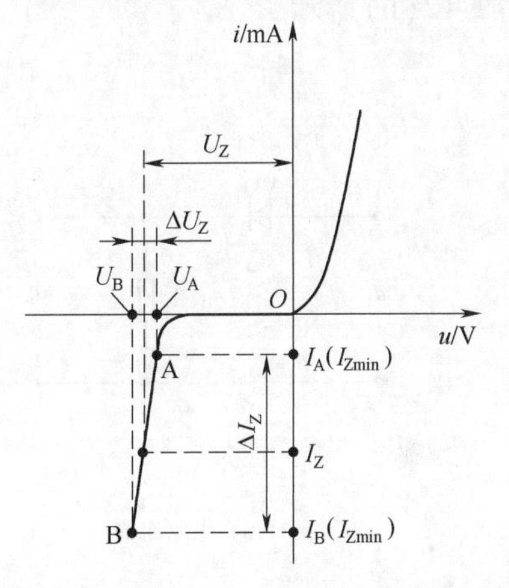

图 1-10　稳压二极管的伏安特性曲线

（二）发光二极管

发光二极管是一种光发射器件，能把电能直接转换成光能的固体发光器件，它是由镓（Ga）、砷（As）、磷（P）等化合物制成的，其图形符号如图 1-11（a）所示。由这些材料构成的 PN 结加上正偏电压时，PN 结便以发光的形式来释放能量。

发光二极管的种类按发光的颜色可分为红、橙、黄、绿和红外光二极管等多种，按外形可分为方形圆形等。图 1-11（b）是发光二极管的外形，它的导通电压比普通二极管高。应用时，加正向电压，并接入相应的限流电阻，它的正常工作电流一般为几毫安至几十毫安，发光二极管通过正常电流后就能发出光来。发光强度在一定范围内与正向电流大小近似呈线性关系。

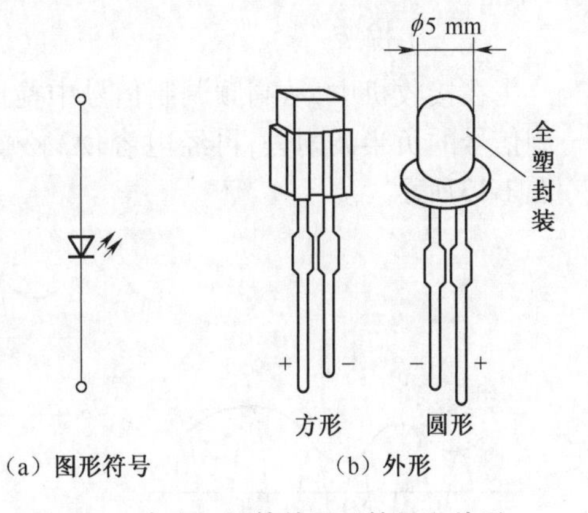

图 1-11　发光二极管的图形符号和外形

发光二极管作为显示器件,除单个使用外,也常做成七段式或矩阵式,如用作微型计算机、音响设备、数控装置中的显示器。对要求亮度高、光点集中、显示明显的地方可选用高亮度发光二极管。

检测发光二极管一般用万用表 $R\times10$ k 挡,通常正向电阻十几千欧至几百千欧,反向电阻为无穷大。

知识点五　二极管的应用

二极管的单向导电性可用于整流、检波、限幅、钳位,以及数字电路中作开关。实际应用时,应根据功能要求选择合适的二极管。几种常见的二极管应用电路分析如下。

(一)整流

将正弦交流电变换成单向脉动直流电的过程称为整流。简单的半波整流电路如图 1-12(a)所示。

为简化分析,将二极管视为理想二极管,即二极管正向导通时,作短路处理;反向截止时,作开路处理。假设输入电压 u_i 为一正弦波,在 u_i 的正半周(即 $u_i>0$)时,二极管因正向偏置而导通;在 u_i 的负半周(即 $u_i<0$)时,二极管因反向偏置而截止。其输入、输出电压波形如图 1-12(b)所示。

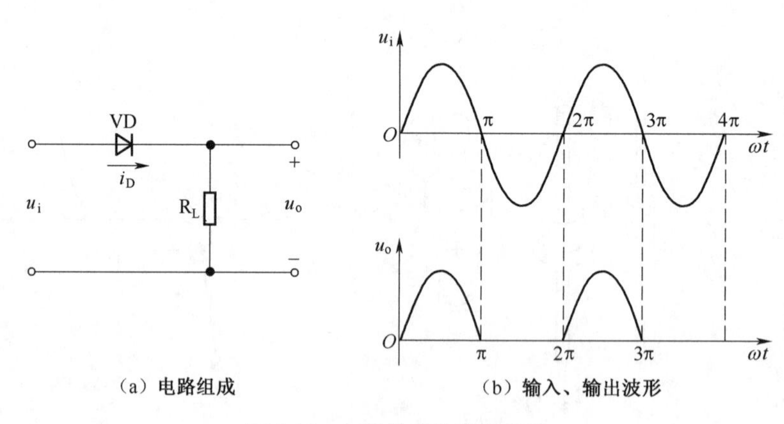

图 1-12　二极管半波整流电路

(二)检波

在接收机中,从高频调制信号中检出音频信号称为检波。利用二极管的单向导电性,将调制信号的负半波削去,再经电容使高频信号旁路,负载上得到的就是低频信号。电路原理如图 1-13所示。

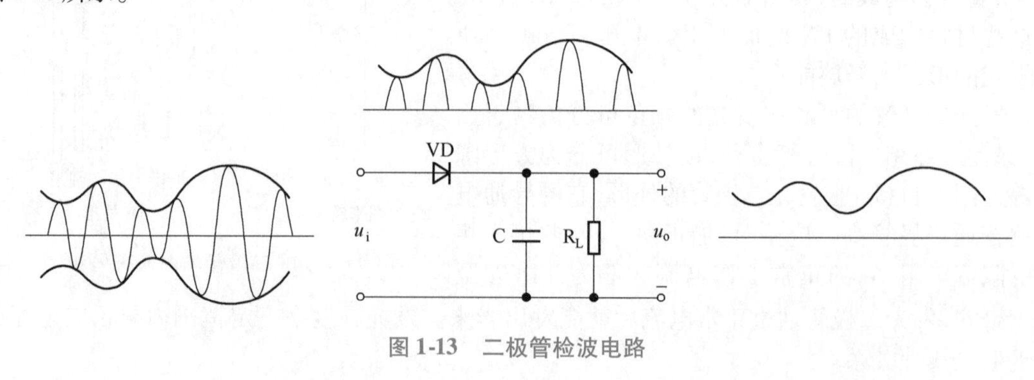

图 1-13　二极管检波电路

（三）限幅

限幅的作用是将输出电压的幅度限制在一定的范围内。限幅电路如图 1-14(a)所示。设图中二极管 VD 为理想二极管,则当输入电压 $u_i > U_S$时,二极管 VD 导通,输出电压 $u_o = U_S$,使输出电压的正向幅值限制在 U_S的数值上;当输入电压 $u_i < U_S$时,二极管 VD 截止,二极管相当于开路,则输出电压 $u_o = u_i$。输入、输出波形如图 1-14(b)所示。

（四）钳位

当理想二极管导通时,由于正向压降为零,强制其阳极电位与阴极电位相等,这种作用称为钳位。例如在图 1-15 所示的电路中,当输入端 A 的电位为 +3 V、B 的电位为 0 时,二极管 VD_1优先导通,由于 VD_1正向压降为零,则 u_o = 3 V,VD_2反而截止,即输出端 Y 的电位钳制在 A 的电位上。

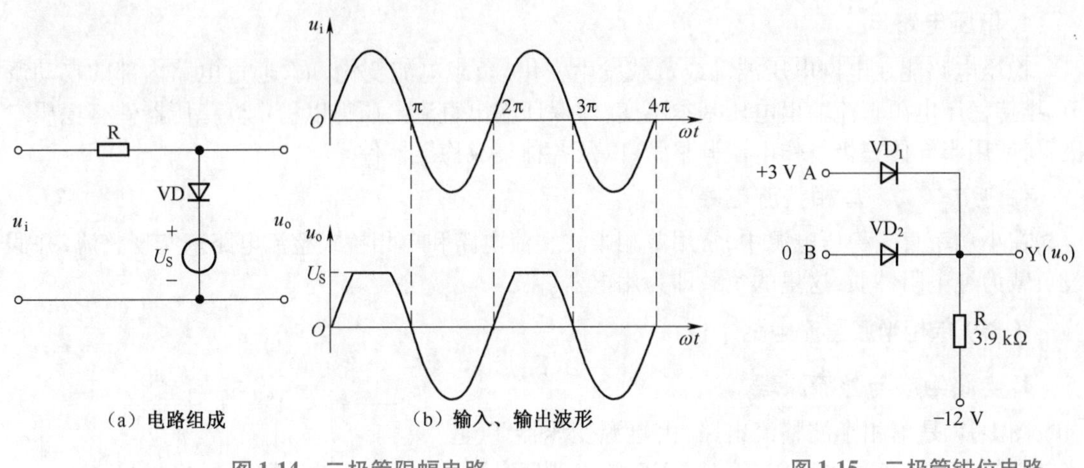

图 1-14　二极管限幅电路　　图 1-15　二极管钳位电路

第三节　直流稳压电源基本电路

电子设备电路都需要一个或几个电压稳定的直流电源供电才能工作。化学电池是一种直流电源,但大多数情况下小功率直流电源是通过电网提供的城市用电(以下简称市电)转换而来的。直流稳压电源主要由电源变压器、整流电路、滤波电路和稳压电路四部分组成,其基本结构框图如图 1-16 所示。

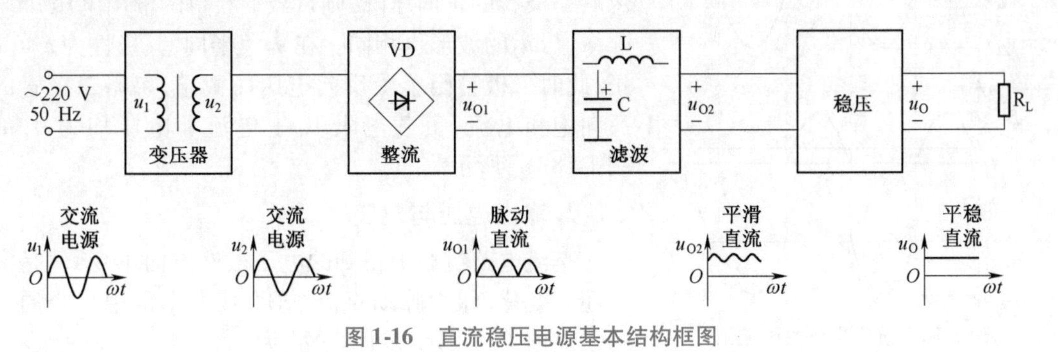

图 1-16　直流稳压电源基本结构框图

框图中各部分的作用说明如下：

1. 电源变压器

电网提供的市电为220 V、50 Hz正弦交流电，而小功率直流稳压电源所需的电源电压较低，电源变压器则是将交流电源电压u_1变换为整流电路所需要的二次交流电压u_2。

2. 整流电路

利用整流二极管的单向导电性将二次交流电u_2变换为单一方向的脉动直流电。

3. 滤波电路

整流后的脉动直流电仍含有交流成分，滤波电路则是进一步滤除脉动直流电中的交流成分，保留直流成分，使直流电压波形变得平滑，从而提高直流电的质量。常用滤波器件有电容元件和电感元件。

4. 稳压电路

稳压电路能在电网电压波动或负载发生变化（负载电流变化）时，通过电路内部的自动调节，维持稳压电源直流输出电压基本不变，即保证输出直流电压得以稳定。稳压器件有稳压二极管，或用半导体三极管作电压调整管，以及各种集成稳压器件。

知识点一 单相整流电路

在小功率直流稳压电源中，常用单相半波整流电路和单相桥式整流电路来实现整流，并假设负载为纯电阻性质，这里的负载即为用电器。

（一）单相半波整流电路

1. 电路组成与整流原理

图1-17是单相半波整流电路，由电源变压器T、整流二极管VD与负载电阻R_L组成。VD与R_L串联接在二次交流电压u_2上（电路中忽略了电源变压器T和二极管VD构成的等效总内阻）。

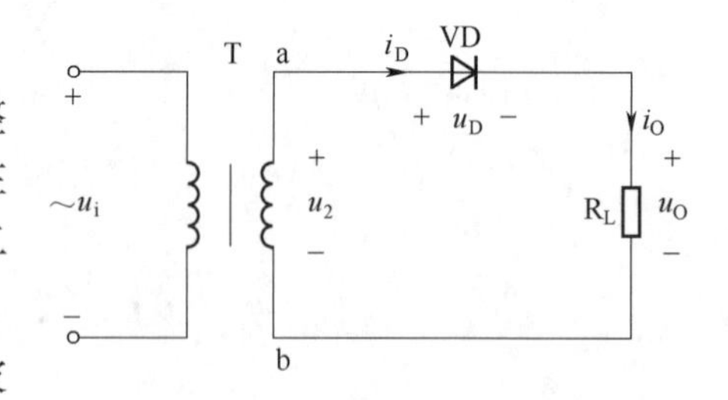

图1-17 单相半波整流电路

设变压器二次交流电压为$u_2=\sqrt{2}U_2\sin\omega t$(V)，波形如图1-18(a)所示。由于二极管具有单向导电性，只有当它的P极电位高于N极电位时才能导通。

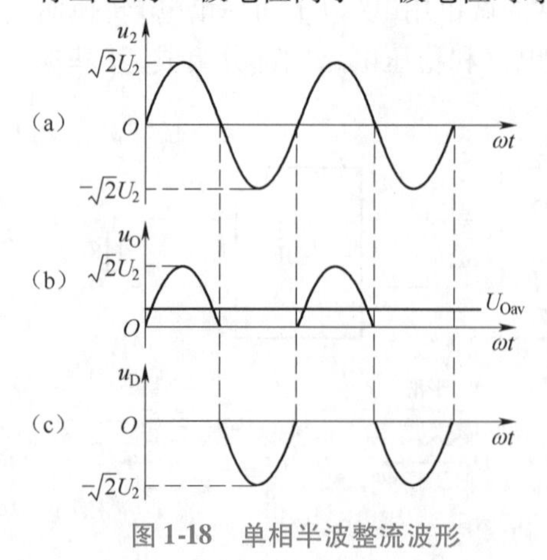

图1-18 单相半波整流波形

在u_2正半周，其极性为a正b负，此时二极管因承受正向电压而导通，电路中有电流i_O流过负载电阻R_L。忽略二极管的正向压降，则负载上获得的输出电压$u_O=u_2$，u_O与u_2的波形也相同。在u_2负半周，其极性为a负b正，此时二极管因承受反向电压而截止，忽略二极管的反向饱和电流，负载电阻R_L上电流和电压均为0，如图1-18(b)所示。

2. 输出电压与电流

整流电路负载上得到的电压虽然方向不变，但是大小还在变化，即为脉动直流电压，其大小常用一个周期的平均值U_{Oav}表示。计算公式为

$$U_{\mathrm{Oav}}=\frac{1}{2\pi}\int_{0}^{\pi}\sqrt{2}U_{2}\sin\omega t\mathrm{d}(\omega t)=\frac{\sqrt{2}}{\pi}U_{2}=0.45U_{2} \tag{1-1}$$

电阻性负载的平均电流值 I_{Oav} 为

$$I_{\mathrm{Oav}}=\frac{U_{\mathrm{Oav}}}{R_{\mathrm{L}}}=0.45\frac{U_{2}}{R_{\mathrm{L}}} \tag{1-2}$$

3. 整流二极管的选择原则

(1)最大整流电流 I_{FM}

二极管与负载电阻串联,流经二极管的电流平均值 I_{D} 与负载电流 I_{Oav} 相等,即

$$I_{\mathrm{D}}=I_{\mathrm{Oav}} \tag{1-3}$$

实际选 I_{FM} 大于 I_{D} 的一倍左右,并取标称值。

(2)最大反向工作电压 U_{RM}

在 u_2 的负半周,二极管截止,u_2 电压全部加在二极管上,二极管所承受的最高反向电压 U_{DM} 为 u_2 的峰值 $\sqrt{2}U_2$,如图 1-18(c)所示。即

$$U_{\mathrm{DM}}=\sqrt{2}U_{2} \tag{1-4}$$

实际选 U_{RM} 大于 U_{DM} 的一倍左右,并取标称值。

单相半波整流电路简单,其缺点是只利用了电源的半个周期,电源利用效率低,同时整流电压脉动较大,这种电路仅适用于整流电流较小对脉动要求不高的场合。

(二)单相桥式整流电路

1. 电路组成与整流原理

为克服单相半波整流的缺点,常采用全波整流电路,其中最常用的是单相桥式整流电路。单相桥式整流电路由四个二极管接成电桥的形式构成,如图 1-19 所示。

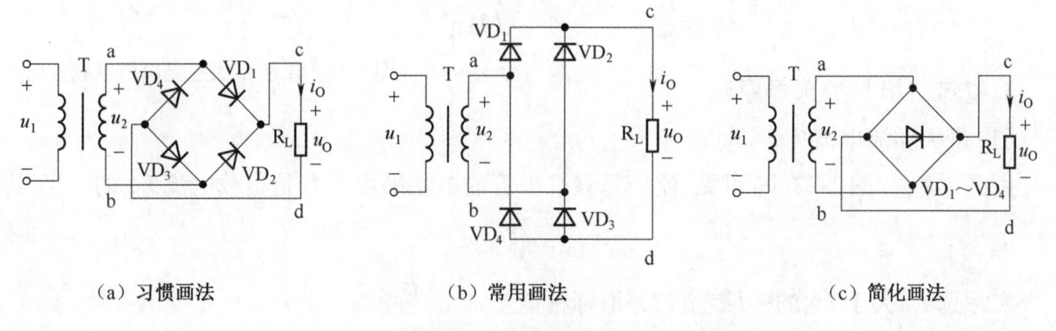

(a) 习惯画法　(b) 常用画法　(c) 简化画法

图 1-19　单相桥式整流电路

通常将四只二极管组合在一起做成四线封装的桥式整流器(或称"桥堆"),四条外引线中有两条交流输入引线(有交流标志),有两条直流输出引线(有 +、- 标志),如图 1-20 所示。

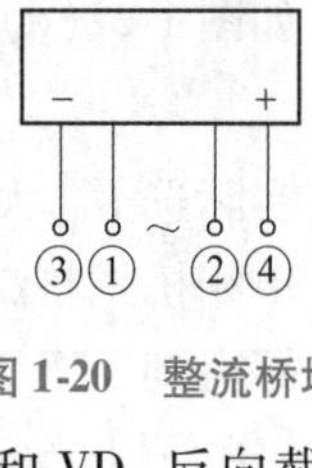

图 1-20　整流桥堆

设变压器二次交流电压为 $u_2=\sqrt{2}U_2\sin\omega t$(V),波形如图 1-22(a)所示。

在 u_2 正半周,u_2 的极性为 a 正 b 负,二极管 $\mathrm{VD_1}$ 和 $\mathrm{VD_3}$ 正偏导通,$\mathrm{VD_2}$ 和 $\mathrm{VD_4}$ 反向截止,

如图 1-21(a)所示,电流 i_{D1}经 a→VD_1→c→R_L→d→VD_3→b,负载电阻 R_L上得到上正下负的半波输出电压,$u_{O1}=u_2$。波形如图 1-22(b)中的 0 ~ π 段。

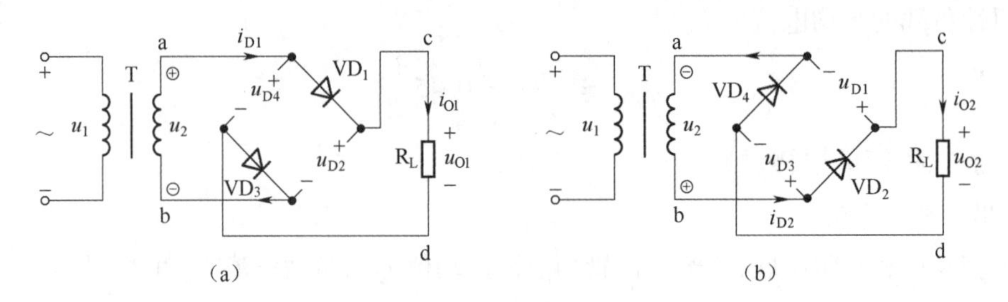

图 1-21　单相桥式整流原理示意图

在 u_2负半周,u_2的极性为 a 负 b 正,二极管 VD_2 和 VD_4 正偏导通,VD_1 和 VD_3 反向截止,如图 1-21(b)所示,电流 i_{D2}经 b→VD_2→c→R_L→d→VD_4→a,负载电阻 R_L上得到上正下负的另一个半波输出电压,$u_{O2}=u_2$。波形如图 1-22(b)中的 π ~ 2π 段。

在 u_2的一个周期内,四只二极管分两组轮流导通或截止,在负载 R_L上得到单方向全波脉动直流电压 u_O和电流 i_O。

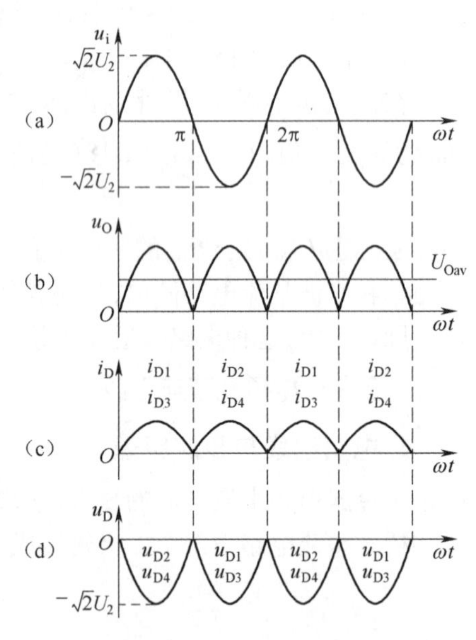

图 1-22　单相桥式整流电压电流波形

2. 输出电压和电流

如图 1-22(b)所示,与半波整流相比,单相桥式整流电路的输出电压平均值 U_{Oav}为

$$U_{Oav}=2\times0.45U_2=0.9U_2 \tag{1-5}$$

$$I_{Oav}=\frac{U_{Oav}}{R_L}=0.9\frac{U_2}{R_L} \tag{1-6}$$

3. 整流二极管的选择原则

(1)最大整流电流 I_{FM}

由图 1-21 和图 1-22(c)可见,流经每只二极管的电流平均值 I_D是负载电流 I_{Oav}的一半,即

$$I_D=\frac{1}{2}I_{Oav} \tag{1-7}$$

实际选 I_{FM}大于 I_{Oav}的一倍左右,并取标称值。

(2)最大反向工作电压 U_{RM}

如图 1-22(d)所示,每只二极管截止时所承受的最高反向电压 U_{DM}为 u_2的峰值$\sqrt{2}U_2$。即

$$U_{DM}=\sqrt{2}U_2 \tag{1-8}$$

实际选 U_{RM}大于 U_{DM}的一倍左右,并取标称值。

单相桥式整流的优点是输出电压脉动减小、输出电压高、电源变压器利用高,因此桥式整流电路得到了广泛应用。

【例 1-1】 在单相桥式整流电路中,已知负载电阻 $R_L=100\ \Omega$,用直流电压表测得输出电压 $U_{Oav}=110$ V。试求电源变压器二次电压有效值 U_2,并合理选择二极管的型号。

解：由式(1-6)求得直流输出电流

$$I_{Oav}=\frac{U_{Oav}}{R_L}=\frac{110}{100}=1.1(A)$$

由式(1-7)求得二极管流过的平均电流

$$I_D=\frac{1}{2}I_{Oav}=0.55(A)$$

由式(1-5)求得电源变压器二次电压有效值

$$U_2=\frac{U_{Oav}}{0.9}=\frac{110}{0.9}=122(V)$$

由式(1-8)求得

$$U_{DM}=\sqrt{2}U_2=\sqrt{2}\times122=172.5(V)$$

根据半导体器件手册可选择1N4004(1 A,400 V)。

知识点二　滤波电路

单相桥式整流电路的直流输出电压中仍含有较大的交流分量，可以用来作为电镀、电解等对脉动要求不高的场合的供电电源，但作为电子仪表、电视机、计算机、自动控制设备等场合的电源，就会出现问题，这些设备都需要脉动相当小的平滑直流电源。因此，必须在整流电路与负载之间加接滤波器，如电感或电容元件，利用它们对不同频率的交流量具有不同电抗的特点，使负载上的输出直流分量尽可能大，交流分量尽可能小，能对输出电压起到平滑作用。

（一）电容滤波电路

1. 单相半波整流电容滤波电路

1）电路组成与滤波原理

单相半波整流电容滤波电路如图1-23(a)所示，该电路与单相半波整流电路比较，就是在负载两端并联了一只电容值较大的电容器C(几百至几千微法电解电容)。

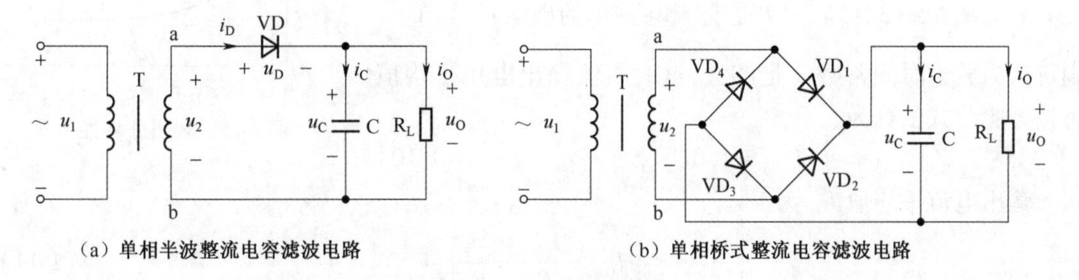

(a) 单相半波整流电容滤波电路　　(b) 单相桥式整流电容滤波电路

图1-23　电容滤波电路

电容滤波的工作原理可用电容器C的充放电过程来说明。若单相半波整流电路中不接滤波电容器C，输出电压波形如图1-24(b)所示；当加接电容器C后，直流输出电压的波形如图1-24(c)所示。

设电容C初始电压为零，当u_2正半周到来时，二极管VD正偏导通，一方面给负载提供电流，同时对电容C充电。忽略电源变压器T和二极管构成的等效内阻，电容C充电时间常数近似为零，充电电压u_C随电源电压u_2升到峰值m点。而后u_2按正弦规律下降，此时$u_2<u_C$，二极管承受反向电压由导通变为截止，电容C对负载R_L放电。当u_2在负半周时，二极管截止，

电容 C 继续对负载 R_L放电，u_C按放电时的指数规律下降，放电时间常数 $\tau = R_LC$ 一般较大，u_C下降较慢，负载中仍有电流流过。当 u_C 下降到图 1-24(c) 中的 n 点后，交流电源已进入到下一个周期的正半周，当 u_2上升且 $u_2 > u_C$时，二极管再次导通，电容器 C 再次充电，电路重复上述过程。

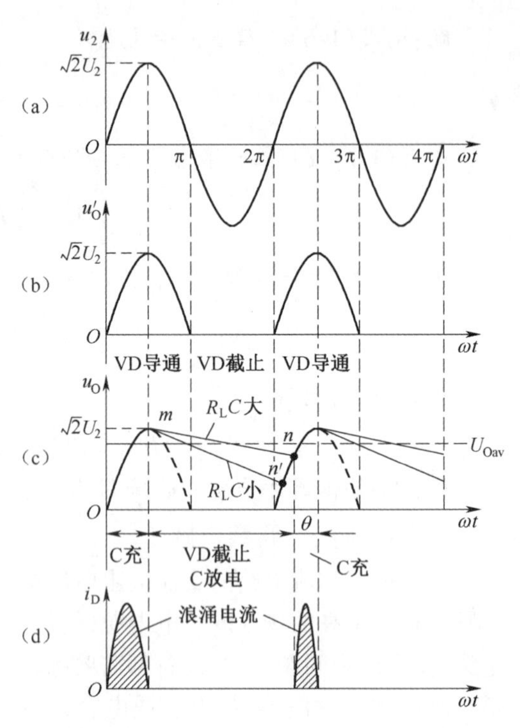

图 1-24 单相半波整流电容滤波波形

由于电容 C 与负载 R_L直接并联，输出电压 u_O 就是电容电压 u_C。则加电容滤波后不仅输出电压脉动减小、波形趋于平滑(纹波电压减少)，而且输出直流电压平均值 U_{Oav}增大。

2) 输出电压和输出电流

由图 1-24(c) 可知，电容 C、负载 R_L越大，放电时间常数 $\tau = R_LC$ 越大，放电越慢，直流输出电压越平滑，U_{Oav}值越大。

在空载时(即 $R_L = \infty$，$I_{Oav} = 0$)，电容 C 充满电使二极管处于截止状态，则电容 C 无处可放电，所以$U_{Oav} = \sqrt{2}U_2 \approx 1.4U_2$(V)；负载增大时(即 R_L 减小，I_{Oav} 增大)，τ 减小，放电加快，U_{Oav} 值减小，U_{Oav}的最小值为 $0.45U_2$。

电路输出外特性如图 1-25 所示，与无电容滤波时相比，这种电路的外特性较软，带负载能力差。所以，单相半波整流电容滤波电路只用于负载电流 I_{Oav}较小且变化不大的场合。

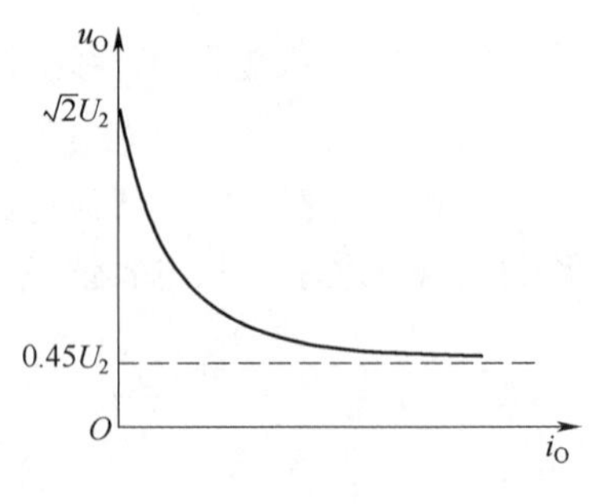

图 1-25 输出外特性

为取得良好的滤波效果，工程上一般取

$$R_LC \geqslant (3 \sim 5)\frac{T}{2} \text{（}T\text{ 是交流电源 }u_2\text{的周期）} \quad (1\text{-}9)$$

则可认为放电时间常数 τ 足够大，这时直流输出电压平均值可按经验公式估算为

$$U_{Oav} \approx 1.0U_2 \quad (1\text{-}10)$$

输出电流平均值 I_{Oav}为

$$I_{Oav} = \frac{U_{Oav}}{R_L} = \frac{U_2}{R_L} \quad (1\text{-}11)$$

3) 元件的选择

(1) 整流二极管

①最大整流电流 I_{FM}

流经二极管的平均电流 I_D等于负载电流 I_{Oav}。因加接电容 C 后，二极管的导通时间缩短(即导通角 $\theta < \pi$)，且放电时间常数 τ 越大，θ 角越小。又因电容滤波后输出电压增大，使负载电流 I_{Oav}增大，则 I_D增大，但 θ 角却减小，所以流过二极管的最大电流要远大于平均电流 I_D，二极管电流在很短时间内形成浪涌现象，如图 1-24(d) 所示，易损坏二极管。实际选 $I_{FM} = (2 \sim 3)I_D = (2 \sim 3)I_{Oav}$。

②最大反向工作电压 U_{RM}

如图 1-23(a)所示,加在截止二极管上的最大反向电压为 $U_{DM}=2\sqrt{2}U_2$。实际选 U_{RM} 大于 $2\sqrt{2}U_2$ 的一倍左右,并取标称值。

(2)滤波电容

滤波电容的容量由式(1-9)可得

$$C \geqslant (3\sim5)\frac{T}{2R_L} \tag{1-12}$$

电容耐压　　$U_{CM}=\sqrt{2}U_2$　　(1-13)

实际选 U_C 大于 $\sqrt{2}U_2$ 的一倍左右,并取标称值。

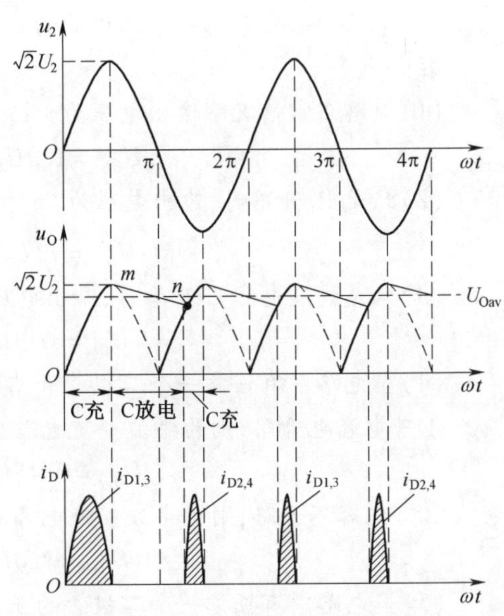

图 1-26　单相全波整流电容滤波波形

2. 单相桥式整流电容滤波电路

单相桥式整流电容滤波电路如图 1-23(b)所示。工作原理通过波形图 1-26 来分析。单相桥式整流电容滤波电路的工作原理与单相半波整流电容滤波电路类似,所不同的是在 u_2 正、负半周内单相桥式整流电容滤波电路中的电容器 C 各充放电一次,输出波形更显平滑,输出电压也更大,二极管的浪涌电流却减小。

电路输出外特性如图 1-27 所示,与无电容滤波时相比,特性较软,带负载能力较差。所以单相桥式整流电容滤波电路也只用于 I_{Oav} 较小的场合。

1)输出电压平均值仍按经验公式估算

$$U_{Oav}\approx1.2U_2 \tag{1-14}$$

输出电流平均值 I_{Oav} 为

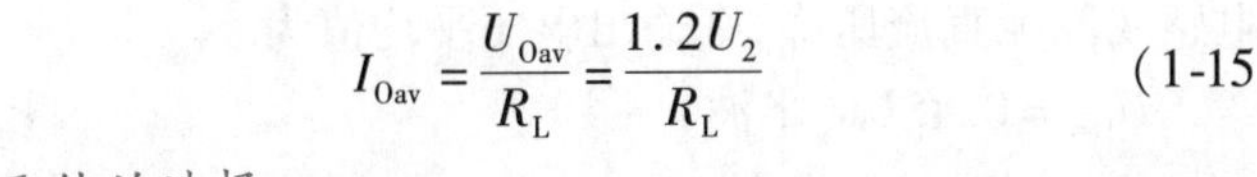

$$I_{Oav}=\frac{U_{Oav}}{R_L}=\frac{1.2U_2}{R_L} \tag{1-15}$$

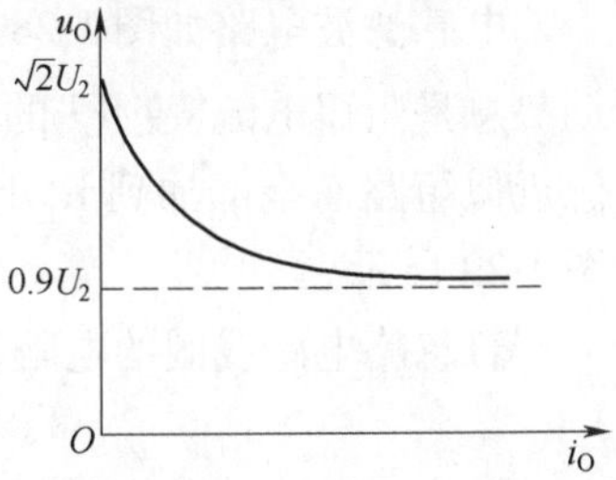

图 1-27　电路输出外特性

2)元件的选择

(1)整流二极管的选择

①最大整流电流 I_{FM}

考虑二极管电流的浪涌现象,实际选:$I_{FM}=(2\sim3)I_D$,$I_D=\frac{1}{2}I_{Oav}$。

②最大反向工作电压 U_{RM}

加在截止二极管上的最高反向电压为 $U_{DM}=\sqrt{2}U_2$,实际选 U_{RM} 大于 $\sqrt{2}U_2$ 的一倍左右,并取标称值。

(2)滤波电容的选择

滤波电容容量按式(1-12)计算。

电容耐压 $U_{CM}=\sqrt{2}U_2$。实际选 U_C 大于 $\sqrt{2}U_2$ 的一倍左右,并取标称值。

【例 1-2】　如图 1-23(b)单相桥式整流电容滤波电路中,$f=50$ Hz,$u_2=24\sqrt{2}\sin\omega t$(V)。

(1)计算输出电压 U_{Oav}。

(2)当 R_L 开路时,对输出电压 U_{Oav} 有何影响?

(3)当滤波电容 C 开路时,对输出电压 U_{Oav} 有何影响?

(4)若任意有一个二极管开路时,对输出电压 U_{Oav} 有何影响?

(5)电路中若任意有一个二极管的正、负极性接反,将产生什么后果?

解:

(1)电路正常情况下输出电压为

$$U_{Oav}=1.2U_2=1.2\times24=28.8(V)$$

(2)只是 R_L 开路时,输出电压为

$$U_{Oav}=\sqrt{2}U_2=1.414\times24\approx34(V)$$

(3)只是滤波电容 C 开路时,输出电压等于单相桥式整流输出电压

$$U_{Oav}=0.9U_2=0.9\times24\approx22(V)$$

(4)当电路中有任意一个二极管开路时

①若电容也开路,则为半波整流电路,输出电压

$$U_{Oav}=0.45U_2=0.45\times24\approx11(V)$$

②若电容不开路,则为半波整流电容滤波电路,输出电压

$$U_{Oav}=1.0U_2=1.0\times24=24(V)$$

(5)当电路中有任意一个二极管的正、负极性接反,都会造成电源变压器二次绕组和两只二极管串联形成短路状态,使变压器烧坏,相串联的二极管也烧坏。

(二)电感滤波电路

电感滤波电路如图 1-28 所示,电感滤波电路中电感 L 与 R_L 串联。利用线圈中的自感电动势总是阻碍电流"变化"的原理,来抑制脉动直流电流中的交流成分,其直流分量则由于电感近似短路而全部加到 R_L 上,输出变得平滑。电感 L 越大,滤波效果越好。输出电压波形如图 1-29 所示。

若忽略电感线圈的电阻,即电感线圈无直流压降,则输出电压平均值为

$$U_{Oav}=0.45U_2(\text{半波}) \tag{1-16}$$

$$U_{Oav}=0.9U_2(\text{全波}) \tag{1-17}$$

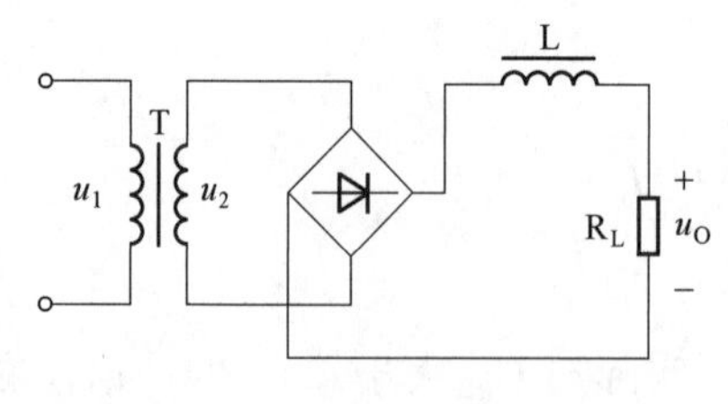

图 1-28　电感滤波电路

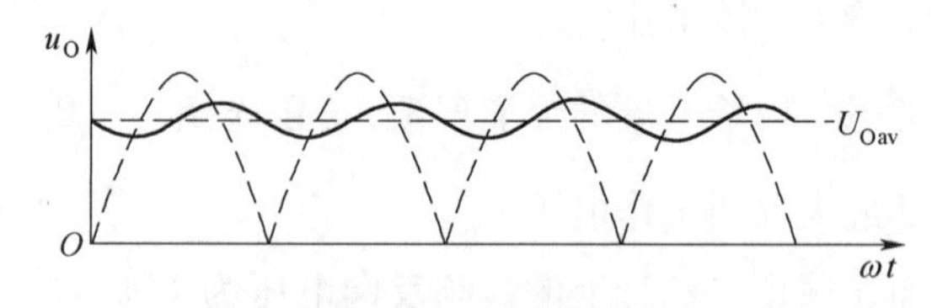

图 1-29　电感滤波输出波形

电感滤波的优点是 I_{Oav} 增大时,U_{Oav} 减小较少,输出具有硬的外特性。电感滤波主要用于电容滤波难以胜任的负载电流大且负载经常变动的场合。如电力机车滤波电路中的电抗器。

电感滤波因体积大、笨重,在小功率电子设备中不常用,而常用电阻 R 替代。

(三)复式滤波电路

滤波的目的是将整流输出电压中的脉动成分滤掉,使输出波形更平滑。电容滤波和电感

滤波各有优点,两者配合使用组成复式滤波器,滤波效果会更好。构成复式滤波器的原则是:和负载串联的电感或电阻承担的脉动压降要大,而直流压降要小;和负载并联的电容分担的脉动电流要大,而直流电流要小。如图 1-30 所示为常见的几种复式滤波器。

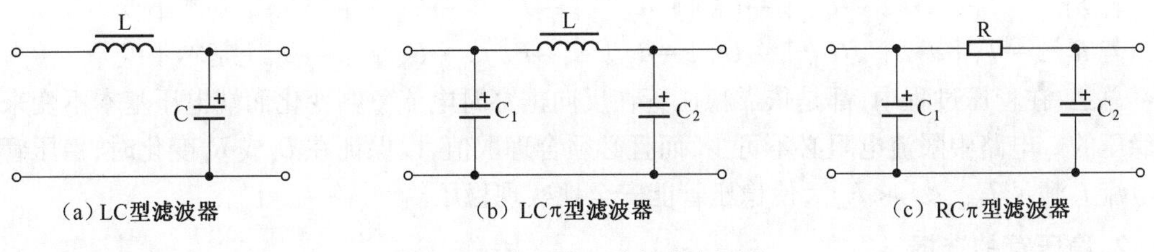

图 1-30　常见的几种复式滤波器

1. LC 型滤波电路

电路如图 1-30(a)所示,将电容和电感两者组合,先由电感进行滤波,再经电容滤波。其特点是输出电流大,负载能力强,滤波效果好,适用于负载电流大且负载变动大的场合。

2. LCπ 型滤波电路

如图 1-30(b)所示,在 LC 型滤波前再并一个电容滤波,因电容 C_1、C_2对交流的容抗很小,而电感对交流阻抗很大,所以负载上纹波很小。设计时应使电感的感抗比 C_2的容抗大得多,使交流成分绝大多数降在电感 L 上,负载上的交流成分很少。这种电路特点是输出电压高,滤波效果好,主要适用于负载电流较大而又要求电压脉动小的场合。

3. RCπ 型滤波电路

RCπ 型(也称阻容 π 型)滤波电路,如图 1-30(c)所示,它相当于在电容滤波电路 C_1后再加上一级 RC_2低通滤波电路。R 对交、直流均有降压作用,与电容配合后,脉动交流分量主要降在电阻上,使输出脉动较小。而直流分量因 $R_L >> R$,主要降在 R_L上。R、C_2越大,滤波效果越好。但 R 太大将使直流成分损失太大,输出电压将降低。所以要选择合适的电阻值。这种电路结构简单,主要适用于负载电流较小而又要求输出电压脉动很小的场合。

知识点三　稳压电路

经整流和滤波后的电压往往会随交流电源电压的波动和负载的变化而变化。对于精密电子测量仪器、自动控制、计算机装置及晶闸管触发电路等,都要求有非常稳定的直流电源供电。

(一)并联型稳压电路

1. 稳压电路及原理

稳压管的典型应用是并联型稳压电路,如图 1-31 所示。图中 U_I为输入电压,一般来自整流滤波电路输出的直流电压,要求输入电压满足 $U_I > U_Z$。R 为限流电阻,限制稳压管的电流不超过 I_{Zmax}。稳压管 VZ 与负载 R_L 并联,输出电压为 U_O,且 $U_O = U_Z$。

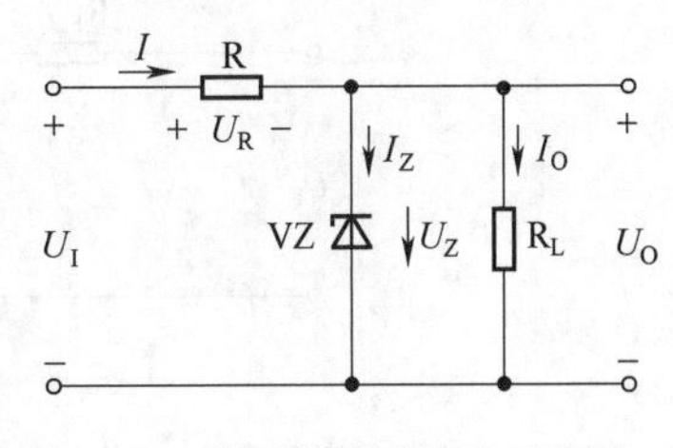

图 1-31　稳压管并联型稳压电路

所谓稳压,就是当输入电压 U_I或负载电阻 R_L发生变化时,输出电压 U_O能保持不变。稳压管并联型电路的稳压原理是:

当 R_L一定时,而 U_I发生变化,其稳压过程简单表述如下:

若 $U_I\uparrow\rightarrow U_O\uparrow\rightarrow I_Z\uparrow\rightarrow I\uparrow(=I_Z+I_O)\rightarrow U_R\uparrow\rightarrow U_O\downarrow$ 基本不变

若 $U_I\downarrow\rightarrow U_O\downarrow\rightarrow I_Z\downarrow\rightarrow I\downarrow(=I_Z+I_O)\rightarrow U_R\downarrow\rightarrow U_O\uparrow$ 基本不变

当 U_I 一定，R_L 发生变化时，其稳压过程简单表述如下：

若 $R_L\uparrow\rightarrow I_O\downarrow\rightarrow I\downarrow\rightarrow U_R\downarrow\rightarrow U_O\uparrow\rightarrow I_Z\uparrow\uparrow\rightarrow I\uparrow\uparrow\rightarrow U_R\uparrow\uparrow\rightarrow U_O\downarrow$ 基本不变

若 $R_L\downarrow\rightarrow I_O\uparrow\rightarrow I\uparrow\rightarrow U_R\uparrow\rightarrow U_O\downarrow\rightarrow I_Z\downarrow\downarrow\rightarrow I\downarrow\downarrow\rightarrow U_R\downarrow\downarrow\rightarrow U_O\uparrow$ 基本不变

总之，在稳压过程中，都是依靠稳压管在反向击穿时电流急剧变化而端电压基本不变来实现稳压的。电路中限流电阻必不可少，而且必须合理取值，以保证在 U_I 或 R_L 变化时，稳压管中的电流 I_Z 满足 $I_{Zmin}<I_Z<I_{Zmax}$，使稳压管能安全地实现稳压。

2. 稳压管的选择

一般取

$$\begin{cases} U_Z=U_O \\ I_Z=(1.5\sim3)I_{Om} \\ U_I=(2\sim3)U_O \end{cases} \tag{1-18}$$

（二）串联型稳压电路

硅稳压管稳压电路输出电压不可调，负载电流较小，不能满足许多场合的应用。因此常采用串联型稳压电路。

1. 电路框图

串联型稳压电路组成框图如图 1-32 所示，主要由调整管、取样电路、基准电压和比较放大电路组成。因调整管与负载串联，故称为串联型稳压电路。

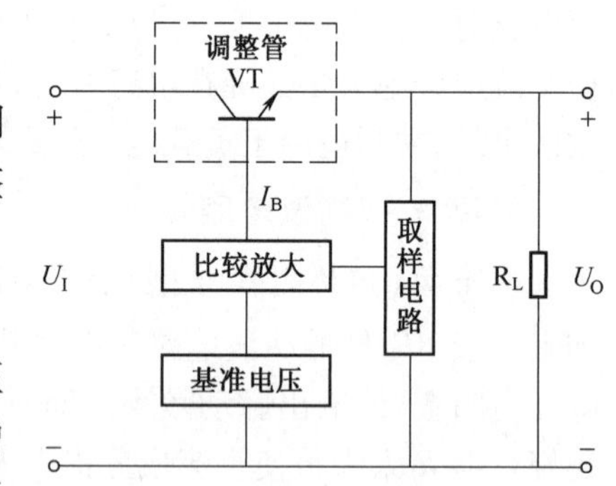

图 1-32　串联型稳压电路框图

2. 基本稳压原理

串联型稳压基本原理可用图 1-33 说明，当输入电压 U_I 波动或是负载电流变化引起输出电压 U_O 增大时，可增大 R_P 的阻值，使 U_I 增大的值落在 R_P 上，维持 U_O 不变；当 U_O 减小时，立即调小 R_P，使 R_P 上的直流压降减小，维持 U_O 不变。因为 U_I 变化和负载变化的快速与复杂性，手动改变 R_P 是不现实的，所以用三极管（发射极输出）取代可变电阻。当基极电流 I_B 变大时，U_{CE} 减小，U_O 增大；基极电流 I_B 变小时，U_{CE} 增大，U_O 变小。

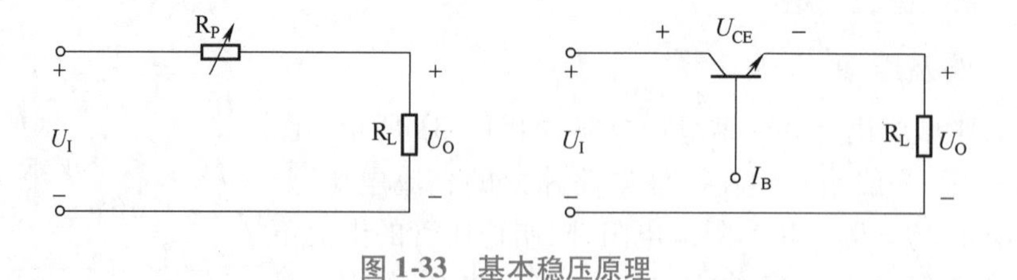

图 1-33　基本稳压原理

3. 基本串联型稳压电路及稳压

具有放大环节的基本串联型稳压电路如图 1-34 所示，电路的组成及各部分的作用介绍如下：

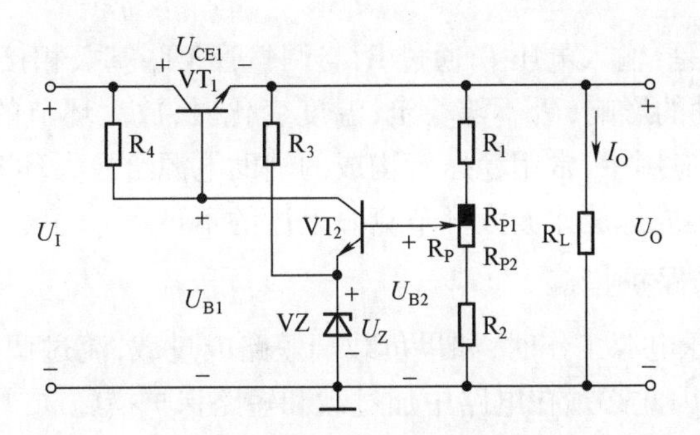

图 1-34　具有放大环节的基本串联型稳压电路

(1)调整管。调整管由半导体三极管 VT$_1$ 组成,其集电极—发射极电压 U_{CE1} 与输出电压 U_O 串联,即 $U_O = U_I - U_{CE1}$。VT$_1$ 必须处于线性放大状态,其基极电流受放大环节的控制,使 U_{CE1} 随之变化,从而实现自动调整。

(2)取样电路。取样电路为电阻 R$_1$、R$_P$(R$_{P1}$ + R$_{P2}$)和 R$_2$ 组成的分压器。它对输出电压分压取样,并将反映输出电压 U_O 大小的取样信号送到比较放大电路。

若忽略三极管 VT$_2$ 的基极电流 I_{B2},则取样电压 U_{B2} 为

$$U_{B2} = \frac{R_2 + R_{P2}}{R_1 + R_2 + R_P} U_O \tag{1-19}$$

改变 R$_P$ 的滑动端位置,可调节取样电压的大小,同时也调整了输出电压 U_O 的大小。

(3)基准电压。基准电压由稳压二极管 VZ 和限流电阻 R$_3$ 组成。稳压二极管 VZ 上的稳定电压 U_Z 作为比较环节中的基准电压。

(4)比较放大电路。三极管 VT$_2$ 接成共射极电压放大电路,将取样信号 U_{B2} 和基准电压 U_Z 加以比较放大后,再控制调整管 VT$_1$ 的基极电位 U_{B1},以改变基极电流 I_{B1} 的大小,从而改变调整管的 U_{CE1}。R$_4$ 是 VT$_2$ 的集电极电阻,构成电压放大电路。

(5)稳压过程。假设负载不变而电网电压升高使输出电压 U_O 增大时:

$U_O\uparrow \to U_{B2}\uparrow \to I_{B2}\uparrow \to U_{CE2}\downarrow \to U_{B1}\downarrow \to I_{B1}\downarrow \to I_{C1}\downarrow \to U_{CE1}\uparrow \to U_O\downarrow$ 基本不变。

假设电网电压不变而负载电流增大(R_L 变小)使输出电压 U_O 下降时:

$U_O\downarrow \to U_{B2}\downarrow \to I_{B2}\downarrow \to U_{CE2}\uparrow \to U_{B1}\uparrow \to I_{B1}\uparrow \to I_{C1}\uparrow \to U_{CE1}\downarrow \to U_O\uparrow$ 基本不变。

从上述分析可见,电路能实现自动调整输出电压的关键是电路中引入了电压串联负反馈,使电压调整过程成为一个闭环控制。

(6)输出电压的调节范围。改变 R$_P$ 的滑动端位置,可调整输出电压 U_O 的大小。由式(1-19)可得输出电压的调节范围

$$U_O = \frac{R_1 + R_2 + R_P}{R_2 + R_{P2}} U_{B2} = \frac{R_1 + R_2 + R_P}{R_2 + R_{P2}} (U_Z + U_{BE2}) \tag{1-20}$$

当 R$_P$ 滑动端调到最下端时,输出电压 U_O 调到最大

$$U_{Omax} \approx \frac{R_1 + R_2 + R_P}{R_2} U_Z \tag{1-21}$$

当 R$_P$ 滑动端调到最上端时,输出电压 U_O 降到最小

$$U_{Omin} \approx \frac{R_1 + R_2 + R_P}{R_2 + R_P} U_Z \tag{1-22}$$

此电路存在的不足是：输入电压 U_I 通过 R_4 与调整管 VT_1 基极相接，易影响稳压精度；流过稳压管的电流受 U_O 波动的影响，U_Z 不够稳定；温度变化时，放大环节的输出有一定的温漂；调整管的负担过大。实际应用中，常用稳压管构成的辅助电源给放大环节供电、用复合管作调整管、用差分放大电路或集成运放作放大环节克服上述的不足。

4. 稳压电源电路的保护措施

（1）过流保护。稳压电源工作时，如果负载端短路或过载，流过调整管的电流要比额定值大很多，调整管将烧坏，因此必须在电路中加过载和短路保护措施。

（2）其他保护。稳压电源除了过流保护外，还有过压保护和过热保护等，使调整管工作在安全工作区内，保证调整管不超过最大耗散功率。

（三）集成稳压器

随着半导体集成技术的发展，集成稳压器的应用已十分普遍。集成稳压器具有外接元件少、体积小、重量轻、性能稳定、使用调整方便、价格便宜等优点。

线性集成稳压器种类很多。按工作方式分有串联、并联和开关型调整方式；按输出电压分有固定式、可调式集成稳压器。本节主要介绍三端固定输出集成稳压器 W7800、W7900 系列和三端可调输出集成稳压器 W317、W337 系列。

1. W7800、W7900 系列三端固定输出集成稳压器

所谓线性集成稳压器就是把调整管、取样电路、基准电压、比较放大器、保护电路、启动电路等全部制作在一块半导体芯片上。W7800 系列三端固定输出集成稳压器属于串联型稳压电路，与典型的串联型稳压电路相比，除了增加了启动电路和保护电路外，其余部分与前述的电路一样。启动电路能帮助稳压器快速建立输出电压。它的保护电路比较完善，有过流保护、过压保护和过热保护等。

如图 1-35 所示为 W7800、W7900 系列三端固定输出集成稳压器的外形和图形符号。封装形式有金属、塑料封装两种形式。集成稳压器一般有输入端、输出端和公共端三个接线端，故称为三端集成稳压器。

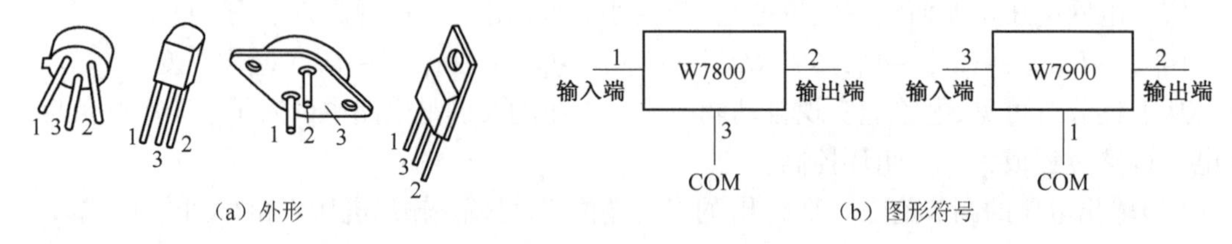

图 1-35　三端固定输出集成稳压器的外形和图形符号

三端固定输出集成稳压器通用产品有 W7800（正电压输出）和 W7900（负电压输出）两个系列，它们的输出电压有 5 V、6 V、9 V、12 V、15 V、18 V、24 V 七个挡，型号后面的两个数字表示输出电压的值。输出电流分三挡，以 78（或 79）后面的字母来区分，用 M 表示 0.5 A、用 L 表示 0.1 A、无字母表示 1.5 A。如 W7805 表示输出电压为 5 V、最大输出电流为 1.5 A；如 W78M15 表示输出电压为 15 V、最大输出电流为 0.5 A；又如 W79L06，表示输出电压为 −6 V，最大输出电流为 0.1 A。

使用时要注意管脚编号，不能接错。集成稳压器接在整流滤波电路之后，最高输入电压为

35 V,一般稳压器的输入、输出间的电压差最小为 2 ~ 3 V。

固定输出集成稳压器应用之一如图 1-36 所示为固定电压输出电路,图 1-36(a)为固定正电压输出电路,图 1-36(b)为固定负电压输出电路。电路输出电压 U_O 和输出电流 I_O 的大小决定于所选的稳压器型号。图中 C_I 用于抵消输入接线较长时的电感效应,防止电路产生自激振荡,同时还可消除电源输入端的高频干扰,通常取 0.33 μF。C_O 用于消除输出电压的高频噪声,改善负载的瞬态响应,即在负载电流变化时不至于引起输出电压的较大波动,通常取 0.1 μF。

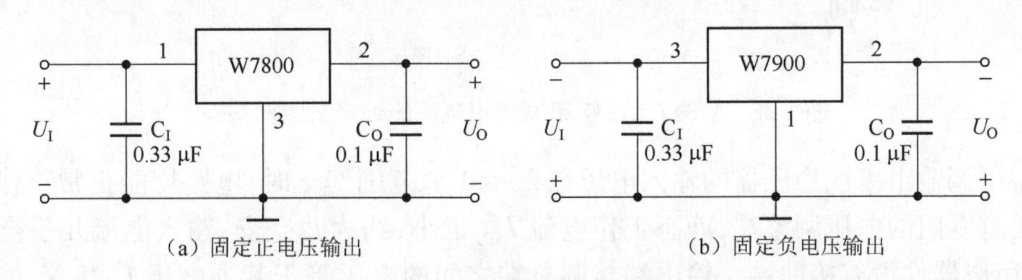

图 1-36　固定输出电压稳压电路

固定输出集成稳压器应用之二如图 1-37 所示为固定输出正、负电压的稳压电路,若将 W7900 与 W7800 相配合,可以得到正、负电压输出的稳压电源电路。图中电源变压器二次电压 u_{21} 与 u_{22} 对称,均为 24 V,中点接地。VD_5、VD_6 为保护二极管,用来防止稳压器输入端短路时输出电容向稳压器放电而损坏稳压器。VD_7、VD_8 也是保护二极管,正常工作时处于截止状态,若 W7900 的输入端未接入输入电压,W7800 的输出电压通过负载 R_L 接到 W7900 的输出端,使 VD_8 导通,从而使 W7900 的输出电压钳位在 0.7 V,避免其损坏。VD_7 的作用同理。图 1-37 电路中采用的是 W78M15 和 W79M15,使输出获得 ±15 V 的电压。

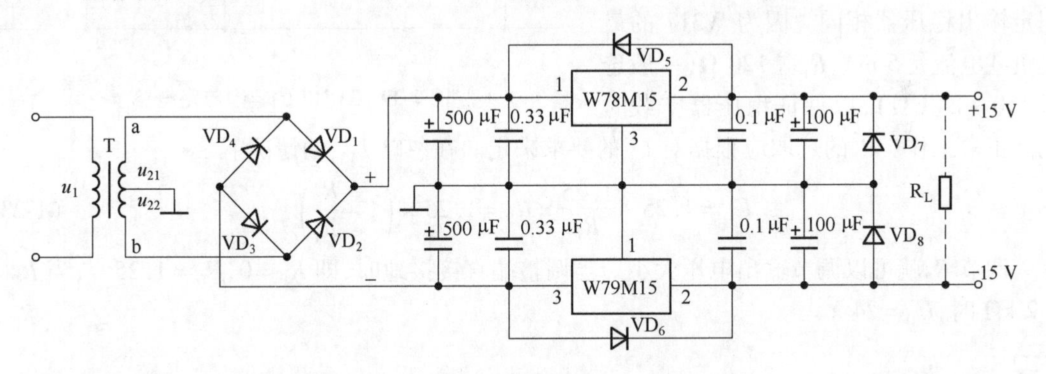

图 1-37　输出正、负电压 15 V 的稳压电路

2. W317、W337 系列三端可调输出集成稳压器

三端可调输出集成稳压器是在 W7800、W7900 的基础上发展而来,它有输入端、输出端和电压调整端 ADJ 三个接线端子,如图 1-38 所示为 W317、W337 系列三端可调输出集成稳压器的外形和图形符号。三端可调输出集成稳压器典型产品有 W117、W217 和 W317 系列,它们为正电压输出;负电压输出有 W137、W237 和 W337 系列。W117、W217 和 W317 系列的内部电路基本相同,仅是工作温度不同。"1"为军品级,金属外壳或陶瓷封装,工作温度范围 −55 ℃~ +150 ℃;"2"为工业品级,金属外壳或陶瓷封装,工作温度范围 −25 ℃~ +150 ℃;"3"为工业品级,多为塑料封装,工作温度范围 0 ℃~125 ℃。输出电流也分三挡,L 系列为 0.1 A、M 系列

为0.5 A、无字母表示1.5 A。

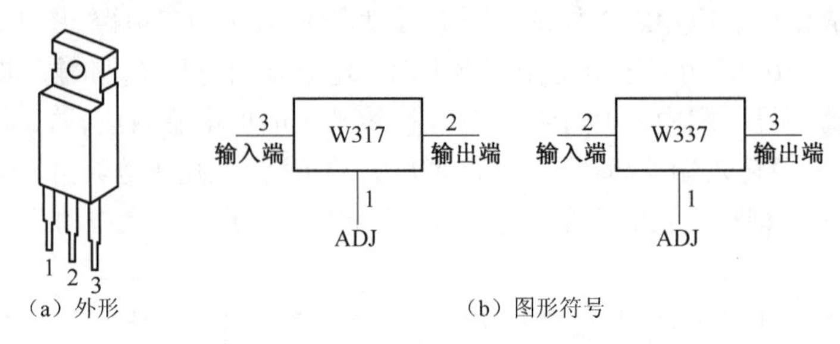

（a）外形　　（b）图形符号

图1-38　W317、W337可调输出稳压器外形与图形符号

三端可调输出集成稳压器的输入电压在2～40 V范围变化时，电路均能正常工作。集成稳压器设有专门的电压调整端，静态工作电流I_{ADJ}很小，约为几毫安，输入电流几乎全部流到输出端，所以器件没有接地端。输出端与调整端之间的电压等于基准电压1.25 V，如果将调整端直接接地，输出电压就为固定的1.25 V。在电压调整端外接电阻R_1和电位器R_P，就能使输出电压在一定范围内连续可调。

如图1-39是W317的典型应用电路。图中R_1和R_P组成取样电路；C_2为交流旁路电容，用以减少R_P取样电压中的纹波；C_4为输出端的滤波电容；VD_2是保护二极管，用于防止输出端短路时C_2放电而损坏稳压器。VD_1、C_1、C_3的作用与固定输出稳压器相同。因为W317的最小负载电流是5 mA，R_1取120 Ω（一般选取120～240 Ω），以保证稳压器空载时也能正常工作。R_P的选取应根据对U_O的要求来定。在忽略I_{ADJ}的情况下

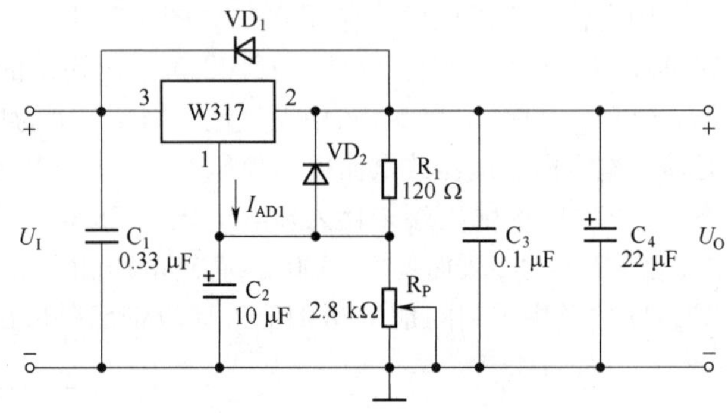

图1-39　W317的典型应用电路

$$U_O = 1.25 + \frac{1.25}{R_1} \times R_P = 1.25 \times \left(1 + \frac{R_P}{R_1}\right) \tag{1-23}$$

调节R_P就可以调节输出电压大小。当调整端直接接地时，即$R_P = 0$，$U_O = 1.25$ V；当$R_P = 2.2$ kΩ时，$U_O = 24$ V。

实作

实作一　用万用表检测半导体二极管

（一）实作目的

1. 掌握二极管管脚的识别与测定方法。
2. 掌握万用表的正确使用方法。
3. 培养良好的操作习惯，提高职业素质。

（二）实作器材

实作器材见表1-1。

表 1-1　实作器材

器材名称	规格型号	数量
数字万用表	VC890C +	1
指针万用表	MF-47	1
半导体二极管	1N4007、1N4148	各 1

（三）实作前预习

1. 万用表欧姆挡的内部等效电路

指针式欧姆挡的等效电路如图 1-40 所示，数字式欧姆挡的等效电路如图 1-41 所示。E 为万用表内部电池，r 为等效电阻。由图 1-40 可知，指针式万用表的黑表笔接内电源正极，红表笔接内电源负极。由图 1-41 可知，数字式万用表的红表笔接内电源正极，黑表笔接内电源负极。

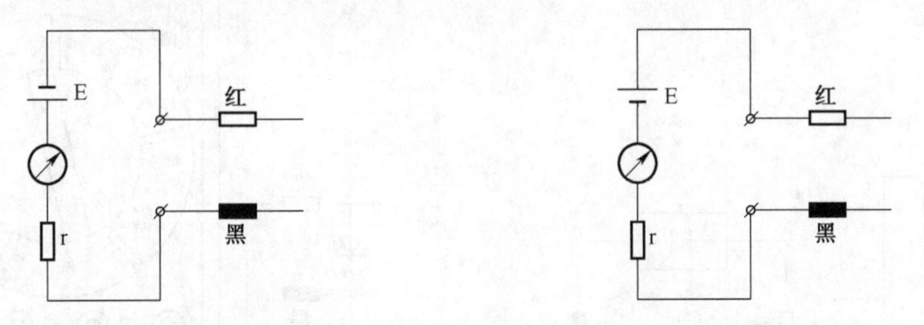

图 1-40　指针式万用表欧姆挡的内部等效电路　　图 1-41　数字式万用表欧姆挡的内部等效电路

2. 判断二极管的极性

若红表笔接二极管的负极、黑表笔接二极管的正极，则二极管处于正向导通状态，呈现低电阻，阻值约在几十欧姆至几千欧姆。反之二极管处于反向截止状态，阻值将达几百千欧。根据两次测得的阻值大小就可以判断出二极管的极性。通常要求二极管正向电阻越小越好，而反向电阻应大于 200 kΩ 以上为好。

3. 判断二极管的质量

若两次测得的阻值均小则二极管内部短路；若两次测得的阻值均很大或为无穷大，则二极管内部开路；若两次测得的阻值差别较小，说明二极管是劣质管；若两次测得的阻值差别很大，说明二极管特性较好。一般硅管正向电阻为几千欧，锗管正向电阻为几百欧。

（四）实作内容及步骤

1. 用指针式万用表检测

指针式万用表测试二极管示意图如图 1-42 所示，将两表笔分别接到二极管的两端。

（1）在万用表 $R\times1\text{k}$ 挡或 $R\times100$ 挡进行测量。

（2）正、反向电阻各测一次。

（3）检测质量。

（4）检测极性：在质量检测合格的情况下，任意选择在正向导通状态或反向截止状态下判定二极管的 P 极和 N 极。

(5)将测试结果记录在表 1-2 中。

2. 用数字式万用表检测

数字式万用表测试二极管示意图如图 1-43 所示，将两根表笔分别接到二极管的两端。在 ⊳|·))) 挡进行测量，此时数字万用表显示的是二极管的管压降(单位:mV)。

(1)正常情况下，正向测量时压降为 150～800 mV，反向测量时为溢出标志“1.”。

(2)正向压降范围为 150～300 mV，则所测二极管是锗管；正向压降范围为 500～800 mV，则所测二极管是硅管。

(3)正反测量压降均显示“0”，说明二极管短路。正反测量压降均显示溢出“1.”，说明二极管开路(某些硅堆正向压降有可能显示溢出)。

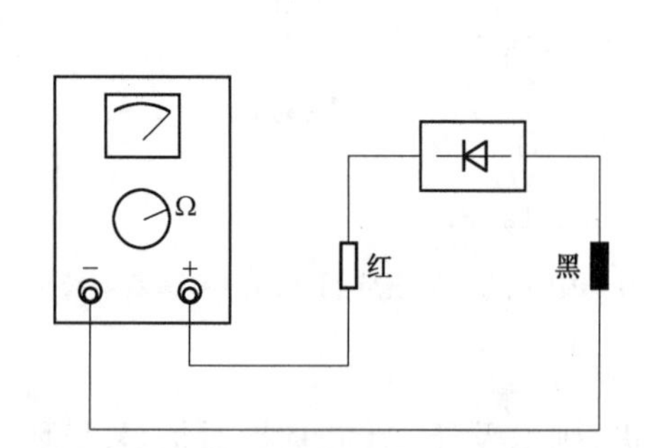

图 1-42　指针式万用表测试二极管示意图

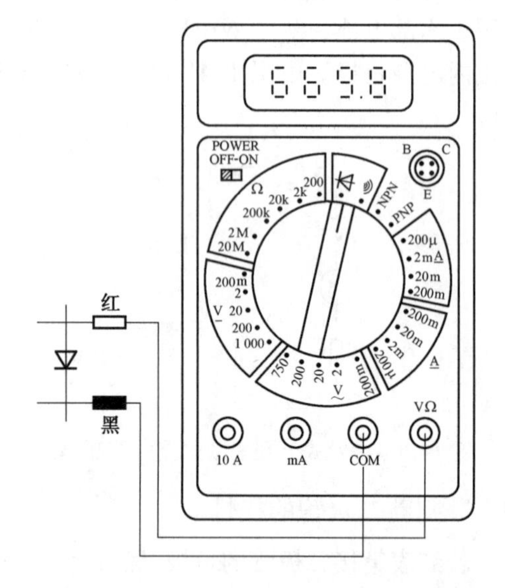

图 1-43　数字式万用表测试二极管示意图

(五)测试与观察结果记录

将测试与观察结果记录于表 1-2。

表 1-2　测试

量程(Ω)	阻值	
	正向电阻	反向电阻
$R\times100$		
$R\times1\ \mathrm{k}$		
极　性	正向电阻时，黑表笔接二极管____极，红表笔接二极管____极	

(六)实作注意事项

(1)切忌将指针式万用表和数字式万用表的红、黑表笔电源极性弄反。

(2)切忌将半导体二极管内部短路和断路状态弄反。

(七)回答问题

(1)如何用指针式万用表和数字式万用表检测同一只半导体二极管?

(2)如何检测半导体二极管质量?
(3)如何判定半导体二极管的管脚极性?
(4)如何区分两个不同材料的半导体二极管?

实作二　单相整流滤波电路的连接与测试

(一)实作目的

1. 进一步掌握单相桥式整流电容滤波集成稳压电路的基本结构及工作原理。
2. 掌握单相桥式整流电容滤波集成稳压电路的直流输出计算、观察与测试。
3. 学习电路的简单故障分析与处理。
4. 培养良好的操作习惯,提高职业素质。

(二)实作器材

实作器材见表1-3。

表1-3　实作器材

器材名称	规格型号	电路符号	数量
单相变压器	220 V/6 V	T	1
熔断器	0.5 A	FU	1
整流二极管	1N4007	$VD_1 \sim VD_4$	4
电解电容	220 μF或1 000 μF、47 μF	C_1、C_4	各1
电容	0.33 μF、0.1 μF	C_2、C_3	各1
三端集成稳压器	CW7805	IC	1
负载电阻	120 Ω/2 W	R_L	1
双踪示波器	YB43025	—	1
数字万用表	VC890C+	—	1
导线	—	—	若干

(三)实作前预习

直流稳压电源主要由电源变压器、整流电路、滤波电路和稳压电路四部分组成。

1. 电源变压器

电源变压器将交流电源电压u_1变换为整流电路所需要的二次交流电压u_2。

2. 整流电路

利用整流二极管的单向导电性将二次交流电u_2变换为单一方向的脉动直流电。

3. 滤波电路

整流后的脉动直流电仍含有交流成分,滤波电路则是进一步滤除脉动直流电中的交流成分,保留直流成分,使直流电压波形变得平滑,从而提高直流电的质量。

4. 稳压电路

稳压电路能在电网电压波动或负载发生变化(负载电流变化)时,通过电路内部的自动调节，维持稳压电源直流输出电压基本不变，即保证输出直流电压得以稳定。

（四）实作内容及步骤

1. 实作电路（图1-44）

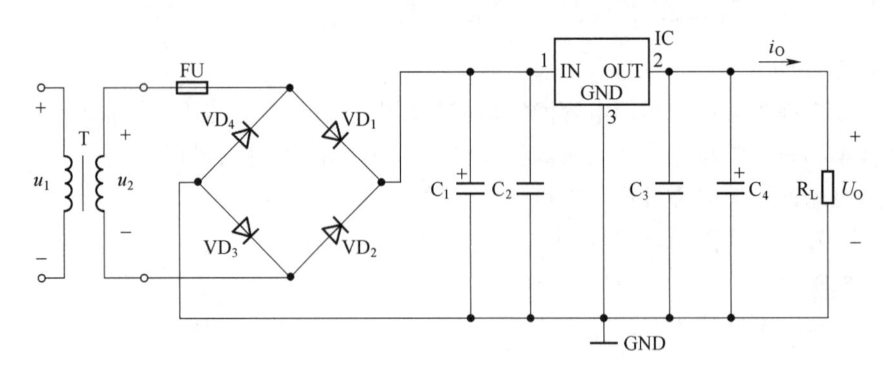

图1-44　直流稳压电源电路接线图

2. 安装调试

如图1-44所示，按照正确方法安装电路。用万用表直流电压挡测试负载电阻R_L两端输出直流电压值U_0，用示波器观察输出电压的波形。

3. 分别测试整流电路、滤波电路

（1）单相桥式整流电路测试

如图1-45所示，用万用表交流电压挡测试变压器二次电压有效值U_2；用示波器观察输出电压的波形；用万用表直流电压挡测试负载电阻R_L两端输出直流电压的平均值U_{Oav}。将测试结果和观察结果填入表1-4中。

（2）单相桥式整流电容滤波电路测试

如图1-46所示，用万用表交流电压挡测试变压器二次电压有效值U_2；用示波器观察输出电压的波形；用万用表直流电压挡测试负载电阻R_L两端输出直流电压的平均值U_{Oav}。将测试结果和观察结果填入表1-5中。

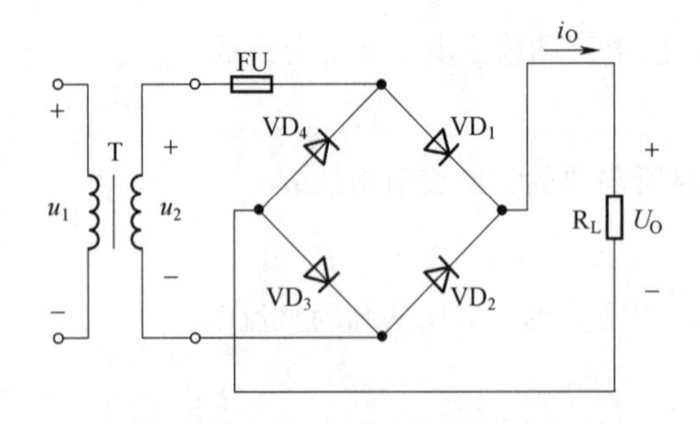

图1-45　单相桥式整流电路接线图

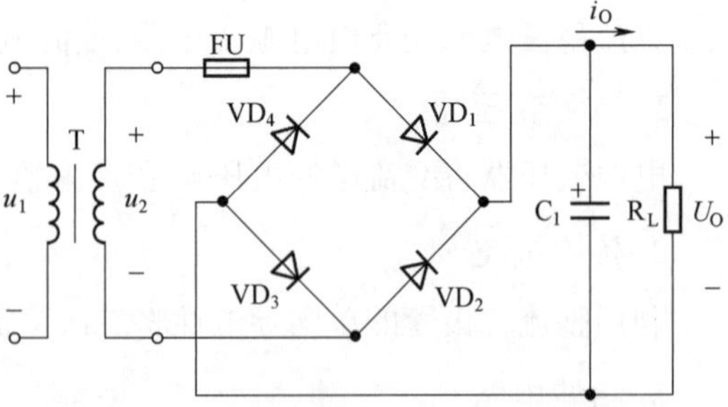

图1-46　单相桥式整流电容滤波电路接线

（五）测试与观察结果记录

将测试与观察结果记录于表1-4、表1-5。

表 1-4　测试 1

电网电压/V	变压器二次电压/V	输出直流电压/V	输出直流电压波形
220			u_O O t

表 1-5　测试 2

电网电压/V	变压器二次电压/V	输出直流电压/V	输出直流电压波形
220			u_O O t

（六）实作注意事项

(1) 切忌将交流电源两端短路。

(2) 切忌将任意一只二极管的极性接反。

(3) 切忌将负载两端(输出端)短路。

(4) 切忌将滤波电容器的极性接反。

(5) 切忌将三端固定输出集成稳压器的管脚接错。

（七）回答问题

(1) 如果单相桥式整流电路输出电压波形变成了半波,可能发生了什么故障?

(2) 如果单相桥式整流电容滤波电路输出电压波形变成了半波,可能发生了什么故障?

(3) 变压器二次电压、电容 C_1 两端电压及输出电压分别用什么仪表测量?

(4) 变压器二次电压、电容 C_1 两端电压、输出电压之间为什么关系?

(5) 接入电容值小的 C_1、阻值小的 R_L 和接入电容值大的 C_1、阻值大的 R_L,输出有什么不同?

实作考核评价

项目	步骤	分数	序号	考核内容及评分标准	配分	扣分	得分	备注
单相桥式整流电容滤波电路连接测试	电路连接与实现	50	1	正确选择元器件:元件选择错误一个扣 2 分,直至扣完为止	5			
			2	导线测试:导线不通引起的故障不能自己查找排除,一处扣 1 分,直至扣完为止	10			
			3	元件测试:接线前先测试电路中的关键元件,如果在电路测试时出现元件故障不能自己查找排除,一处扣 2 分,直至扣完为止	5			
			4	正确接线:每连接错误一根导线扣 1 分,直至扣完为止	10			
			5	用示波器观察输出波形:调试电路,示波器操作错误扣 5 分,不能看到整流输出信号波形扣 5 分,不能看到电容滤波输出波形扣 5 分,直至扣完为止	20			
	测试	20	6	用万用表分别测量交、直流电压:正确使用万用表进行电源电压及输出电压测量,并填表,每错一处扣 5 分;万用表操作不规范扣 5 分,直至扣完为止	20			
	回答	10	7	原因描述合理	10			
	整理	10	8	规范操作,不可带电插拔元器件,错误一次扣 5 分	5			
			9	正确穿戴,文明作业,违反规定,每处扣 2 分	2			
			10	操作台整理,测试合格应正确复位仪器仪表,保持工作台整洁,每处扣 3 分	3			
时限		10		时限为 45 min,每超 1 min 扣 1 分,直至扣完为止	10			
合计					100			

注意: 操作中出现各种人为损坏,考核成绩不合格且按照学校相关规定赔偿。

本章小结

1. 常用半导体材料有硅、锗等，半导体的载流子有两种：自由电子（带负电）和空穴（带正电），这是它与导体的本质区别。杂质半导体有N型和P型两种，N型半导体的多数载流子是电子，少数载流子是空穴。P型半导体的多数载流子是空穴，少数载流子是电子。多数载流子的浓度与掺杂有关，少数载流子的浓度与温度密切相关。PN结是构成半导体器件的基础。PN结具有单向导电性。

2. 半导体二极管由1个PN结构成。它的伏安特性体现了PN结的单向导电性，即正偏时导通，表现出很小的正向电阻，一般硅管的导通电压约为0.7 V，锗管的导通电压约为0.3 V；二极管反偏时截止，反向电流极小，则说明其有很大的反向电阻。二极管的主要参数有最大整流电流、最高反向工作电压、反向电流、最高工作频率等。硅稳压二极管、发光二极管等都属于特殊用途的二极管，稳压二极管是利用它在反向击穿状态下的恒压特性来工作；发光二极管能将电信号转换成光信号。

3. 直流稳压电源是电子设备的重要部件之一，小功率直流稳压电源一般由电源变压器、整流、滤波和稳压等环节组成。对直流电源的要求是当输入电压变化及负载变化时，输出电压应保持稳定。

4. 利用二极管的单向导电性将工频交流电变为单一方向的脉动直流电，称为整流。整流电路广泛采用桥式整流电路。

5. 滤波电路能消除脉动直流电压中的纹波电压，提高直流输出电压质量。电容滤波适用于小电流负载及电流变化小的场合，电容滤波对整流二极管的冲击电流大；电感滤波适用于大电流负载及电流变化大的场合，电感滤波对整流二极管的冲击电流小。电容和电感组成的复式滤波效果更好，其中LCπ型效果最好。

6. 稳压电路能在交流电源电压波动或负载变化时稳定直流输出电压。稳压管稳压电路最简单，但受到一定限制。串联型稳压电路是直流稳压电路中最为常用的一种，它一般由调整管、取样电路、基准电压和比较放大电路等环节组成，利用反馈控制调节调整管的导通状态，从而实现对输出电压的调节。尽管因串联型稳压电路的调整管工作在线性放大状态，管耗大、效率较低，但作为一般电子设备中的电源，使用还是十分方便的，应用场合比较多。线性集成稳压器的稳压性能好、品种多、使用方便、安全可靠，可依据稳压电源的参数要求选择其型号，尤其是调试组装方便，因此使用较为普遍。

综合练习题

1. 填空题

(1) 电子技术基础包含__________和__________两部分。

(2) 半导体具有__________特性、__________特性和__________特性。

(3) 在本征半导体内掺入微量三价硼元素后形成__________半导体，其多子为__________、少子为__________。

(4)在本征半导体内掺入微量五价磷元素后形成__________半导体,其多子为__________、少子为__________。

(5)一个半导体二极管由__________个PN结构成,PN结具有__________性。

(6)直流电源主要由__________、__________、__________、__________四部分组成。

(7)整流电路是利用二极管的__________,将正弦交流电转换为__________直流电。

(8)滤波电路有__________滤波、__________滤波和__________滤波。

(9)稳压电路有__________型稳压电路、__________型稳压电路和__________稳压电路。

(10)串联型线性稳压电源主要包括__________、__________、__________、__________四个环节。

2. 判断题

(1)少数载流子引起的反向饱和电流会随着温度的增加而增大。 (　)

(2)半导体二极管只要工作在反向区,一定会截止。 (　)

(3)整流就是利用二极管将直流电变成交流电。 (　)

(4)整流电路后加滤波电路,是为了改善输出电压的脉动程度。 (　)

(5)单相桥式整流电路中流过每只整流二极管的工作电流i_D就是输出电流i_O。 (　)

(6)单相桥式整流电路的输出电压值是单相半波整流电路的输出电压值的$\sqrt{2}$倍。

(　)

(7)电容滤波适用于负载电流较小且负载不常变化的场合。 (　)

(8)动车组中的大电流滤波选用电感滤波元件。 (　)

(9)三端集成稳压器的W7812的输出电压为交流有效值12 V。 (　)

3. 选择题

(1)PN结是在P型半导体和N型半导体紧密结合的______形成的一个空间平衡电荷区。

A. P型半导体区　　　　B. N型半导体区

C. 交界处　　　　D. 整个P区与N区

(2)必须反向击穿工作的电子元器件是______。

A. 发光二极管　　　　B. 晶体管

C. 场效应晶体管　　　　D. 稳压二极管

(3)用万用表$R\times1\text{k}$挡检测某一个二极管时,发现其正向、反向电阻都很小,可以判定该二极管属于______。

A. 短路状态　　B. 完好状态　　C. 极性搞错　　D. 断路状态

(4)用万用表欧姆挡的不同挡位测量某一个二极管时,发现其正向电阻值会不同,是因为二极管属于______。

A. 线性元件　　B. 非线性元件　　C. 坏了　　D. 极性搞错

(5)稳压二极管工作时必须接入限流______,才能使其流过的反向电流在$I_{Z\min}\sim I_{Z\max}$范围内变化,起到稳压作用。

A. 电容　　B. 电感　　C. 电阻　　D. 二极管

(6)经整流滤波后的电压会随交流电源电压波动和负载变化而变化,因此需要进一步______。

A. 稳压　　B. 整流　　C. 滤波　　D. 分压

(7)单相半波整流电容滤波电路,如果变压器副边电压有效值 $U_2=10$ V,则正常工作时负载电压 U_E 约为______。

A. 12 V　　B. 4.5 V　　C. 9 V　　D. 10 V

(8)在单相桥式整流电路中,已知交流电压 $u_2=10\sin\omega t$(V),则每只整流二极管承受的最大反向电压是______V。

A. 10　　B. $10\sqrt{2}$　　C. $\frac{10}{\sqrt{2}}$　　D. $\frac{10}{\sqrt{2}}\times 0.9$

(9)若电源变压器副边电压有效值为 U_2,则滤波电容 C 所承受的最大工作电压是______。

A. $2\sqrt{2}U_2$　　B. U_2　　C. $\sqrt{2}U_2$　　D. $1.2U_2$

(10)三端集成稳压器 W7812 输出______稳定直流电压。

A. +78 V　　B. −12 V　　C. −78 V　　D. +12 V

4. 分析计算

(1)如图 1-47 所示为理想二极管的应用电路,试说明二极管的工作状态,并计算 U_O 值。

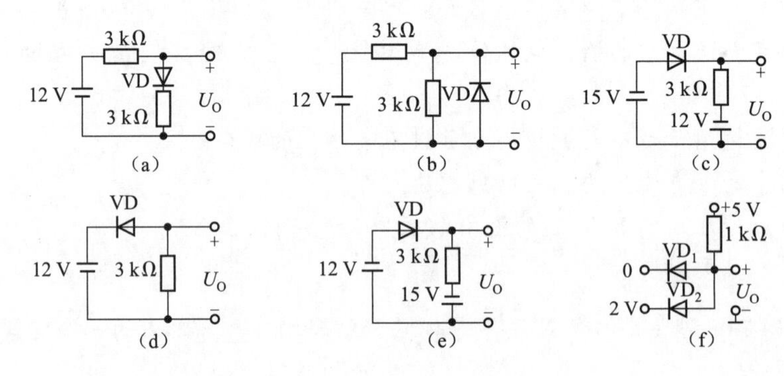

图 1-47　题 4-(1)图

(2)集成稳压器组成的稳压电源如图 1-48(a)、(b)所示,忽略静态电流 I_W 和 I_{ADJ},试分别求出在正常输入电压下的输出电压 U_O;稳压器的输入电压选取几伏?

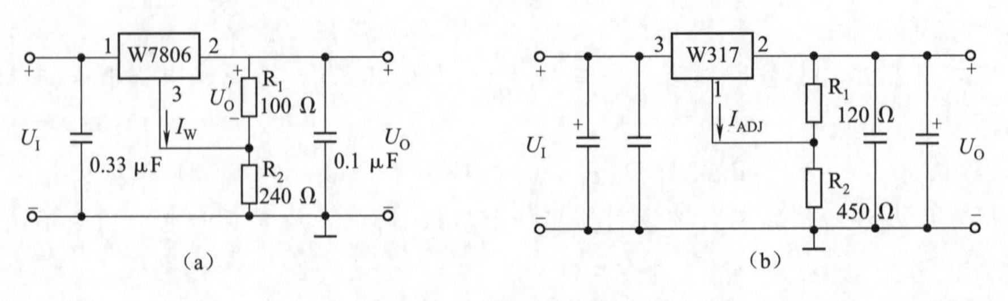

图 1-48　题 4-(2)图

5. 分析故障

(1)如图 1-49 所示为单相整流电容滤波电路,已知变压器副边电压有效值为 6 V,若用万

用表直流电压挡测得:

①输出直流电压约为2.7 V。

②输出直流电压约为5.4 V。

③输出直流电压约为6 V。

④输出直流电压约为8.4 V。

试分析电路有无故障?可能是什么故障?若接通电源后发现变压器及二极管烧毁,试分析电路可能发生了什么故障?

(2)当手机充电结束,直接将手机从充电器拔下来,而充电器仍然插在电源插座上(通电),此时充电器相当于什么工作状态?

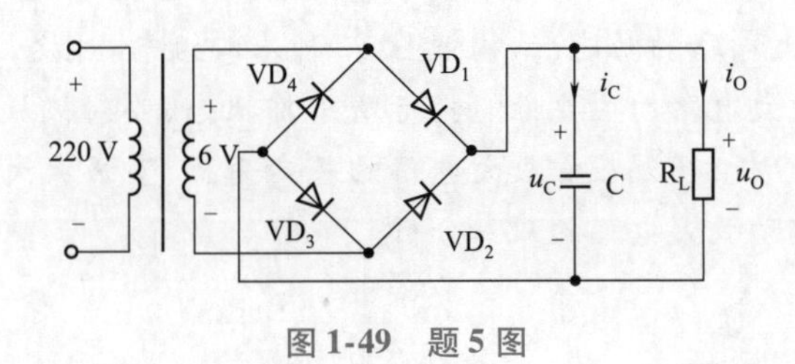

图1-49　题5图

第二章 放大电路的基本分析

本章介绍半导体三极管的结构、符号、电流分配关系和电流放大作用、伏安特性、主要参数，常用特殊三极管，放大电路的功能、结构框图、三种基本组态、对放大电路的要求、放大电路的电压电流符号规定，放大电路的主要性能指标及工作状态，共射极放大电路的基本分析，共集电极放大电路的基本分析，场效应管放大电路的基本分析，多级放大电路的基本分析，功率放大电路的基本分析，差动放大电路的基本分析。

能力目标

1. 能简单识别、检测半导体三极管。
2. 能完成低频小信号放大电路的基本制作与测试。
3. 能查找和处理低频小信号放大电路的常见故障。

知识目标

1. 熟悉半导体三极管及其主要参数。
2. 熟悉放大电路的功能、结构框图、三种基本组态、电压电流符号规定，主要性能指标及工作状态。
3. 掌握半导体三极管的低频小信号基本放大电路及其主要性能指标的分析计算。
4. 了解场效应管基本放大电路及其工作。
5. 熟悉多级放大基本电路及其基本计算。
6. 熟悉 OCL 和 OTL 低频功率基本放大电路及其基本计算。
7. 熟悉差动基本放大电路及其基本工作。

第一节 半导体三极管

半导体三极管又称晶体三极管、晶体管或双极型半导体三极管，文字符号 BJT，它是放大电路最关键的元件。由 BJT 组成的放大电路广泛应用于各种电子设备。

知识点一 半导体三极管的结构和符号

（一）结构和符号

如图 2-1(a)所示为半导体三极管的结构示意图，它是在一块本征半导体中掺入不同杂质制成两个 PN 结，并引出三个电极。按三层半导体的组合方式可分为 NPN 型管和 PNP 型管。一个三极管的基本结构包括：三个区(发射区、集电区、基区)、两个 PN 结(集电结、发射结)、三个电极(基极 B、发射极 E、集电极 C)。发射区与基区交界处形成的 PN 结称为发射结,集电区与基区交界处形成的 PN 结称为集电结。

半导体三极管的内部结构特点是:发射区掺杂浓度最高,以利于发射多数载流子;基区掺杂浓度最低且很薄(μm 量级),以利于载流子越过基区;集电结面积大,便于收集发射区发射过来的载流子以及散热。因此使用时集电极与发射极不能互换。半导体三极管的内部结构特点是三极管具有电流放大能力的内部条件。如图 2-1(b)所示为半导体三极管的图形符号示意图,其中带箭头的电极是发射极,箭头方向表示了发射结正向偏置时的实际电流方向。

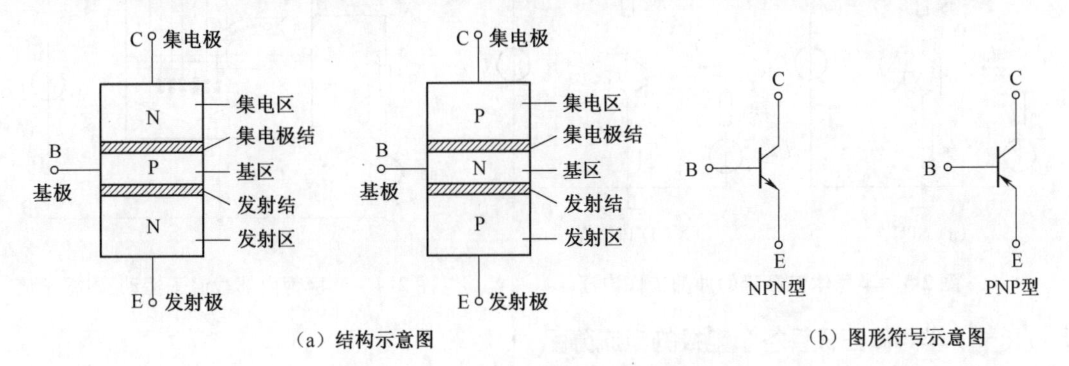

图 2-1　半导体三极管的结构和图形符号

(二)分类

半导体三极管按结构可分为 NPN 管和 PNP 管;按材料不同可分为硅管和锗管,一般 NPN 型多为硅管,PNP 型多为锗管;按工作频率可分为低频管(3 MHz 以下)和高频管(3 MHz 以上);按耗散功率可分为大功率管、中功率管、小功率管;按用途可分为放大管和开关管等。

(三)外形

常见半导体三极管的外形结构如图 2-2 所示。功率不同的半导体三极管,其体积、封装形式也不相同,小、中功率管多采用塑料封装;大功率管采用金属封装并做成扁平形状且有螺钉安装孔,能使其外壳和散热器连成一体,便于散热。

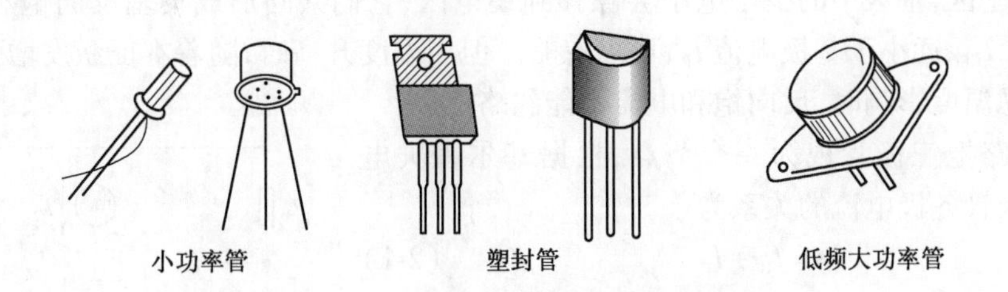

图 2-2　半导体三极管的几种常见外形

知识点二　半导体三极管电流分配关系和电流放大作用

半导体三极管实现放大作用的外部工作条件是发射结正向偏置,集电结反向偏置。NPN 管与 PNP 管的外部工作条件和工作原理都相同,只是外加偏置电压的极性和各极电流方向相反,NPN 型半导体三极管工作时电源接线如图 2-3(a)所示,PNP 型半导体三极管工作时电源接线如图 2-3(b)所示。图中电源 U_{BB}通过基极电阻 R_b 为发射结提供正向偏压,产生基极电流 I_B;电源

通过集电极电阻 R_c 为集电极提供电流 I_C。我们以 NPN 管为例分析半导体三极管的放大作用，如图 2-4 所示为 NPN 管共发射极放大电路的内部载流子运动和各电极电流的示意图。

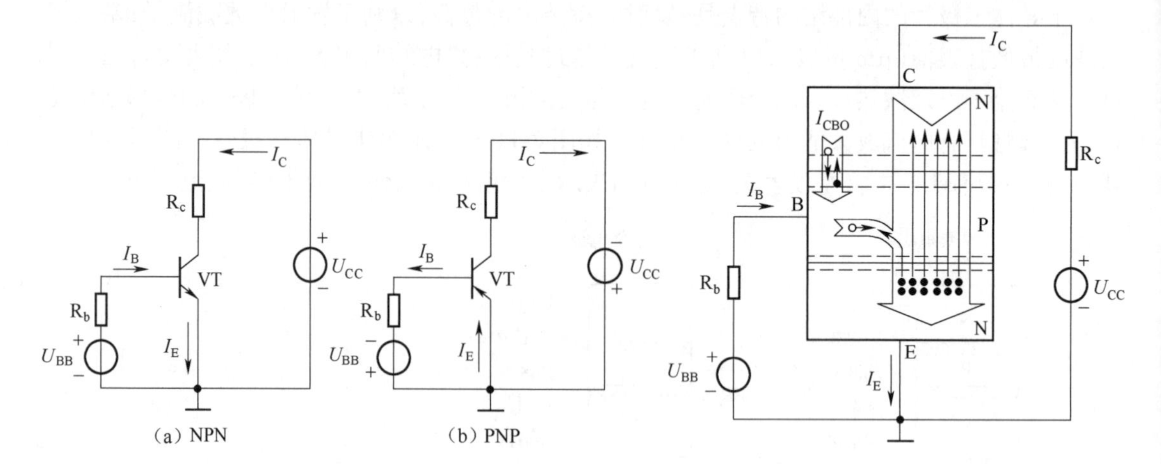

图 2-3　半导体三极管的外部工作电压

图 2-4　三极管内部载流子运动、各极电流

(一) 半导体三极管各个电极的电流分配

如图 2-4 所示为在外加电压作用下半导体三极管内部载流子的运动及电流分配关系。图中电源 U_{BB} 给发射结提供外加正向偏置电压，发射结因正偏而变窄，有利于多数载流子的扩散运动，使发射区的多数载流子电子不断注入基区，并不断从电源得到补充，形成发射极电流 I_E，I_E 主要由从发射区注入基区的电子形成，基区注入发射区的空穴量可忽略不计；电子从发射区注入基区后，其中极少量的电子与基区的空穴复合，形成基极电流 I_B，而绝大多数电子继续被送到集电结的边缘。这时，电源 U_{CC} 使集电结处于反向偏置状态，使得扩散到基区靠近集电结边缘的电子很快漂移到了集电区，形成集电极电流 I_C。需要说明的是，发射区注入基区的电子总数中，复合量占多大比例、被送到集电结边缘的数量占多大比例，在半导体三极管制成后这个比例关系就确定了。

另外，在图中还可以看到因集电结反偏，促进少数载流子的漂移运动，集电区中的少子空穴会漂移到基区，基区中的少子电子会漂移到集电区，它们共同形成集基反向饱和电流 I_{CBO}。一般情况下，I_{CBO} 远小于基极电流 I_B，可以忽略。但当温度升高时，随着本征激发增强，I_{CBO} 将增大，因此考虑温度影响时，反向饱和电流不能忽略。

从外电路把三极管视为一个节点，根据基尔霍夫电流定律，三极管各极电流的关系为

$$I_E = I_B + I_C \tag{2-1}$$

I_B、I_C、I_E 之间除了满足上述关系外，还存在一定的分配关系，我们主要学习 I_C 与 I_B 的比例分配关系。实验电路如图 2-5 所示为半导体三极管共用发射极接法的放大电路，因发射极是输入回路和输出回路的公共端，所以称“共发射极”放大电路，简称共射极。调节电位器 R_P，可以使基极电流 I_B 发生变化，测量结果见表 2-1。

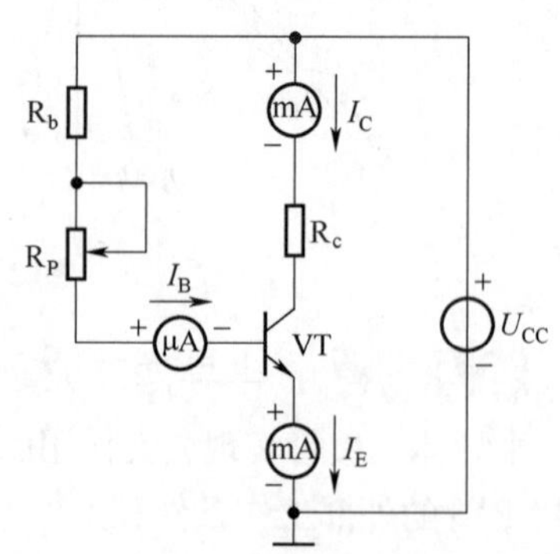

图 2-5　各极电流关系测试实验电路图

表 2-1　各极电流关系测试实验结果

$I_B/\mu A$	0	20	40	60	80	100
I_C/mA	<0.01	0.70	1.50	2.30	3.10	3.95
I_E/mA	<0.01	0.72	1.54	2.36	3.18	4.05

表 2-1 中的实验数据验证了式(2-1)的各极电流关系。

(二)半导体三极管的电流放大作用

从表 2-1 中的实验数据还可以看出:

(1)$I_C \gg I_B$,I_C与I_B的比例关系用共发射极直流电流放大系数$\bar{\beta}$来描述,$\bar{\beta}$定义为

$$\bar{\beta}=\frac{I_C}{I_B} \tag{2-2}$$

则

$$I_C=\bar{\beta}I_B \tag{2-3}$$

$$I_E=I_B+I_C=I_B+\bar{\beta}I_B=(1+\bar{\beta})I_B \tag{2-4}$$

若考虑反向饱和电流I_{CBO}的影响,则

$$I_C=\bar{\beta}I_B+(1+\bar{\beta})I_{CBO}=\bar{\beta}I_B+I_{CEO} \tag{2-5}$$

I_{CEO}称穿透电流,在数值上为I_{CBO}的$(1+\beta)$倍。常温下,I_{CEO}在工程计算上可以忽略不计。

(2)调节电位器 R_P 使I_B有一微小变化ΔI_B时,会引起I_C有一较大变化ΔI_C,表明基极电流(小电流)控制着集电极电流(大电流),这就是三极管的电流放大作用。因此半导体三极管是一个电流控制器件,其电流放大实质用共发射极交流电流放大系数$\tilde{\beta}$来描述,$\tilde{\beta}$定义为

$$\tilde{\beta}=\frac{\Delta I_C}{\Delta I_B} \tag{2-6}$$

需要指出的是,半导体三极管的放大作用并不是三极管本身能凭空产生能量,而是在放大过程中控制能量的转换,真正的能量提供者是电路中的电源。

知识点三　半导体三极管的伏安特性

半导体三极管的伏安特性曲线用来表示半导体三极管各极之间的电压与各极电流的关系,它反映了半导体三极管的性能,是分析放大电路的重要依据。半导体三极管的特性曲线有输入特性曲线和输出特性曲线两种,这些特性曲线可使用晶体管特性图示仪显示出来,也可通过实验测试进行绘制。我们主要研究共发射极接法时的输入特性曲线和输出特性曲线,测试电路如图 2-6 所示。

(一)输入特性曲线

输入特性曲线是指当集电极—发射极电压u_{CE}为某一常数时,输入回路中的基极—发射极电压u_{BE}与基极电流i_B之间的关系曲线,用函数式表示为

$$i_B=f(u_{BE})\mid_{u_{CE}=\text{常数}}$$

如图 2-7 所示为 NPN 管的输入特性曲线,与二极管正向特性相似,分两种情况说明:

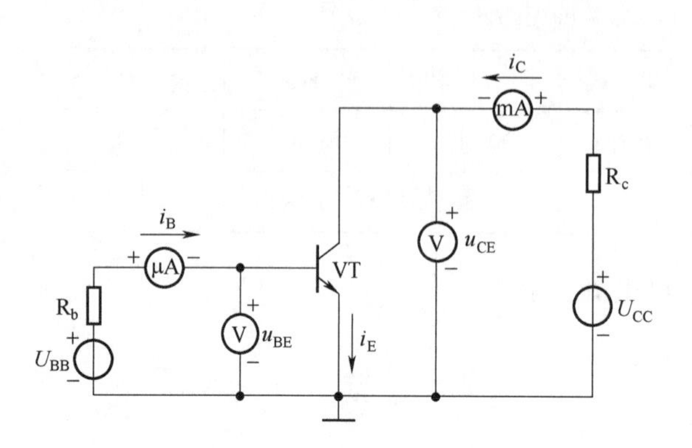

图 2-6　半导体三极管特性测试电路

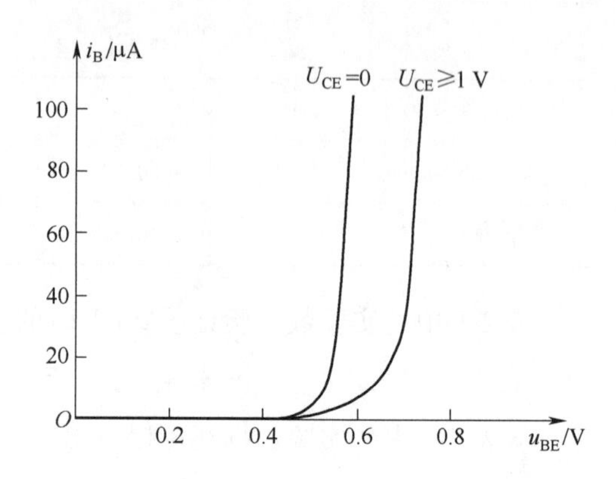

图 2-7　NPN 管的输入特性曲线

1. $u_{CE}=0$ 时

当 $u_{CE}=0$ 时，相当于集电极与发射极短接，i_B 和 u_{BE} 的关系，就是发射结和集电结并联的伏安特性。由于两个 PN 结均处于正向偏置状态，此时输入特性曲线与二极管正向特性曲线相似。

2. $u_{CE}\geqslant 1$ V 时

当 $u_{CE}=1$ V 时，发射结处于正向偏置状态，集电结处于反向偏置状态，特性曲线右移。但当 $u_{CE}>1$ V 后，继续增大 u_{CE}，曲线右移不明显，几乎与 $u_{CE}=1$ V 时的曲线重合，所以用 $u_{CE}=1$ V的曲线代表 $u_{CE}>1$ V 的所有曲线。

从图 2-7 可以看出，输入特性曲线是非线性的，也存在死区，硅管的死区电压为 0.5 V，锗管的死区电压为 0.1 ~ 0.2 V，只有在发射结电压 u_{BE} 大于死区电压时，半导体三极管才会出现基极电流 i_B。半导体三极管导通后，u_{BE} 变化不大，硅管为 0.6 ~ 0.7 V，锗管为 0.3 V 左右。这是检查放大电路中半导体三极管是否正常工作的重要依据。

（二）输出特性曲线

输出特性曲线是在基极电流 i_B 一定的情况下，半导体三极管输出回路中集电极—发射极电压 u_{CE} 与集电极电流 i_C 之间的关系曲线，用函数式表示为

$$i_C=f(u_{CE})\big|_{i_B=\text{常数}}$$

如图 2-8 所示为 NPN 管的输出特性曲线。对于不同的 i_B，都有一条曲线与之对应，所以输出特性曲线是一曲线簇。当 i_B 一定时，u_{CE} 从零逐渐增大，i_C 随之逐渐增大，在 $u_{CE}>1$ V后，特性曲线几乎与横轴平行，说明 i_C 几乎与 u_{CE} 无关、仅由 i_B 决定。此时半导体三极管具有恒流特性。当 i_B 增大时，相应的 i_C 也增大，曲线平行上移，微小的 Δi_B 引起了较大的 Δi_C。

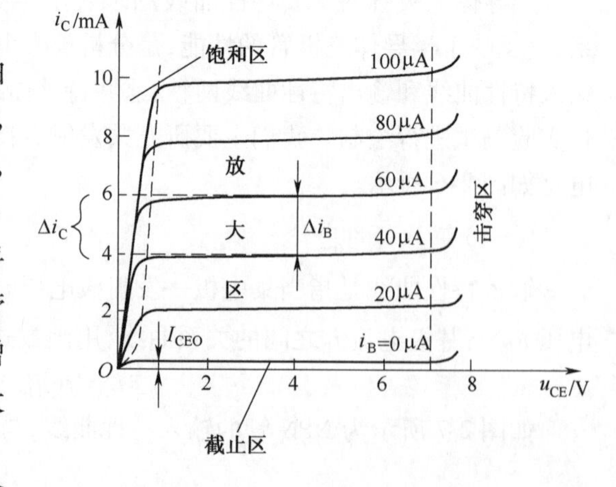

图 2-8　NPN 管的输出特性曲线

从图 2-8 中可以看到半导体三极管的输

出特性曲线被分为四个区域：

1. 截止区

$i_B=0$ 时的曲线以下区域称为截止区。半导体三极管工作在截止区的条件是：发射结反偏，集电结反偏。截止区的工作特点：基极电流 $i_B=0$，集电极电流 $i_C=I_{CEO}\approx 0$，管子处于截止状态。此时三极管相当于一个断开的开关。

2. 放大区

输出特性曲线的近似水平部分是放大区。半导体三极管工作在放大区的条件是：发射结正偏，集电结反偏。放大区的工作特点：①$I_C=\bar{\beta}I_B$，$\Delta i_C=\tilde{\beta}\Delta i_B$，曲线等间隔平行上移；②$i_B$一定时，$i_C$几乎不随 u_{CE}变化，即 i_C具有恒流特性。管子处于放大状态时，相当于一个电流控制的恒流源。

3. 饱和区

输出特性曲线呈直线上升且靠近纵轴的区域称为饱和区，u_{CE}较小（$u_{CE}<u_{BE}$）。半导体三极管工作在饱和区的条件是：发射结正偏，集电结正偏（或零偏）。饱和区的工作特点：①i_B一定时，u_{CE}稍有增加，i_C则迅速上升；②u_{CE}一定时，i_C几乎不随 i_B变化，即不受 i_B控制，半导体三极管失去放大作用，i_C“饱和”了。半导体三极管饱和时的管压降 u_{CE}值称为饱和压降 U_{CES}，U_{CES}很小，小功率管硅管 $U_{CES}\approx 0.3$ V、锗管 $U_{CES}\approx 0.1$ V。处于饱和状态的三极管相当于一个闭合的开关。

以上三个区域为半导体三极管的正常工作区，工作在饱和区和截止区时，具有“开关”特性，常用于数字电路；工作在放大区时具有“电流放大”特性，用于模拟电路。半导体三极管具有“开关”和“放大”两大功能。

4. 击穿区

输出特性曲线的最右边向上弯曲的区域称为击穿区。当 u_{CE}增大到超过某一值后，i_C开始剧增，这个现象称为一次击穿。半导体三极管一次击穿后，集电极电流突增，只要电路中有合适的限流电阻，击穿电流不太大，如果时间很短，管子不至于烧毁；在减小 u_{CE}后，半导体三极管能恢复正常工作，一次击穿是可逆的。

知识点四　半导体三极管的主要参数

（一）电流放大系数

1. 共发射极直流电流放大系数$\bar{\beta}$

当半导体三极管接成共发射极电路，在静态（无输入信号）时集电极电流 I_C（输出电流）与基极电流 I_B（输入电流）的比值，见式(2-2)。

2. 共发射极交流电流放大倍数$\tilde{\beta}$（h_{fe}）

当半导体三极管接成共发射极电路，在动态（有输入信号）时，基极电流变化量 Δi_B与它引起的集电极电流变化量 Δi_C之间的比值称为交流电流放大系数，见式(2-6)。

$\bar{\beta}$ 和 $\tilde{\beta}$ 的含义虽然不同，但是对于同一个半导体三极管，在工程计算上可以近似认为 $\bar{\beta}\approx\tilde{\beta}=\beta$。

（二）极间反向电流

极间反向电流的大小，反映了半导体三极管质量的优劣，直接影响着半导体三极管工作的稳定性，使用时总是希望反向电流越小越好。

1. 集电极—基极反向饱和电流 I_{CBO}

I_{CBO}是半导体三极管的发射极开路时，集电极和基极间的反向漏电流，称为反向饱和电流，受温度影响大。小功率硅管的 $I_{CBO}<1\ \mu A$，锗管的 $I_{CBO}<10\ \mu A$。I_{CBO}的测量电路如图2-9(a)所示。

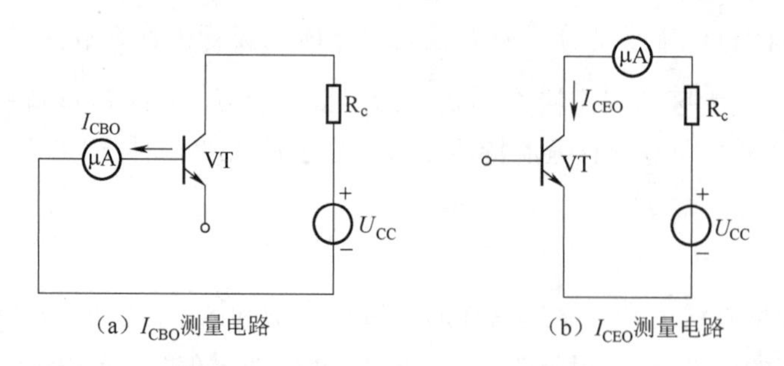

(a) I_{CBO}测量电路　　(b) I_{CEO}测量电路

图 2-9　极间反向电流的测量电路

2. 穿透电流 I_{CEO}

I_{CEO}为基极开路时，由集电区穿过基区流入发射区的穿透电流，在数值上它是 I_{CBO}的$(1+\bar{\beta})$倍，故温度变化对 I_{CEO}的影响更大，从而影响 I_C，见式(2-5)。I_{CEO}的测量电路如图2-9(b)所示。

（三）极限参数

极限参数是指半导体三极管正常工作时所允许的电流、电压和功率等的极限值。如果超过这些数值，管子不能正常工作，严重时还会损坏。常用的极限参数有以下几个。

1. 集电极最大允许电流 I_{CM}

集电极电流 i_C如果超过一定值后，β 值将明显下降。通常把 β 值下降到正常值的2/3时的集电极电流值称为集电极最大允许电流 I_{CM}。因此，在使用半导体三极管时，i_C超过 I_{CM}并不一定会使管子损坏，但 β 值将明显下降。

2. 极间反向击穿电压

(1) $U_{(BR)CEO}$

$U_{(BR)CEO}$是指基极开路时，集电极—发射极之间外加的反向击穿电压，其值通常为几十伏至几百伏以上。当温度上升时，反向击穿电压要减小，因此选择半导体三极管时 $U_{(BR)CEO}$应大于工作电压 u_{CE}两倍以上，以保证有一定的安全余度。使用中，如果 $u_{CE}>U_{(BR)CEO}$，将可能导致半导体三极管电击穿，甚至热击穿。

(2) $U_{(BR)CBO}$

$U_{(BR)CBO}$是指发射极开路时，在集电极—基极之间外加的反向击穿电压，一般为几伏至几十伏，这是集电结所允许加的最高反向电压。

3. 集电极最大允许功耗 P_{CM}

半导体三极管工作时，集电极—发射极之间的电压 u_{CE}与集电极电流 i_C乘积定义为集电极耗散功率 p_C，即

$$p_C = i_C u_{CE} \tag{2-7}$$

由于集电结所加反向电压较大、集电极电流 i_C 较大，使得集电结消耗功率产生热量，集电结的结温升高，当结温过高时，会烧坏管子。P_{CM} 就是由允许的最高结温决定的最大集电极耗散功率。正常工作时 $p_C < P_{CM}$，采用散热装置可以提高 P_{CM}。根据 P_{CM} 值，可在输出特性曲线上画出一条曲线，称为允许管耗线，如图 2-10 所示。半导体三极管的管耗在 P_{CM} 线的右上方时，$p_C > P_{CM}$，称过损耗区。

根据三个极限参数可以确定半导体三极管的安全工作区，如图 2-10 所示。为确保三极管正常而安全地工作，使用时不应超过这个区域。

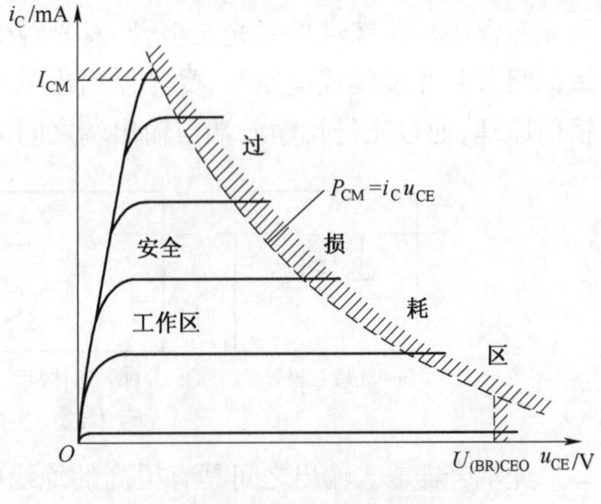

图 2-10　半导体三极管的安全工作区

知识点五　特殊三极管简介

（一）复合管

复合管是指将两只或两只以上的半导体三极管按一定的方式连接起来，使其等效为一只 β 值更大的半导体三极管，又称达林顿管。图 2-11 所示是由两个半导体三极管 VT_1 和 VT_2 连接而成的 NPN 和 PNP 两大类复合管。等效半导体三极管 VT 的管型总是和 VT_1 的管型相同，以图 2-11（a）为例，其电流放大系数为

$$\begin{aligned}\Delta i_C &= \Delta i_{C1} + \Delta i_{C2} = \beta_1 \Delta i_{B1} + \beta_2 \Delta i_{B2} = \beta_1 \Delta i_{B1} + \beta_2 \Delta i_{E1} = \beta_1 \Delta i_{B1} + \beta_2 (1+\beta_1) \Delta i_{B1} \\ &= \beta_1 \Delta i_B + \beta_2 (1+\beta_1) \Delta i_B\end{aligned}$$

所以

$$\frac{\Delta i_C}{\Delta i_B} = \beta_1 + \beta_2 + \beta_1 \beta_2 \approx \beta_1 \beta_2 \tag{2-8}$$

由式（2-8）可见，复合管的等效电流放大系数是两管电流放大系统的乘积，因此在需要同样的输出电流时，复合管所需的输入电流明显减小，这样可以大大减轻推动级小功率半导体三极管的负担。

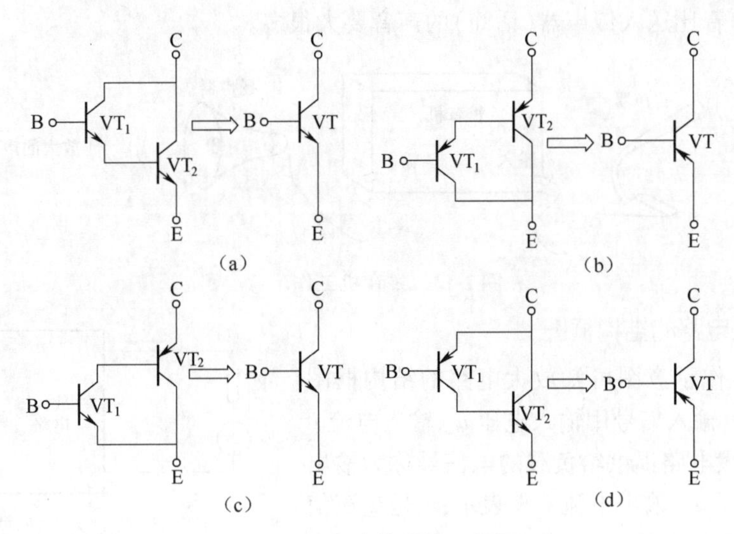

图 2-11　复合管结构示意图

（二）光耦合器

光电耦合器又称光电隔离器，简称光耦合器。光耦合器是由发光源和受光器两部分组成。发光源常用砷化镓红外发光二极管，发光源引出的管脚为输入端。受光器常用光敏三极管、光敏晶闸管和光敏集成电路等，受光器引出的管脚为输出端。光耦合器利用电—光—电两次转换的原理，通过光进行输入端与输出端之间的耦合。光耦合器的典型电路如图 2-12 所示。

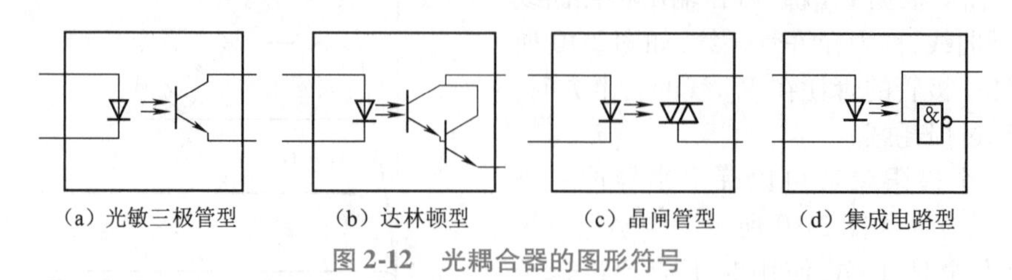

（a）光敏三极管型　（b）达林顿型　（c）晶闸管型　（d）集成电路型

图 2-12　光耦合器的图形符号

光耦合器输入输出之间具有很高的绝缘电阻，可以达到 10^{10} Ω 以上，输入与输出间能承受 2 000 V以上的耐压，信号单向传输而无反馈影响。具有抗干扰能力强、响应速度快、工作可靠等优点，因而用途广泛。如在高压开关、信号隔离转换、电平匹配等电路中，起信号传输和隔离作用。

第二节　放大电路的基本概念

给半导体三极管外接上电源、电阻和电容等元件可以组成各种放大电路。放大电路的种类很多，广泛应用于模拟电子电路。

知识点一　概述

（一）放大电路的功能

放大电路的功能是把微弱的电信号（电压、电流）放大成幅度足够大且与原信号变化规律一致的电信号。例如扩音机就是放大电路的典型应用，如图 2-13 所示，传声器（话筒）把声音转换成微弱的电信号，经扩音机内部的放大电路放大后送至扬声器，再由扬声器还原成声音，扬声器发出的声音比送入传声器（话筒）的声音要大很多。

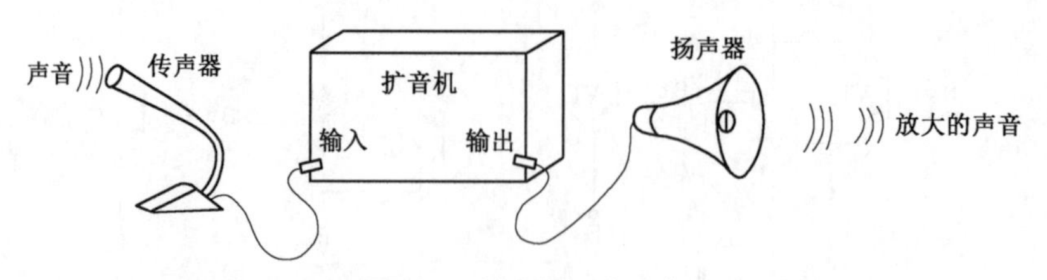

图 2-13　扩音机工作示意

（二）放大电路的结构框图

由扩音机工作示意图可知放大电路的结构框图如图 2-14 所示。输入信号用输入电压 u_i、输入电流 i_i 来表示；经过放大电路提供给负载的电信号称为输出信号，用输出电压 u_o、输出电流 i_o 来表示；u_s 是交流信号源，R_s 是信号源的内阻；R_L 是负载等效电阻。

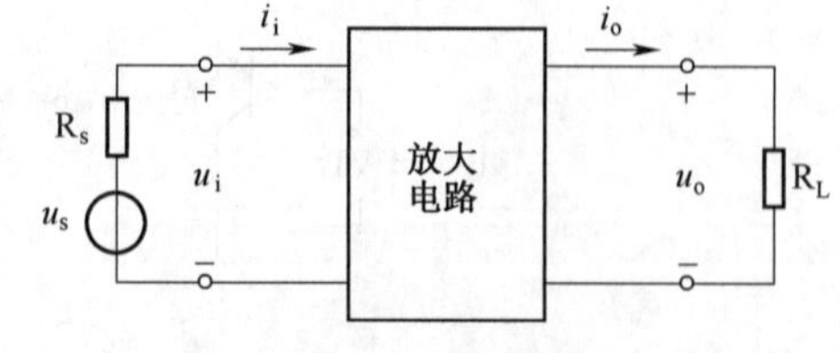

图 2-14　放大电路结构框图

（三）半导体三极管在放大电路中的三种基本连接方式（组态）

由图 2-14 可知，放大电路具有输入、输出两个回路，是一个四端网络。半导体三极管是放大电路的核心元件，因此三极管的三个电极可分别作为输入信号和输出信号的公共端，就有共发射极、共集电极和共基极三种接法，如图 2-15 所示。我们主要讨论共发射极和共集电极两种低频（20 Hz～20 kHz）放大电路。

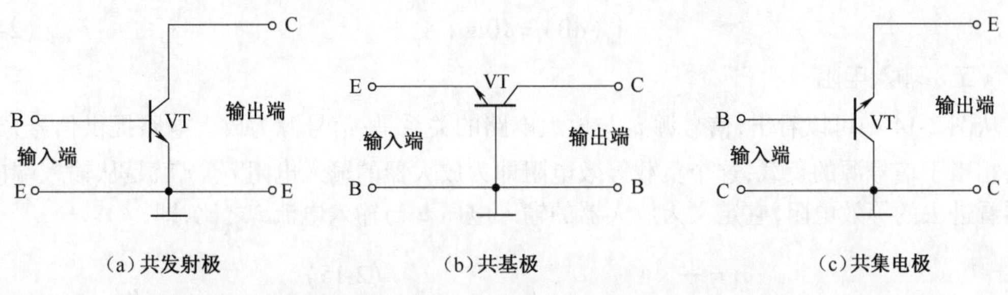

图 2-15　半导体三极管在放大电路中的三种基本连接方式（组态）

（四）对放大电路的共性要求

（1）具有足够的放大倍数。放大倍数是衡量放大电路放大能力的重要参数。

（2）失真尽量小。放大电路在放大时要求输出信号波形与输入信号波形相同，如果放大过程中波形变化了就叫失真。放大电路只有在信号不失真的情况下，放大才有意义。实际放大过程中造成失真的因素很多，我们总是希望失真不超过允许的程度。

（3）工作稳定可靠，且噪声小。

（五）放大电路的电压、电流符号规定

放大电路没有输入交流信号（静态）时，半导体三极管的各极电压和电流都为直流。当有交流信号输入（动态）时，电路的电压和电流是由直流成分和交流成分叠加而成的，为了便于区分不同的量，通常作以下规定：

（1）直流分量用大写字母和大写下标表示，如 I_B、I_C、I_E、U_{BE}、U_{CE}。

（2）交流分量用小写字母和小写下标表示，如 i_b、i_c、i_e、u_{be}、u_{ce}。

（3）交直流叠加瞬时值用小写字母和大写下标表示，如 i_B、i_C、i_E、u_{BE}、u_{CE}。

知识点二　放大电路的主要性能指标

放大电路的性能指标是根据各种放大电路的共性要求提出的，它反映了放大电路性能的优劣。

（一）放大倍数

放大倍数是指放大电路在输出信号不失真的情况下，输出信号与输入信号之比，它反映了电路的放大能力。一般有电压放大倍数、电流放大倍数和功率放大倍数。

电压放大倍数

$$A_u = \frac{u_o}{u_i} \tag{2-9}$$

电流放大倍数

$$A_i = \frac{i_o}{i_i} \tag{2-10}$$

功率放大倍数

$$A_P = \frac{P_o}{P_i} \tag{2-11}$$

放大倍数有时也称增益，用“分贝”来表示，取放大倍数的常用对数，即为放大倍数的分贝值。工程上定义为：

$$A_u(\mathrm{dB}) = 20\lg|A_u| \tag{2-12}$$

$$A_i(\mathrm{dB}) = 20\lg|A_i| \tag{2-13}$$

$$A_p(\mathrm{dB}) = 10\lg|A_p| \tag{2-14}$$

（二）输入电阻

从图 2-14 中可以看出，信号源 u_s 与放大电路的关系是：信号源为放大电路提供信号，放大电路相当于信号源的负载，这个负载等效电阻即为放大器的输入电阻 r_i。r_i 就是从输入端向放大器看进去的等效电阻，它定义为放大器的输入电压 u_i 与输入电流 i_i 之比，即

$$r_i = \frac{u_i}{i_i} \tag{2-15}$$

如果信号源电压为 u_s，内阻为 R_s，则放大器从信号源实际获得的输入信号电压 u_i 为

$$u_i = \frac{r_i}{R_s + r_i} u_s \tag{2-16}$$

由上式可知，r_i 越大，u_i 就越大。所以 r_i 希望大。放大电路输入回路等效电路如图 2-16 所示。

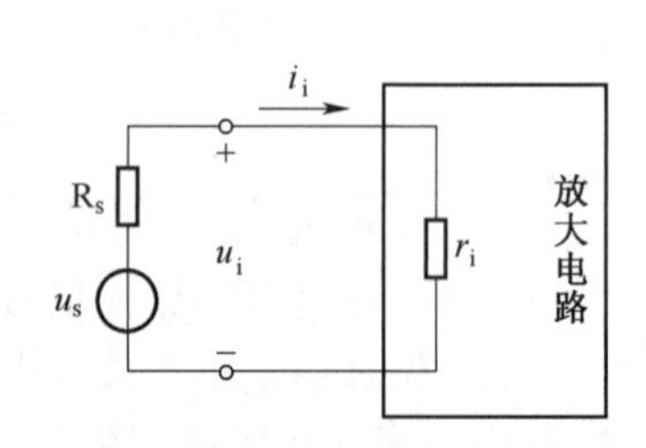

图 2-16　输入回路等效电路

（三）输出电阻

从图 2-14 中还可以看出，放大电路与负载 R_L 的关系是：放大电路为负载 R_L 提供信号，相当于一个带有内阻的信号源，这个内阻就是放大器的输出电阻 r_o。r_o 是从输出端向放大器看进去的等效电阻，它定义为在负载开路，且信号源电压短路为零时，在输出端外加的交流电压 u 与该电压作用下流入放大电路的输出电流 i 的比值，即

$$r_o = \frac{u}{i} \tag{2-17}$$

输出电阻可通过实验方法进行测量，测量时先测出放大器输出端的开路电压 u_{oc} 和短路电流 i_{sc}，则

$$r_o = \frac{u_{oc}}{i_{sc}} \tag{2-18}$$

r_o 反映了放大器的带负载的能力。r_o 越小，放大器的输出电压就越稳定，带负载能力越强。所以希望 r_o 小。放大电路输出回路等效电路如图 2-17 所示。

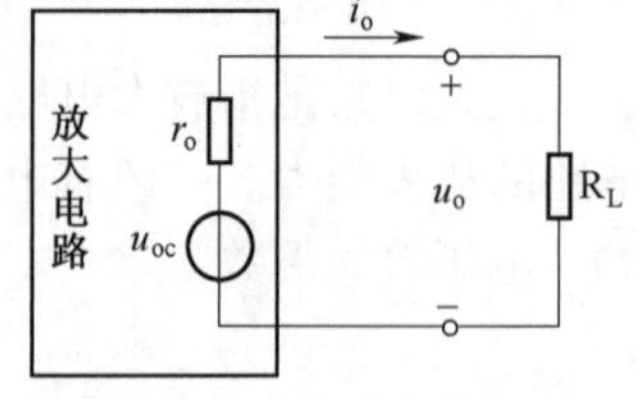

图 2-17　输出回路等效电路

知识点三　放大电路的工作状态

放大电路的工作状态分静态和动态两种。静态是指无交流信号输入时，电路中的电压、电流都是稳恒直流的状态；动态是指放大电路在静态基础上输入交流信号，即交流叠加在直流上，电路中的电压、电流随输入信号作相应变化的状态。

放大电路要正常工作，必须事先给半导体三极管提供一定的静态电压和电流值。放大电

路在静态时，半导体三极管各极电压和电流值中的I_B、I_C和U_{CE}，可以用特性曲线上一个确定的点来表示，则称该点为静态工作点Q(I_{BQ}、I_{CQ}、U_{CEQ})。

静态工作点Q设置不同，对放大电路放大信号有比较大的影响，由半导体三极管的输入特性和输出特性可知：当I_{BQ}设置太小，在输入信号u_i为负半周时，交流信号所产生的i_b与直流量I_{BQ}叠加后，很容易使半导体三极管进入截止区而失去放大作用；当I_{BQ}设置太大，在输入信号u_i为正半周时，交流信号所产生的i_b与直流量I_{BQ}叠加后，使$i_C=\beta i_B$很大，i_C越大u_{CE}就越小，容易导致集电结也正偏，半导体三极管进入饱和区而失去放大作用。因此，静态工作点Q(I_{BQ}、I_{CQ}、U_{CEQ})的设置是否合理，直接影响着放大电路的工作状态；设置合适的静态工作点Q是否稳定，也影响着放大电路的工作稳定性。

第三节　单管放大电路的基本分析

知识点一　共射极放大电路

(一)基本共射极放大电路的组成及各元器件的作用

1. 组成

如图2-18所示电路为基本共射极放大电路，是最简单的单管放大电路。图中"⊥"符号表示公共端，称接地点，是电路中各点电位的参考点。

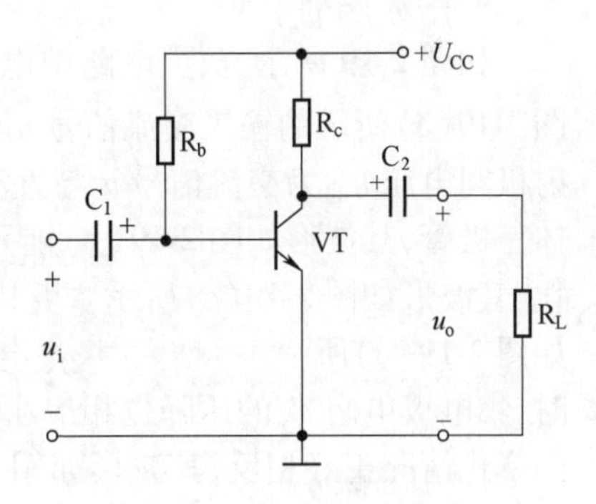

图2-18　基本共射极放大电路

2. 各元器件的作用

(1)半导体三极管VT。VT是放大电路的核心元件，起电流放大作用，即将微小的基极电流变化转换成较大的集电极电流变化。

(2)直流电源U_{CC}。U_{CC}使半导体三极管的发射结正偏、集电结反偏，确保半导体三极管工作在放大状态。U_{CC}又是整个放大电路的能量提供者。放大电路把小能量的输入信号放大成大能量的输出信号，这些增加的能量就是由半导体三极管转换来的。半导体三极管在工作时发热消耗的能量也是U_{CC}提供的。U_{CC}一般取几伏至几十伏。

(3)集电极电阻R_c。R_c的作用是将变化的集电极电流i_C转换成变化的集电极电压u_{CE}，实现电压放大作用。R_c一般取几千欧至几十千欧。半导体三极管的集电极C、发射极E、R_c和U_{CC}构成的回路称为输出回路，输出电压$u_{CE}=U_{CC}-i_C R_c$。

(4)基极偏置电阻R_b。R_b决定静态基极电流I_{BQ}的大小。I_{BQ}也称偏置电流，故R_b又称"偏置电阻"。R_b一般取几十千欧至几百千欧。半导体三极管的基极、发射极、R_b和电源U_{CC}构成的回路称为输入回路。

(5)输入耦合电容C_1和输出耦合电容C_2。C_1和C_2的作用有两点：①隔断直流，C_1使信号源u_s与放大电路在直流上互不影响，C_2隔断了放大电路与负载R_L的直流联系；②传送交流信号，当C_1、C_2的电容量足够大时，它们对交流信号呈现的容抗很小，可近似认为短路。耦合电容的取值一般为几十微法，通常是电解电容，连接时要注意极性。

（二）共射极放大电路的工作原理

1. 放大电路中各电量之间的关系

由放大电路的工作状态已知，放大电路在静态时，电路中仅有直流分量 I_{BQ}、I_{CQ} 和 U_{CEQ}；当电路动态工作时，电路中既有直流分量又有交流分量，且交流分量叠加在直流分量上。当输入电压信号为 u_i 时，基本共射极放大电路中

$$
\begin{aligned}
u_{BE} &= U_{BEQ} + u_i \\
i_B &= I_{BQ} + i_b \\
i_C &= \beta i_B = \beta(I_{BQ} + i_b) = I_{CQ} + i_c \\
u_{CE} &= U_{CC} - i_C R_c = U_{CC} - I_{CQ}R_c - i_c R_c \\
&= U_{CEQ} - i_c R_c = U_{CEQ} + u_o \\
u_o &= -i_c R_c
\end{aligned}
\tag{2-19}
$$

其中，$u_o = -i_c R_c$，其负号表示共射极放大电路的输出电压与输入电压在相位上相反，即反相 180°。

2. 工作原理分析

如图 2-19 所示，放大电路中电源 U_{CC} 通过偏置电阻 R_b 提供 U_{BEQ}，使发射结正偏导通，当图 2-19(a) 所示的输入交流信号 u_i 通过电容 C_1 耦合到半导体三极管的基极—发射极时，基—射极间电压 u_{BE} 为交流信号 u_i 与直流电压 U_{BEQ} 的叠加，从而使 u_i 越过发射结的死区输入到半导体三极管，其波形如图 2-19(b) 所示。三极管的输入特性使基极电流 i_B 随 u_{BE} 产生相应的变化，其波形如图 2-19(c) 所示。变化的基极电流 i_B 引起了集电极电流 i_C 较大的变化（$i_C = \beta i_B$），如图 2-19(d) 所示。i_C 增大时，集电极电阻 R_c 的压降也相应大，集电极对地电位则降低；i_C 减小时，集电极电阻 R_c 的压降也相应小，集电极对地电位则升高；因此集—射极间的电压 u_{CE} 与 i_C 的变化情况正好相反，其波形如图 2-19(e) 所示。u_{CE} 经过耦合电容 C_2 隔离掉直流成分 U_{CEQ} 后，输出的交流成分就是放大了的信号电压 u_o，其波形如图 2-19(f) 所示。

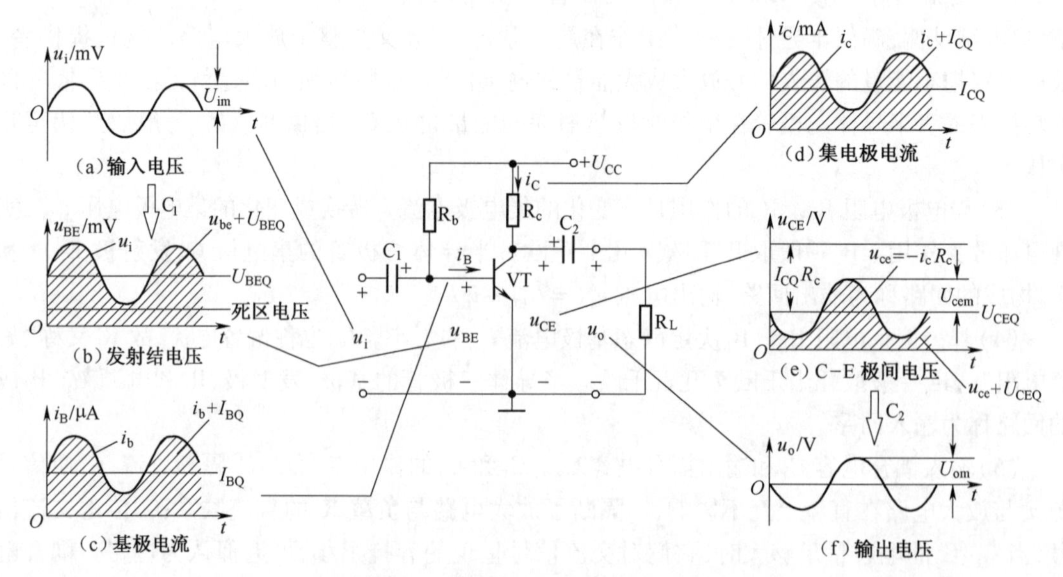

图 2-19　放大电路的电压、电流波形

由以上分析可知，在共发射极放大电路中，输入信号电压 u_i 与其输出电压 u_o 频率相同、相位相反，u_o 幅度得到放大，因此单管共发射极放大电路通常也称为反相放大器。

（三）放大电路的估算分析法

1. 静态分析计算

静态分析主要是确定放大电路的静态工作点 $Q(I_{BQ}、I_{CQ}、U_{CEQ})$，即求出 I_{BQ}、I_{CQ}、U_{CEQ} 的值。静态分析通过直流通道来进行。由于电容对直流电相当于开路，因此将电容支路断开就是直流通道，如图 2-20 所示。则

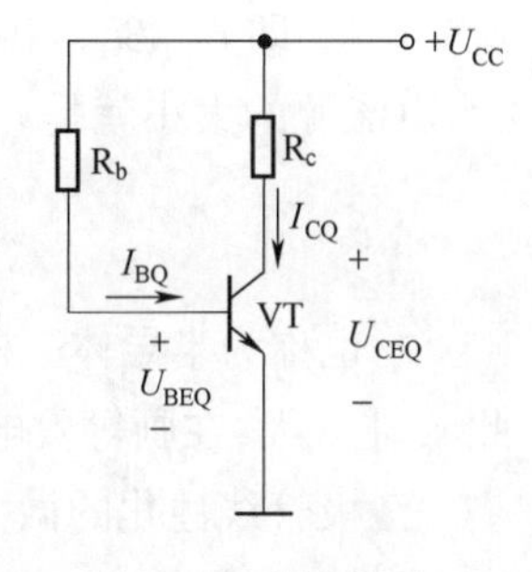

图 2-20　直流通道

$$I_{BQ}=\frac{U_{CC}-U_{BEQ}}{R_b} \tag{2-20}$$

硅管的 U_{BEQ} 约为 0.7 V，锗管约为 0.3 V，当 $U_{CC}>>U_{BEQ}$ 时，则可将 U_{BEQ} 略去，即

$$I_{BQ}\approx\frac{U_{CC}}{R_b} \tag{2-21}$$

根据半导体三极管的电流放大作用

$$I_{CQ}=\beta I_{BQ} \tag{2-22}$$

根据图 2-20 可得

$$U_{CEQ}=U_{CC}-I_{CQ}R_c \tag{2-23}$$

2. 动态分析计算

动态分析是分析放大电路在动态工作时的性能，主要是计算放大电路的性能参数电压放大倍数 A_u、输入电阻 r_i、输出电阻 r_o。有输入信号时，半导体三极管的各极电流和电压瞬时值都是直流分量和交流分量的叠加，我们主要研究交流分量的放大。动态分析最基本的方法是微变等效电路法。

（1）半导体三极管的微变等效电路

①半导体三极管输入回路线性化。当微小信号输入时，半导体三极管基极电流在输入特性曲线上的静态工作点 I_{BQ} 附近变化，这个很小的变化范围可近似认为是直线段，这就是三极管非线性特性“线性化”的依据。即“微变”能使半导体三极管的输入回路用一个线性模型来等效。

如图 2-21 所示为半导体三极管的微变等效电路，三极管共射极接法，设置了合适的静态工作点 Q。由图 2-21(b)可以看出半导体三极管的输入特性曲线是非线性的，但在输入小信号后，Q 点随输入信号在 $Q_1\sim Q_2$ 之间波动，Q_1Q_2 工作段可近似为直线，即 Δi_B 与 Δu_{BE} 之间是线性关系，三极管的输入回路得到线性化，则可用一个等效电阻 r_{be} 来表示输入回路，如图 2-21(d)所示。r_{be} 称为半导体三极管的输入电阻，表示为

$$r_{be}=\frac{\Delta u_{BE}}{\Delta i_B}=\frac{u_{be}}{i_b}$$

由于半导体三极管的输入特性曲线是非线性的，随着静态工作点 Q 发生变动，r_{be} 的阻值也就不同。通常低频小功率的 r_{be} 采用近似公式计算

$$r_{be}\approx300+\frac{26\ \text{mV}}{I_{BQ}}=300+\beta\frac{26\ \text{mV}}{I_{CQ}}=300+(1+\beta)\frac{26\ \text{mV}}{I_{EQ}} \tag{2-24}$$

式中 I_{BQ}、I_{CQ}、I_{EQ}分别是基极、集电极、发射极电流的静态值。r_{be}值在几百欧到几千欧。

②半导体三极管输出回路线性化。如图2-21(c)所示是半导体三极管的输出特性曲线，放大区是一组近似等距离平行的直线。当三极管工作在放大区时，集电极电流 i_c 仅受基极电流 i_b 控制，即 $i_c=\beta i_b$。因此可将三极管的输出回路等效成一个受控的电流源，如图2-21(d)所示，电流源的大小就是 $i_c=\beta i_b$，而电流源的内阻可从输出特性上求出，即

$$r_{ce}=\frac{\Delta u_{CE}}{\Delta i_C}=\frac{u_{ce}}{i_c}$$

r_{ce}也称为半导体三极管的输出电阻。在放大区 i_c 基本不随 u_{ce} 变化，表现出恒流特性，因此 r_{ce} 非常大，在画等效电路时一般不画出。

三极管线性化的微变等效电路如图2-21(d)所示。

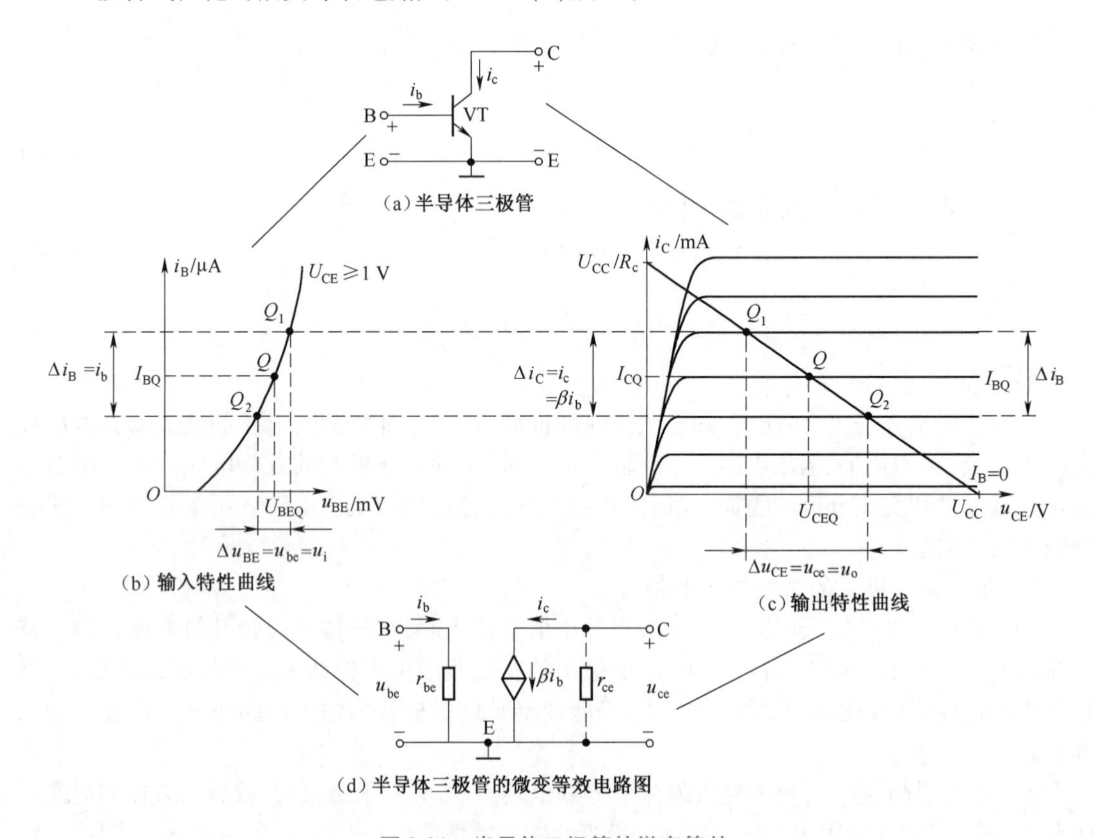

图2-21 半导体三极管的微变等效

(2)放大电路的微变等效电路

用半导体三极管微变等效电路替代放大电路交流通道中的三极管就可得出放大电路的微变等效电路。将放大电路中的耦合电容 C_1、C_2 短接，同时将直流电源 U_{CC} 对地短路，得到的电路即是放大电路的交流通道，如图2-22(a)所示。放大电路的微变等效电路如图2-22(b)所示。如果输入信号及放大的信号都是正弦信号，则可用相量来表示。

(3)动态参数的计算

由微变等效电路图2-22(b)，可计算放大电路的动态参数。

①电压放大倍数 A_u。放大电路输出电压与输入电压的比值叫作电压放大倍数，设输入输出为正弦信号，即

$$\dot{A}_u = \frac{\dot{U}_o}{\dot{U}_i} \tag{2-25}$$

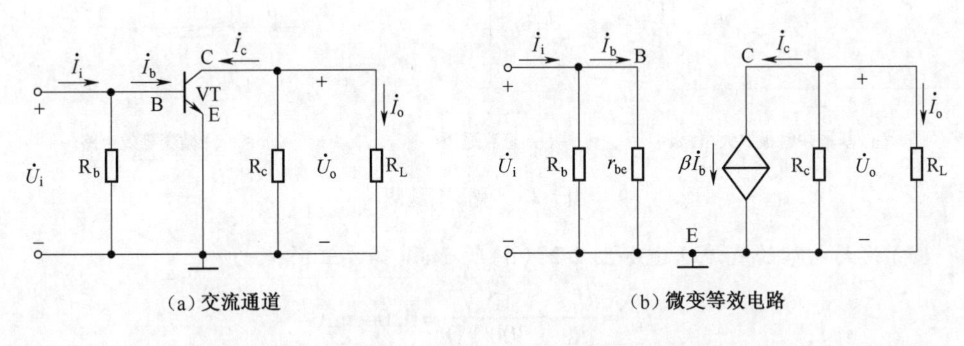

图 2-22　共射基本放大电路的交流通道和微变等效电路

$$\dot{U}_i = \dot{I}_b r_{be}$$

$$\dot{U}_o = -\dot{I}_c(R_L /\!/ R_c) = -\beta \dot{I}_b R'_L$$

$$\dot{A}_u = \frac{\dot{U}_o}{\dot{U}_i} = -\beta \frac{R'_L}{r_{be}} \tag{2-26}$$

式中　负号——表示输出电压与输入电压反相。

如果电路中输出端开路($R_L = \infty$)，则

$$A_u = -\beta \frac{R_c}{r_{be}} \tag{2-27}$$

②输入电阻 r_i

$$r_i = \frac{\dot{U}_i}{\dot{I}_i}$$

$$r_i = R_b /\!/ r_{be} \tag{2-28}$$

一般 $R_b \gg r_{be}$，上式可近似为

$$r_i \approx r_{be} \tag{2-29}$$

③输出电阻 r_o。将输入信号短路($\dot{U}_i = 0$；当$\dot{U}_i$ 为带内阻 R_s 的信号源$\dot{U}_s$ 时，令$\dot{U}_s = 0$，保留 R_s)、输出端开路($R_L = \infty$)，在输出端外加电压$\dot{U}$，若产生的电流为$\dot{I}$，此时因$\dot{I}_b = 0 \rightarrow \dot{I}_c = 0$，则

$$r_o = \frac{\dot{U}}{\dot{I}} = R_c \tag{2-30}$$

【例 2-1】　如图 2-23(a)所示为共射放大电路。试画出它的直流通道，求静态工作点；画出它的微变等效电路，计算其电压放大倍数、输入电阻和输出电阻。

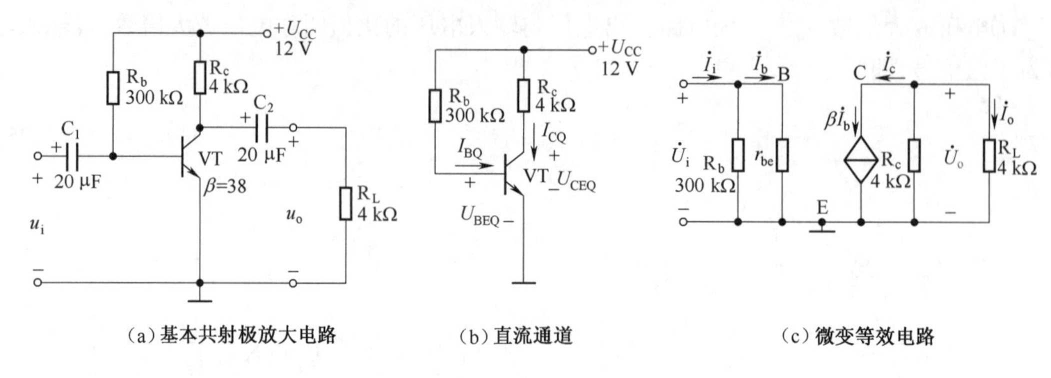

（a）基本共射极放大电路　　（b）直流通道　　（c）微变等效电路

图 2-23　例 2-1 题图

解:(1)放大电路的直流通道如图 2-23(b)所示,其静态工作点为

$$I_{BQ} \approx \frac{U_{CC}}{R_b} = \frac{12\ \text{V}}{300\ \text{k}\Omega} = 0.04\ \text{mA}$$

$$I_{CQ} = \beta I_{BQ} = 38 \times 0.04\ \text{mA} \approx 1.5\ \text{mA}$$

$$U_{CEQ} = U_{CC} - I_{CQ}R_c = 12\ \text{V} - 1.5\ \text{mA} \times 4\ \text{k}\Omega = 6\ \text{V}$$

(2)放大电路的微变等效电路如图 2-23(c)所示,其交流参数如下

$$r_{be} \approx 300 + \beta\frac{26\ \text{mV}}{I_{CQ}} = \left(300 + 38 \times \frac{26\ \text{mV}}{1.5\ \text{mA}}\right)\Omega \approx 960\ \Omega \approx 1\ \text{k}\Omega$$

$$r_i \approx r_{be} \approx 960\ \Omega \approx 1\ \text{k}\Omega$$

$$r_o = R_c = 4\ \text{k}\Omega$$

$$R'_L = R_L /\!/ R_c = \frac{R_L R_c}{R_L + R_c} = \frac{4\ \text{k}\Omega \times 4\ \text{k}\Omega}{4\ \text{k}\Omega + 4\ \text{k}\Omega} = 2\ \text{k}\Omega$$

$$A_u = -\beta\frac{R'_L}{r_{be}} = -38 \times \frac{2\ \text{k}\Omega}{1\ \text{k}\Omega} = -76$$

(四)输出波形失真与静态工作点的关系

当静态工作点设置不合适时,半导体三极管有可能会进入饱和区或截止区工作,使输入信号不能正常放大,从而在输出产生失真。这种失真是三极管的非线性特性造成的,因此称为非线性失真。

例如 Q 点过高时,放大的集电极电流 i_C的正半周进入饱和区,产生上截幅失真,而输出电压 u_o波形产生“下截幅”失真,波形如图 2-24(a)所示。解决饱和失真的办法是:调大基极偏置电阻 R_b,以减小 I_{BQ},使 Q 点的位置下移。

当 Q 点过低时,输入信号的负半周将掉进截止区,产生截止失真,导致集电极电流 i_C产生“下截幅”失真,而输出电压波形产生“上截幅”失真,波形如图 2-24(b)所示。解决截止失真的办法是:调小 R_b,以增大 I_{BQ},使 Q 点上移。

可见,设置合适的静态工作点是非常重要的。若要考虑放大电路对于最大输入信号也能不失真放大,则最佳静态工作点应该设置在输出特性曲线的中心。

当输入信号 u_i超出了最大范围,放大信号的最大值或最小值都将进入三极管的饱和区和截止区,同时产生饱和失真或截止失真,称为双失真。解决这种失真的办法是:调小输入信号的幅值。

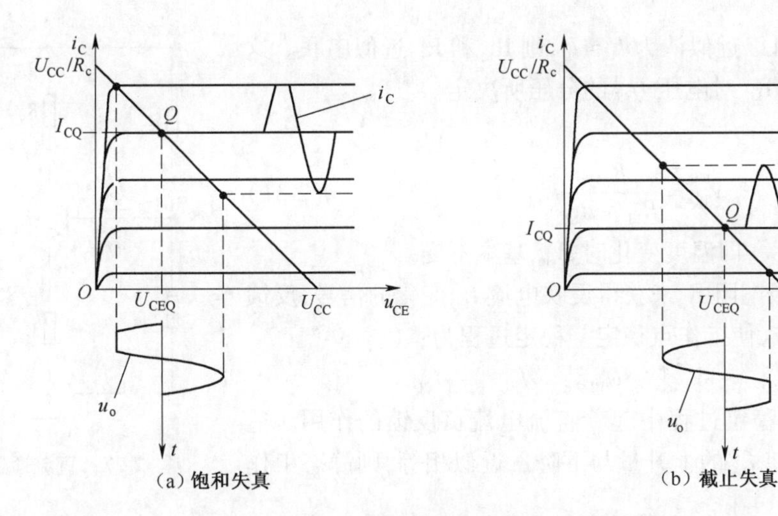

图 2-24　输出波形失真与静态工作点的关系

（五）静态工作点的稳定

1. 温度对静态工作点的影响

对放大电路而言，即使静态工作点设置适合，也不一定能稳定。静态工作点不稳定的原因很多，如电源电压波动、电路参数变化、三极管老化等，但主要原因是晶体管特性参数（U_{BE}、β、I_{CBO}）随环境温度变化造成的。从而使设置好的静态工作点 Q 发生较大的移动，严重时将使输出波形产生失真。

当通电发热或环境温度 T 上升时，β 及 I_{CEO} 都会增大，使集电极电流明显增大，整个输出特性的曲线簇上移，如图 2-25 所示。对于同样的 I_B，I_C 增大，静态工作点 Q 将上移，严重时，会使三极管进入饱和区而失去放大能力，这是我们不希望的。

2. 稳定静态工作点的分压式偏置共射极放大电路

基本共射极放大电路结构简单，电压放大倍数比较大，缺点是静态不稳定。常用的稳定静态工作点的电路是分压式偏置电路，如图 2-26 所示。电路的特点如下：

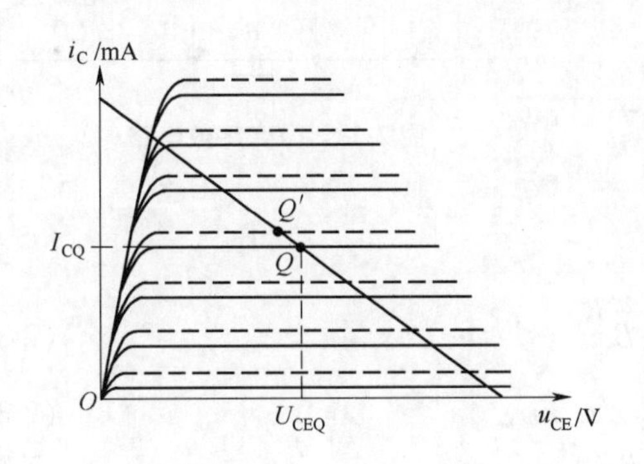

图 2-25　温度对静态工作点的影响

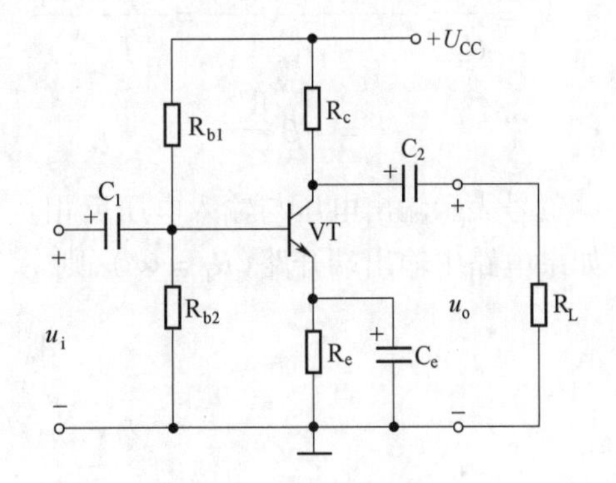

图 2-26　分压式偏置共射极放大电路

（1）利用电阻 R_{b1} 和 R_{b2} 分压来稳定静态基极电位

直流通道如图 2-27 所示。设流过电阻 R_{b1} 和 R_{b2} 的电流分别为 I_1 和 I_2，$I_1 = I_2 + I_{BQ}$，一般

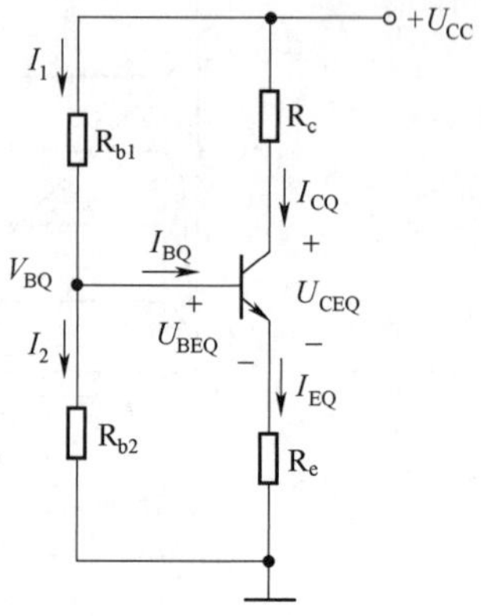

I_{BQ}很小，$I_1 \gg I_{BQ}$，可以近似认为$I_1 \approx I_2$，则R_{b1}和R_{b2}近似串联。这样，基极电位V_{BQ}由R_{b2}对电压U_{CC}的分压所决定。

基极电位为

$$V_{BQ} \approx \frac{R_{b2}}{R_{b1}+R_{b2}} U_{CC} \tag{2-31}$$

基极电位与温度无关，即温度变化时，V_{BQ}基本不变。

（2）利用发射极电阻R_e来获得反映电流I_{EQ}变化的信号，反馈到输入端，自动调节，使工作点稳定。稳定过程为：

$T\uparrow \rightarrow I_{CQ}\uparrow \rightarrow I_{EQ}\uparrow \rightarrow V_E\uparrow \rightarrow U_{BE}\downarrow \rightarrow I_{BQ}\downarrow \rightarrow I_{CQ}\downarrow$

不难看出R_e在稳定过程中起着直流电流负反馈的作用。适当选择R_e的大小，使I_{CQ}的上升量与下降量近似相等，则静态工作点稳定。

图 2-27　直流通道

（3）静态分析计算。通常$V_{BQ} \gg U_{BE}$，所以发射极电流

$$I_{EQ} = \frac{V_{BQ}-U_{BE}}{R_e} \approx \frac{V_{BQ}}{R_e} \tag{2-32}$$

可见，I_{EQ}与温度和三极管的参数β无关。

$$I_{EQ} \approx \frac{V_{BQ}}{R_e} = \frac{R_{b2}U_{CC}}{(R_{b1}+R_{b2})R_e} \tag{2-33}$$

$$I_{CQ} \approx I_{EQ} \tag{2-34}$$

$$I_{BQ} = \frac{I_{CQ}}{\beta} \tag{2-35}$$

$$U_{CEQ} = U_{CC} - I_{CQ}R_c - I_{EQ}R_e \approx U_{CC} - I_{CQ}(R_c + R_e) \tag{2-36}$$

分压式偏置共射极放大电路能够稳定静态工作点，获得了广泛应用。

（4）动态参数计算。如图 2-28 所示为分压式偏置共射极放大电路的微变等效电路，动态参数（A_u、r_i、r_o）分别为

$$\dot{A}_u = \frac{\dot{U}_o}{\dot{U}_i} = \frac{-\dot{I}_c(R_L /\!/ R_c)}{\dot{I}_b r_{be}} = \frac{-\beta \dot{I}_b R_L'}{\dot{I}_b r_{be}} = -\beta \frac{R_L'}{r_{be}} \tag{2-37}$$

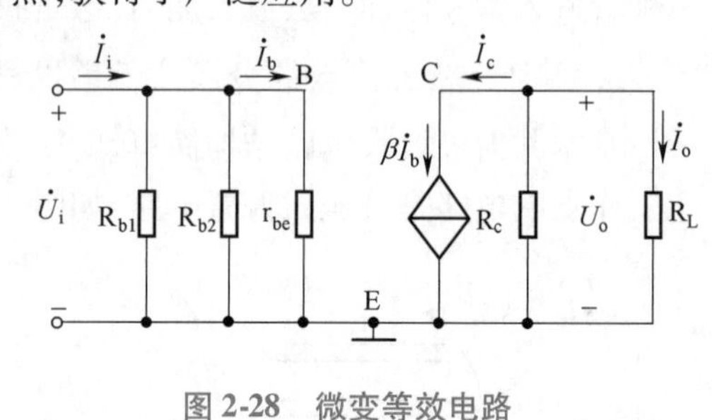

图 2-28　微变等效电路

式中　负号表示输出电压与输入电压反相。

如果电路中输出端开路（$R_L = \infty$），则

$$A_u = -\beta \frac{R_c}{r_{be}} \tag{2-38}$$

$$r_i = R_{b1} /\!/ R_{b2} /\!/ r_{be} \approx r_{be} \tag{2-39}$$

$$r_o = R_c \tag{2-40}$$

综上所述，共射极放大电路的特点是电压放大倍数较高$A_u \gg 1$；但输入电阻r_i较小，从信号源索取的电流较大，加重了信号源的负担，并使放大器获得的实际输入信号电压u_i较小；输出电阻r_o较大，带负载能力较差。因此该电路常作为多级放大电路的中间级，积累电压放大倍数。

【例 2-2】 在图 2-26 中，已知 $U_{CC}=12\ \text{V}$，$R_c=R_e=2\ \text{k}\Omega$，$R_{b1}=20\ \text{k}\Omega$，$R_{b2}=10\ \text{k}\Omega$，$R_L=2\ \text{k}\Omega$，半导体三极管的 $\beta=40$，试计算：(1)静态工作点。(2)输入电阻 r_i、输出电阻 r_o 和电压放大倍数 A_u。

解：(1)由式(2-33)～式(2-36)，静态工作点为

$$I_{EQ}\approx\frac{V_{BQ}}{R_e}=\frac{R_{b2}U_{CC}}{(R_{b1}+R_{b2})R_e}=\frac{10\times12}{(10+20)\times2}=2(\text{mA})$$

$$I_{CQ}\approx I_{EQ}=2(\text{mA})$$

$$I_{BQ}=\frac{I_{CQ}}{\beta}=\frac{2\ \text{mA}}{40}=0.05(\text{mA})$$

$$U_{CEQ}\approx U_{CC}-I_{CQ}(R_c+R_e)=12\ \text{V}-2\ \text{mA}\times(2\ \text{k}\Omega+2\ \text{k}\Omega)=4(\text{V})$$

(2)交流参数为

$$r_{be}\approx300+\beta\frac{26\ \text{mV}}{I_{CQ}}=300+40\times\frac{26\ \text{mV}}{2\ \text{mA}}\approx820(\Omega)$$

$$r_i=R_{b1}/\!/R_{b2}/\!/r_{be}\approx r_{be}=820(\Omega)$$

$$r_o=R_c=2(\text{k}\Omega)$$

$$R_L'=R_L/\!/R_c=\frac{R_LR_c}{R_L+R_c}=\frac{2\ \text{k}\Omega\times2\ \text{k}\Omega}{2\ \text{k}\Omega+2\ \text{k}\Omega}=1(\text{k}\Omega)$$

$$A_u=-\beta\frac{R_L'}{r_{be}}=-40\times\frac{1\ \text{k}\Omega}{820\ \Omega}\approx-49$$

知识点二　共集电极放大电路(射极输出器)

共集电极放大电路的输入电阻 r_i 大和输出电阻 r_o 小，能满足一些实际电子电路的要求。如图 2-29(a)所示为一个共集电极放大电路，图 2-29(b)、(c)分别是它的直流通道和交流通道。由交流通道可知，输入信号从放大电路的基极与地之间引入，输出信号从放大电路的发射极与地之间引出，集电极是输入和输出的共用端，因此称共集电极放大电路。又因为输出信号是从发射极引出，故又称为射极输出器。

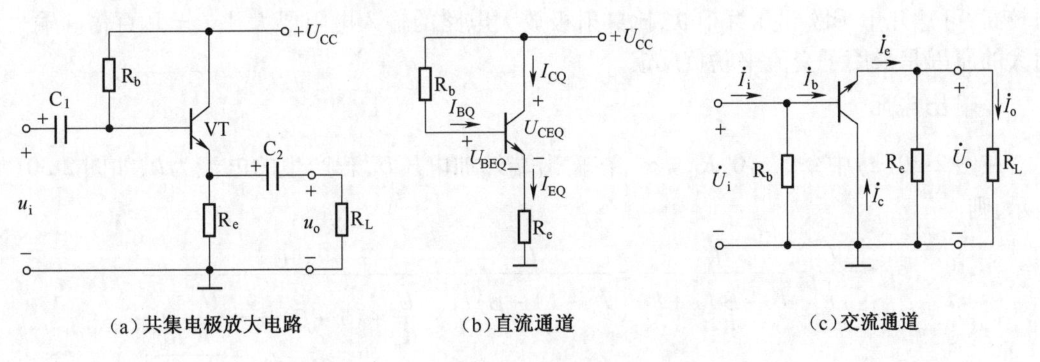

图 2-29　共集电极放大电路及其分解电路

(一)静态分析

由直流通路计算静态工作点

$$I_{BQ}=\frac{U_{CC}-U_{BEQ}}{R_b+(1+\beta)R_e} \tag{2-41}$$

$$I_{CQ}\approx I_{EQ}\approx\beta I_{BQ} \tag{2-42}$$

$$U_{CEQ}=U_{CC}-I_{EQ}R_e \tag{2-43}$$

射极输出器中的电阻 R_e 也能将反映电流 I_{EQ} 变化的信号，反馈到输入端以稳定工作点，其稳定过程为：

$$T\uparrow\rightarrow I_{CQ}\uparrow\rightarrow I_{EQ}\uparrow\rightarrow(I_{EQ}R_e)\uparrow\rightarrow V_{EQ}\uparrow\rightarrow U_{BE}\downarrow\rightarrow I_{BQ}\downarrow\rightarrow I_{CQ}\downarrow$$

适当选择 R_e 的大小，使 I_{CQ} 的上升量与下降量近似相等，则静态工作点稳定。

（二）动态分析

共集电极放大电路的微变等效电路如图 2-30(a)所示。根据微变等效电路计算动态参数如下：

1. 电压放大倍数 A_u

$$\dot{U}_o=\dot{I}_e(R_L/\!/R_e)=(1+\beta)\dot{I}_b R'_L$$

$$R'_L=R_L/\!/R_e=\frac{R_LR_e}{R_L+R_e}$$

$$\dot{U}_i=\dot{U}_{be}+\dot{U}_o=\dot{I}_b r_{be}+(1+\beta)\dot{I}_b R'_L=\dot{I}_b[r_{be}+(1+\beta)R'_L]$$

$$\dot{A}_u=\frac{\dot{U}_o}{\dot{U}_i}=\frac{(1+\beta)R'_L}{r_{be}+(1+\beta)R'_L} \tag{2-44}$$

在式(2-44)中，一般 $(1+\beta)R'_L\gg r_{be}$，故 $A_u\leqslant 1$，且输出电压和输入电压同相位，因此输出电压跟随输入电压，故该电路又称为电压跟随器或射极跟随器。电压跟随器虽然无电压放大能力，但仍有电流放大能力，所以有功率放大作用。

2. 输入电阻 r_i

$$r'_i=\frac{\dot{U}_i}{\dot{I}_b}=\frac{\dot{I}_b[r_{be}+(1+\beta)R'_L]}{\dot{I}_b}=r_{be}+(1+\beta)R'_L$$

$$r_i=R_b/\!/r'_i=R_b/\!/[r_{be}+(1+\beta)R'_L] \tag{2-45}$$

通常 R_b 的阻值较大（几十千欧至几百千欧），R_e 的阻值也有几千欧，射极输出器的输入电阻较高，可达几十千欧到几百千欧，比共射极放大电路的输入电阻要大几十至几百倍。输入电阻大的原因是采用了交流串联负反馈。

3. 输出电阻 r_o

在图 2-30(a)中令 $\dot{U}_s=0$、$R_L=\infty$，在输出端外加电压 $\dot{U}$，若产生的电流为 $\dot{I}$，如图 2-30(b)所示，则

$$r_o=\frac{\dot{U}}{\dot{I}}=\frac{\dot{U}}{\dot{I}_e+\beta\dot{I}_b+\dot{I}_b}=\frac{\dot{U}}{\dot{I}_e+(1+\beta)\dot{I}_b}=\frac{\dot{U}}{\dfrac{\dot{U}}{R_e}+(1+\beta)\dfrac{\dot{U}}{r_{be}+\dfrac{R_sR_b}{R_s+R_b}}}$$

$$=\frac{1}{\dfrac{1}{R_e}+\dfrac{1}{\dfrac{r_{be}+\dfrac{R_sR_b}{R_s+R_b}}{1+\beta}}}=R_e/\!/\frac{r_{be}+\dfrac{R_sR_b}{R_s+R_b}}{1+\beta}$$

式中，R_s为信号源内阻，通常较小，令 $R_s=0$，则

$$r_o=R_e//\frac{r_{be}}{1+\beta}\approx\frac{r_{be}}{1+\beta} \tag{2-46}$$

可见，射极输出器的输出电阻 r_o较小，通常为几欧至几百欧，所以共集电极电路带负载能力强。

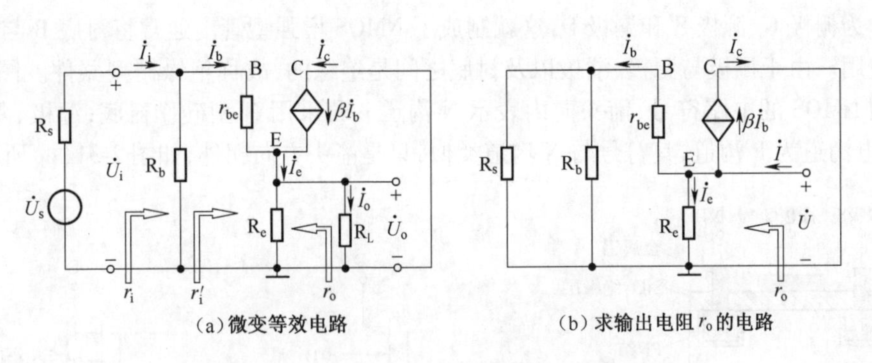

图 2-30　共集电极放大电路的微变等效电路

(三)射极输出器在电路中的特点及应用

共集电极放大电路的主要特点是：电压放大倍数小于近似等于 1；输入电阻大；输出电阻小。这些动态参数特点决定了共集电极放大电路在电子电路中的广泛应用。

1. 利用它的输入电阻大的特点，可作多级放大电路的输入级，电路向信号源索取的电流小，能减轻信号源的负担。如果用作测量仪器的输入级，可提高测量精度。

2. 利用它的输出电阻小的特点，可作多级放大电路的输出级，提高电路的带负载能力。

3. 两级共射放大电路直接相连，会因为输入输出阻抗不匹配而造成耦合中的信号损失，使放大倍数下降。共集电极放大电路由于输入电阻大可减轻前级放大电路的负担、输出电阻小可减小后级放大电路的信号源内阻，在两级放大电路中作缓冲级能起到阻抗转换和隔离的作用，从而提高前后两级的电压放大倍数。

知识点三　场效应管放大电路的基本分析

(一)场效应管的基本知识

半导体三极管是一种电流控制型器件，当它放大工作时，必须有一定的基极电流，也就是说从信号源中吸取电流才能放大信号，其输入电阻较低。场效应管则是利用电压改变电场强弱来控制半导体材料的导电能力，是一种电压控制型器件。场效应管的输入电阻很大(几百兆欧)，输入端几乎不吸取电流，除此之外它还具有热稳定性好、低噪声、抗辐射能力强、便于集成等优点，因此在电子电路中得到了广泛的应用。

场效应管按其结构可分为绝缘栅场效应管和结型场效应管两大类。绝缘栅场效应管由于制造工艺简单，广泛应用于集成电路。我们主要学习绝缘栅型场效应管的结构、符号及特性。

1. 绝缘栅场效应管的结构及电路符号

绝缘栅型场效应管又称金属—氧化物—半导体场效应管(Metal-Oxide-Semiconductor type Field Effect Transistor，MOSFET)，简称 MOS 管。MOS 管可分为增强型与耗尽型两种类型，每一种又分为 N 沟道和 P 沟道，即 NMOS 增强型管和 PMOS 增强型管、NMOS 耗尽型管和 PMOS 耗

尽型管。

(1)NMOS 增强型管的结构示意图和电路符号

如图 2-31(a)所示为 NMOS 增强型管的结构示意图。它是以一块掺杂浓度较低的 P 型硅薄片作为衬底,在衬底上制成两个掺杂浓度很高的 N 区,用 N^+ 表示,然后在 P 型硅表面覆盖一层薄薄的二氧化硅(SiO_2)绝缘层,并在二氧化硅的表面及两 N^+ 型区的表面分别引出三个铝电极作为栅极 G、源极 S 和漏极 D,这就制成了 NMOS 增强型管。通常将衬底 B 与源极 S 接在一起使用。由于栅极与源极、漏极以及衬底之间是绝缘的,故称绝缘栅型器件。图 2-31(b)是增强型 NMOS 的电路符号,箭头向内表示 N 沟道。若采用 N 型硅作衬底,源极、漏极为 P^+ 型,则导电沟道为 P 沟道,其符号与 N 沟道类似,只是箭头方向朝外,如图 2-31(c)所示。

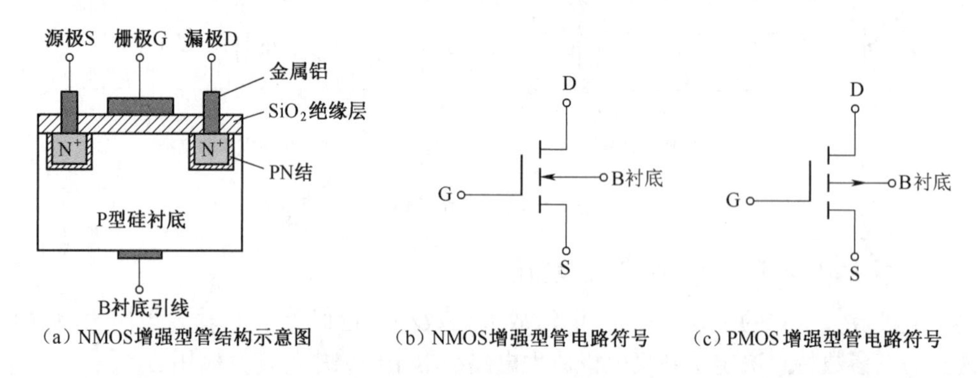

(a) NMOS增强型管结构示意图　(b) NMOS增强型管电路符号　(c) PMOS增强型管电路符号

图 2-31　NMOS 增强型管的结构示意图和电路符号、PMOS 增强型管电路符号

增强型 MOS 管导电沟道的特点是没有原始导电沟道,需在外电压电场的作用下才能形成导电沟道。

(2)NMOS 耗尽型管的结构示意图和电路符号

NMOS 耗尽型管的结构与 NMOS 增强型管的结构相似,不同的是 NMOS 耗尽型管的导电沟道是在制造过程中形成的。通常在制作 SiO_2绝缘层时事先掺入一些金属正离子,这些正离子产生了一个垂直于 P 型衬底的纵向电场,使漏、源之间的 P 型衬底表面上感应出较多的电子,形成 N 型反型层原始导电沟道,其结构如图 2-32(a)所示,图 2-32(b)和图 2-32(c)分别为 NMOS 耗尽型管的电路符号和 PMOS 耗尽型管的电路符号。

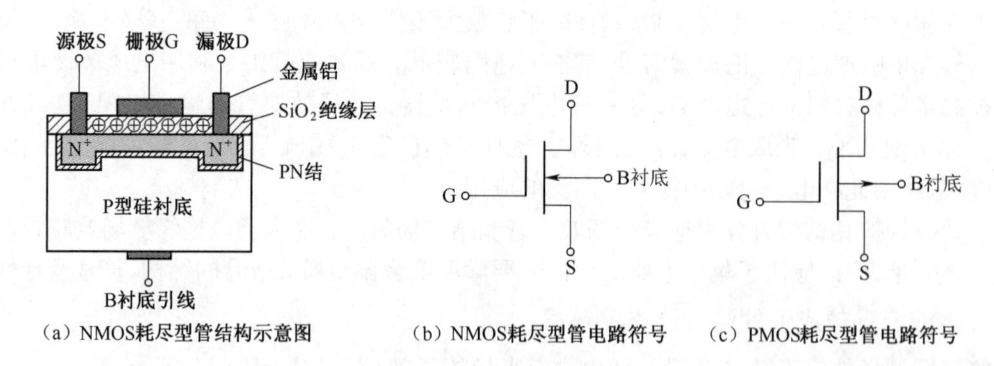

(a) NMOS耗尽型管结构示意图　(b) NMOS耗尽型管电路符号　(c) PMOS耗尽型管电路符号

图 2-32　NMOS 耗尽型管的结构示意图和电路符号、PMOS 耗尽型管电路符号

2. 绝缘栅场效应管的特性

场效应管的基本特性可以由转移特性曲线和输出特性曲线来描述。

1) NMOS 增强型管的特性

NMOS 增强型管的转移特性曲线和输出特性曲线如图 2-33 所示。

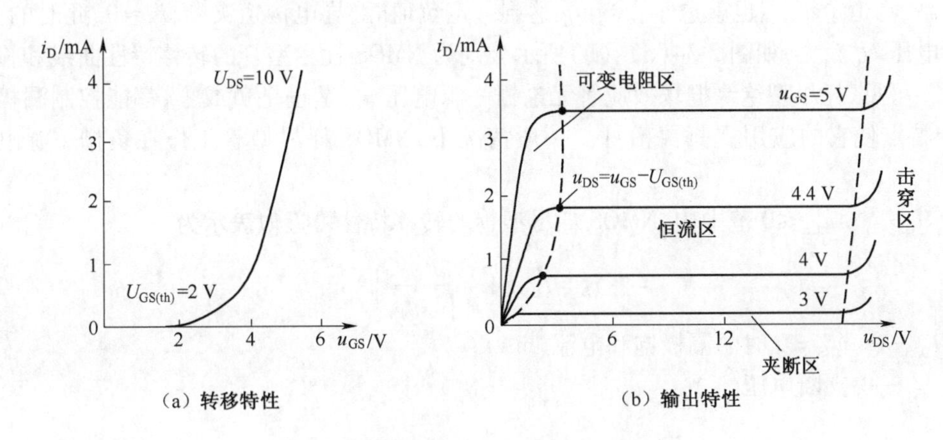

（a）转移特性　　（b）输出特性

图 2-33　增强型 NMOS 管的特性曲线

(1) 转移特性

转移特性就是指在 u_{DS} 保持不变的前提下，栅—源电压 u_{GS} 对漏极电流 i_D 的控制特性。从图 2-33(a) 中可以看出：当 $u_{GS} < U_{GS(th)}$ 时，$i_D \approx 0$，这相当于半导体三极管输入特性曲线的死区；当 $u_{GS} = U_{GS(th)}$ 时，导电沟道开始形成，随着 u_{GS} 增大，i_D 逐渐增大，即 i_D 开始受到 u_{GS} 控制，i_D 与 u_{GS} 之间的关系可近似表示为

$$i_D = I_{D0}\left[\frac{u_{GS}}{U_{GS(th)}} - 1\right]^2 \tag{2-47}$$

式中　I_{D0}——$u_{GS} = 2U_{GS(th)}$ 时的 i_D 值(mA)；

$U_{GS(th)}$——开启电压(V)。

(2) 输出特性

输出特性曲线表示在 $u_{GS} > U_{GS(th)}$ 并保持不变时，漏极电流 i_D 与漏—源电压 u_{DS} 之间的关系，如图 2-33(b) 所示。

①可变电阻区。可变电阻区是 u_{DS} 相对较小的区域，如图 2-33(b) 所示虚线与纵轴之间的区域。u_{DS} 较小时可不考虑 u_{DS} 对导电沟道的影响，当 u_{GS} 为一定值时，导电沟道电阻也一定，i_D 与 u_{DS} 基本上呈线性关系。即 u_{GS} 保持一定，沟道电阻也为一定值；而当 u_{GS} 变化时，其沟道电阻的大小会随 u_{GS} 变化，u_{GS} 越大，沟道电阻越小，曲线越陡。因此将这个区域称为可变电阻区。

②恒流区（饱和区）。恒流区又称为线性放大区，如图 2-33(b) 所示曲线水平的部分，表示当 $u_{DS} > [u_{GS} - U_{GS(th)}]$ 时，栅—源电压 u_{DS} 与漏极电流 i_D 之间的关系。在恒流区内，i_D 几乎不随 u_{DS} 变化，趋于饱和，具有恒流性质，所以这个区域又称饱和区。i_D 受 u_{GS} 的控制，当 u_{GS} 增大时，i_D 随之增大，曲线表现为一簇平行于横轴的直线，因此 MOS 管是电压控制电流器件。

③夹断区。夹断区指 $u_{GS} < U_{GS(th)}$ 的区域，此时，漏极电流 i_D 极小，几乎不随 u_{DS} 变化，夹断区也称截止区。

④击穿区。当 u_{DS} 过大时，场效应管的 i_D 会急剧增加，管子将损坏，这个特点的区域叫击穿

区。场效应管在击穿区已不能正常工作。

2）NMOS 耗尽型管的特性

与 NMOS 增强型管相比，NMOS 耗尽型管在 u_{DS}为常数、$u_{GS}=0$ 时，漏、源极间已经导通，流过的是原始导电沟道的漏极电流 I_{DSS}。当 $u_{GS}<0$ 时，即加反向电压，导电沟道变窄，i_D减小；u_{GS}负值愈高、沟道愈窄，i_D也就愈小。当 u_{GS}达到一定负值时，导电沟道夹断，$i_D\approx0$，此时的 u_{GS}称为夹断电压 $U_{GS(off)}$。如图 2-34(a)、(b)所示分别为 NMOS 耗尽型管的转移特性曲线和输出特性曲线。可见，耗尽型绝缘栅场效应管无论栅—源电压 u_{GS}是正是负或零，都能控制漏极电流 i_D，这个特点使它的应用更具灵活性。一般情况下，NMOS 耗尽型管工作在负栅—源电压的状态。

在 $U_{GS(off)}\leqslant u_{GS}\leqslant0$ 范围内，NMOS 耗尽型管的转移特性可近似表示为

$$i_D=I_{DSS}\left[1-\frac{u_{GS}}{U_{GS(off)}}\right]^2 \tag{2-48}$$

式中　I_{DSS}——$u_{GS}=0$ 时的漏极饱和电流(mA)；

$U_{GS(off)}$——夹断电压(V)。

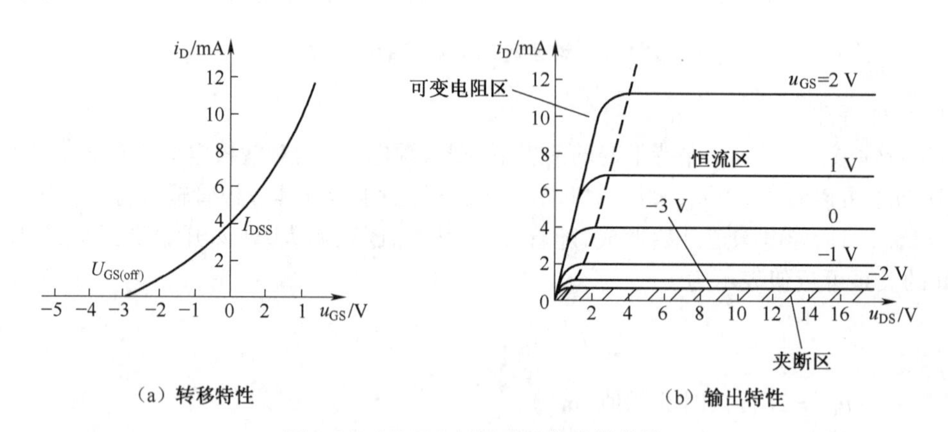

(a) 转移特性　　(b) 输出特性

图 2-34　NMOS 耗尽型管的特性曲线

3. 场效应半导体三极管的主要参数

(1)开启电压 $U_{GS(th)}$。当 u_{DS}为某固定值时，开始形成导电沟道的栅—源电压 u_{GS}值，称为开启电压 $U_{GS(th)}$。它适用于增强型管。

(2)夹断电压 $U_{GS(off)}$。在测试电压 u_{DS}值下，当漏极电流 i_D趋于零时(或按规定等于一个微小电流，例如 1 μA)，所测得的栅—源反向偏置电压 u_{GS}值，称为夹断电压 $U_{GS(off)}$。对于 N 沟道场效应管，$U_{GS(off)}<0$；对于 P 沟道场效应管，$U_{GS(off)}>0$。它适用于耗尽型管。

(3)漏极饱和电流 I_{DSS}。在 $u_{GS}=0$ 的条件下，外加的漏—源电压 u_{DS}使场效应管工作在恒流区时的漏极电流，称为漏极饱和电流 I_{DSS}。耗尽型管才有 I_{DSS}。

(4)漏—源击穿电压 $U_{(BR)DS}$。使漏极电流 i_D从恒流值急剧上升时的漏—源电压值就是击穿电压 $U_{(BR)DS}$值。使用时 u_{DS}不允许超过 $U_{(BR)DS}$，否则会烧坏管子。

(5)栅—源击穿电压 $U_{(BR)GS}$。使二氧化硅绝缘层击穿时的栅—源电压值称为栅—源击穿电压 $U_{(BR)GS}$，一旦绝缘层被击穿将造成短路现象，使管子损坏。

(6)直流输入电阻 R_{GS}。在漏—源之间短路的条件下，栅—源之间加一定电压时的栅—源

直流电阻值，一般在 $10^{10}\ \Omega$ 左右。

（7）最大耗散功率 P_{DM}。类似于半导体三极管中的耗散功率 P_{CM}，场效应管的漏极耗散功率 $p_D = i_D u_{DS}$，P_{DM} 指允许耗散在场效应管上的最大功率，是决定管子温升的参数。为了安全工作，场效应管的 $p_D < P_{DM}$。

（8）低频互导（跨导）g_m。在 u_{DS} 为规定值时，漏极电流的变化量与栅—源电压变化量之比，称为跨导或互导，即

$$g_m = \left.\frac{\mathrm{d}i_D}{\mathrm{d}u_{GS}}\right|_{u_{DS}=常数} \tag{2-49}$$

式中　g_m——转移特性曲线上工作点处切线的斜率。g_m 是表征场效应管放大能力的一个重要参数，g_m 越大，场效应管的放大能力越好，即 u_{GS} 对 i_D 的控制能力越强。g_m 可以从转移特性曲线上求取，其单位为毫西门子（mS），g_m 的大小一般为零点几到几毫西门子。

4. 使用 MOS 管的注意事项

（1）MOS 管栅—源之间的电阻很高，使得栅极的感应电荷不易泄放，因极间电容很小，故会造成电压过高使绝缘栅击穿。因此，保存 MOS 管应使三个电极短接，避免栅极悬空。

（2）焊接 MOS 管时，对工作台、操作人应有防静电措施，电烙铁的外壳应良好地接地，或烧热电烙铁后切断电源再焊。测试 MOS 管时，应先接好线路再去除电极之间的短接，测试结束后应先短接各电极。测试仪器应有良好的接地。

（3）有些 MOS 管将衬底引出，故有 4 个管脚，这种管子漏极与源极可互换使用。但有些 MOS 场效应半导体三极管在内部已将衬底与源极接在一起，只引出 3 个电极，这种管子的漏极与源极不能互换。

（4）在使用场效应管时，要注意漏—源电压、漏—源电流及耗散功率等，不要超过规定的最大允许值。

5. 场效应管与半导体三极管的比较

场效应管与半导体三极管虽然都是半导体器件，它们的差异在于：

（1）场效应管是电压控制器件，由栅—源电压控制漏极电流；半导体三极管是电流控制器件，通过基极电流控制集电极电流。

（2）场效应管参与导电的载流子只有多数载流子，称单极型器件；而半导体三极管是多子和少子同时参与导电，称双极型器件。

（3）场效应管的输入电阻很高，一般在 $10^{8}\ \Omega$ 以上；而三极管的输入电阻较低，一般只有几百欧至几十千欧。

（4）场效应半导体三极管的温度稳定性好，而半导体三极管的温度稳定性较差。

（5）场效应管受温度、辐射的影响小，噪声系数低；而三极管容易受温度、辐射等外界因素影响，噪声系数也大。

（6）如果场效应管的衬底不与源极相连，其漏极与源极可以互换使用；但三极管的集电极与发射极不能互换使用。

（二）场效应管放大电路的基本分析

场效应晶体管具有输入电阻高和噪声低等突出优点，因此多用在多级放大电路的输入级

放大微弱信号。场效应管的栅极 G、漏极 D 和源极 S 分别与半导体三极管的基极 B、集电极 C 和发射极 E 相对应,因此也可以有三种接法,即共源、共漏和共栅放大电路。我们仅以 NMOS 耗尽型管为例,讨论共源场效应管放大电路的静态分析和动态分析。场效应管放大电路应设置合适的偏置,偏置的形式通常有两种:自偏压式和分压偏置式。

1. 分压偏置式共源极放大电路

如图 2-35 所示为分压偏置式共源极放大电路。

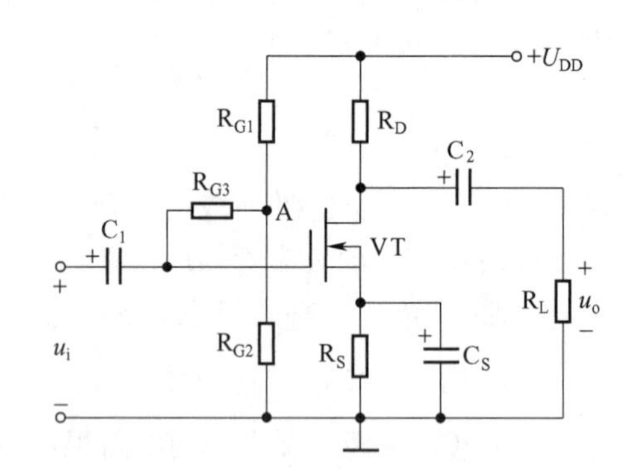

图 2-35 分压偏置式共源极放大电路

1)各元器件的作用

VT:场效应管,电压控制元件,由栅—源电压 u_{GS} 控制漏极电流 i_D。

R_{G1}、R_{G2}:分压电阻,使栅极得到偏置电压,改变 R_{G1} 的阻值可以调整放大电路的静态工作点。

R_{G3}:R_{G3} 阻值非常大,以保持较高的输入电阻,减小 R_{G1}、R_{G2} 对交流信号的分流作用。

R_D:漏极负载电阻,作用相当于集电极负载电阻 R_c,可将漏极电流 i_D 转换为输出电压。

R_S:源极电阻,不仅决定栅—源偏压 U_{GSQ},还具有电流负反馈稳定静态工作点的作用。

C_S:源极旁路电容,使 R_S 不消耗交流信号,输出 u_o 不会被衰减。

C_1、C_2:耦合电容,起隔断直流、耦合交流信号的作用。电容量一般在 0.01 ~ 10 μF 范围内,比半导体三极管放大电路的耦合电容小。

2)静态分析

由电路的直流通道可求出静态工作点(U_{GSQ}、I_{DQ}、U_{DSQ})。直流通道如图 2-36 所示,由于场效应管的输入电阻很高,可以认为直流栅极电流 $I_{GQ}=0$,即

$$V_{GQ}=V_A=\frac{R_{G2}}{R_{G1}+R_{G2}}U_{DD} \tag{2-50}$$

$$U_{GSQ}=V_{GQ}-I_{DQ}R_S=\frac{R_{G2}}{R_{G1}+R_{G2}}U_{DD}-I_{DQ}R_S \tag{2-51}$$

式(2-48)可写成 $I_{DQ}=I_{DSS}\left[1-\frac{U_{GSQ}}{U_{GS(off)}}\right]^2$

联立求解式(2-48)、式(2-51)可得到 I_{DQ} 和 U_{GSQ}。

$$U_{DSQ}=U_{DD}-I_{DQ}(R_D+R_S) \tag{2-52}$$

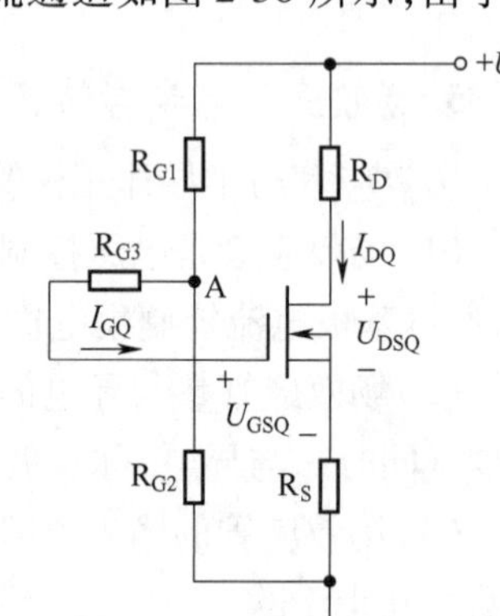

图 2-36 直流通道

3)动态分析

(1)场效应管的微变等效电路

场效应管的微变等效电路如图 2-37 所示,即

$$\dot{I}_d=g_m\dot{U}_{gs} \tag{2-53}$$

(2)分压偏置式共源极放大电路的微变等效电路

分压偏置式共源极放大电路的微变等效电路如图 2-38 所示。

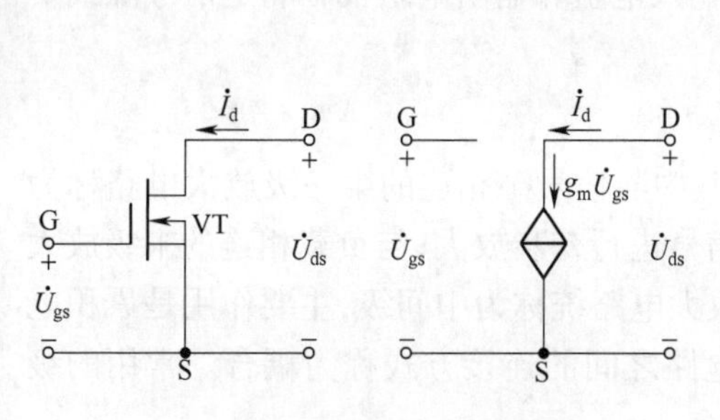

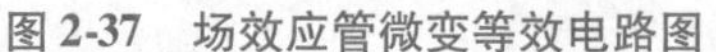

图 2-37　场效应管微变等效电路图

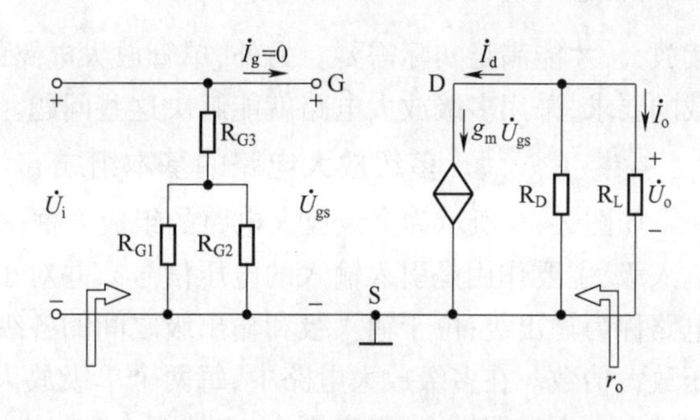

图 2-38　分压偏置式共源极放大电路的微变等效电路

①电压放大倍数 A_u

$$\dot{U}_o = -\dot{I}_d(R_D /\!/ R_L) = -g_m\dot{U}_{gs}R'_L = -g_m\dot{U}_iR'_L$$

$$\dot{A}_u = \frac{\dot{U}_o}{\dot{U}_i} = -g_mR'_L \tag{2-54}$$

式中　负号表示输出电压与输入电压反相，$R'_L = R_D /\!/ R_L$。

②输入电阻 r_i

$$r_i = R_{G3} + (R_{G1} /\!/ R_{G2}) \tag{2-55}$$

通常，选择 $R_{G3} \gg (R_{G1} /\!/ R_{G2})$，故有

$$r_i \approx R_{G3} \tag{2-56}$$

③输出电阻 r_o

$$r_o = R_D \tag{2-57}$$

R_D一般为几百欧到几千欧，故输出电阻较大。

2. 自偏压式共源极放大电路

如图 2-39 所示为自偏压式共源极放大电路。耗尽型管在 $u_{GS}=0$ 时，因存在原始导电沟道故有漏极电流 I_{DSS}。静态时，当 I_{DQ}流过源极电阻 R_S时形成 $I_{SQ}R_S$压降（$I_{GQ}=0$，$I_{DQ}=I_{SQ}$），又因为 $I_G=0$，R_G上的电压降为 0，则通过栅极电阻 R_G把源极电阻 R_S上的 $I_{DQ}R_S$压降加到栅极，即为栅—源极间提供了一个负偏置电压 $U_{GSQ}=-I_DR_S$，使管子工作在放大状态。由于 U_{GSQ}是依靠自身的漏极电流 I_{DQ}产生的，故称自偏压。自偏压式电路只适用于耗尽型场效应管。

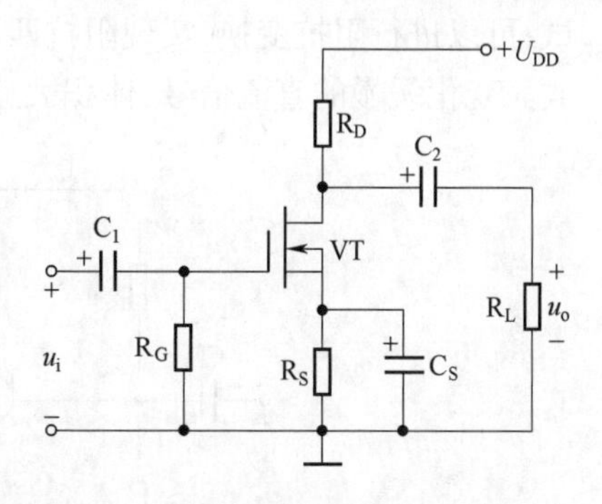

图 2-39　自偏压式共源极放大电路

自偏压式电路比较简单，电路的静态分析和动态分析由学习者自己进行。

第四节　多级放大电路的基本分析

单管放大电路的放大倍数一般为几十倍。而在实际应用中放大器的输入信号非常微弱，有时可低到毫伏或微伏数量级，要把微弱的信号放大到足够大并能带动负载，仅靠单管放大电路是不够的，必须将几个单管放大电路用适当的方式连接成多级放大电路对微弱信号进行连

续放大,才能满足实际需要。另外,单管放大电路的输入电阻和输出电阻很难满足信号源或负载的要求,采用多级放大电路就能解决这些问题。

知识点一 多级放大电路的基本组成

如图 2-40 所示为多级放大电路的组成方框图,其中与信号源相连的第一级放大电路称为输入级,主要作用是引入输入的电压信号 u_i 并对小信号进行初步放大;与负载相连的末级放大电路称为输出级;位于输入级和输出级之间的各级放大电路统称为中间级,主要作用是累积电压放大倍数。在多级放大电路中,每两个单级放大电路之间的连接方式称为耦合。常用的级间耦合有变压器耦合、阻容耦合、直接耦合和光电耦合。

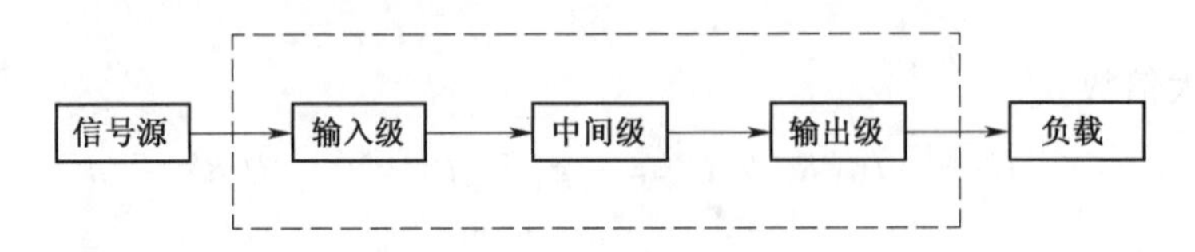

图 2-40 多级放大电路框图

知识点二 级间耦合方式及特点

1. 变压器耦合方式

前级放大电路的输出端通过变压器连接到后级的输入端,这样的连接方式称为变压器耦合,如图 2-41 所示。由于变压器只变换交流、不变换直流电,也具有隔直通交作用。用变压器的一次[侧]取代前级电路的集电极电阻、二次[侧]接到后级电路输入端,当电流流过一次[侧]时,二次[侧]会产生相应的电流和电压并加到下一级三极管的基极和发射极之间,实现了交流信号的传递。变压器耦合的优点是:各级静态工作点互不影响,便于电路的设计与调试;可以进行阻抗变换,实现阻抗匹配,满足功率放大的需求。其缺点是:低频特性较差,不能放大变化缓慢的直流信号,体积大且重,不利于集成化。

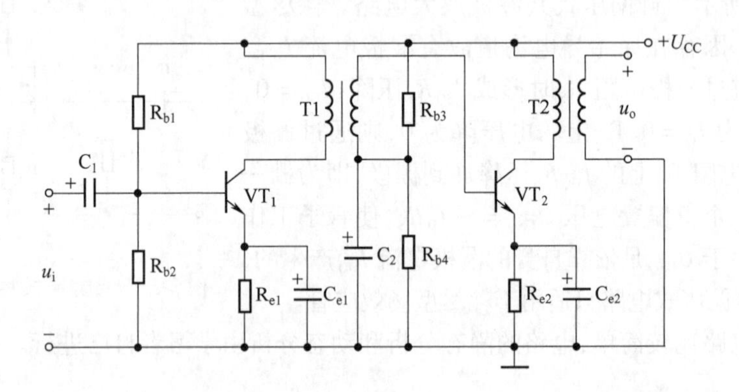

图 2-41 两级变压器耦合放大电路

2. 阻容耦合

前级放大电路的输出端通过耦合电容连接到后级的输入端,这样的连接方式称为阻容耦合,如图 2-42 所示为两级阻容耦合放大电路。两级之间通过电容 C_2 耦合。阻容耦合的优点是:由于电容器有“通交隔直”的作用,前一级与后级之间直流通道互不相通,各级静态工作点互相独立,电路的设计与调试比较方便。在分立元件放大电路中得到普遍应用。阻容耦合的缺点是:由于耦合电容的存在,不利于电子电路的集成化;当输入信号的频率较低时,耦合电容的容抗明显增大,产生较大的电压降,使信号传输受到衰减,会减小放大倍数,不适合放大低频信号,更不能放大变化缓慢的直流信号。耦合电容一般约为几微法到几十微法。

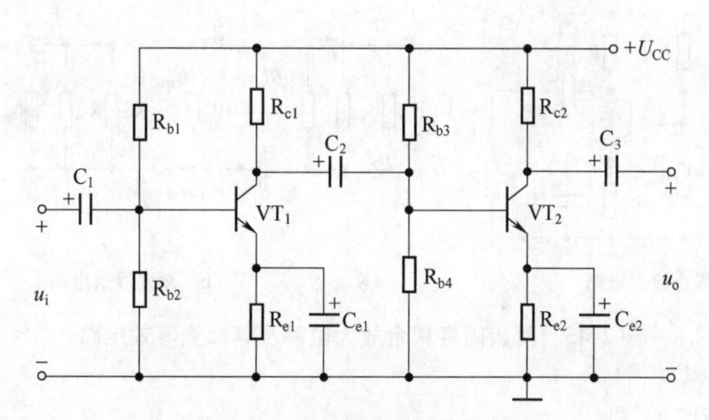

图 2-42　两级阻容耦合放大电路

3. 直接耦合

将前级的输出端直接与后级的输入端相连,这样的连接方式称为直接耦合。直接耦合多级放大电路能放大变化缓慢的直流信号,有较好的低频特性,多用于集成电路内部。由于直接耦合多级放大电路级间直流通道是相通的,带来了两个新问题:一是级间静态工作点相互影响的问题;二是零点漂移的问题。在此我们只讨论静态工作点的问题,零点漂移问题在后续的差动放大电路中会得到解决。解决级间静态工作点相互影响问题的措施之一如图 2-43 所示,为了配合前级电路 U_{CEQ1} 较大的情况,用稳压管取代三极管 VT_2 的发射极电阻 R_{e2},由于稳压管的动态电阻小,不会衰减输出信号;又因其直流电阻较大,能保证 U_{CEQ1} 不会被后级的 U_{BEQ2} 拉低。稳压管必须串联合适的限流电阻 R,以保证稳压管正常工作。

4. 光电耦合

前级放大电路的输出信号通过光电耦合器传送给后级的输入端,这样的连接方式称为光电耦合,如图 2-44 所示。前级的输出信号通过发光二极管转换为光信号,光信号照射在光敏三极管上还原为电信号送到后级输入端。光电耦合的优点是:抗干扰能力强,且前后级间的电气隔离性能好。光电耦合既可传输交流信号,又可传输直流信号;既可实现前后级的电隔离,又便于集成化。

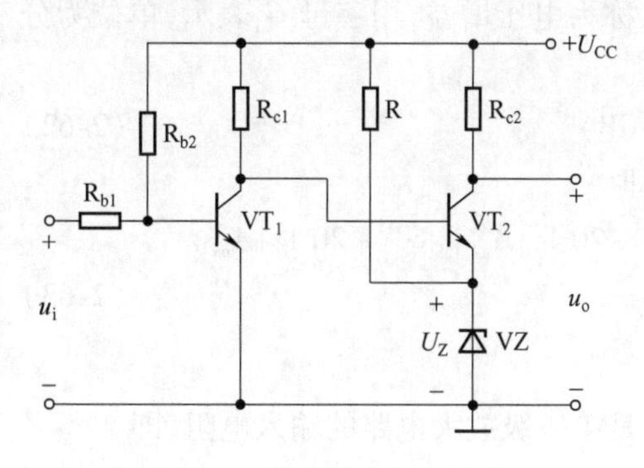

图 2-43　两级直接耦合放大电路

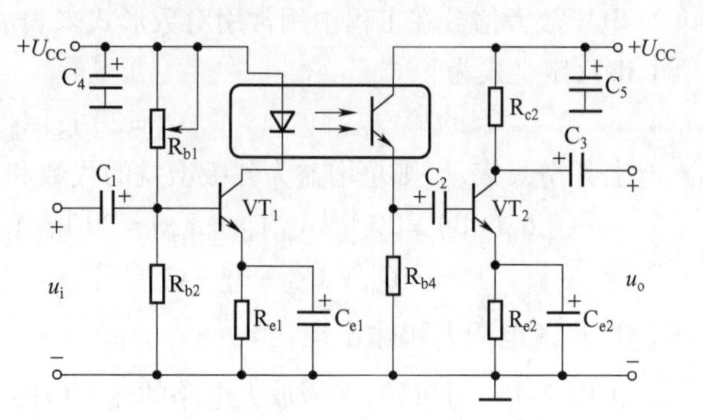

图 2-44　两级光电耦合放大电路

知识点三 多级放大电路的性能指标

我们以两级阻容耦合放大电路为例多级放大电路的性能指标进行估算。如图 2-45 所示为两级阻容耦合放大电路及其微变等效电路。

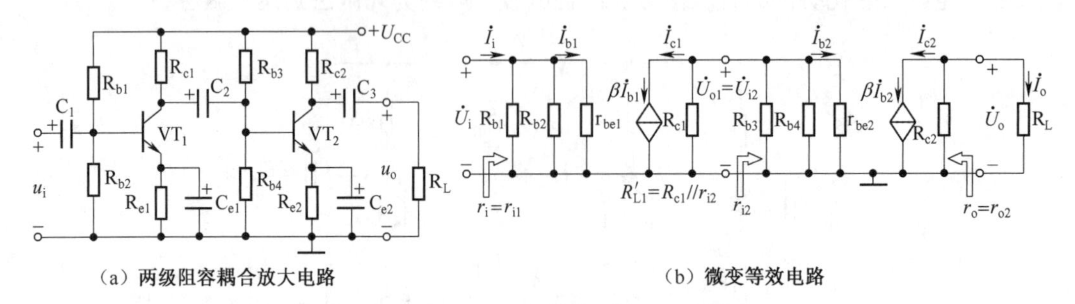

（a）两级阻容耦合放大电路　（b）微变等效电路

图 2-45　两级阻容耦合放大电路及其微变等效电路

1. 电压放大倍数

由图 2-45(b)可知，第一级的负载电阻 R_{L1} 就是第二级的输入电阻 r_{i2}，即 $R_{L1}=r_{i2}$；第二级的输入电压 u_{i2} 就是第一级的输出电压 u_{o1}，即 $u_{i2}=u_{o1}$。根据已学的单级放大电路电压放大倍数的计算方法可得各级电路的电压放大倍数

$$\dot{A}_{u1}=\frac{\dot{U}_{o1}}{\dot{U}_{i}}=-\beta_1\frac{R'_{L1}}{r_{be1}} \tag{2-58}$$

$$\dot{A}_{u2}=\frac{\dot{U}_{o}}{\dot{U}_{i2}}=-\beta_2\frac{R'_{L2}}{r_{be2}} \tag{2-59}$$

式中　$R'_{L1}=R_{C1}/\!/r_{i2}$；$R'_{L2}=R_{C2}/\!/R_{L}$。

两级放大器的总电压放大倍数为

$$\dot{A}_{u}=\frac{\dot{U}_{o}}{\dot{U}_{i}}=\frac{\dot{U}_{o}}{\dot{U}_{i2}}\cdot\frac{\dot{U}_{i2}}{\dot{U}_{i}}=\frac{\dot{U}_{o}}{\dot{U}_{i2}}\cdot\frac{\dot{U}_{o1}}{\dot{U}_{i}}=\dot{A}_{u1}\cdot\dot{A}_{u2} \tag{2-60}$$

对于电阻性负载，推广到 n 级放大电路

$$A_u=A_{u1}\times A_{u2}\times\cdots\times A_{un} \tag{2-61}$$

即 n 级放大电路的总电压放大倍数为各级放大电路的电压放大倍数之积。

电压放大倍数在工程中用常用对数形式来表示，称为电压增益，用字母 G_u 表示，单位为分贝(dB)，定义式为

$$G_u=20\ \lg|A_u|(\text{dB}) \tag{2-62}$$

若用分贝表示，则总增益为各级增益的代数和，即

$$\begin{aligned}G_u(\text{dB})&=20\ \lg|A_{u1}A_{u2}\cdots A_{un}|=20\ \lg|A_{u1}|+20\ \lg|A_{u2}|+\cdots+20\ \lg|A_{un}|\\&=G_{u1}+G_{u2}+\cdots+G_{un}\end{aligned} \tag{2-63}$$

2. 输入电阻 r_i 和输出电阻 r_o

由图 2-45(b)可知，多级放大电路的输入电阻就是第一级放大电路的输入电阻，即

$$r_i=r_{i1} \tag{2-64}$$

3. 输出电阻

由图 2-45(b)可知,多级放大电路的输出电阻就是末级放大电路的输出电阻,即

$$r_o = r_{o2} \tag{2-65}$$

所以 n 级放大电路的输出电阻 $r_o = r_{on}$。

需要注意的是多级放大电路的结构不同,其输入电阻和输出电阻的估算不同。例如将图 2-45中的第一级或第二级放大电路换成射极输出器,则由学习者自行分析。

第五节　功率放大电路的基本分析

功率放大器就是指用在多级放大电路末级,不但向负载提供足够大的输出电压,而且能向负载提供足够大的输出电流,即能向负载提供较大功率输出的放大电路。多级放大电路的输出级一般是功率放大电路,以输出一定的功率带动负载工作,例如让扬声器发声、驱动电机运转、控制继电器闭合或断开等。

知识点一　功率放大器的特点和要求

功率放大器与电压放大器相比,电压放大器的目的是放大电压,输入信号小,主要技术指标是电压放大倍数,输入电阻、输出电阻,不要求输出功率一定大;功率放大器输入的是放大后的电压、电流信号,讨论的指标主要是最大不失真输出功率、功率放大器的效率、晶体管的管耗功率等。根据功率放大器在电路中的作用,功率放大器的特点和对功率放大器的基本要求是:

1. 输出功率要尽可能大

为了获得尽可能大的输出功率,功放管的输出电压和电流就必须足够大,应尽可能在接近极限的条件下工作但不能超过极限参数,否则功放管容易损坏。即 u_{CE}小于接近于 $U_{(BR)CEO}$;i_C小于接近于 I_{CM};P_C小于接近于 P_{CM}。功放管的极限工作区如图 2-46 所示。

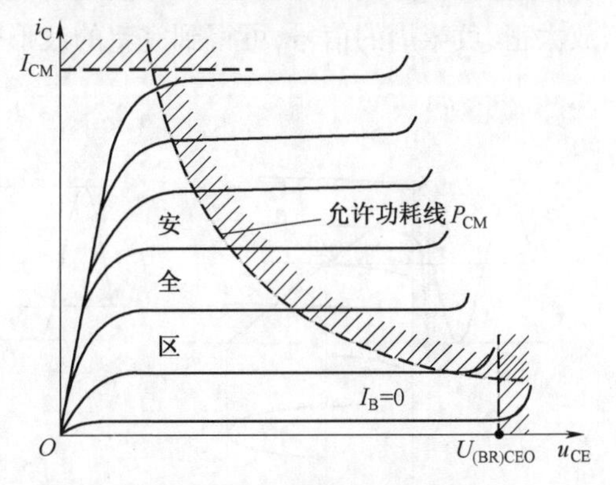

图 2-46　功放管的极限工作区

2. 效率要高

功率放大器输出的功率是依靠功放管将直流电源提供的直流电能转换成交流电能而来的。在转换中,功放管本身也存在静态功耗,尽管如此,我们还是希望直流电源提供的能量尽可能多的被转换成交流能量输出,以带动负载工作。所谓效率,就是负载获得的输出功率 P_o与直流电源供给的功率 P_E的比值。表达式为

$$\eta = \frac{P_o}{P_E} \times 100\% \tag{2-66}$$

η 值越大,就意味着效率越高。

3. 失真要小

功放管的特性曲线是非线性的,管子又工作在大信号状态,工作时很容易超出特性曲线的线性范围,输出功率越大,非线性失真越严重。因此要求输出功率尽可能大,同时非线性失真

尽量小。

4. 散热要好

由于功放管工作时电流较大,集电结的温度会比较高,必须考虑管子的散热问题。对大功率功放管而言,一般都会加装散热板,降低结温,以增大其输出功率。

知识点二 功率放大器的分类

1. 按功放管的工作状态分

按功放管工作状态,低频功率放大器一般分为:甲类、乙类和甲乙类功率放大器三种,其工作波形如图 2-47 所示。

甲类功率放大器的静态工作点设在线性区的中部,有合适的静态工作点。在输入信号的整个周期内,功放管均处于导通状态。当输入信号为幅度适当的正弦波时,输出波形也为完整的正弦波形,如图 2-47(a)所示。

乙类功率放大器的静态工作点设在 $I_{BQ}=0$ 的输出特性曲线上,没有提供静态。在输入信号的整个周期内,功放管只有半个周期处于导通状态,而另半个周期处于截止状态。当输入信号为幅度适当的正弦波时,输出波形为半个周期的正弦波形,但是存在非线性失真,其工作波形情况如图 2-47(c)所示。因此,只有采用两只半导体三极管轮流工作,分别放大正、负半周的信号,才能在输出端得到完整的波形输出。

甲乙类功率放大电器的静态工作点靠近截止区的位置,略高于乙类,提供了尽量小的静态,三极管处于微导通状态,工作波形情况见图 2-47(b)所示。利用两管轮流交替工作,分别放大正、负半周的信号,可得到完整的波形输出。

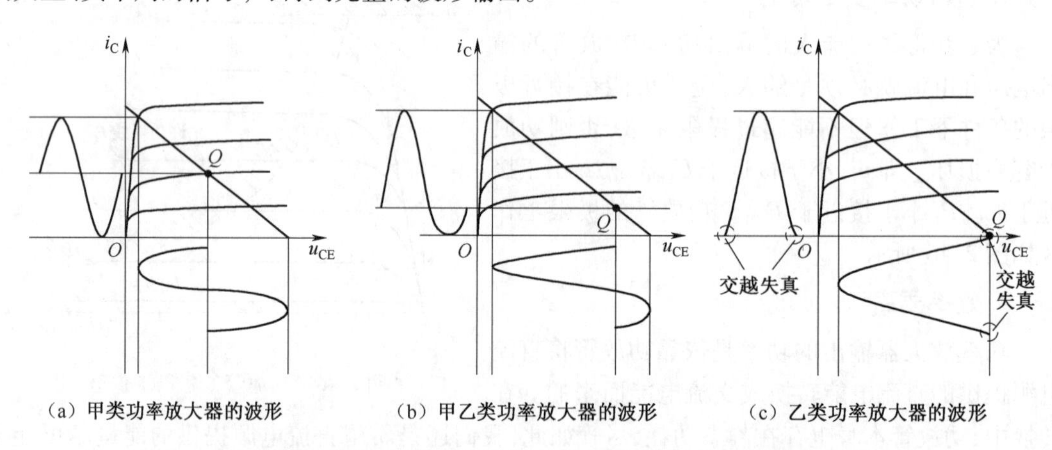

(a) 甲类功率放大器的波形 (b) 甲乙类功率放大器的波形 (c) 乙类功率放大器的波形

图 2-47 甲类、乙类和甲乙类三种功率放大器的工作波形

甲类功率放大电器结构简单、线性好、失真小,但是功放管的静态管耗大,使得甲类功率放大器的效率低,理想效率只能达到 50%;乙类功率放大器静态管耗小,理想效率可达到 78.5%,但是波形失真严重,需要改进;甲乙类功率放大电路是在乙类基础上设置了尽可能低的静态,使管子微导通,减小了乙类功率放大器的非线性失真,但是电路比较复杂,效率在 50% ~ 78.5% 之间。因此,追求不失真的输出时,功放电路仍然采用甲类功放器。

2. 按电路结构来分

按电路结构,功率放大电路又分为:单管功率放大电路,变压器耦合功率放大电路、无输出变压器的功率放大电路（OTL）、无输出电容的功率放大电路（OCL）和桥式推挽功率放大电路（BTL）。目前使用较多的是互补对称功率放大电路，常见的有 OTL 电路和 OCL 电路，这两种电路效率较高、频响特性好、便于集成，在集成功率放大电路中得到广泛应用。

知识点三　乙类互补对称功率放大电路

（一）电路组成及工作原理

1. 电路组成

如图 2-48 所示是双电源互补功率放大电路，又称无输出电容的功率放大电路，简称 OCL 电路。VT_1 为 NPN 型管，VT_2 为 PNP 型管，两管参数对称。将两管基极连在一起作输入端，将两管发射极连在一起作输出端接负载 R_L，两管都无静态偏置电路因而都工作在乙类状态。电路采用双电源供电，NPN 管的集电极接 $+U_{CC}$，PNP 管的集电极接 $-U_{CC}$，这样就构成了基本的 OCL 互补对称功率放大电路。

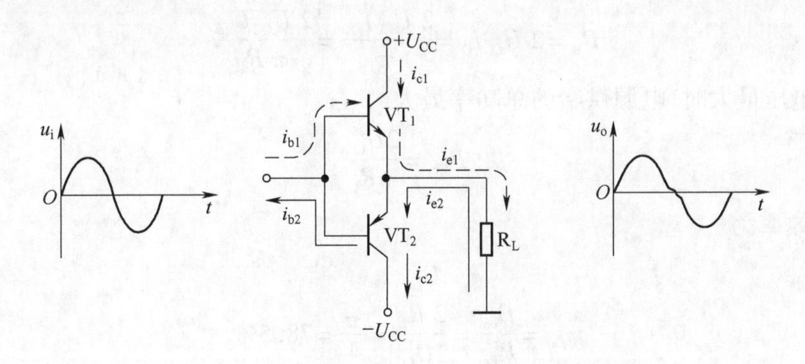

图 2-48　双电源互补功率放大电路（OCL 电路）

2. 工作原理

（1）静态分析

当输入信号 $u_i=0$ 时，功放管 VT_1、VT_2 都工作在截止区，此时 I_{BQ}、I_{CQ}、I_{EQ} 均为零，负载上无电流通过，输出电压 $u_o=0$。

（2）动态分析

①当输入信号为正半周时，$u_i>0$，功放管 VT_1 导通、VT_2 截止，VT_1 管的射极电流 i_{e1} 经电源 $+U_{CC}$ 自上而下流过负载，在 R_L 上形成正半周输出电压，$u_o>0$，且 $u_o \approx u_i$。

②当输入信号为负半周时，$u_i<0$，功放管 VT_2 导通、VT_1 截止，VT_2 管的射极电流 i_{e2} 经电源 $-U_{CC}$ 自下而上流过负载，在 R_L 上形成负半周输出电压，$u_o<0$，且 $u_o \approx u_i$。

③由于这种功率放大电路的静态工作点位于截止区，因此称为乙类功率放大器。

（二）功率和效率的估算

1. 输出功率 P_o

$$P_o = U_o I_o = \frac{1}{2} U_{om} I_{om} = \frac{U_{om}^2}{2R_L} \tag{2-67}$$

输出信号不失真的最大振幅电压为

$$U_{om}=U_{CC}-U_{CES}$$

若忽略 U_{CES},则

$$U_{om}\approx U_{CC}$$

因此,最大不失真输出功率为

$$P_{om}=\frac{1}{2R_L}(U_{CC}-U_{CES})^2\approx\frac{U_{CC}^2}{2R_L} \tag{2-68}$$

2. 直流电源提供的功率 P_E

由于在 u_i一个周期内两个管子轮流工作半个周期,每个电源也只提供半个周期的电流,所以各管的集电极平均电流为

$$I_C=I_{C1}=I_{C2}=\frac{1}{2\pi}\int_0^{\pi}I_{Cm}\sin\omega t\mathrm{d}(\omega t)=\frac{I_{Cm}}{\pi}$$

两个直流电源供给的总功率

$$P_E=2U_{CC}I_C=\frac{2U_{CC}I_{Cm}}{\pi}=\frac{2U_{CC}U_{om}}{\pi R_L}$$

当输出电压最大时,电源供给的总功率最大

$$P_{Em}=\frac{2U_{CC}^2}{\pi R_L} \tag{2-69}$$

3. 最大效率为

$$\eta_m=\frac{P_{om}}{P_{Em}}=\frac{\dfrac{U_{CC}^2}{2R_L}}{\dfrac{2U_{CC}^2}{\pi R_L}}=\frac{\pi}{4}=78.5\% \tag{2-70}$$

4. 管耗 P_V

两只功放管总的最大耗散功率 $P_{Vm}=P_E-P_{om}$,经计算得 $P_{Vm}=0.4P_{om}$,每只功放管的最大管耗

$$P_{Vm1}=P_{Vm2}=0.2P_{om} \tag{2-71}$$

知识点四　交越失真及其消除

在乙类功率放大器中,因没有设置偏置电压,静态时 U_{BEQ}和 I_{CQ}均为零,而功放管发射结有死区电压,对硅管而言,在信号电压$|u_i|<0.5$ V 时管子不导通,输出电压 u_o仍为零,因此在信号过零附近的正负半波交接处无输出信号,出现了非线性失真,称为交越失真,如图 2-49 所示。

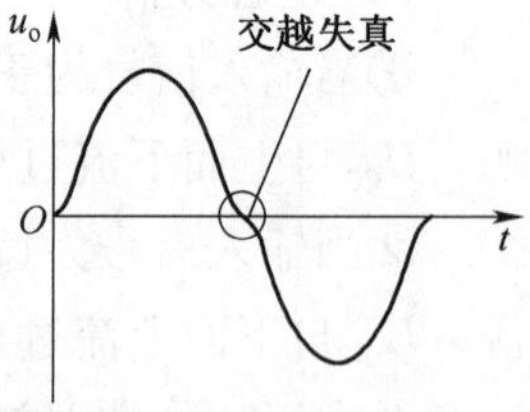

图 2-49　交越失真波形

为了在$|u_i|<0.5$ V 时仍有输出信号,从而消除交越失真,必须设置基极偏置电压,因此,出现了甲乙类放大电路,比甲类效率高,比乙类失真小。

知识点五　甲乙类互补对称功率放大电路

(一)甲乙类互补对称 OCL 功率放大电路

甲乙类互补对称 OCL 功率放大电路如图 2-50 所示。在两管的基极间加上两个二极管

VD_1、VD_2，偏置电路由 R_1、R_2、R_P、VD_1、VD_2组成，静态时仔细调整 R_P 的阻值，一是使 VT_1 的基极电位比 A 点电位高约 0.5 V、VT_2 的基极电位比 A 点电位低约 0.5 V，这样 VT_1 和 VT_2 就处于微导通状态；二是使 A 点电位为零，保证在静态时负载 R_L无电流流过，以降低静态损耗。甲乙类功率放大电路的静态工作点位于放大区，但靠近截止区，管子 VT_1、VT_2 处于微导通工作状态，接近乙类工作，一旦在输入端加上信号，就可以使功放管迅速进入放大区，有利于消除交越失真。当有交流信号输入时，因 VD_1、VD_2在导通时的动态电阻很小，因而可以认为加到两互补管基极的交流信号基本相等，输出波形正、负半波基本对称。由于两管交替工作时有一定的导通重叠时间，这样就克服了交越失真。

（二）甲乙类互补对称 OTL 功率放大电路

OCL 功率放大器需要用两个电源来供电，给使用带来不便，且在输入信号的一个周期内每个电源的工作时间只有半个周期，电源利用率低。因此又设计出了单电源的互补对称功率放大电路，即无输出变压器的功率放大器 OTL。甲乙类互补对称 OTL 功率放大电路如图 2-51所示。R_P 为静态工作点调节电位器，一是使 VT_1 和 VT_2 微导通；二是使 A 点的静态电位等于 $U_{CC}/2$，于是电容 C 上的电压也等于 $U_{CC}/2$，代替电源 $-U_{CC}$给 VT_2 供电。静态时，负载 R_L 无电流流过。当有信号 u_i输入时，在 u_i的正半周，VT_1导通，VT_2截止，有电流流过负载 R_L，同时向 C充电；在负半周时，VT_2 导通，VT_1 截止，电容 C 通过负载 R_L放电。只要使输出回路的充放电时间常数 $R_L C$ 远大于信号周期 T，就可以认为在信号变化过程中，电容两端电压基本保持不变。

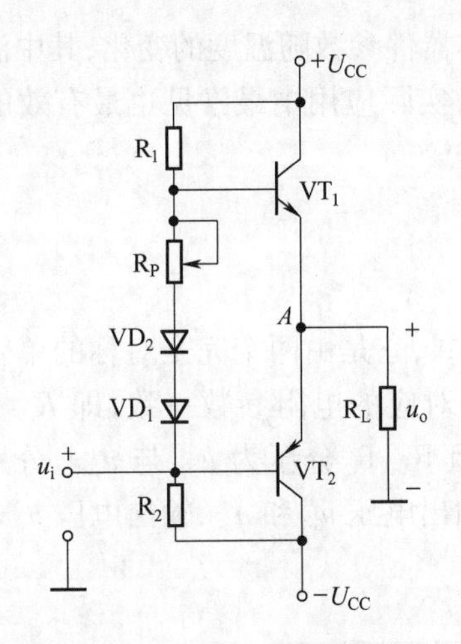

图 2-50　甲乙类 OCL 功率放大电路

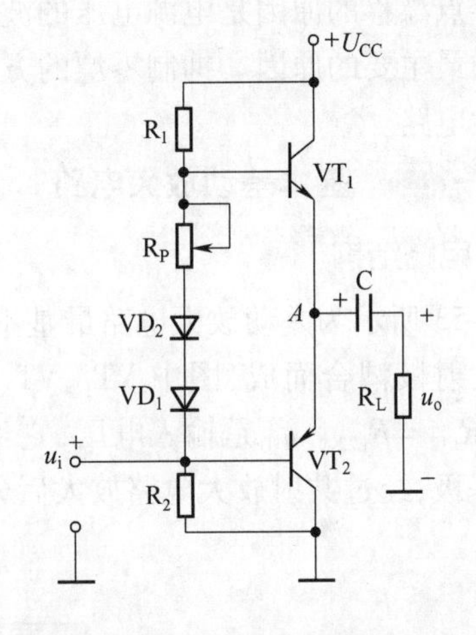

图 2-51　甲乙类 OTL 功率放大电路

采用单电源供电后，由于每个管子的工作电压不是原来的 U_{CC}，而是 $U_{CC}/2$，计算输出功率和效率时，只要将前面相应公式中的 U_{CC}用 $U_{CC}/2$ 代替即可，可见 OTL 的输出功率比 OCL 的要小。与双电源互补对称电路相比，单电源互补对称电路的优点是少用一个电源，使用方便；缺点是由于电容 C 在低频时的容抗可能比 R_L大，所以 OTL 电路的低频响应较差。

第六节　差动放大电路的基本分析

前面我们提到过，直接耦合的多级放大电路能放大变化缓慢的“直流信号”（温度、压力、转速等物理量通过传感器转换为的弱电信号），具有良好的低频特性，但是也会带来“零点漂移”问题。能放大直流信号的电路又称为直流放大器，直流放大器显然可以放大交流信号。直接耦合在电路设计时解决了静态工作点相互牵制的问题，同样要处理好“零点漂移”的抑制问题。

知识点一 零点漂移

对于直流放大器的要求是：当输入信号为零时，输出电压也应该为零，即零入零出。而实际的直接耦合放大电路，其输入端短接处于静态，在输出端用直流毫伏表进行测量，表针会时快时慢不规则摆动，表明有不规则变化的电压输出，这种现象称为零点漂移，简称零漂，如图 2-52 所示。放大电路级数越多，零漂越严重，尤其是第一级的零漂会被后面电路逐级放大，到输出端有可能将有用信号淹没掉，导致测量和控制系统出错。

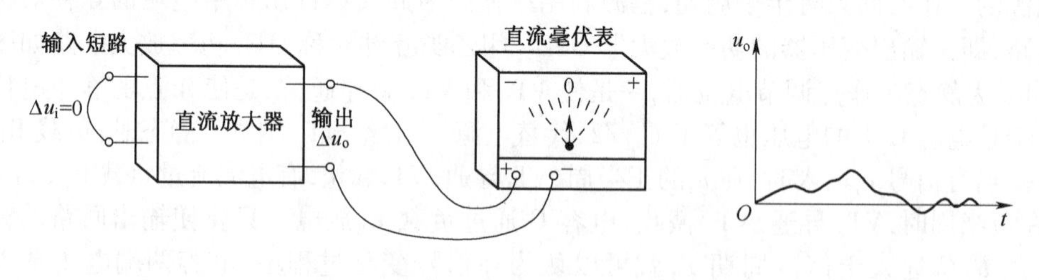

图 2-52　零点漂移现象

引起零点漂移的原因是电源电压的波动、半导体器件参数随温度的变化，其中温度影响是产生零漂的最主要的原因。抑制零漂的方法有很多，实际应用中最常见也最有效的措施是采用差动放大电路。

知识点二 基本差动放大电路

（一）电路结构

如图 2-53 所示为差动放大电路最基本的电路形式，它是由两个完全对称的单管共射放大电路通过发射极耦合而成，图中 VT_1、VT_2 的特性及对应的电阻参数一致，即 $R_{c1}=R_{c2}=R_c$，$R_{b11}=R_{b21}$，$R_{b12}=R_{b22}$。u_{iD} 是输入电压，它经对称电阻 R_1、R_2 分压为 u_{iD1} 与 u_{iD2}，分别加到 VT_1 和 VT_2 的基极，经过共射放大电路放大后分别获得输出电压 u_{o1} 和 u_{o2}，输出电压 $u_o=u_{o1}-u_{o2}$。

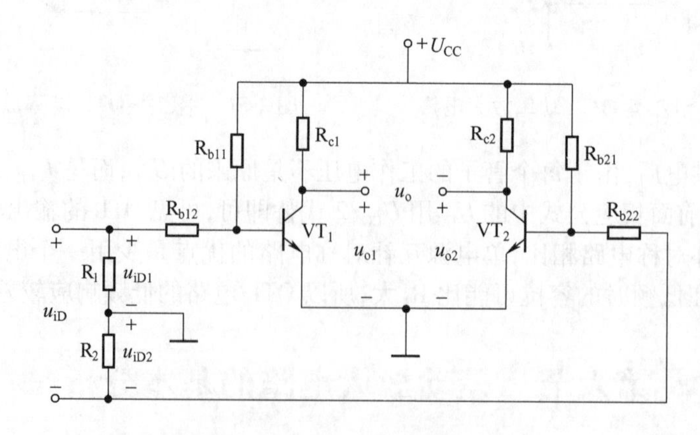

图 2-53　基本差动放大电路

（二）抑制零漂的原理

因左右两个放大电路完全对称，所以在输入信号 $u_{iD}=0$ 时，$u_{o1}=u_{o2}$，因此输出电压 $u_o=0$，即表明放大器具有零输入时零输出的特点。

当温度变化时，VT_1、VT_2 的输出电压 u_{o1} 和 u_{o2} 同时发生变化，但由于电路对称，两管的输出变化量（零漂）相同，即 $\Delta u_{o1}=\Delta u_{o2}$，则 $u_o=0$。可见利用两管的零漂在输出端被减掉，可以有效地抑制零漂。

（三）差模信号和差模电压放大倍数

输入信号 u_{iD} 被 R_1、R_2 分压为大小相等、极性相反的一对输入信号 u_{iD1} 和 u_{iD2}，分别输入到 VT_1 和 VT_2 两管的基极，此信号称为差模信号，即 $u_{iD1}=u_{iD}/2$，$u_{iD2}=-u_{iD}/2$，这种输入方式称为差模输入。差模信号是有用信号。放大器对差模信号的电压放大倍数 A_{uD} 定义为

$$A_{uD}=\frac{u_{oD}}{u_{iD}} \tag{2-72}$$

因左右电路对称，电压放大倍数 $A_{u1}=A_{u2}=A_u$，则

$$A_{uD}=\frac{u_{oD}}{u_{iD}}=\frac{u_{oD1}-u_{oD2}}{u_{iD}}=\frac{A_{u1}u_{iD1}-A_{u2}u_{iD2}}{u_{iD}}=A_u \tag{2-73}$$

可见基本放大器的差模放大倍数 A_{uD} 等于电路中每个单管共射放大电路的放大倍数 A_u，以多一倍的元件换来了对零点漂移抑制能力的提高。

（四）共模信号和共模抑制比

在两个输入端分别加上大小相等、极性相同的信号，此信号称为共模信号。共模信号就是零漂信号和伴随输入信号一起加入的干扰信号，对左右两侧电路有相同的影响，即 $u_{iC}=u_{iC1}=u_{iC2}$，这种输入方式称为共模输入。共模信号是无用信号。共模电压放大倍数定义为

$$A_{uC}=\frac{u_{oC}}{u_{iC}} \tag{2-74}$$

对于电路完全对称的差动放大器，其共模输出电压 $u_{oC}=u_{oC1}-u_{oC2}=0$，则

$$A_{uC}=0 \tag{2-75}$$

在理想情况下，由于温度变化、电源电压波动等原因所引起的两管的输出电压漂移量 Δu_{o1} 和 Δu_{o2} 相等，它们分别折合为各自的输入电压漂移也必然相等，即为共模信号。可见零点漂移等效于共模输入。实际上，放大器不可能绝对对称，故共模放大输出信号不为零。因此共模放大倍数 A_{uC} 越小，则表明抑制零漂能力越强。

差动放大电路常用共模抑制比 K_{CMR} 来衡量放大电路对有用信号的放大能力以及同时对无用信号的抑制能力，其定义是

$$K_{CMR}=\left|\frac{A_{uD}}{A_{uC}}\right| \tag{2-76}$$

共模抑制比越大，放大器抑制零漂和干扰的能力越强，性能就越好。

（五）实际输入信号

实际输入信号是差模信号与共模信号共存的信号。当两个输入端的实际输入信号为 u_{i1}、u_{i2}，则

$$u_{i1}=\frac{1}{2}(u_{i1}+u_{i2})+\frac{1}{2}(u_{i1}-u_{i2})=u_{iC}+\frac{1}{2}u_{iD} \tag{2-77}$$

$$u_{i2}=\frac{1}{2}(u_{i1}+u_{i2})-\frac{1}{2}(u_{i1}-u_{i2})=u_{iC}-\frac{1}{2}u_{iD} \tag{2-78}$$

$$u_{iD}=u_{i1}-u_{i2} \tag{2-79}$$

$$u_{iC}=\frac{u_{i1}+u_{i2}}{2} \tag{2-80}$$

此时，输出放大电压 u_o 中，也是差模放大输出信号 u_{oD} 与共模放大输出信号 u_{oC} 共存，即

$$u_o=u_{oD}+u_{oC}=A_{uD}u_{iD}+A_{uC}u_{iC}=A_{uD}(u_{i1}-u_{i2})+A_{uC}\left(\frac{u_{i1}+u_{i2}}{2}\right) \tag{2-81}$$

知识点三　差动放大电路的输入输出方式

差动放大器输入端可采用双端输入和单端输入两种方式，双端输入是将信号加在两个半导体三极管的基极，如图 2-54、图 2-55 所示；单端输入则是将信号加在一只半导体三极管的基极和公共端，而另一只管子的输入端接地，如图 2-56、图 2-57 所示。不论是双端输入还是单端输入，其输入电阻均为单管共射放大电路输入电阻的 2 倍，即 $r_{iD}\approx 2(R_{b1}+r_{be1})$。

差动放大器的输出端可采用双端输出和单端输出两种方式，双端输出时负载 R_L 接在 VT_1 和 VT_2 的集电极之间，此时差模电压放大倍数等于单管共射放大电路的放大倍数，$R'_L=R_c /\!/ \frac{1}{2}R_L$，输出电阻 $r_{oD}=2R_c$，如图 2-54、图 2-56 所示；单端输出时，负载 R_L 接在 VT_1 或 VT_2 的集电极与“⊥”之间，另一个管子不输出，此时 $R'_L=R_c /\!/ R_L$，差模电压放大倍数 A_{uD} 和输出电阻 r_{oD} 均比双端输出减小一半，如图 2-55、图 2-57 所示。双端输出的 K_{CMR} 比单端输出的 K_{CMR} 大。

由于差动放大器有两种输入方式和两种输出方式，因此差动放大器共有四种连接方式：

（1）双端输入、双端输出，如图 2-54 所示。

（2）双端输入、单端输出，如图 2-55 所示。

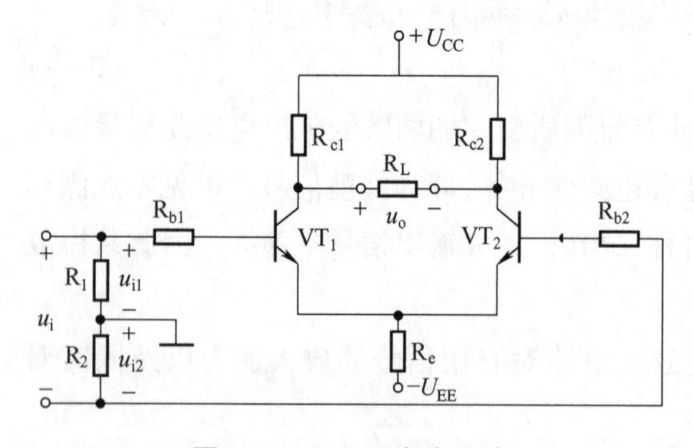

图 2-54　双入双出式差放

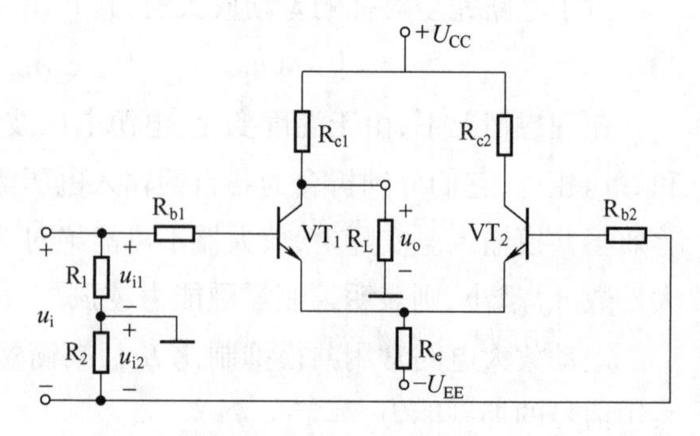

图 2-55　双入单出式差放

（3）单端输入、双端输出，如图 2-56 所示。

（4）单端输入、单端输出，如图 2-57 所示。

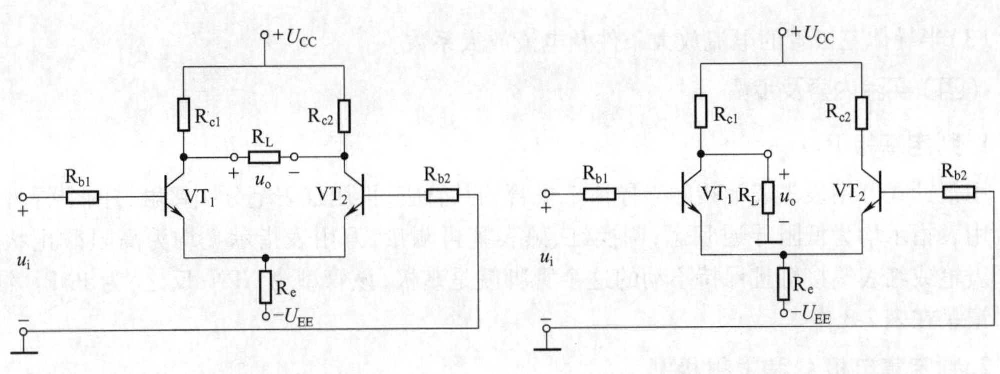

图 2-56　单入双出式差放　　　　图 2-57　单入单出式差放

耦合发射极上的电阻 R_e 具有电流负反馈作用，能稳定静态工作点，在差分放大电路中还能消耗共模信号。由于左右两侧电路中的差模信号电流大小相等、方向相反，当差模信号电流流过电阻 R_e 时相互抵消，因此流过电阻 R_e 的差模信号电流为 0，R_e 两端的差模信号电压为 0，即 R_e 对差模信号相当于短路。而左右两侧电路中的共模信号电流大小、方向都一样，当共模信号电流流过电阻 R_e 时为每侧电路的两倍，即 R_e 对每侧电路的共模信号都相当于 $2R_e$ 的消耗作用。可见，R_e 越大，对共模信号的抑制能力越强。R_e 增大后，为了保证每侧电路的 U_{CEQ} 正常值，需要加 $-U_{EE}$，双电源供电。恒流源电路具有直流电阻小、交流电阻无穷大及电流恒定的特点，因此在设计差分放大电路时采用恒流源电路来代替电阻 R_e，可以有效提高差放的共模抑制比。

实作

实作一　用万用表检测半导体三极管

（一）实作目的

1. 掌握二极管管脚的识别与测定方法。
2. 掌握万用表的正确使用方法。
3. 培养良好的操作习惯，提高职业素质。

（二）实作器材

实作器材见表 2-2。

表 2-2　实作器材

器材名称	规格型号	数量
数字万用表	VC890C+	1
指针万用表	MF-47	1
半导体三极管	—	各 1

（三）实作前预习

（1）半导体三极管内部有两个 PN 结，基极与集电极之间是集电结，基极与发射极之间是发射结。

（2）用指针式万用表 $R\times1\text{k}$ 挡或 $R\times100$ 挡检测半导体二极管。

(3)半导体三极管的电流放大条件及电流放大系数。

(四)实验内容及步骤

1. 判定基极 B

用指针式万用表黑表笔接触半导体三极管的某管脚,再用红表笔分别接触另两个管脚,如果万用表指示均为低阻导通状态;调换红、黑表笔再测量,万用表指示又均为高阻截止状态。则黑表笔或红表笔接触且保持不动的这个管脚就是基极,该管型为 NPN;反之,为 PNP。测试结果记录在表 2-3 中。

2. 判定集电极 C 和发射极 E

判断出三极管的基极、管型后,先在除基极外的另两个电极中任设一个为集电极,用手捏住三极管的基极与假设的集电极(即在两极间接上一人体电阻,注意不要将两极短接),并将万用表的黑表笔接假设的集电极,红表笔接假设的发射极,观察万用表的指针偏转情况;再将假设的两电极对换,重复上述操作。两次假设中指针偏转大的那次假设的集电极是正确的,余下的是发射极。如图 2-58(a)所示为 NPN 管的 C 和 E 判定示意图,如图 2-58(b)所示 PNP 管的 C 和 E 判定示意图。测试结果记录在表 2-3 中。

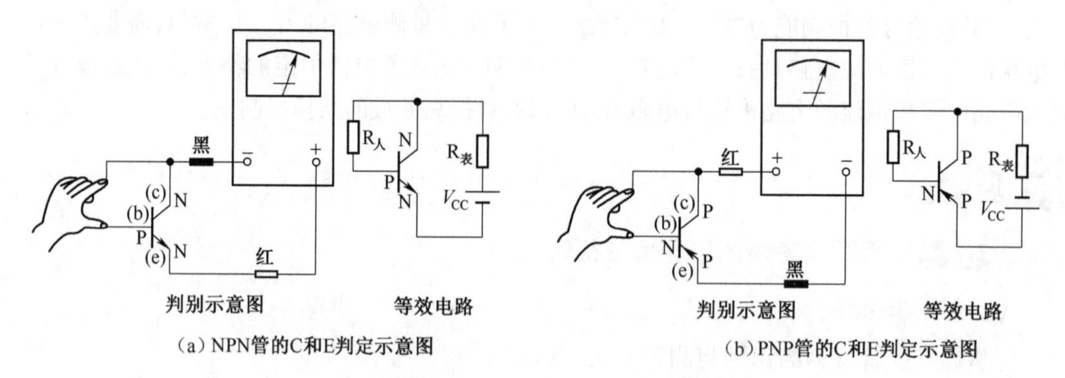

(a)NPN管的C和E判定示意图　　(b)PNP管的C和E判定示意图

图 2-58　集电极 C 和发射极 E 的判定示意图

3. 三极管性能的检测

用数字万用表的 h_{FE} 挡测试 NPN 和 PNP 的电流放大系数。测试结果记录在表 2-3 中。

(五)测试与观察结果记录

将测试与观察结果记录于表 2-3。

表 2-3　测试数据

三极管	h_{FE}	类型	型号	材料	基极	集电极	发射极
①②③							
①②③							

（六）实作注意事项

(1)切忌将万用表的红、黑表笔电源极性弄反。

(2)切忌在操作过程中将半导体三极管的管脚损坏。

（七）回答问题

(1)如何用万用表判定半导体三极管的基极？

(2)如何判定半导体三极管的管型？

(3)如何判定半导体三极管的集电极和发射极？

(4)如何测试半导体三极管的 h_{FE}？

实作二　单管共射基本放大电路的连接与测试

（一）实作目的

1. 掌握单管放大电路的静态工作点的调整和测试方法。
2. 掌握交流电压放大倍数的测量方法。
3. 进一步熟悉常用电子仪器仪表的使用方法。
4. 学习电路的故障分析与处理。
5. 培养良好的操作习惯，提高职业素质。

（二）实作器材

实作器材见表2-4。

表2-4　实作器材

器材名称	规格型号	电路符号	数量
色环电阻	RJ-0.25-4.7k	R_S	1
色环电阻	RJ-0.25-150k	R_B'	1
色环电阻	RJ-0.25-2k	R_C	1
色环电阻	RJ-0.25-2.7k	R_L	1
电位器	1 MΩ	R_P	1
电解电容	CD-25V-100μ	C_1	1
电解电容	CD-25V-22μ	C_2	1
三极管	9013	—	1
稳压电源仪	YB1718	—	1
信号发生器	YB32020	—	1
示波器	YB43025	—	1
万用表	VC890C +	—	1
晶体管毫伏表	DA-16	—	1
信号连接线	BNC Q9 公转双头鳄鱼夹	—	3
导线	—	—	若干

(三)实作前预习

(1)单管共射基本放大电路中各组成元件及其作用。

(2)单管共射基本放大电路的工作原理。

(3)单管共射基本放大电路的静态工作点。

(4)单管共射基本放大电路输出电压 u_o的非线性失真及解决措施。

(5)单管共射基本放大电路空载和带载时的电压放大倍数。

(四)实作内容及步骤

(1)参照图2-59,按照正确方法安装电路。

(2)输入电压信号 $U_{irms}=5$ mV、$f=1$ kHz 时的放大电路测试与观察:

①连接直流通道,接通 $U_{CC}=12$ V,调节 R_p 使 $U_{CEQ}=6$ V。

②接入输入信号 $U_{irms}=5$ mV、$f=1$ kHz,用示波器观察 u_o的波形:先使 $R_L=\infty$,调节 R_p 使 u_o出现上截幅失真或下截幅失真,这时反方向调节 R_p 再使失真刚好消失,此为 u_o最大而不失真状态。

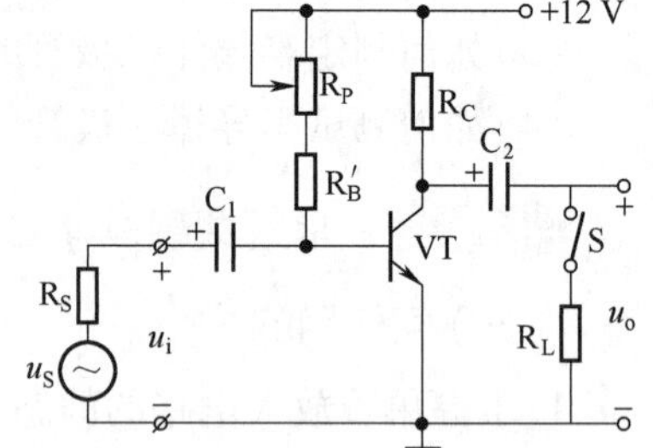

图2-59　单管共射基本放大电路

③在 u_o最大而不失真状态下,测量静态工作点:用万用表测出 U_{BEQ}、U_{CEQ},测量 U_{R_c}计算静态电流 I_{CQ}。将测试数据填入表2-5中。

④用晶体管毫伏表分别测量空载和带载时的输出电压 U_o,并计算电压放大倍数 A_u。将测试计算结果填入表2-6中。

⑤观察 u_o失真情况,将明显失真的波形绘入表2-7。

(3)调整测试放大电路的最佳静态工作点。

当 $R_L=\infty$ 时,在输出不失真的情况下,加大输入信号有效值 U_i,直至 u_o波形出现上截幅或下截幅失真,这时改变 R_p 使失真刚好消失;继续增大输入信号 U_i,直至在输出端示波器上显示上、下同时对称截幅失真的波形,再反向调小 U_i使输出信号刚好上下同时消除失真。记录此时电路最大可能输入电压幅值 U_{im}、用示波器读出此时电路最大可能不失真的输出电压幅值 U_{om},并记录下此时的静态 U_{CEQ}值。

$U_{im}=$ ________;$U_{om}=$ ________;$U_{CEQ}=$ ________。

在以上调节最大可能不失真输出的基础上,保持 U_i不变,然后将 R_p 调大或调小,分别观察波形变化,将明显失真的波形绘入表2-7中。

(五)测试与观察结果记录

将测试与观察计算结果记录于表2-5~表2-7。

表2-5　测试1

输入	测量结果			计算结果
U_i	U_{BEQ}	U_{CEQ}	U_{RC}	I_{CQ}
$U_i=0$ 或拆去 u_i				

表 2-6　测试 2

给定条件 $U_i=5$ mV, $f=1$ kHz $R_c=2$ kΩ	测量与观察结果		计算结果
	U_o	输出波形	A_u
$R_L=\infty$		u_o O t	
$R_L=2.7$ kΩ		u_o O t	

表 2-7　测试 3

失真类型	波形	失真原因及措施
饱和失真	u_o O t	
截止失真	u_o O t	

（六）实作注意事项

(1)切忌将直流电源及信号源两端短路。

(2)切忌将直流电源正、负极接反。

(3)注意输入、输出耦合电容的极性连接。

(4)注意仪表输入接地要与放大器接地相连。

（七）回答问题

(1)仪器仪表接地为何要与放大器接地相连?

(2)当 R_p 增加时, I_{CQ} 及 A_u 是如何变化的?

(3)在实验中你是如何知道输入与输出是反相位关系?

(4)放大电路的输入信号为什么不能过大?

(5)简单分析输出波形失真的原因及解决措施。

实作考核评价

项目	步骤	分数	序号	考核内容及评分标准	配分	扣分	得分	备注
单管共射放大电路测试	电路连接	20	1	正确选择元器件。元件选择错误一个扣 2 分。直至扣完为止	10			
			2	正确接线。每连接错误一根导线扣 2 分;输入输出接线错误每处扣 3 分。直至扣完为止	10			
	电路测试	50	3	导线测试。电路测试时,导线不通引起的故障不能自己查找排除,一处扣 2 分。直至扣完为止	10			
			4	元件测试。接线前先测试电路中的元件,如果在电路测试时出现元件故障不能自己查找排除,一处扣 2 分。直至扣完为止	10			
			5	用示波器观察输入、输出波形。调试电路,用示波器观察到空载时的输出最大不失真电压波形,示波器操作错误扣 5 分;不能看到输入信号波形扣 5 分;不能看到输出波形扣 5 分;不能调试出输出最大不失真电压波形扣 5 分。直至扣完为止	14			

续上表

项目	步骤	分数	序号	考核内容及评分标准	配分	扣分	得分	备注
单管共射放大电路测试	电路测试	50	6	用晶体管毫伏表测量输出最大不失真电压有效值。正确使用晶体管毫伏表进行输出测量,填表,每错一处扣4分;毫伏表操作不规范扣5分。直至扣完为止	16			
	回答	10	7	原因描述合理	10			
	整理	10	8	规范操作,不可带电插拔元器件,错误一次扣5分	5			
			9	正确穿戴,文明作业,违反规定,每处扣2分	2			
			10	操作台整理,测试合格应正确复位仪器仪表,保持工作台整洁,每处扣3分	3			
时限		10		时限为45 min,每超1 min扣1分	10			
合计					100			

注意:操作中出现各种人为损坏,考核成绩不合格且按照学校相关规定赔偿。

本章小结

1. 半导体三极管是由两个PN结构成的一种半导体电流控制器件,它是通过较小的基极电流去控制较大的集电极电流,即$i_C=\beta i_B$,三个电极的电流关系为$i_E=i_B+i_C$。

2. 半导体三极管称BJT管,有NPN型和PNP型两大类。半导体三极管输入输出特性曲线反映了半导体三极管的性能。发射结正偏、集电结反偏时,半导体三极管工作在放大区,相当于一个电流控制的恒流源;发射结与集电结均正偏,工作在饱和区,相当于一个闭合的开关;发射结与集电结均反偏,工作在截止区相当于一个断开的开关。半导体三极管具有“放大”和“开关”功能,其“放大”功能用于模拟电子技术中、“开关”功能用于数字电子技术中。半导体三极管一定要工作在安全区。

3. 半导体场效应管简称FET,是电压控制型器件,它利用栅—源电压控制漏极电流。MOS增强型和MOS耗尽型是常用的场效应管。

4. 放大器的功能是把微弱的电信号放大,放大器的核心器件是半导体三极管(场效应管)。要想实现放大作用,必须满足发射结正偏、集电结反偏这个条件,并且要设置合适的静态工作点Q。

5. 半导体三极管基本放大电路有三种接法(三种组态),即共射极接法、共基极接法和共集电极接法。通常用直流通道来计算放大电路的静态工作点,用微变等效电路来分析计算放大电路的动态性能指标电压放大倍数、输入电阻、输出电阻。根据动态性能指标的特点对放大电路进行应用。

6. 场效应管放大电路与晶体管放大电路原理相似,也要设置合适的静态工作点Q。

7. 多级放大器主要有阻容耦合、变压器耦合、直接耦合和光电耦合方式。它的电压放大倍数为各级电压放大倍数之积,它的输入电阻为输入级电路的输入电阻,它的输出电阻为输出级电路的输出电阻。多级放大器能够将微弱电信号放大到实际需要的幅值。

8. 功率放大电路的任务是向负载提供符合要求的交流功率,因此主要考虑的是失真要尽量小,输出功率要尽量大,半导体三极管的损耗要尽量小,效率要尽量高。功效的主要技术指标是输出功率、管耗、效率、非线性失真等。

9. 直接耦合放大电路耦称为直流放大器,它有级间静态工作点互相牵制和零点漂移两个特殊问题,级间静态工作点互相牵制的问题在设计多级放大电路时解决,零点漂移问题采用差分放大电路来解决。差分放大电路又四种输入输出方式,都能有效地抑制共模信号,同时放大差模信号。

综合练习题

1. 填空题

(1)一个半导体三极管由________个 PN 结构成,分别是________结和________结。

(2)场效应管是一种________控制器件,其电流不含________载流子。

(3)场效应管有________种载流子参与导电,称单极性晶体管;半导体三极管有________种载流子参与导电,称双极性晶体管。

(4)半导体三极管具有放大作用的外部工作条件是________结正向偏置,________结反向偏置。

(5)半导体三极管在电路中的三种基本连接方式分别是________、________、________。

(6)工作在放大区的共射极半导体三极管,当 I_B 从 20 μA 增大至 40 μA 时,I_C 从 2 mA 增大至 4 mA,其直流电流放大系数 $\bar{\beta}$ =________、交流电流放大系数 $\tilde{\beta}$ =________。

(7)设半导体三极管处在放大状态,3 个电极的电位分别是 $V_E=2$ V,$V_B=2.7$ V,$V_C=8$ V。该管是________型,是用半导体________材料制成。

(8)设半导体三极管处在放大状态,3 个电极的电位分别是 $V_E=0$,$V_B=-0.3$ V,$V_C=-5$ V。该管是________型,是用半导体________材料制成。

(9)对于直流通道而言,放大器中的输入与输出耦合电容可视作________;对于交流通道而言,放大器中的输入与输出耦合电容可视作________,直流电源可视作________。

(10)放大电路的公共端就是电路中各点电位的________点,也称________点,在电路原理图中用________符号表示。

(11)放大电路有输入信号时,晶体管的各个电流和电压瞬时值都含有________分量和________分量,而所谓放大,只考虑其中的________分量。

(12)半导体三极管共集电极放大电路中的输出 u_o 与输入 u_i________相位。

(13)乙类功放电路的输出会产生________失真。

(14)OCL 是________电源功放电路,OTL 是________电源功放电路。

(15)为了抑制零点漂移,集成运放的输入级采用________电路。

(16)差动放大电路的对称性越好,其抑制零漂的能力就越________、共模抑制比 K_{CMR} 就越________。

(17)差动放大电路的对称性越差,其抑制零漂的能力就越________、共模抑制比 K_{CMR} 就越________。

2. 判断题

(1) 半导体三极管是以小基极电流控制大的集电极电流，即电流控制器件。 (　　)

(2) 半导体三极管本身就能放大电压信号。 (　　)

(3) 半导体三极管只能放大直流电流，不能放大交流电流。 (　　)

(4) 只要半导体三极管的 I_C 小于极限值 I_{CM}，三极管就不会损坏。 (　　)

(5) 只要半导体三极管的管压降 U_{CE} 小于极限值 $U_{(BR)CEO}$，三极管就不会损坏。 (　　)

(6) 放大电路必须有合适的静态工作点。 (　　)

(7) 对于放大电路而言，合适的静态一定是最佳静态。 (　　)

(8) 共射极放大电路输出电压 u_o 下截幅失真是截止失真。 (　　)

(9) 共射极放大电路输出电压 u_o 上截幅失真是截止失真。 (　　)

(10) 共射极放大电路输出电压 u_o 出现双失真是因为静态工作点不合适。 (　　)

(11) 共集电极电路不能放大信号的电压，因此不能放大信号的功率。 (　　)

(12) 从交流通道来看，如果 u_i 从半导体三极管的基极输入、u_o 从三极管的发射极输出，则集电极因 U_{CC} 短路接地，此为共集电极电路。 (　　)

(13) 射极输出器的优点是输出等效电阻 r_o 小，适合带负载。 (　　)

(14) 场效应管利用栅—源电压 U_{GS} 控制漏极电流 I_D。 (　　)

(15) 增强型 NMOS 管的栅源电压 U_{GS} 为负电压才能开启导电沟道。 (　　)

(16) 保存和使用 MOS 管时，都要避免栅极悬空，否则会击穿绝缘栅。 (　　)

(17) 功率放大器常用在多级放大电路的最末级接负载。 (　　)

(18) 甲乙类功率放大电路的输出信号会产生交越失真。 (　　)

(19) 多级放大电路总的电压放大倍数是各级放大电路的电压放大倍数之和。 (　　)

(20) 直接耦合多级放大电路输入级产生的零漂危害最严重。 (　　)

(21) 直接耦合的多级放大电路只能放大直流信号，不能放大交流信号。 (　　)

(22) 差分放大电路的主要作用是积累电压放大倍数 A_u。 (　　)

3. 选择题

(1) 半导体三极管的穿透电流 I_{CEO} 受温度影响很大，它是______。

A. 正向工作电流　　B. 反向饱和电流

C. 多子流　　D. 空穴流

(2) 在单管共射极放大电路中，若测得 U_{CEQ} 约为电源电压值，则该晶体管处于______状态。

A. 放大　　B. 截止　　C. 饱和　　D. 击穿

(3) 在某放大器中若测得半导体三极管发射结的正向电压等于电源电压，则该某放大器中三极管发射结的内部可能处于______状态。

A. 放大　　B. 开路　　C. 截止　　D. 击穿

(4) 在单管共射极放大电路中，若测得 U_{CEQ} 约为 0.3 V，则该晶体管处于______状态。

A. 放大　　B. 截止　　C. 饱和　　D. 击穿

(5) 如果半导体三极管的集电极不用，则基极和发射极之间可以当作______器件使用。

A. 晶体管　　B. 固定电阻　　C. 二极管　　D. 大容量电容

(6)在相同条件下，阻容耦合放大电路的零点漂移比直接耦合放大电路的______。

A. 大　　B. 小　　C. 一样　　D. 不确定

(7)半导体三极管低频放大电路中的偏置电阻是指______。

A. R_c　　B. R_e　　C. R_L　　D. R_b

(8)基本共射放大电路中，基极电阻 R_b 的作用是______。

A. 限制基极电流，使晶体管工作在放大区，并防止输入信号短路

B. 把基极电流的变化转化为输入电压的变化

C. 保护信号源

D. 防止输出电压被短路

(9)如果基本共射极放大器中 R_c 两端的电压约等于 U_{CC}，则放大器中的半导体三极管处于______。

A. 放大　　B. 饱和　　C. 击穿　　D. 截止

(10)电压放大电路的静态最佳，当输入小信号 u_i 增大到一定值时，输出 u_o 会产生______。

A. 饱和失真　　B. 截止失真　　C. 饱和截止双失真　　D. 交越失真

(11)半导体三极管共射极放大电路中，调节______可以使输出 u_o 最大而不失真。

A. R_c　　B. R_e　　C. R_L　　D. R_b

(12)改善共射极放大电路输出电压 u_o 下截幅失真的措施是______。

A. 调小基极电阻　　B. 调大基极电阻　　C. 调小集电极电阻　　D. 调大集电极电阻

(13)要使电压放大器具有较强的带负载能力，应减小放大器的______参数。

A. A_u　　B. r_i　　C. r_o　　D. R_L

(14)射极输出器的电压放大倍数 A_u 值______。

A. 约大于等于1　　B. 约小于等于1　　C. 为0　　D. 为无穷大

(15)场效应晶体管是______载流子导电，半导体三极管是______载流子导电。

A. 1种，2种　　B. 2种，1种　　C. 1种，1种　　D. 2种，2种

(16)耗尽型 MOS 管的栅源电压 U_{GS}______。

A. 只能是正电压　　B. 只能是负电压　　C. 可正可负　　D. 不能等于零。

(17)在多级放大电路中，若后级输入电阻越大，则后级对前级的影响就越______。

A. 大　　B. 小　　C. 不确定　　D. 无影响

(18)n 级放大电路的输出电阻 r_o 等于______。

A. r_{o1}　　B. r_{o2}　　C. $r_{o(n-1)}$　　D. r_{on}

(19)在直接耦合放大电路中，______级的零漂电压危害最大。

A. 第一级　　B. 最末级　　C. 中间级　　D. 不确定

(20)差动放大器的输入输出有______种不同的连接方式。

A. 3　　B. 4　　C. 2　　D. 1

4. 分析回答

(1)某三极管的输出特性曲线如图 2-60 所示，试求：

①估算三极管的极限参数 P_{CM}、I_{CM}、$U_{(BR)CEO}$；质量参数 β 和 I_{CEO}；

②若它的工作电压 $U_{CE}=15$ V，则工作电流 I_C 最大不得超过多少？

(2)如图2-61所示,半导体三极管处于放大工作状态,试求:

①哪个管脚是基极?哪个管脚是集电极?哪个管脚是发射极?

②I_B = ? I_C = ? I_E = ?

③β = ?

④该半导体三极管是NPN型管?还是PNP型管?

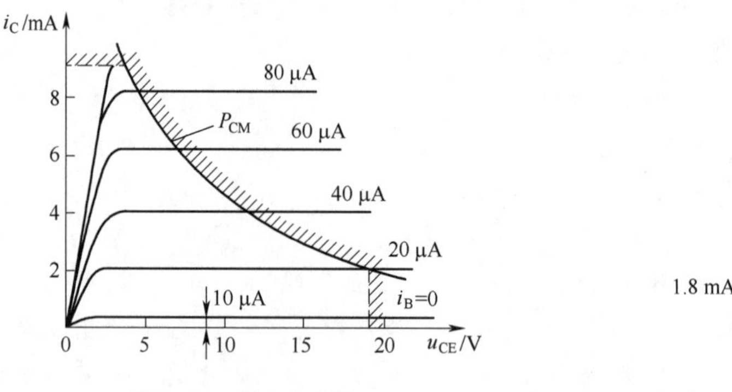

图2-60　题4-(1)图

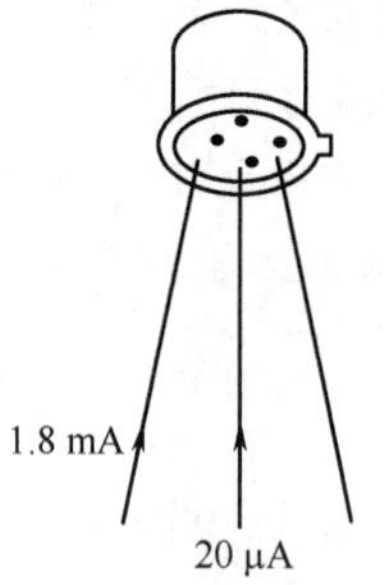

图2-61　题4-(2)图

(3)有两个半导体三极管,其中一个管子的β=120、I_{CBO}=80 μA,一个管子的β=60,I_{CBO}=20 μA,其他参数一样,请问选用哪一个管子好?为什么?

(4)各三极管的实测对地电压数据如图2-62所示,试分析各管是处于放大、截止或饱和状态中的哪一种状态?或有可能损坏?

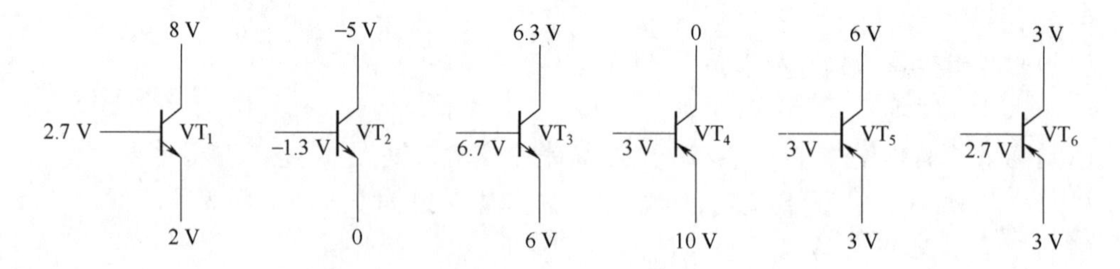

图2-62　题4-(4)图

(5)试比较半导体三极管和场效应管的异同点。

(6)试说明图2-63所示曲线是哪种类型场效应管的转移特性曲线?

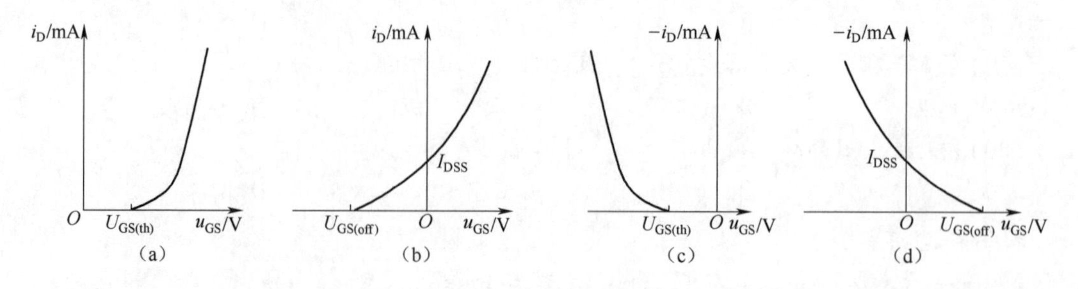

图2-63　题4-(6)图

(7)复合管的管型如何判定?

(8)在单管共射放大电路中输入正弦交流电压,并用示波器观察输出端 u_o 的波形,若出现图 2-64 所示的失真波形,试分别指出各属于什么失真?可能是什么原因造成的,应如何调整参数以改善波形?

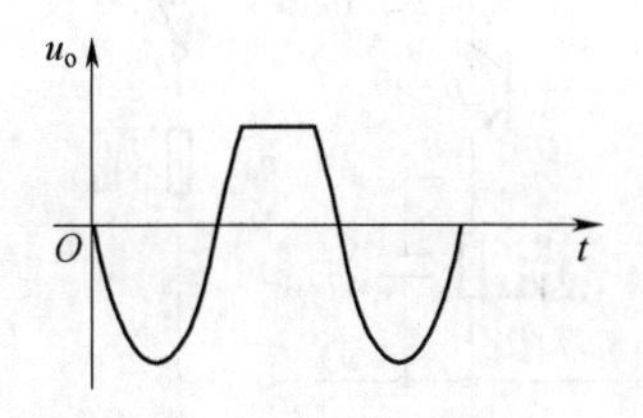

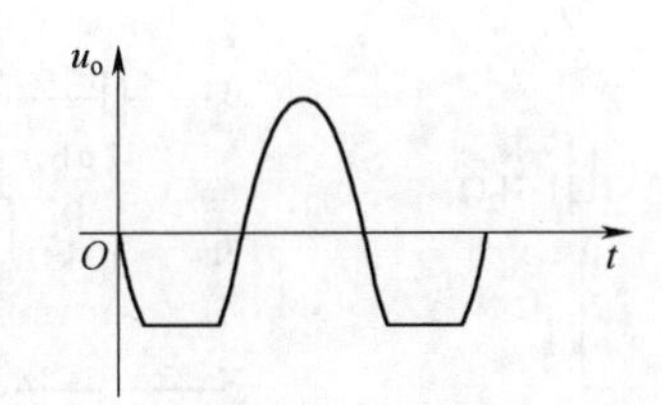

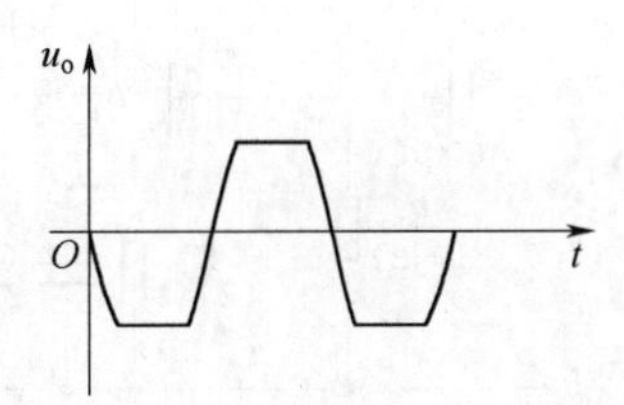

图 2-64　题 4-(8)图

(9)多级放大电路有几种耦合方式?各种耦合方式的特点有哪些?

(10)什么是功率放大器?与电压放大器相比,功率放大器有何特点?一般的电压放大器是否有功率放大作用?

(11)低频功率放大器一般分为那几类?它们的工作状态有何不同?

(12)乙类互补功率放大器会产生什么失真?为改善纯乙类互补功率放大器的失真,所加的直流偏置是否越大越好?

(13)什么是直流放大器?直流放大器存在什么问题?解决措施是什么?直流放大器是否只能放大直流信号?

(14)什么是零点漂移?产生零点漂移的主要原因是什么?有什么危害?哪级放大电路的零点漂移危害最大?克服零点漂移最有效的方法是什么?

(15)什么是差分放大电路的差模输入信号、共模输入信号?

(16)双端输出和单端输出差分放大电路各是怎样抑制零点漂移的?

5. 分析计算

(1)共射极放大电路如图 2-65 所示,试求解:

①估算静态工作点 Q;

②画出放大电路的微变等效电路;

③求电压放大倍数 A_u,输入电阻 r_i 和输出电阻 r_o。

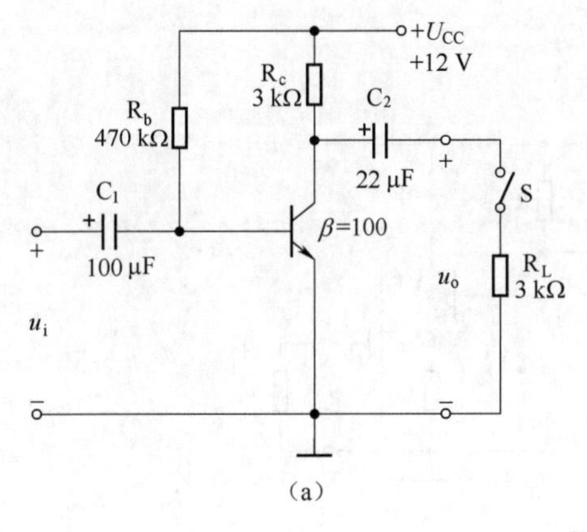

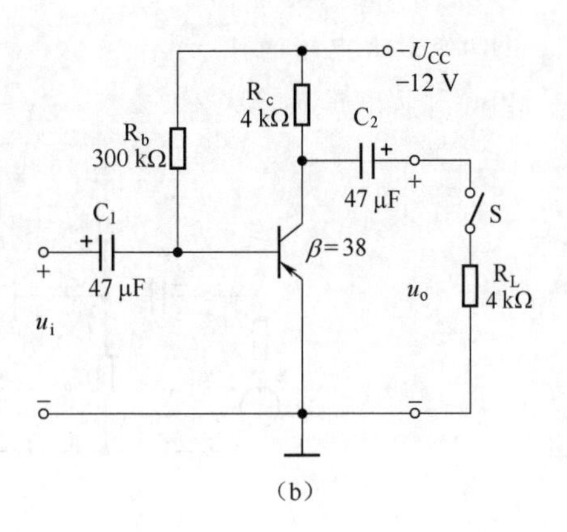

图　2-65

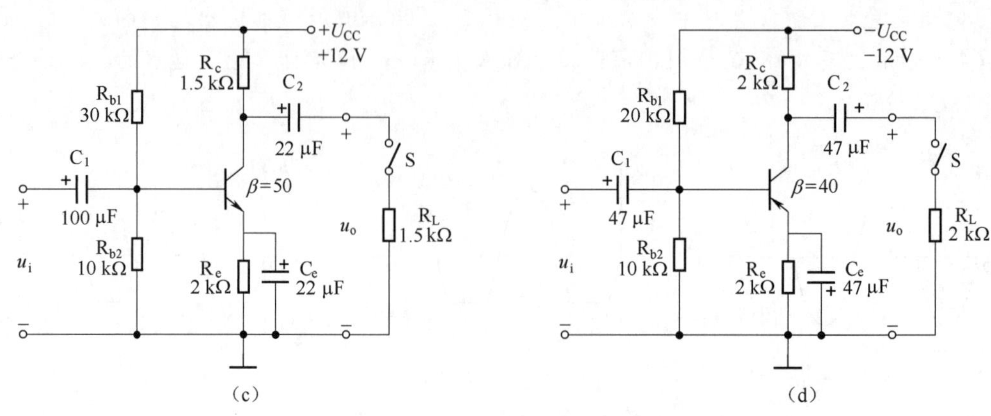

图 2-65　题 5-(1)图

(2)射极输出器电路如图 2-66 所示,$\beta=100$。试求:

①电路的静态工作点。

②电路的电压放大倍数、输入电阻、输出电阻。

③若闭合开关 S,则会引起电路的哪些动态参数发生变化?如何变化?

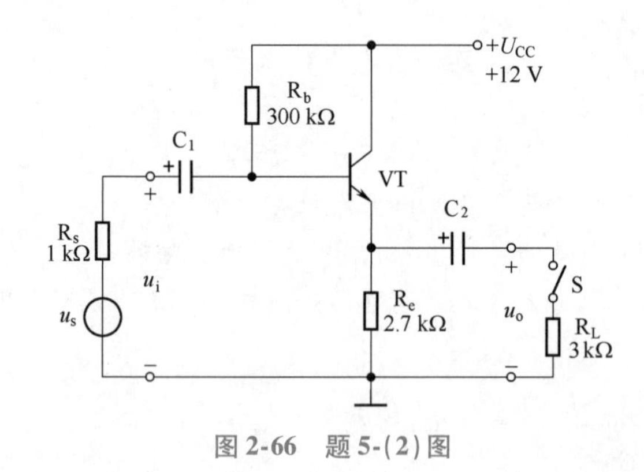

图 2-66　题 5-(2)图

(3)两级阻容耦合放大电路如图 2-67 所示。已知:$U_{CC}=12\ V$,$\beta_1=\beta_2=100$,$R_{b1}=40\ k\Omega$,$R_{b2}=20\ k\Omega$,$R_{b3}=430\ k\Omega$,$R_{c1}=3\ k\Omega$,$R_{e1}=2\ k\Omega$,$R_{e2}=3\ k\Omega$,$R_L=3\ k\Omega$,信号源电压有效值 $U_s=10\ mV$,$R_s=1\ k\Omega$,试求:

①两级放大电路的 A_u、r_i、r_o。

②输出电压 U_o 为多大?

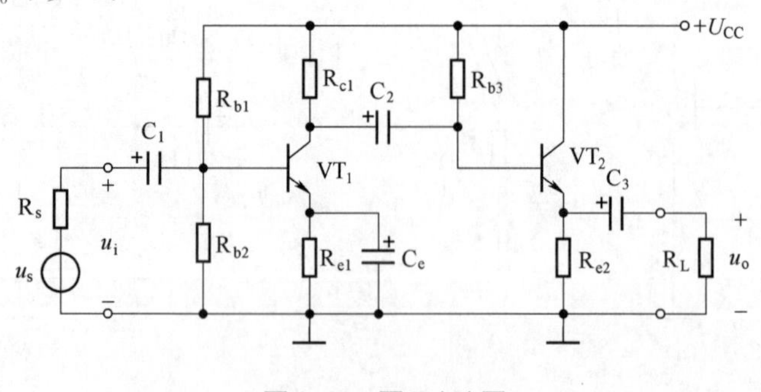

图 2-67　题 5-(3)图

(4)分压式偏置场效应管放大电路如图 2-68 所示。已知：$U_{DD}=18\ V$，$R_{G1}=200\ k\Omega$，$R_{G2}=51\ k\Omega$，$R_{G3}=5\ M\Omega$，$R_D=5\ k\Omega$，$R_S=5\ k\Omega$，$R_L=5\ k\Omega$，$g_m=2\ mA/V$。试求：电路的电压放大倍数、输入电阻和输出电阻。

(5)乙类功放电路如图 2-69 所示，电源 $U_{CC}=18\ V$，负载 $R_L=16\ \Omega$，试求：

①输入电压有效值 $U_i=9\ V$ 时，电路的输出功率 P_o、电源供给的功率 P_E、效率 η。

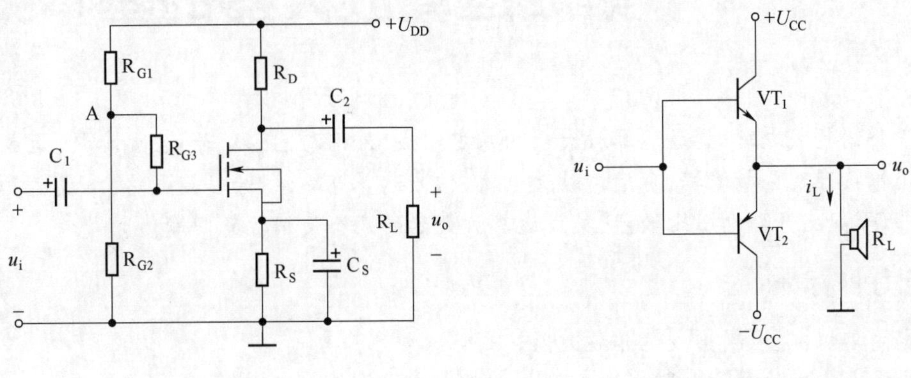

图 2-68　题 5-(4)图　　　　图 2-69　题 5-(5)图

②输入信号 u_i 的幅值 $U_{im}=18\ V$ 时，电路的输出功率 P_o、电源供给的功率 P_E、效率 η。

③输入信号 u_i 的幅值 $U_{im}=20\ V$ 时，电路的输出功率 P_o、电源供给的功率 P_E、效率 η。

(管子导通时发射结的压降以及 U_{CES} 均可忽略)

6. 分析故障

试分析图 2-70 所示电路能否起到放大电压信号作用？如果不能，请加以改正。

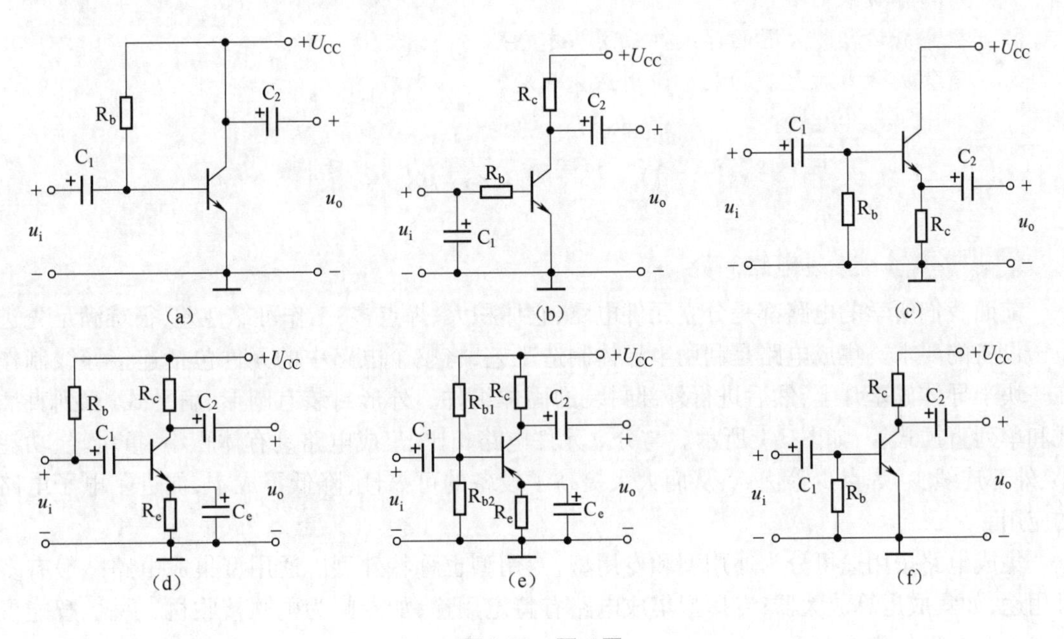

图 2-70　题 6 图

第三章 集成运算放大器的基本分析

本章介绍集成电路,集成运算放大器的基本组成、外形与图形符号、主要参数,集成运算放大器的理想特性及分析依据,负反馈放大电路,信号运算电路,信号转换电路,集成运算放大器非线性工作特性,开环电压比较器,集成运算放大器的几个使用注意问题。

能力目标

1. 能简单识别、检测集成运算放大器。
2. 能完成集成运算放大器线性应用电路的基本制作与测试。
3. 能查找集成运算放大器线性应用电路的常见故障。

知识目标

1. 熟悉集成运算放大器的基本组成、外形与图形符号、主要参数。
2. 掌握集成运算放大器的理想特性及分析依据。
3. 掌握集成运算放大器线性应用电路的基本分析计算。
4. 了解信号转换电路。
5. 掌握集成运算放大器的非线性应用基本电路。
6. 了解集成运算放大器的几个使用注意问题。

第一节　集成运算放大器

知识点一　集成电路简介

前面我们所学的电路都是分立元件电路,它体积大、焊点多、工作可靠性差,很难满足先进电子设备的要求。集成电路是利用半导体制造工艺,将整个电路中的元件包括连接导线制作在一块半导体硅基片上,然后进行外部封装的固体组件。外形封装有圆形、扁平式、双列直插式和单列直插式等,如图 3-1 所示。与分立元件电路相比,集成电路具有体积小、重量轻、功耗小、外部连线少、焊点少等优点,从而大大提高了设备的可靠性,降低了成本,促进了电子电路的应用。

集成电路按用途可分为通用型和专用型,专用型也称特殊型。通用型集成电路一般有多种用途,如集成运算放大器;专用型集成电路有特定用途,如专门为电视接收机、手机、智能仪器仪表等开发的集成芯片。

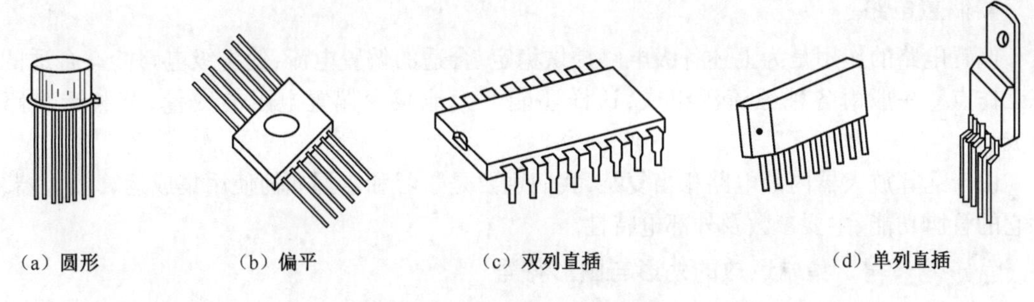

（a）圆形　（b）偏平　（c）双列直插　（d）单列直插

图 3-1 集成电路的外壳封装形式

模拟集成电路的一些特点与其制造工艺是紧密相关的，主要有以下几点：

(1)不用电感，少用大电容。在集成电路工艺中还难于制造电感及容量大于 500 pF 的电容，因此集成运放各级之间均采用直接耦合，以方便集成化。必须使用电感和大电容的地方，采用外接的形式。

(2)用有源器件代替无源器件。在集成电路中制作三极管工艺简单，因此可以用恒流源来代替高阻值的电阻，二极管、稳压管等也采用把半导体三极管的发射极、基极、集电极三者适当组配使用。

(3)电路结构与元件参数具有良好的对称性。电路各元件是在同一硅片上，又是通过相同的工艺过程制造出来的，容易制作两个特性相同的管子或两个阻值相等的电阻。

(4)集成电路的输入级一般采用差分放大电路，目的是抑制共模信号放大差模信号。

知识点二 集成运算放大器的基本组成

集成运算放大器是一种典型的模拟集成电路，因最初用于各种模拟信号的运算，故称为集成运算放大器，简称集成运放。集成运算放大器是具有高电压增益、高输入电阻、低输出电阻的直接耦合多级放大电路，能放大直流信号和较高频率的交流信号，在信号运算、信号处理、信号测量及波形产生等方面获得广泛应用，有“万能放大器”之称。

型号各异的集成运算放大器一般均由输入级、中间级、输出级以及偏置电路所组成，其基本组成框如图 3-2 所示。

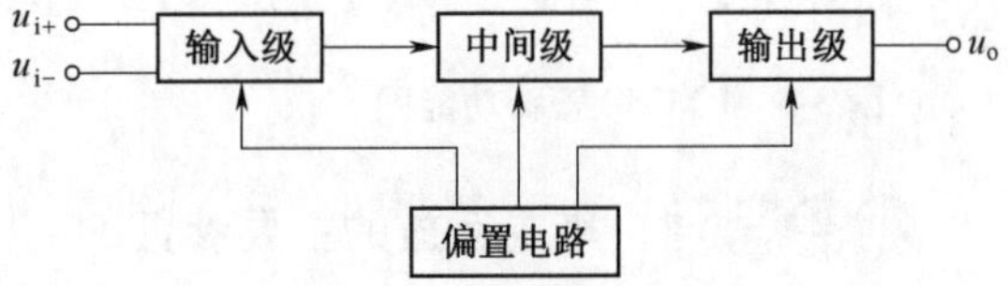

u_{i+}　u_{i-}　输入级　中间级　输出级　u_o　偏置电路

图 3-2 集成运算放大器组成框图

1. 输入级

输入级是抑制共模信号(零点漂移和干扰信号)、放大微弱电信号的关键一级，它将决定整个运放性能的优劣。因此要求输入级有高的差模增益，高的输入电阻，共模抑制比 K_{CMR} 很大。故输入级都采用差分放大电路。

2. 中间级

中间级主要进行电压放大，提高整个运放的增益，一般由共射极放大电路组成。

3. 输出级

输出级是集成运放的末级，与负载相接，主要作用是输出一定幅度的电压或电流，以驱动负载工作。因此要求输出级输出电阻低、非线性失真小、效率高。输出级一般由射极跟随器或互补对称射极跟随器组成。

4. 偏置电路

偏置电路的作用是为上述各级电路提供稳定、合适的偏置电流，使各级电路能有合适的静态工作点。一般由各种恒流源组成，这样还能大大地减少偏置电阻的数量，有利于电路的集成。

由于运算放大器内部电路相当复杂，我们主要是学习和掌握如何使用集成运算放大器，熟悉它的管脚功能、主要参数及外部电特性。

知识点三　集成运放的外形与图形符号

集成运放的外形封装常用双列直插形，双列直插形管脚号的识别是：管脚朝外，缺口向左，从左下脚开始为1，逆时针排列。比如LM358是8管脚的双集成运放，各管脚号及功能如图3-3所示。需要注意的是集成运放种类很多，不同型号的用途不同，管脚功能也不同，使用前必须查阅相关的手册和说明。

集成运算放大器的图形符号如图3-4所示。u_+为同相输入端，由此端输入信号，输出信号与输入信号同相；u_-为反相输入端，由此端输入信号，输出信号与输入信号反相；u_o为输出端；$+U_{CC}$接正电源，$-U_{CC}$接负电源；"$\triangleright A_{uo}$"符号表示双入单出、开环电压放大倍数。

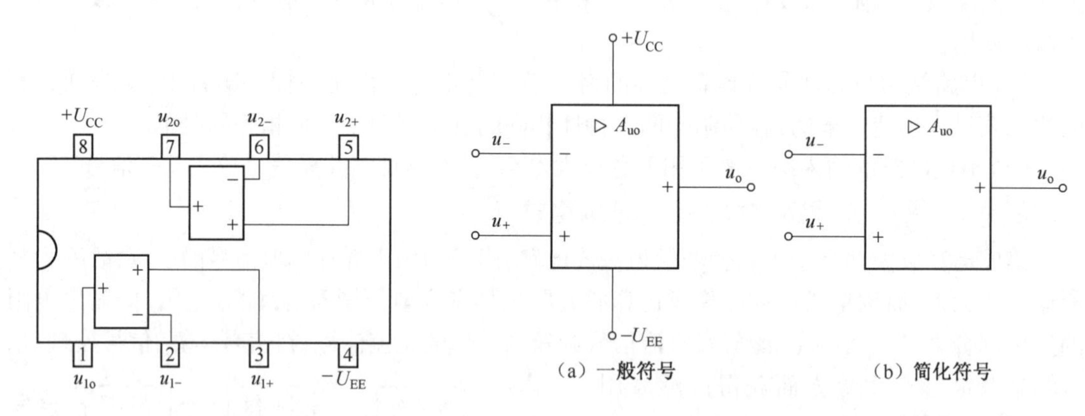

图3-3　LM358管脚功能图

图3-4　集成运算放大器的图形符号

知识点四　集成运放的主要参数

集成运算放大器的参数是合理选用和正确地使用运算放大器的依据，集成运算放大器的参数很多，这里仅介绍一些主要参数，其他参数可查阅手册。

1. 开环电压放大倍数 A_{uo}

A_{uo}是指集成运放工作在线性区，在无外加反馈情况下的空载差模电压放大倍数$A_{uo}=\left|\frac{u_o}{u_+-u_-}\right|$。它是决定运算精度的主要因素，其值越大，性能越好。用分贝表示为$20\lg|A_{uo}|$，A_{uo}一般约为$10^4\sim10^7$，即80～140 dB，目前高增益的运放可达170 dB。A_{uo}与频率有关，当频率高于某值后随频率的升高而减小。

2. 差模输入电阻 r_{id}

r_{id}是指运放在开环条件下，两个输入端的差模电压增量与由它所引起的电流增量之比值，即差模信号输入时的开环输入电阻。r_{id}越大，从信号源索取的电流越小，性能越好，目前r_{id}最

高达 $10^{12}\ \Omega$。

3. 开环输出电阻 r_o

r_o是指运放在开环、且负载开路时的输出电阻。r_o反映运放带负载的能力，r_o越小，带负载能力越强。一般约为 20～200 Ω。

4. 共模抑制比 K_{CMR}

K_{CMR}用来综合衡量运放放大差模信号的能力和抑制共模信号（零漂和干扰）的能力，K_{CMR}越大，运放对共模信号的抑制能力越强，一般在 65～80 dB 之间。

5. 输入失调电压 U_{IO}

理想集成运放，当输入电压为零时，输出电压也为零（不加调零装置）。但实际运放的差分输入级很难做到完全对称，当输入电压为 0 时，输出电压 $u_o \neq 0$。为了使实际运放符合零输入零输出的要求，必须在输入端加入一个直流补偿电压，该电压称为输入失调电压 U_{IO}（mV）。U_{IO}的大小反映了差放输入级的不对称程度，显然其值越小越好，一般 $U_{IO} < 2$ mV，高质量的在 1 mV 以下。

6. 输入失调电流 I_{IO}

I_{IO}是指输入电压为零时，输入端两侧管子的静态基极电流之差的绝对值。I_{IO}反映了输入级差分对管的不对称程度，一般为 μA 级，其值越小越好。

7. 温度漂移

运放的温度漂移是零点漂移的主要来源，它是由输入失调电压 U_{IO}和输入失调电流 I_{IO}随温度的漂移所引起的。温度漂移不能通过调零电路予以消除。一般约为 ±（10～20）μV/℃。

8. 额定输出电压 U_{Omax}

U_{Omax}是指运放在标称电源电压及额定输出电流情况下，为保证输出波形不出现明显的非线性失真，所能提供的最大电压峰值。

9. 最大差模输入电压 U_{iDmax}

U_{iDmax}是指两输入端所能承受的最大差模电压值。若输入信号超过此值，则会使输入级管子的发射结反向击穿，导致运放不能正常工作。

10. 最大共模输入电压 U_{iCmax}

U_{iCmax}是指运放所能承受的最大共模输入电压值。超过 U_{iCmax}值，运放的共模抑制比将显著下降。

知识点五　集成运放的理想特性及分析依据

（一）理想特性

实际的集成运算放大器具有良好的性能指标：开环电压放大倍数 = ∞；差模输入电阻 $r_{id} = \infty$；开环输出电阻 $r_o = 0$；共模抑制比 $K_{CMR} = \infty$。由于实际运算放大器的上述指标足够大，接近理想化的条件，因此在分析时用理想运算放大器代替实际运放所引起的误差并不严重，在工程上是允许的。把实际运放看成是理想运算放大器，这不仅使讨论和分析带来方便，而且通过理论分析和实际测试表明，这样的替代是符合实际的。

集成运算放大器的理想特性是：

(1)开环差模电压增益 $A_{uo}=\infty$；

(2)差模输入电阻 $r_{id}=\infty$；

(3)输出电阻 $r_o=0$；

(4)共模抑制比 $K_{CMR}=\infty$；

(5)输入失调电压、输入失调电流及温度漂移均为0。

理想运算放大器的图形符号如图3-5所示，图中的“∞”表示开环电压放大倍数 $A_{uo}=\infty$。

图3-6为运算放大器的传输特性曲线，如图3-6(a)所示是理想化特性曲线，理想化特性曲线无线性区；如图3-6(b)是实际运放特性曲线，分为线性区和饱和区。实际运算放大器可工作在线性区，也可工作在饱和区，但分析方法截然不同。

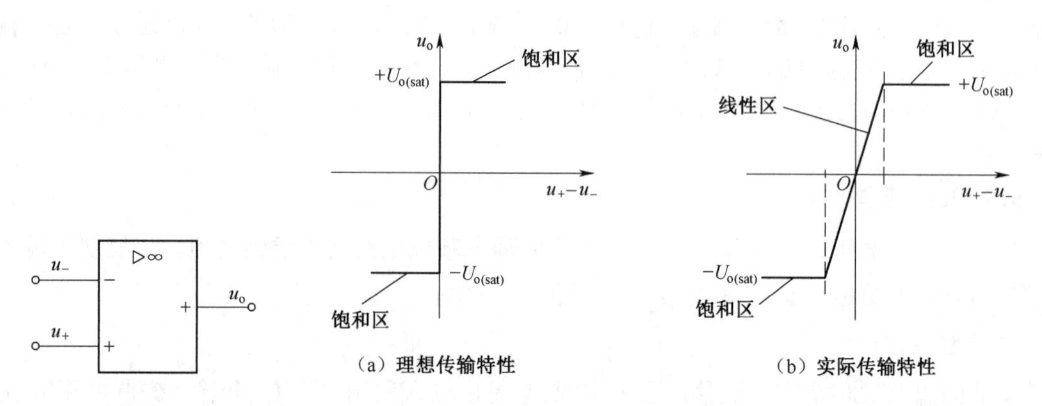

图3-5 理想运放图形符号

图3-6 运放传输特性

当运算放大器工作在线性区时，它是一个线性放大元件，u_o和(u_+-u_-)成线性关系，满足

$$u_o=A_{uo}(u_+-u_-) \tag{3-1}$$

由于A_{uo}很高，即使输入毫伏级以下的信号，也足以使输出电压饱和，其饱和值为$\pm U_{o(sat)}$，在数值上接近正、负电源电压。另外，由于干扰，在线性区工作很难稳定。所以，要使运算放大器工作在线性区，通常引入“深度负反馈”。

当运算放大器的工作范围超出线性区进入饱和区(非线性区)时，输出电压和输入电压不再满足式(3-1)表示的关系，此时输出只有两种可能，即

$$u_+>u_-\text{时}, u_o=+U_{o(sat)} \tag{3-2}$$

$$u_+>u_-\text{时}, u_o=-U_{o(sat)} \tag{3-3}$$

$U_{o(sat)}$称输出饱和电压，即$U_{o(sat)}=U_{Omax}$，其大小受电源电压限制，不超过电源电压。

【例3-1】 某集成运算放大器如图3-5所示，其正负电源电压为±15 V，开环电压放大倍数$A_{uo}=2\times10^5$，输出最大电压为±13 V。分别加入下列输入电压，求输出电压及极性。(1)$u_+=15\ \mu V$，$u_-=-10\ \mu V$；(2)$u_+=-5\ \mu V$，$u_-=10\ \mu V$；(3)$u_+=0$，$u_-=5\ mV$；(4)$u_+=15\ mV$，$u_-=0$。

解：由式(3-1)得

$$u_+-u_-=\frac{u_o}{A_{uo}}=\frac{\pm13\ V}{2\times10^5}=\pm65(\mu V)$$

可见，当两个输入端u_+和u_-之间的电压绝对值小于65 μV时，输入与输出满足式(3-1)，

否则就满足式(3-2)和式(3-3),因此有

(1) $u_o = A_{uo}(u_+ - u_-) = 2\times10^5\times(15+10)\times10^{-6}\ \text{V} = +5\ \text{V}$

(2) $u_o = A_{uo}(u_+ - u_-) = 2\times10^5\times(-5-10)\times10^{-6}\ \text{V} = -3\ \text{V}$

(3) $u_o = -13\ \text{V}$

(4) $u_o = +13\ \text{V}$

(二)两个重要的理论分析依据

1. 由于 $A_{uo}=\infty$,而输出电压是有限电压,从式(3-1)可知 $u_+ - u_- = u_o/A_{uo}\approx0$,即

$$u_+ \approx u_- \tag{3-4}$$

式(3-4)说明同相输入端和反相输入端之间相当于短路。由于不是真正短路,故称“虚短”。

2. 由于运算放大器的差模输入电阻 $r_{id}=\infty$,而输入电压 $u_i = u_+ - u_-$ 是有限值,两个输入端电流

$$i_+ = i_- = u_i/r_{id}\approx0 \tag{3-5}$$

式(3-5)说明流入同相输入端和反相输入端的电流为零,相当于断路。由于不是真正的断路,故称“虚断”。

运算放大器工作在线性区时,依据“虚短”“虚断”两个重要的概念对运放组成的电路进行分析,极大地简化了分析过程。

第二节 集成运算放大器的线性应用

知识点一 负反馈放大电路

在放大电路中引入负反馈,就是负反馈放大电路。大多数放大电路都要引入某种形式的负反馈,引入负反馈后虽然会降低电压放大倍数,但是可以改善放大电路的性能,如可以稳定静态工作点、稳定放大倍数、改变输入和输出电阻、拓展通频带、减小非线性失真等。

(一)反馈的基本概念

反馈是指将放大电路输出信号 $\dot{X}_o$(电压或电流)的部分或全部通过某一途径(反馈网络)回送到输入端的过程。反馈放大电路由基本放大电路和反馈网络组成,组成方框图如图3-7所示,是一个闭合的环路,因此反馈放大电路又称“闭环”放大电路,其闭环放大倍数用 $\dot{A}_f$ 表示。如图3-8所示,没有反馈网络的放大电路称为“开环”放大电路,实际上就是基本放大电路,其放大倍数用 $\dot{A}$ 表示。反馈网络一般由线性元件组成,主要作用是传输反馈信号,用反馈系数 $\dot{F}$ 表示。

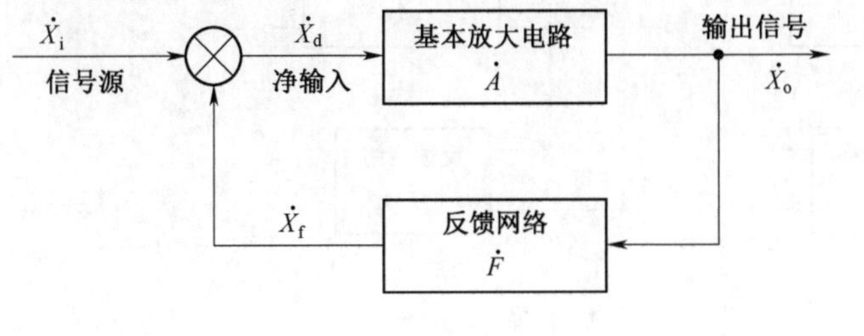

图3-7 反馈放大电路(闭环)框图

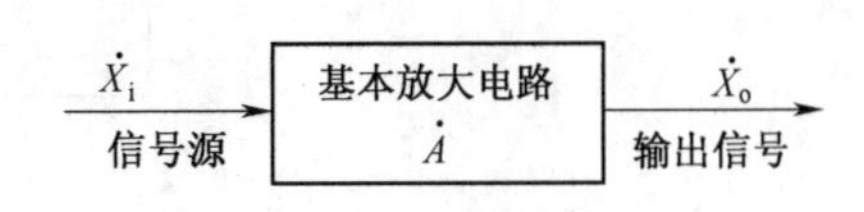

图3-8 无反馈放大电路(开环)框图

图 3-7 中符号“⊗”表示输入信号$\dot{X}_i$ 与反馈信号$\dot{X}_f$ 的比较环节，输入信号$\dot{X}_i$ 与反馈信号$\dot{X}_f$ 在“⊗”处叠加后产生基本放大电路的净输入信号$\dot{X}_d$：基本放大电路（开环）的放大倍数$\dot{A}=\dot{X}_o/\dot{X}_d$；反馈网络的反馈系数$\dot{F}=\dot{X}_f/\dot{X}_o$；反馈放大电路（闭环）的放大倍数$\dot{A}_f=\dot{X}_o/\dot{X}_i$。

$\dot{X}$表示信号量（电压或电流），设信号量为正弦量，故用相量表示。

（二）反馈类型的判断方法

1. 有、无反馈的判断

有、无反馈，就是看电路中有无反馈网络，即在放大电路的输出端与输入端之间有无电路连接，如果有电路连接，就有反馈，否则就无反馈。反馈网络一般由电阻或电容组成。

2. 正、负反馈的判断

若回送的反馈信号$\dot{X}_f$ 削弱了输入信号$\dot{X}_i$，而使放大电路的放大倍数降低，则称负反馈，$\dot{X}_d=\dot{X}_i-\dot{X}_f$；若反馈信号$\dot{X}_f$ 增强了输入信号$\dot{X}_i$，则为正反馈，$\dot{X}_d=\dot{X}_i+\dot{X}_f$。

判断正反馈或负反馈一般用“瞬时极性法”。首先在放大器输入端假设输入信号的瞬时极性“⊕”或“⊖”，再依次按相关点的相位变化推出各点对公共端的交流瞬时极性，最后根据反馈回输入端的反馈信号$\dot{X}_f$的瞬时极性看其效果，如果使净输入信号减少的是负反馈，如果使净输入信号增加的是正反馈。

如图 3-9（a）所示净输入 $u_d=u_i-u_f$、图 3-9（b）所示净输入 $i_d=i_i-i_f$，它们都是负反馈。如图 3-10（a）所示净输入 $u_d=u_i+u_f$、图 3-10（b）所示净输入 $i_d=i_i+i_f$，它们都是正反馈。三极管的净输入是 u_{be}或 i_b，集成运放的净输入是（u_+-u_-）或 i_+（i_-）。

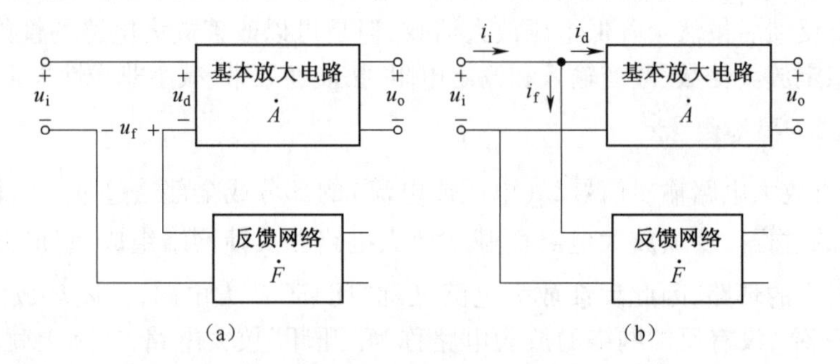

图 3-9 负反馈、串联反馈、并联反馈示意图

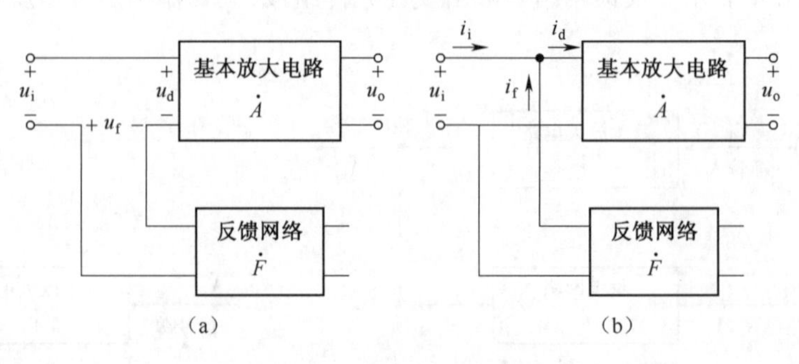

图 3-10 正反馈示意图

3. 交、直流反馈的判断

直流通道中所具有的反馈称为直流反馈。在交流通道中所具有的反馈称为交流反馈。例如共射极分压式偏置放大电路(图 2-26)中,由于电容 C_e的旁交作用使发射极电阻 R_e上只有直流反馈信号,并且使净输入 U_{BEQ}减少,所以是直流负反馈。直流负反馈的目的是稳定静态工作点,所以分压式偏置放大电路能稳定静态工作点。再例如射极输出器[图 2-29(a)]中的发射极电阻 R_e没有旁交电容 C_e,所以 R_e既存在于直流通道中也存在于交流通道中,交、直流负反馈都有。

反馈网络中串入电容 C,为交流反馈;反馈网络中只有电阻 R,为交、直流反馈。

交流负反馈的目的是改善放大电路的性能,我们主要学习交流负反馈。

4. 串联、并联反馈的判断

如果输入信号 u_i与反馈信号 u_f在输入端相串联,且以电压相减的形式出现,即 $u_d = u_i - u_f$,为串联反馈,如图 3-9(a)所示。判别方法是:将输入端短路,若反馈信号仍存在,则为串联反馈。

如果输入信号 i_i与反馈信号 i_f在输入端并联且以电流相减的形式出现,即 $i_d = i_i - i_f$,为并联反馈,如图 3-9(b)所示。判别方法是:将输入端短路,若反馈信号不存在,使净输入信号为 0,则为并联反馈。

5. 电流、电压反馈的判断

如果反馈网络与输出电压两端并联,即反馈信号取自于输出电压,即 $x_f \propto u_o$,则为电压反馈。如图 3-11(a)所示。判别方法是:将输出端短路,即令 $u_o = 0$,如反馈信号也为 0,则为电压反馈。

如果反馈网络与输出回路串联,即反馈信号取自于输出电流,$x_f \propto i_o$,则为电流反馈。如图 3-11(b)所示。判别方法是:将输出端短路,即令 $u_o = 0$,如反馈信号仍存在,则为电流反馈。

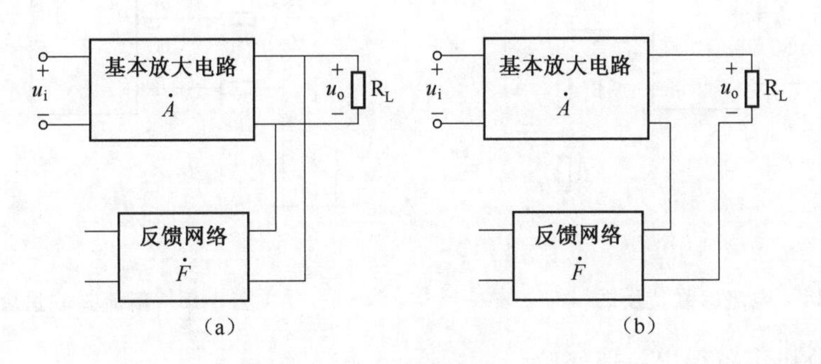

图 3-11　电压、电流反馈示意图

(三)负反馈放大器的四种组态

综合上述反馈类型,负反馈有四种组态(类型):电压并联负反馈、电压串联负反馈、电流并联负反馈、电流串联负反馈。

1. 如图 3-12 所示电路,假设同相输入端输入信号的瞬时极性为"⊕",则输出端瞬时极性也为"⊕",$u_o > 0$,反馈量 $u_f = R_1 u_o / (R_f + R_1) > 0$,$u_f \propto u_o$,是电压反馈,从输入端看,净输入 $u_d = u_i - u_f$,因此是串联反馈;$u_i > 0$、$u_f > 0$,u_d减小,是负反馈。反馈组态为电压串联负反馈。

2. 如图3-13所示电路，假设反相输入端输入信号的瞬时极性为"⊕"，则输出端瞬时极性为"⊖"，$u_o<0$，反馈量 $i_f=-u_o/R_f>0$（反相输入端"虚地"），$i_f \propto u_o$，是电压反馈；从输入端看，净输入 $i_d=i_i-i_f$，因此是并联反馈；$i_i>0$、$i_f>0$，i_d减小，是负反馈。反馈组态为电压并联负反馈。

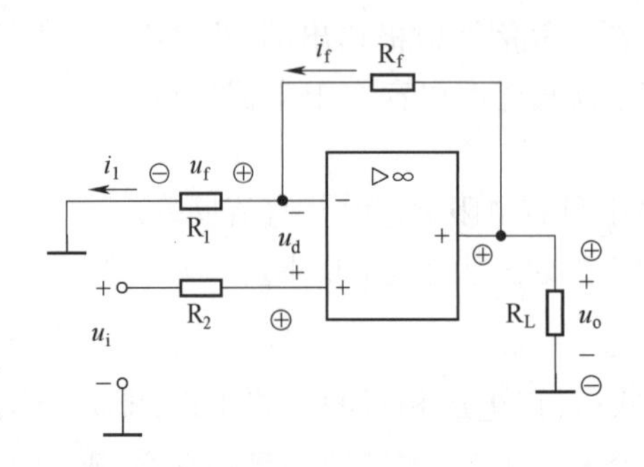

图3-12　电压串联负反馈

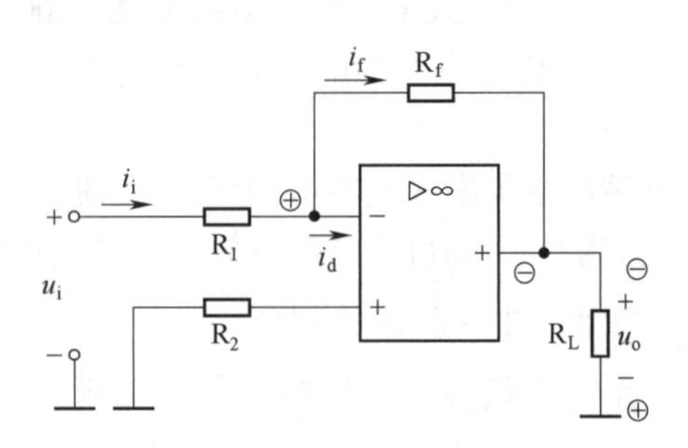

图3-13　电压并联负反馈

3. 如图3-14所示电路，从输入端看，净输入 $u_d=u_i-u_f$，是串联反馈；由于反相输入端"虚断"，R_1与R_f是串联关系，反馈量 $u_f=i_fR_1=R_1Ri_o/(R_1+R_f+R)>0$（分流公式），$u_f \propto i_o$，是电流反馈；$u_i>0$、$u_f>0$，$u_d$减小，是负反馈。反馈组态为电流串联负反馈。

4. 如图3-15所示电路，从输入端看，净输入 $i_d=i_i-i_f$，是并联反馈。由于反相输入端"虚地"，R_f与R相当于并联的关系，所以反馈量 $i_f=-Ri_o/(R_f+R)>0$（分流公式），$i_f \propto i_o$，是电流反馈；$i_i>0$、$i_f>0$，i_d减小，是负反馈。反馈组态为电流并联负反馈。

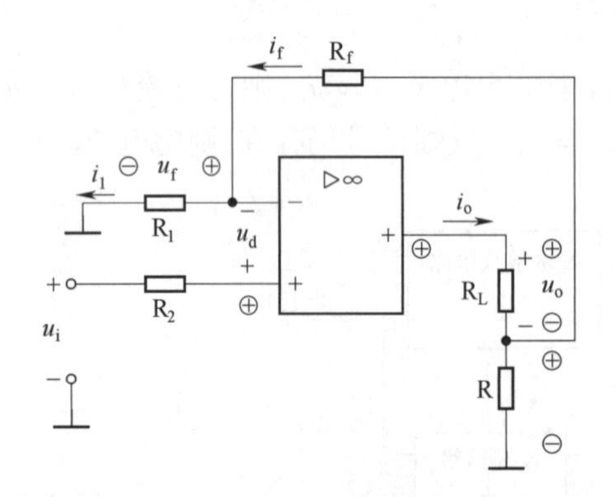

图3-14　电流串联负反馈

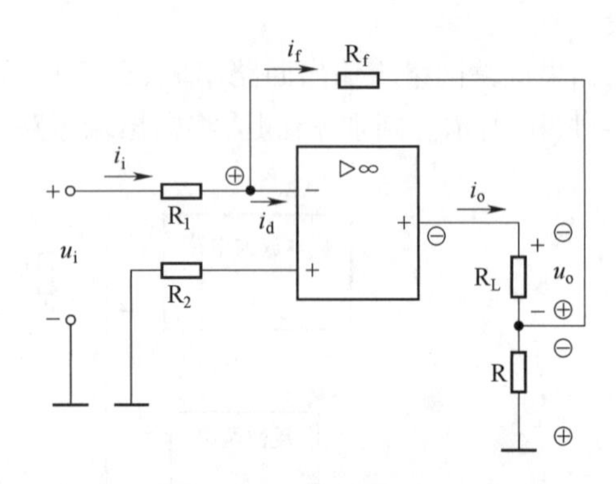

图3-15　电流并联负反馈

从上述的分析可以得出一般经验：

①反馈电路直接从 u_o端引出的，是电压反馈；反馈电路是通过一个与负载串联的电阻上引出的，是电流反馈。

②输入信号和反馈信号分别加在两个输入端上的，是串联反馈；加在同一个输入端上的，是并联反馈。

③反馈信号使净输入信号减小的，是负反馈；否则，是正反馈。

④由分立元件组成的反馈电路，可仿照集成运放组成的反馈电路的分析方法进行分析，其关键是要能准确地将分立元件电路的输入、输出端子与集成运放的输入、输出端子对应起来。

（四）负反馈对放大器性能的影响

1. 降低放大倍数及提高放大倍数的稳定性

根据图 3-7，可以推导出负反馈的放大电路（闭环）的放大倍数为

$$\dot{A}_{\mathrm{f}}=\frac{\dot{X}_{\mathrm{o}}}{\dot{X}_{\mathrm{i}}}=\frac{\dot{X}_{\mathrm{o}}}{\dot{X}_{\mathrm{d}}+\dot{X}_{\mathrm{f}}}=\frac{\dot{X}_{\mathrm{o}}/\dot{X}_{\mathrm{d}}}{1+\dot{X}_{\mathrm{f}}/\dot{X}_{\mathrm{d}}}=\frac{\dot{A}}{1+\dot{A}\dot{F}} \tag{3-6}$$

$\dot{F}$反映反馈量的大小，其数值 F 在 0 ~ 1 之间，$F=0$，表示无反馈；$F=1$，则表示输出量全部反馈到输入端。显然有负反馈时，$A_{\mathrm{f}}<A$。

式(3-6)中的$(1+\dot{A}\dot{F})$是衡量负反馈程度的一个重要指标，称为反馈深度。$(1+AF)$值越大，放大倍数 A_{f}越小。当 $AF\gg1$ 时称为深度负反馈，此时 $A_{\mathrm{f}}\approx1/F$，可以认为放大电路的放大倍数只由反馈电路决定，而与基本放大电路无关。运算放大器负反馈电路都能满足深度负反馈的条件，这一点在运放的线性应用会得到验证。

负反馈能提高放大倍数的稳定性不难理解。例如，由于某种原因使输出信号减小，则反馈信号也相应减小，于是净输入信号增大，随之输出信号也相应增大，这样就抑制了输出信号的减小，使放大电路能比较稳定地工作。如果引入的是深度负反馈，则放大倍数 $A_{\mathrm{f}}\approx1/F$，反馈网络一般由线性元件组成，基本不受外界因素变化的影响，这时放大电路的工作则非常稳定。

2. 改善非线性失真

如图 3-16 所示，假定输出的失真波形是正半周大、负半周小，负反馈信号电压 u_{f}与输入信号 u_{i}进行叠加后使净输入信号 u_{d}产生预失真，即正半周小、负半周大。这种失真波形通过放大器放大后正好弥补了放大器的缺陷，使输出信号比较接近于正常波形。但是，如果原信号 u_{i}本身就有失真，引入负反馈也无法改善。

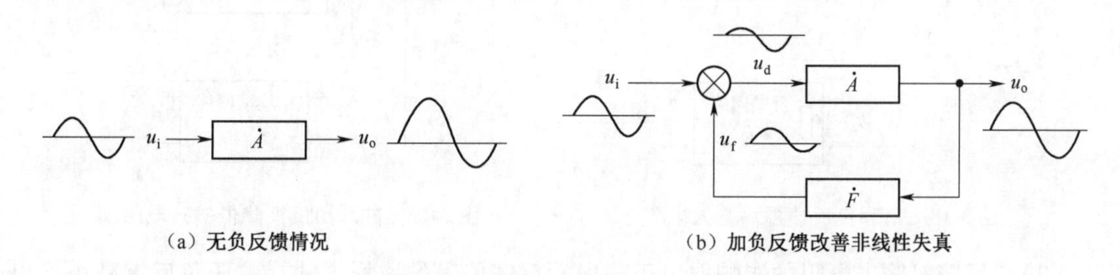

图 3-16 加负反馈改善非线性失真

3. 拓展通频带

通频带是放大电路的重要指标，放大器的放大倍数和输入信号的频率有关。定义放大倍数为最大放大倍数的$\sqrt{2}/2$ 倍以上所对应的频率范围为放大器的通频带。在一些要求有较宽频带的音、视频放大电路中，引入负反馈是拓展频带的有效措施之一。

放大器引入负反馈后，将引起放大倍数的下降，在中频区，放大电路的输出信号较强，反馈信号也相应较大，使放大倍数下降得较多；在高频区和低频区，放大电路的输出信号相对较小，反馈信号也相应减小，因而放大倍数下降得少些。如图 3-17 所示，加入负反馈之后，幅频特性变得平坦，通频带变宽。

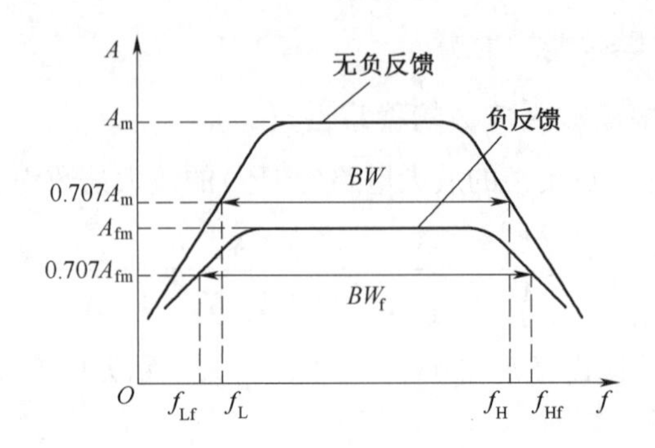

图 3-17 负反馈展宽放大器通频带

4. 对输入电阻和输出电阻的影响

(1)负反馈对输入电阻的影响取决于反馈信号在输入端的连接方式。串联负反馈使输入电阻增大,并联负反馈使输入电阻减小。

在图 3-18 所示电路中,当信号源 u_i 不变时,引入串联负反馈后 u_f 抵消了 u_i 的一部分,所以基本放大电路的净输入电压 u_d 减小,使输入电流 i_i 减小,从而引起输入电阻 r_{if}($r_{if}=u_i/i_i$)比无反馈的输入电阻 r_i 增加。反馈越深,r_{if} 增加越多。输入电阻增大,减小了向信号源索取的电流,电路对信号源的要求降低了。

并联负反馈由于输入电流 i_i($i_i=i_d+i_f$)的增加,致使输入电阻 r_{if}($r_{if}=u_i/i_i$)减小,如图 3-19 所示,并联负反馈越深,r_{if} 减小越多,有利于引入电流。

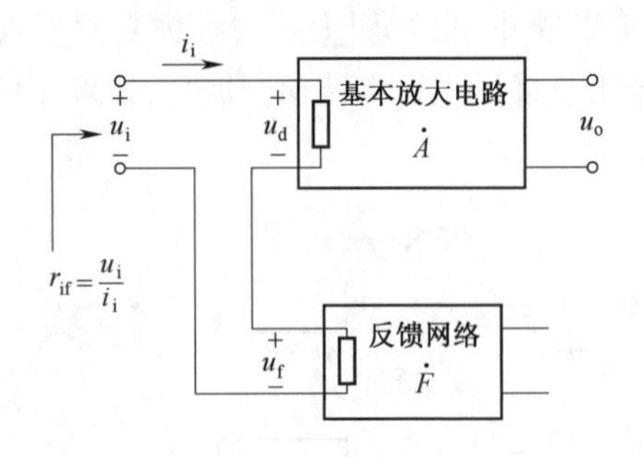

图 3-18 串联负反馈提高输入电阻

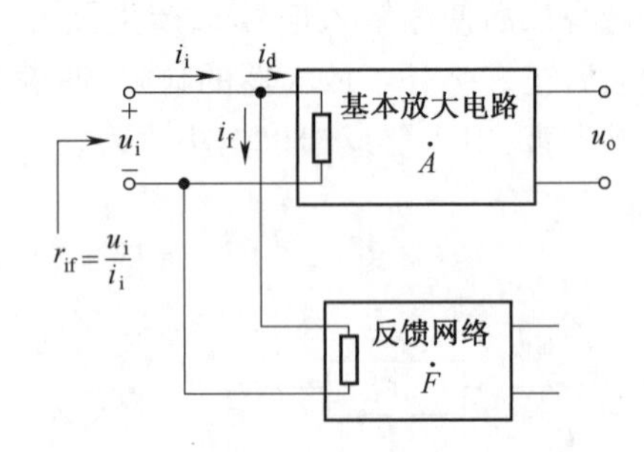

图 3-19 并联负反馈降低输入电阻

(2)负反馈对输出电阻的影响取决于输出端反馈信号的取样方式。电压负反馈减小输出电阻,目的是稳定输出电压;电流负反馈增大输出电阻,目的是稳定输出电流。

如果是电压负反馈,从输出端看放大电路,可用戴维南等效电路来等效,如图 3-20(a)所示。等效电路中的电阻就是放大电路的输出电阻,等效电路中的电压源就是放大电路空载时的输出电压 u_{OC}。理想状态下,输出电阻为零,输出电压为恒压源特性,这意味着电压负反馈越深,输出电阻越小,输出电压越稳定,越接近恒压源特性。所以电压负反馈能够减小输出电阻,稳定输出电压,增强带负载能力。

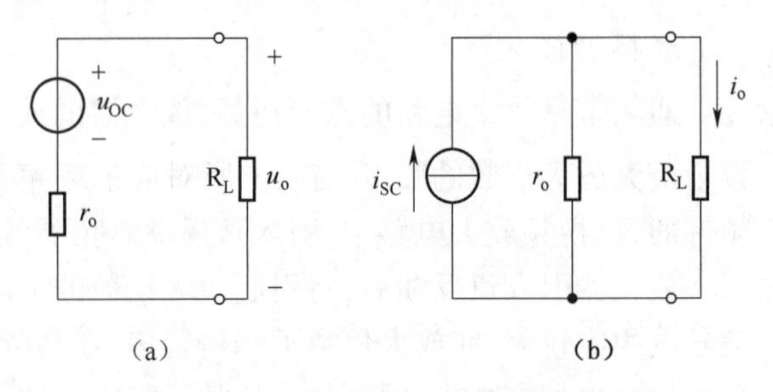

图 3-20 负反馈放大电路输出端等效图

如果是电流负反馈，从输出端看，放大电路可等效为电流源与电阻并联的形式来讨论，如图 3-20(b)所示。等效电阻中的电阻仍然为输出电阻，电流源为空载时输出端的短路电流 i_{SC}。理想状态下，输出电阻为无穷大，输出电流为恒流源特性。这意味着电流负反馈越深，输出电阻越大，输出电流越稳定，越接近恒流源特性。所以电流负反馈能够增加输出电阻，稳定输出电流。

知识点二　信号运算电路

运放的线性应用电路可实现比例、求和、减法、积分、微分及对数等基本运算。这些运算电路都要引入深度负反馈，使运放工作在线性区。我们主要学习比例、反相求和以及减法基本运算电路。

（一）反相比例运算

如图 3-21 所示为反相比例运算电路。输入信号 u_i 经电阻 R_1 接到集成运放的反相输入端，同相输入端经电阻 R_2 接“地”。输出电压 u_o 经电阻 R_f 接回到反相输入端。在实际电路中，为了保证运放的两个输入端处于平衡状态，应使 $R_2=R_1 /\!/ R_f$。在图 3-21 中，应用“虚断”和“虚短”的概念可知，从同相输入端流入运放的电流 $i_+=0$，R_2 上没有压降，因此 $u_+=0$。在理想状态下 $u_+=u_-$，所以

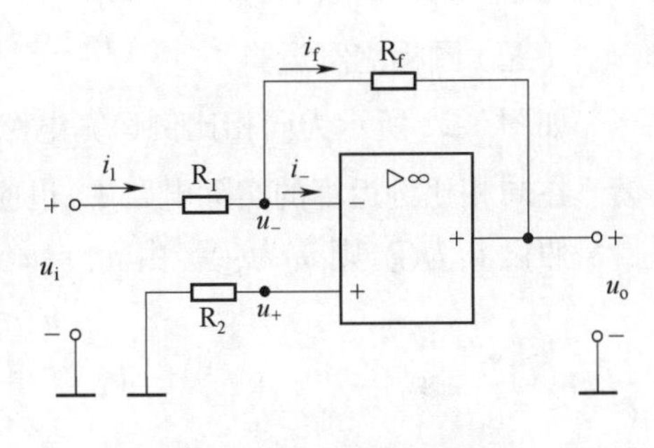

图 3-21　反相比例运算电路

$$u_-=0 \tag{3-7}$$

虽然反相输入端的电位等于零电位，但实际上反相输入端没有接“地”，这种现象称为“虚地”。“虚地”是反相运算放大路的一个重要特点。

假设 u_i 为⊕，则 u_o 为⊖。由于“虚断”，$i_-=0$，所以 $i_1=i_f$，可得

$$i_1=\frac{u_i-u_-}{R_1}=\frac{u_i}{R_1}$$

$$i_f=\frac{u_--u_o}{R_f}=-\frac{u_o}{R_f}$$

$$\frac{u_i}{R_1}=-\frac{u_o}{R_f}$$

故

$$u_o=-\frac{R_f}{R_1}u_i \tag{3-8}$$

闭环电压放大倍数为

$$A_{uf}=\frac{u_o}{u_i}=-\frac{R_f}{R_1} \tag{3-9}$$

式(3-9)中负号代表输出与输入反相，输出与输入的比例由 R_f 与 R_1 的比值来决定，而与集成运放内部各项参数无关，说明电路引入了深度负反馈，保证了比例运算的精度和稳定性。从反馈组态来看，反相比例运算属于电压并联负反馈，输入电阻等于外接元件 R_1 的阻值、输出电阻为 0。由于同相端接地，反相端为“虚地”，运放输入端共模电压为 0。当 $R_f=R_1$ 时，$u_o=-u_i$，这就是反相器。

【例 3-2】　电路如图 3-21 所示，已知 $R_1=2\ \text{k}\Omega$，$u_i=2$ V，试求下列情况时的 R_f 及 R_2 的阻值。

(1) $u_o=-6$ V。

(2) 电源电压为 ±13 V，输出电压达到极限值。

解：由式(3-8)得

(1)
$$R_f = -\frac{u_o}{u_i}R_1 = -\frac{-6}{2}\times 2\ \text{k}\Omega = 6\ \text{k}\Omega$$

$$R_2 = R_1 /\!/ R_f = 2\ \text{k}\Omega /\!/ 6\ \text{k}\Omega = 1.5\ \text{k}\Omega$$

(2)设饱和电压 $U_{o(sat)} = \pm 13\ \text{V}$，则

$$R_f = -\frac{-U_{o(sat)}}{u_i}R_1 = -\frac{-13}{2}\times 2\ \text{k}\Omega = 13\ \text{k}\Omega$$

$$R_2 = R_1 /\!/ R_f = 2\ \text{k}\Omega /\!/ 13\ \text{k}\Omega \approx 1.73\ \text{k}\Omega$$

当 $R_f > 13\ \text{k}\Omega$ 时，输出电压饱和。

（二）同相比例运算

如图 3-22 所示为同相比例运算电路。图 3-32(a)中信号 u_i接到同相输入端，R_f引入负反馈。在同相比例运算的实际电路中，也应使 $R_2 = R_1 /\!/ R_f$，以保证两个输入端处于平衡状态。

假设 u_i为⊕，则 u_o为⊕。由 $u_+ \approx u_-$ 及 $i_+ = i_- \approx 0$，可得

$$u_- \approx u_+ = u_i \text{ 及 } i_1 \approx i_f$$

$$i_1 = -\frac{u_-}{R_1} = -\frac{u_+}{R_1}$$

$$i_f = \frac{u_- - u_o}{R_f} = -\frac{u_o - u_+}{R_f}$$

$$-\frac{u_+}{R_1} = -\frac{u_o - u_+}{R_f}$$

$$u_o = \left(1 + \frac{R_f}{R_1}\right)u_+ \tag{3-10}$$

于是
$$u_o = \left(1 + \frac{R_f}{R_1}\right)u_i$$

闭环放大倍数
$$A_{uf} = \frac{u_o}{u_i} = 1 + \frac{R_f}{R_1} \tag{3-11}$$

式(3-10)具有一般性，当同相输入端的前置电路结构较复杂时，如图 3-22(b)所示，只需将 u_+代入式(3-10)便可求得输出电压 u_o。

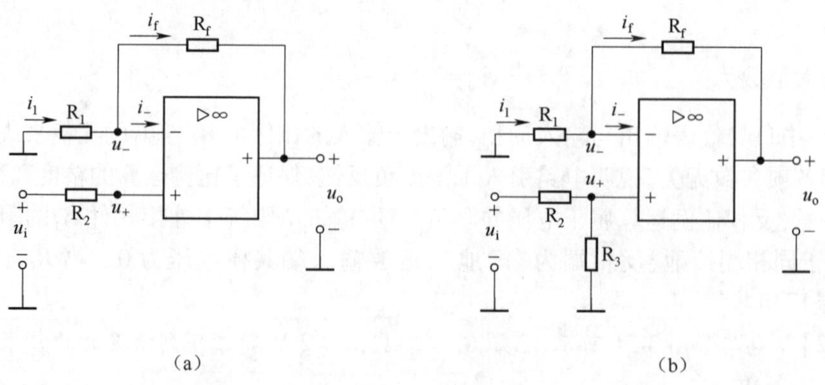

图 3-22　同相比例运算电路

$$u_{+}=\frac{R_3}{R_2+R_3}u_{\rm i}$$

$$u_{\rm o}=(1+\frac{R_{\rm f}}{R_1})\frac{R_3}{R_2+R_3}u_{\rm i} \tag{3-12}$$

式(3-10)、式(3-12)都说明了输出电压与输入电压的大小成正比,且相位相同,电路实现了同相比例运算。一般$A_{\rm uf}$值恒大于1,但当①$R_{\rm f}=0$或②$R_1=\infty$或③$R_{\rm f}=0$、$R_1=\infty$时,$A_{\rm uf}=1$,$u_{\rm o}=u_{\rm i}$,这种电路称为电压跟随器,其性能优于射极输出器,如图3-23所示。

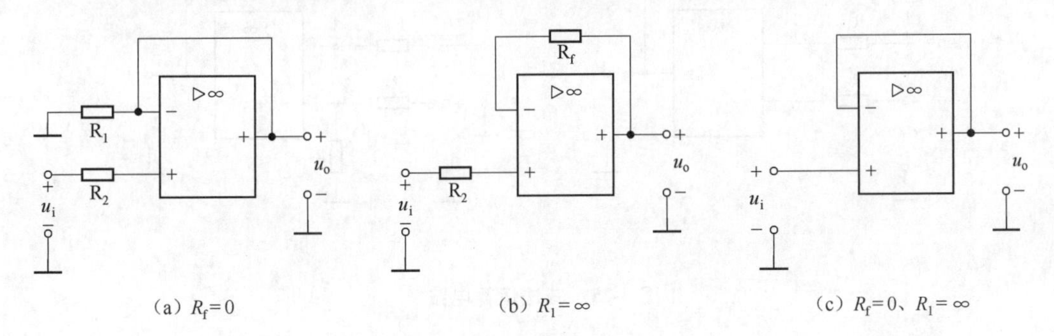

图3-23　电压跟随器 $u_{\rm o}=u_{\rm i}$

从反馈组态来看,同相比例运算电路属于电压串联负反馈,电路的输入电阻为无穷大,输出电阻均为0。由于是深度负反馈,$A_{\rm uf}$仅取决于外部电路$\rm R_1$、$\rm R_f$的取值,而与运放的参数无关。由于$u_{+}=u_{-}=u_{\rm i}$,相当于集成运放两输入端存在和输入信号相等的共模输入信号。

(三)反相加法运算

加法运算就是对若干个信号进行求和,又称求和比例运算,有反相加法运算电路,也有同相加法运算电路,我们主要学习反相加法运算电路。

如图3-24所示为反相加法运算电路,即在反相比例电路的反相输入端,增加若干个输入支路。直流平衡电阻$R_2=R_{11}/\!/R_{12}/\!/R_{13}/\!/R_{\rm f}$。

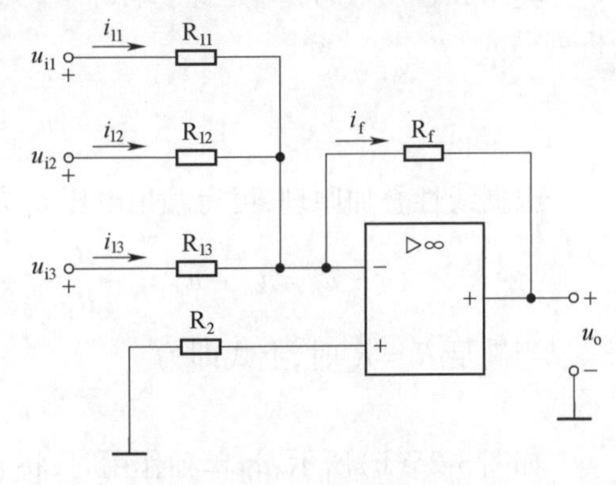

图3-24　反相加法运算电路

由理想运放的"虚短""虚断"概念,即有$i_{+}=i_{-}\approx0$,$u_{-}\approx u_{+}\approx0$,所以$i_{11}+i_{12}+i_{13}\approx i_{\rm f}$,可得

$$\frac{u_{\rm i1}}{R_{11}}+\frac{u_{\rm i2}}{R_{12}}+\frac{u_{\rm i3}}{R_{13}}=-\frac{u_{\rm o}}{R_{\rm f}}$$

所以

$$u_{\rm o}=-R_{\rm f}\left(\frac{u_{\rm i1}}{R_{11}}+\frac{u_{\rm i2}}{R_{12}}+\frac{u_{\rm i3}}{R_{13}}\right) \tag{3-13}$$

当$R_{11}=R_{12}=R_{13}=R$时,则

$$u_{\rm o}=-\frac{R_{\rm f}}{R}(u_{\rm i1}+u_{\rm i2}+u_{\rm i3}) \tag{3-14}$$

当$R_{11}=R_{12}=R_{13}=R_{\rm f}=R$时,则

$$u_{\rm o}=-(u_{\rm i1}+u_{\rm i2}+u_{\rm i3}) \tag{3-15}$$

可见,输出电压的大小反映了各输入电压之和,该电路实现了求和运算。

（四）减法运算

减法运算又称差动比例运算，如图3-25所示，信号同时从两个输入端加入（双入式），用来实现两个输入信号相减。从电路结构上来看，它是反相输入比例运算和同相输入比例运算的组合，利用叠加原理即可求出输出电压 u_o。

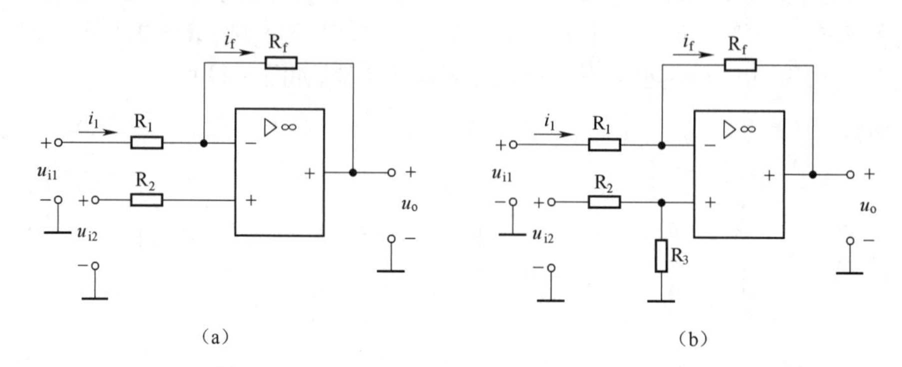

图3-25　减法运算电路

如图3-25(a)所示，u_{i1}单独作用时，将 u_{i2}短路（即 $u_{i2}=0$），此时输出电压为 u_{o1}，由反相比例运算放大电路分析可得

$$u_{o1} = -\frac{R_f}{R_1}u_{i1}$$

u_{i2}单独作用时，将 u_{i1}短路（即 $u_{i1}=0$），此时输出电压为 u_{o2}，由同相比例运算放大电路分析可得

$$u_{o2} = \left(1+\frac{R_f}{R_1}\right)u_{i2}$$

根据线性叠加原理，可得输出电压 u_o为

$$u_o = u_{o1}+u_{o2} = -\frac{R_f}{R_1}u_{i1}+\left(1+\frac{R_f}{R_1}\right)u_{i2} = \left(1+\frac{R_f}{R_1}\right)u_{i2}-\frac{R_f}{R_1}u_{i1} \tag{3-16}$$

当满足 $R_f=R_1$时，上式即为

$$u_o = 2u_{i2}-u_{i1} \tag{3-17}$$

如图3-25(b)所示，u_{i1}单独作用时，将 u_{i2}短路（即 $u_{i2}=0$），此时输出电压为 u_{o1}，由反相比例运算放大电路分析可得

$$u_{o1} = -\frac{R_f}{R_1}u_{i1}$$

u_{i2}单独作用时，将 u_{i1}短路（即 $u_{i1}=0$），此时输出电压为 u_{o2}，由同相比例运算放大电路分析可得

$$u_{o2} = \left(1+\frac{R_f}{R_1}\right)u_+ = \left(1+\frac{R_f}{R_1}\right)\times\frac{R_3}{R_2+R_3}u_{i2}$$

根据线性叠加原理，可得输出电压 u_o为

$$u_o = u_{o1}+u_{o2} = -\frac{R_f}{R_1}u_{i1}+\left(1+\frac{R_f}{R_1}\right)\times\frac{R_3}{R_2+R_3}u_{i2} = \left(1+\frac{R_f}{R_1}\right)\times\frac{R_3}{R_2+R_3}u_{i2}-\frac{R_f}{R_1}u_{i1}$$

当满足 $R_1=R_2$、$R_3=R_f$时，上式即为

$$u_o=\frac{R_f}{R_1}(u_{i2}-u_{i1}) \tag{3-18}$$

当满足 $R_3=R_2=R_1=R_f$时，上式即为

$$u_o=u_{i2}-u_{i1} \tag{3-19}$$

由式(3-18)可得闭环放大倍数 A_{uf}

$$A_{uf}=\frac{u_o}{u_{i2}-u_{i1}}=\frac{R_f}{R_1} \tag{3-20}$$

由于电路存在共模输入，为了保证运算精度，应尽量选用共模抑制比高的运算放大器，还应提高元件的对称性。

知识点三　信号转换电路

在自动控制系统和测量系统中，经常需要把待测电压转换成与之成正比的电流、或把待测电流转换成与之成正比的电压，利用运放的线性应用电路就可以实现。

（一）电压—电流转换电路

电压—电流转换电路又称互导放大电路，经常用在驱动继电器、模拟仪表、激励显像管的偏转线圈等信号转换场合。如图 3-26 所示为驱动浮置负载的电压—电流转换电路，图 3-26(a)为反相输入式，图 3-26(b)为同相输入式。

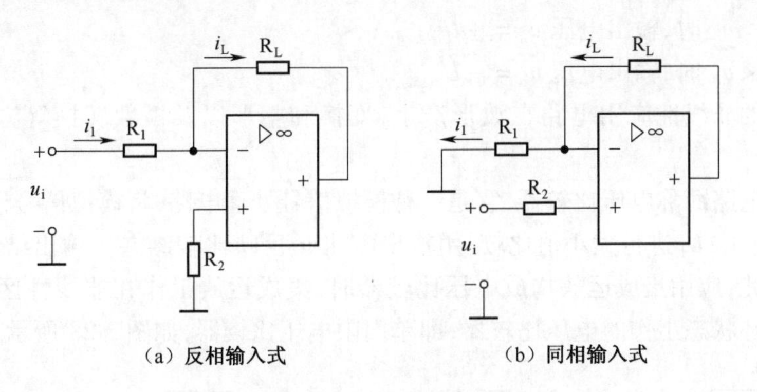

图 3-26　电压—电流转换电路

如果负载 R_L两端都不接地称为浮置。图 3-26(a)是电流并联负反馈电路。按理想运放分析，$u_-=u_+\approx 0$，$i_+=i_-\approx 0$，则流过 R_L的电流是

$$i_L=i_1=\frac{u_i}{R_1} \tag{3-21}$$

可见 i_L与输入电压 u_i成正比，与负载 R_L无关。而且只要 u_i稳定，i_L就稳定不变。

如图 3-26(b)所示是电流串联负反馈电路。按理想运放分析，$u_+=u_-\approx u_i$，$i_+=i_-\approx 0$，则流过 R_L的电流是

$$i_L=i_1=\frac{u_-}{R_1}=\frac{u_i}{R_1} \tag{3-22}$$

其效果与反相输入式电压—电流转换器相同，而且输入电阻极高，几乎不需要从信号源索

取电流，电路精度也高。由于采用同相输入式，存在共模输入，应选用共模抑制比高的运算放大器。

（二）电流—电压转换电路

如图3-27所示为电流—电压转换电路，为电压并联负反馈。在理想条件下，$u_+=u_-\approx0$，$i_+=i_-\approx0$，运放反相输入端"虚地"。

则

$$i_f=i_i$$

$$u_o=-i_fR_f=-i_iR_f \tag{3-23}$$

可见，电路的输出电压u_o与输入电流i_i成正比，只要i_i稳定，R_f精度高，u_o就稳定。

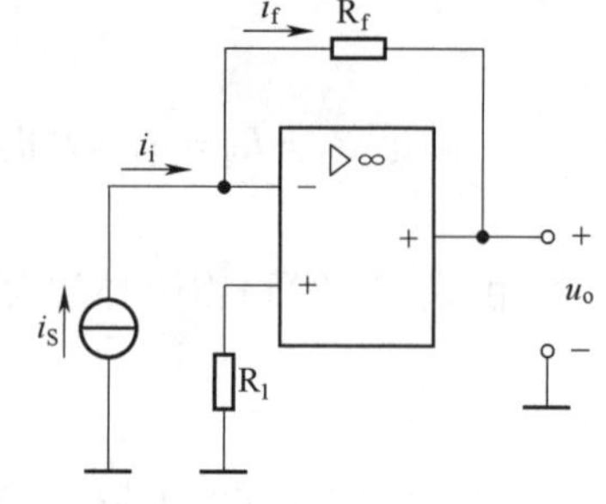

图3-27　电流—电压转换电路

第三节　集成运算放大器的非线性应用

知识点一　集成运放非线性工作特性

集成运放在非线性区应用时，电路一般接成开环或正反馈形式，而且只有"虚断"这个重要特性，不再有"虚短"特性。根据集成运放的传输特性，当理想运算放大器工作在非线性状态时有如下特性：

（1）当$u_+>u_-$时，输出电压$u_o=+U_{o(sat)}$．；

（2）当$u_+<u_-$时，输出电压$u_o=-U_{o(sat)}$。

集成运放的非线性应用电路在波形产生、变换和整形以及模数转换等方面有着广泛的应用。

电压比较电路简称电压比较器，它是一种模拟信号处理电路，将模拟信号输入电压u_i与参考电压（基准电压）U_R进行大小值比较，用输出电压u_o反映比较结果。输出结果用正、负两值表示即可。因此，应用集成运放构成电压比较器时，集成运放工作在非线性区（饱和区）。我们主要学习开环状态工作的电压比较器，即单门限电压比较器，如图3-28所示。

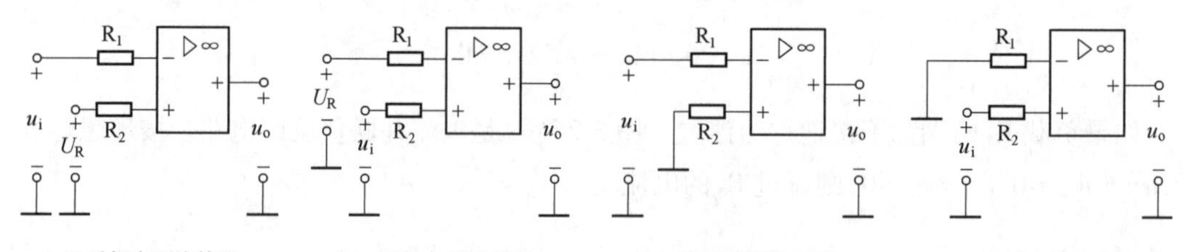

图3-28　开环电压比较器

知识点二　开环电压比较器

（一）反相输入开环电压比较器

图3-28(a)所示为反相输入开环电压比较器，输入信号u_i加在运放的反相输入端，参考电压U_R加在运放的同相输入端。由图可知，当$u_i>U_R$时，由于运放的开环电压增益$A_{uo}=\infty$，此

时运放处于负向饱和状态,输出电压 $u_o=-U_{o(sat)}$;当 $u_i<U_R$时,运放处于正向饱和状态,输出电压 $u_o=+U_{o(sat)}$。由此可见,该电路电压传输特性如图 3-29(a)所示。

(二)同相输入开环电压比较器

图 3-28(b)所示为同相输入开环电压比较器,输入信号 u_i加在反相输入端,参考电压 U_R加在同相输入端。工作原理与反相输入电压比较器相同,其电压传输特性如图 3-29(b)所示。

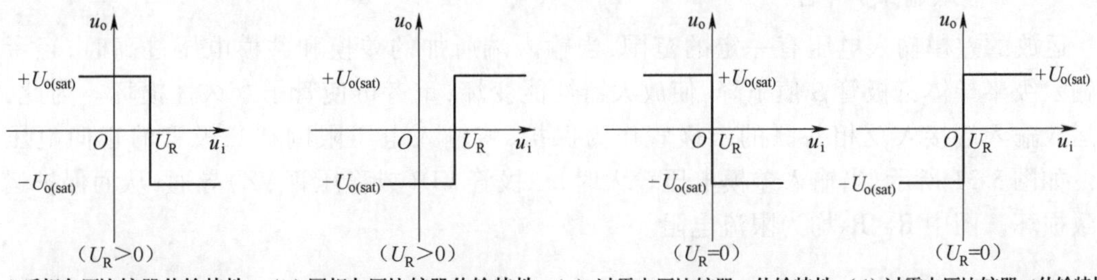

(a)反相电压比较器传输特性　(b)同相电压比较器传输特性　(c)过零电压比较器一传输特性　(d)过零电压比较器二传输特性

图 3-29　电压传输特性

(三)过零电压比较器

在反相输入和同相输入开环电压比较器中,参考电压 U_R 的取值可以大于零、小于零或等于零。如果参考电压 $U_R=0$,则输入电压 u_i 每次过零时,输出电压就会产生突变,此为过零比较器,常用于信号的过零检测,如图 3-28(c)、(d)所示。其电压传输特性如图 3-29(c)、(d)所示。

【例 3-3】　电路如图 3-28(c)所示,当输入信号 u_i为正弦波时,试画出图中 u_o的波形。

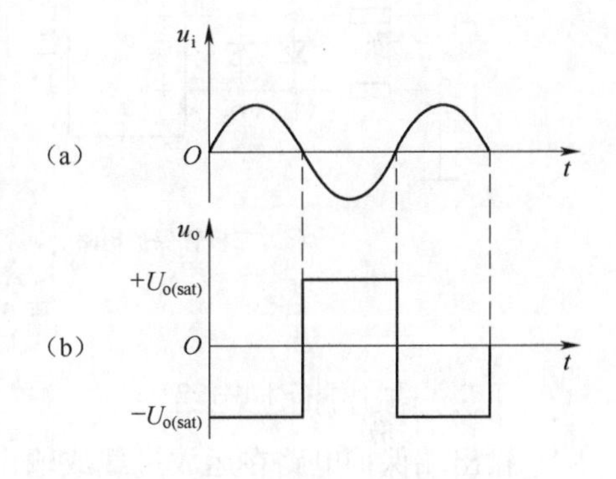

图 3-30　例 3-3 过零电压比较器的波形变换

解:当输入信号为如图 3-30(a)所示的正弦波时,每次过零点,比较器的输出将产生一次电压跳变,其高电平、低电平均受运放电源电压的限制。因此,输出电压 u_o波形为具有正负极性的方波,如图 3-30(b)所示。

第四节　集成运算放大器的几个使用注意问题

知识点一　元器件选用

集成运放的类型按其技术指标可分为通用型、高精度型、高速型、低功耗型、大功率型、高阻型等;按其内部元件电路可分为双极型(由 BJT 构成)和单极型(由 FET 构成);按每一片集成块中运放的数目可分为单运放、双运放和四运放。选用集成运算放大器时不能盲目求"新",要根据电路实际要求的额定值、直流参数、交流参数等综合因素来选择符合要求的产品。一般生产厂家对自己的产品都配有使用说明书,在使用前要仔细查阅有关手册,了解引脚排列和所需的外接电路;在使用中根据管脚图和图形符号正确连接外部电路。

知识点二　保护电路

集成运放使用时,常会出现这样的故障:(1)输出端不慎对地短路或接到电源造成过大的电流损坏;(2)输出端接有电容性负载,输出瞬间电流过大损坏;(3)输入信号过大,输入级过压或过流损坏;(4)电源极性接反或电源电压过高损坏,等等。因此有必要采取相应的保护措施。

(一)输入端保护电路

运放的差模输入电压有一定的范围,当输入端所加的差模和共模电压过高时,轻者可使输入级半导体三极管β值下降,使放大器性能变坏,重者可使管子永久性损坏。为此,常在运放输入端接入反相并联的二极管作为保护,将输入电压限制在二极管的正向电压以内。如图 3-31 所示,当输入差模电压较大时,二极管 VD(或稳压管 VZ)导通,从而保护运放不致损坏。图中 R_1、R_2均为限流电阻。

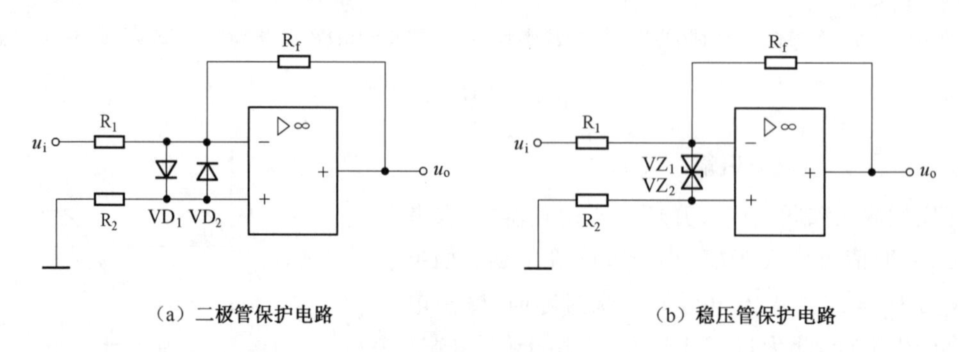

(a)二极管保护电路　　(b)稳压管保护电路

图 3-31　输入端保护电路

(二)输出端保护电路

输出端保护电路在运放过载或输出与地短路时,保护运放不致损坏。如图 3-32 所示,一般运放的输出电流应限制在 5 mA 以内,当负载电阻较小时,限流电阻 R_3限制了运放的输出电流。电路正常工作时,输出电压的幅值小于稳压管的稳定电压 U_Z,稳压管支路相当于开路,不起作用。当输出电压的幅值大于稳压管的稳定电压 U_Z时,两对接的稳压管中总有一个工作在反向击穿状态,另一个正向导通,从而使输出电压限制在 $\pm U_Z$范围内。

(三)电源保护电路

为防止正、负电源接反或电源电压过高,常采用二极管来保护,如图 3-33 所示。

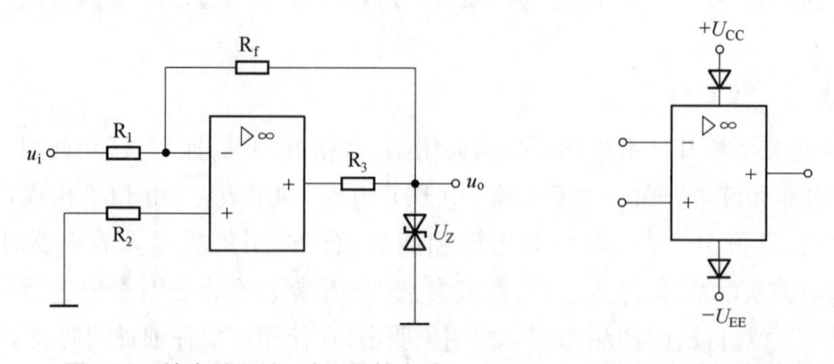

图 3-32　输出端限流、过压保护电路　　图 3-33　电源保护电路

实作　集成运放的线性应用

（一）实作目的

1. 进一步熟悉集成运算放大器 LM358 的管脚。
2. 能用集成运算放大器 LM358 组成基本运算电路。
3. 能对集成运放线性应用电路进行故障分析。
4. 培养良好的操作习惯，提高职业素质。

（二）实作器材

实作器材见表 3-1。

表 3-1　实作器材

共用器材				同频同相信号获取电路			
器材名称	规格型号	电路符号	数量	器材名称	规格型号	电路符号	数量
运放	LM358	集成块	1	色环电阻	RJ-0. 25-4. 7k	—	2
稳压电源仪	YB1718	—	1	—	RJ-0. 25-2k	—	1
信号发生器	YB32020	—	1	—	RJ-0. 25-5. 1k	—	1
示波器	YB43025	—	1	反相加法电路			
万用表	VC890C+	—	1	—	RJ-0. 25-20k	R_1	1
毫伏表	DA-16	—	1	—	RJ-0. 25-10k	R_2	1
信号线	×1	—	若干	—	RJ-0. 25-6. 2k	R_3	1
导线	—	—	若干	—	RJ-0. 25-100k	R_4	1
电压跟随器				减法电路			
色环电阻	RJ-0. 25-10k	R	1	—	RJ-0. 25-20k	R_1	1
反相比例运算电路				—	RJ-0. 25-10k	R_2	1
色环电阻	RJ-0. 25-10k	R_1、R_2	2	—	RJ-0. 25-100k	R_3、R_4	2
色环电阻	RJ-0. 25-100Ω	R_3	1	—	—	—	—
同相比例运算电路				—	—	—	—
色环电阻	RJ-0. 25-10k	R_1、R_2	2	—	—	—	—
色环电阻	RJ-0. 25-100Ω	R_3、R_4	2	—	—	—	—

（三）实作前预习

集成运算放大器的基本运算电路有：比例运算、加法运算、减法运算、积分和微分运算等。基本运算电路通常由集成运放外加负反馈电路所构成，集成运放必须工作在线性范围内，才能保证输出与输入电压间具有一定的函数关系；同时由于开环电压增益很高，必须外加深度负反馈电路，利用不同的反馈电路获得不同的数学运算。集成运放线性应用电路一般框图如图 3-34 所示，框图中各部分的作用说明如下：

1. 输入、输出

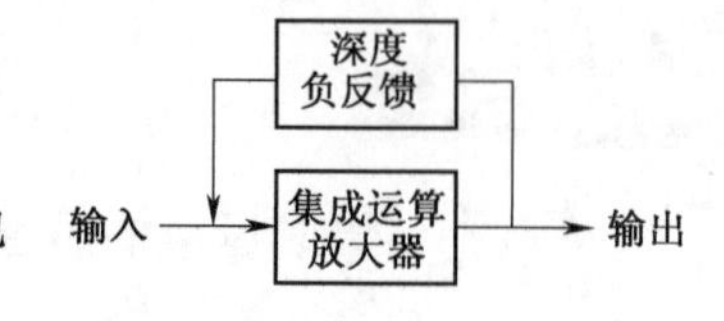

图 3-34　线性应用电路框图

输入可以是直流电，也可以是正弦交流信号；输出与输入同频率，可以同相、可以反相。所有输入电压、输出电压均是对地而言。

2. 集成运算放大器

运算放大器工作在开环状态时，由于运放的开环电压增益接近于无穷大，所以输入的电压只能很小，仅几个毫伏甚至更小，否则输出电压就超过线性区，失去线性放大作用，因此运放开环工作时的线性区很窄。

3. 深度负反馈

运算放大器只有引入深度负反馈，才能扩大线性区的应用，因此引入负反馈是集成运放在线性区工作的特征。

（四）实作内容及步骤

1. 电压跟随电路

按图 3-35 连接电路，输入信号 u_i 分别为 1 kHz、500 mV_{rms}，1 kHz、1 V_{rms}，1 kHz、3 V_{rms}，用晶体管毫伏表测试电路输出电压有效值 U_o，并将结果填入表 3-2 中。同时用示波器观察 u_i 和 u_o 信号。

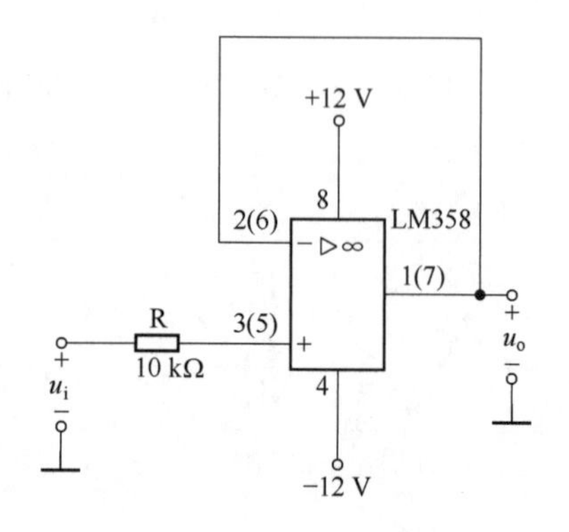

图 3-35　电压跟随电路

2. 反相比例运算电路

按图 3-36 连接电路，输入信号 u_i 为 1 kHz、100 mV_{rms}，1 kHz、200 mV_{rms}，1 kHz、300 mV_{rms}，用晶体管毫伏表测试电路输出电压 U_o 有效值，并将结果填入表 3-3 中。同时用示波器观察 u_i 和 u_o 信号。

3. 同相比例运算电路

按图 3-37 连接电路，输入信号 u_i 为 1 kHz、100 mV_{rms}，1 kHz、200 mV_{rms}，1 kHz、300 mV_{rms}，用晶体管毫伏表测试电路输出电压 U_o 有效值，并将结果填入表 3-4 中。同时用示波器观察 u_i 和 u_o 信号。

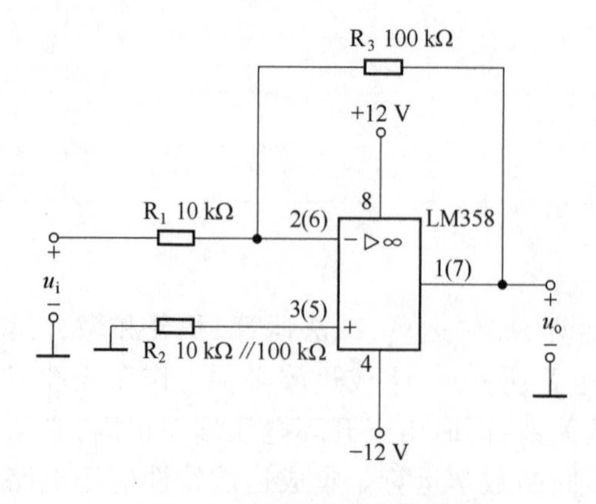

图 3-36　反相比例运算电路

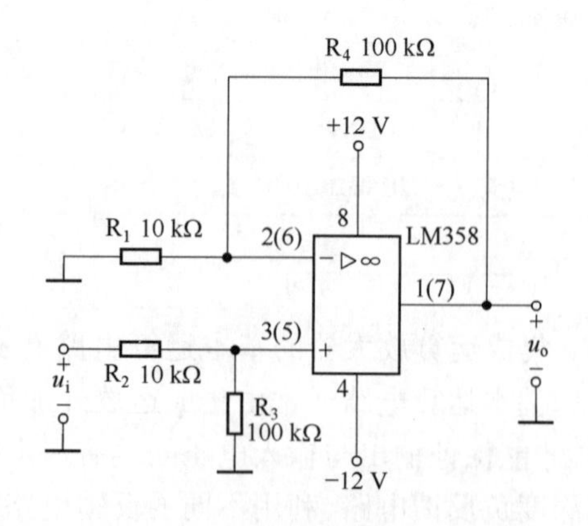

图 3-37　同相比例运算电路

4. 同频同相信号产生电路

为了能比较直观地用晶体管毫伏表在输出端测出两个信号相加或相减的结果，电路中 U_{i1}、U_{i2} 必须采用同相位、同频率的信号，因此 U_{i1}、U_{i2} 从信号发生器输出端通过两路电阻分压后取得，电路如图 3-38 所示。

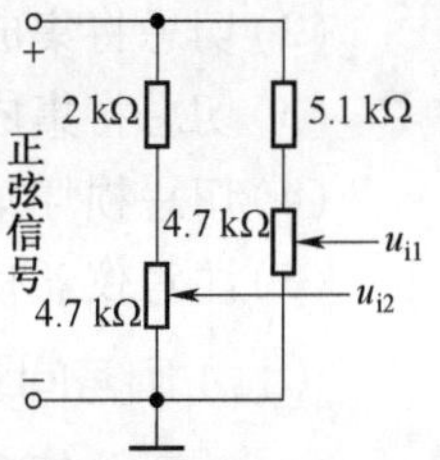

图 3-38　同频同相信号产生电路

5. 反相加法电路

按图 3-39 连接电路，接入 u_{i1}、u_{i2} 信号。按表 3-5 进行各项测试，并把测试结果填入表 3-5 中。

6. 减法运算电路

按图 3-40 连接电路，接入 u_{i1}、u_{i2} 信号，按表 3-6 进行各项测试，并把测试结果填入表 3-6 中。

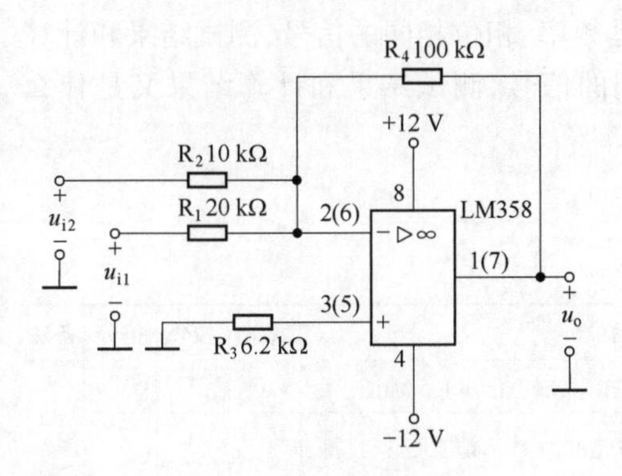

图 3-39　反相加法电路图

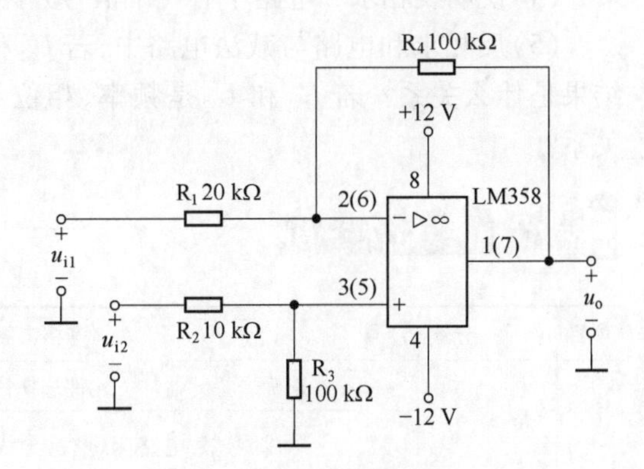

图 3-40　双入式减法电路

（五）测试与观察结果记录

将测试与观察计算结果记录于表 3-2 ~ 表 3-6 中。

表 3-2　测试 1

U_i		0.5 V	1 V	2 V
U_o	测量值			
	计算值			

表 3-3　测试 2

U_i		0.1 V	0.2 V	0.3 V
U_o	测量值			
	计算值			

表 3-4　测试 3

U_i		0.1 V	0.2 V	0.3 V
U_o	测量值			
	计算值			

表 3-5　测试 4

U_{i1}	U_{i2}	R3	U_{o1}（测量值）	U_{o2}（计算值）
0.2 V	0.4 V	6.2 kΩ		
断开	0.4 V	10 kΩ		
0.4 V	0.2 V	6.2 kΩ		
0.4 V	接地	20 kΩ		

表 3-6　测试 5

U_{i1}	U_{i2}	$U_{i2}-U_{i1}$	U_{o1}（测量值）	U_{o2}（计算值）
0.2 V	0.4 V			
0.4 V	0.2 V			
0.4 V	接地			

（六）实作注意事项

（1）切忌将直流稳压电源及信号源两端短路。

(2)切忌将集成运放器件的电源正、负极接反。

(3)切忌将集成运放器件的管脚接错。

(4)切忌损坏集成运放器件。

(5)注意仪器仪表接地要与放大器接地相连。

(七)回答问题

(1)简要分析理论值与测试值之间产生的误差原因。

(2)同相比例运算电路的输入信号是正弦波,但输出信号变成了矩形波,试分析电路出现了什么故障?

(3)你怎样从实验中理解输出与输入“同相”或“反相”?

(4)说明反相求和电路中有一个信号开路或接地对输出电压的影响。

(5)反相求和电路与减法电路中,若 U_{i1} 和 U_{i2} 是频率、相位相同的信号,测试结果和计算结果是什么关系?若 U_{i1} 和 U_{i2} 是频率、相位不相同的信号,测试结果和计算结果又是什么关系?

实作考核评价

项目	步骤	分数	序号	考核内容及评分标准	配分	扣分	得分	备注
反相比例运算电路测试	电路连接	20	1	正确选择元器件。元件选择错误一个扣2分。直至扣完为止	10			
			2	导线测试。电路测试时,导线不通引起的故障不能自己查找排除,一处扣2分。直至扣完为止	10			
	电路测试	50	3	元件测试。先测试电路中的关键元件,如果在电路测试时出现元件故障不能自己查找排除,一处扣2分。直至扣完为止	10			
			4	正确接线。每连接错误一根导线扣2分;输入输出接线错误每处扣3分。直至扣完为止	10			
			5	用示波器观察输入、输出波形。调试电路,示波器操作错误扣5分,不能看到输入信号波形扣5分,不能看到输出波形扣5分。直至扣完为止	15			
			6	用晶体管毫伏表测量输出电压有效值。正确使用晶体管毫伏表进行输出测量,填表,每错一处扣3分;毫伏表操作不规范扣5分。直至扣完为止	15			
	回答	10	7	原因描述合理	10			
	整理	10	8	规范操作,不可带电插拔元器件,错误一次扣5分	5			
			9	正确穿戴,文明作业,违反规定,每处扣2分	2			
			10	操作台整理,测试合格应正确复位仪器仪表,保持工作台整洁,每处扣3分	3			
时限		10	时限为45 min,每超1 min扣1分		10			
合计					100			

注意:操作中出现各种人为损坏,考核成绩不合格且按照学校相关规定赔偿。

本章小结

1. 集成运算放大电路是高增益的直接耦合多级放大电路，主要优点是输入电阻高、开环增益大、零点漂移小。从内部结构上看，它由输入级、中间级、输出级及偏置电路四个部分组成。输入级通常采用差分放大电路，用以抑制共模信号同时放大差模信号；中间级一般由共射放大电路组成，用以提高电压增益；输出级要求带负载能力强，通常采用互补对称射极跟随器，其作用是输出一定的功率；偏置电路由各种恒流源电路组成，用以提供各级电路的合适的静态工作电流。

2. 集成运算放大电路的理想特性有“三高一低”：开环差模电压增益 $A_{od}=\infty$；输入电阻 $r_{id}=\infty$；输出电阻 $r_o=0$；共模抑制比 $K_{CMR}=\infty$。

3. 分析由运放组成的电路，首先要判断运放工作在什么区域。一般加负反馈工作在线性区，在线性区工作时的两个重要理论依据是：虚短($u_+\approx u_-$)和虚断($i_+=i_-\approx 0$)。开环或正反馈时运放工作在非线性区，只有虚断($i_+=i_-\approx 0$)特征、没有虚短($u_+\approx u_-$)特征，当 $u_+>u_-$ 时输出 $u_o=+U_{o(sat)}$、当 $u_+<u_-$ 时输出 $u_o=-U_{o(sat)}$。

4. 集成运放有三种输入方式：反相单入式、同相单入式及差动双入式。运放外加深度负反馈工作在线性区可实现比例运算、加法和减法等各种运算。运放工作在非线性区，可实现电压比较、波形变换等。

5. 放大电路引入负反馈，以降低放大倍数为代价来改善放大电路的性能。直流负反馈能稳定静态工作点；交流负反馈能改善放大电路动态性能：提高放大倍数的稳定性、扩展通频带、减小非线性失真、改变输入电阻和输出电阻。电压负反馈能减小输出电阻稳定输出电压；电流负反馈能增大输出电阻稳定输出电流；串联负反馈使输入电阻增大，减小向信号源索取的电流，信号源负担减轻；并联负反馈在使输入电阻减小，有利于引入电流信号。讨论负反馈放大电路时主要考虑交流负反馈。在深度负反馈下，闭环增益只与反馈系数有关，而与放大电路本身无关，闭环增益十分稳定，在基本运算电路中得到验证。

综合练习题

1. 填空题

(1) 集成运算放大器的内部包括________、________、________和________四个部分。

(2) 理想运算放大器的条件是________；________；________；________。

(3) 共模抑制比用来衡量放大器对________信号的放大能力和对________信号的抑制能力。

(4) 由于干扰，运算放大器________环线性工作很难稳定，所以要使运算放大器工作在线性区通常引入__________。

(5) 放大电路引入电压负反馈，能使输出电阻________，从而稳定输出________。

(6) 放大电路引入电流负反馈，能使输出电阻________，从而稳定输出________。

(7)放大电路引入串联负反馈,能使输入电阻________,从而________信号源的负担。

(8)放大电路引入并联负反馈,能使输入电阻________,从而有利于引入________信号。

(9)在放大电路中,若信号源内阻很小,则采用________负反馈效果好;若信号源内阻大,则采用________负反馈效果好。

(10)集成运算放大器线性应用必须加________反馈。

2. 判断题

(1)放大电路中引入负反馈会降低电压放大倍数以求稳定。 ( )

(2)放大电路中引入串联负反馈能使输入电阻 r_i 减小,有利于输入信号电流。 ( )

(3)负反馈不能改善原信号 u_i 本身带有的失真。 ( )

(4)共射极基本电压放大电路是开环放大电路。 ( )

(5)射极输出器是闭环放大电路。 ( )

(6)运算放大器的线性应用是在运算放大器中引入深度负反馈。 ( )

(7)运算放大器线性工作时,其两个输入端既“虚断”又“虚短”。 ( )

(8)运算放大器非线性工作时,其两个输入端只“虚断”不“虚短”。 ( )

(9)运算放大器开环或引入正反馈时,当 $u_+ > u_-$,输出为 $-U_{o(sat)}$。 ( )

(10)同相输入运算电路的 u_- 端不仅“虚短”而且“虚地”。 ( )

(11)反相输入运算电路的 u_- 端只“虚短”不“虚地”。 ( )

3. 选择题

(1)集成运放芯片 LM358 的第 8 脚是______端。

A. 负电源　　B. 输出端　　C. 电源正极　　D. 反相输入端

(2)负反馈是指反馈回输入端的信号______了输入信号。

A. 增强　　B. 削弱　　C. 不影响　　D. 不确定

(3)在放大电路中引入负反馈会______电压放大倍数。

A. 增大　　B. 不改变　　C. 降低　　D. 不确定

(4)为了稳定静态工作点,分压式偏置共射电压放大电路中的发射极电阻引入的是______。

A. 直流电流负反馈　　B. 交流电流负反馈

C. 交直流电流负反馈　　D. 正反馈

(5)为了减小输出等效电阻 r_o,共集电极放大电路中的发射极电阻引入的是______。

A. 直流电流负反馈　　B. 交流电流负反馈

C. 直流电流正反馈　　D. 交流电压负反馈

(6)理想运算放大器的开环差模输入电阻 r_{id} 是______。

A. 零　　B. 无穷大　　C. 几百千欧　　D. 几千欧

(7)集成运放电路实质上是一个______。

A. 直接耦合的多级放大电路　　B. 阻容耦合的多级放大电路

C. 变压器耦合的多级放大电路　　D. 单级放大电路

(8)运算放大器开环使用时,如果 $u_+ > u_-$,则输出 u_o 为______。

A. $-U_{o(sat)}$　　B. $+U_{o(sat)}$　　C. 0　　D. 不确定

4. 分析回答

(1)通用型集成运算放大器一般由哪几部分组成？每一部分主要作用是什么？主要采用什么电路？

(2)集成运算放大器的输入失调电压 U_{IO}、输入失调电流 I_{IO} 的含义各是什么？

(3)集成运算放大器的理想特性有哪些？

(4)什么是"虚短""虚断""虚地"？

(5)为了实现以下目的,需要引入何种类型的反馈。

①要求稳定静态工作点。②要求输入电阻高,输出电流稳定。③要得到一个由电流控制的电流源。④要得到一个阻抗变换器,输入电阻大,输出电阻小。⑤要求稳定放大倍数,扩展通频带。

(6)判断图 3-41 所示的电路中是否引入了反馈？是直流反馈还是交流反馈？是正反馈还是负反馈？并指出引入的是哪种组态的交流负反馈。

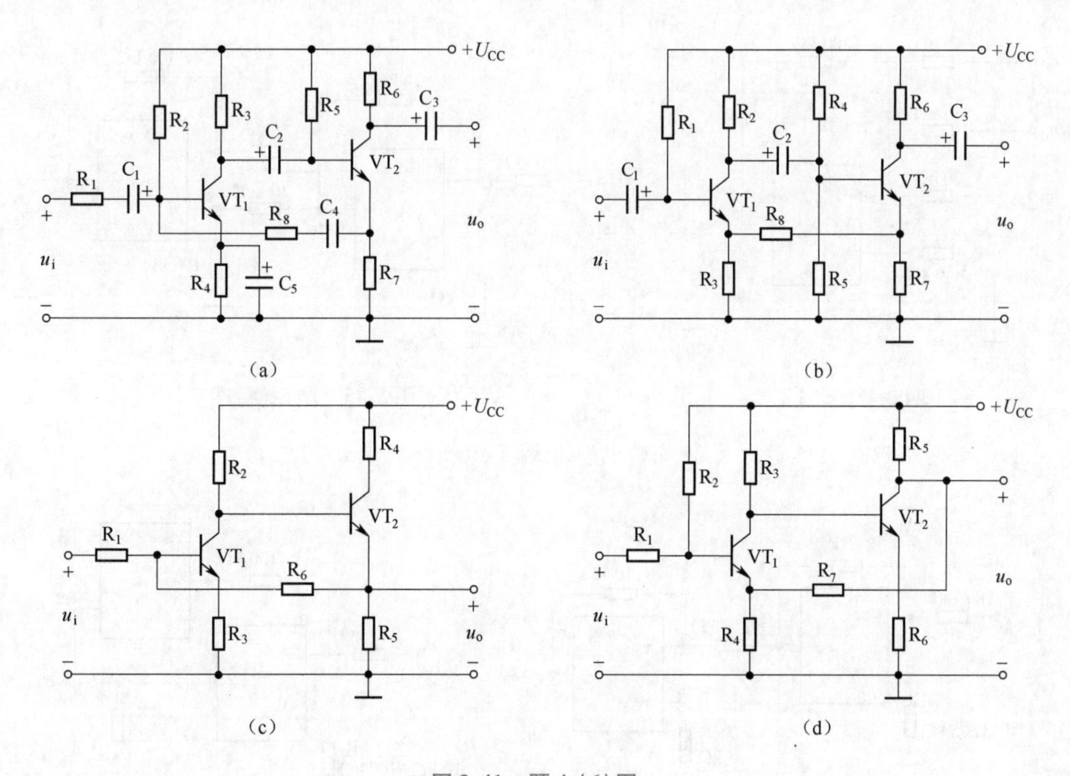

图 3-41　题 4-(6)图

5. 分析计算

(1)由两级理想运算放大器组成的电路如图 3-42 所示,若输入电压有效值 $U_i = -0.6$ V,试求 u_{o1}、u_o及 i_o的值;运放 A_1和 A_2分别构成什么电路？

(2)由两级理想运算放大器组成的电路如图 3-43 所示,若输入电压值 $U_{i1} = 0.2$ V、$U_{i2} = 0.4$ V,试求 u_{o1}和 u_o的值;运放 A_1和 A_2分别构成什么电路？

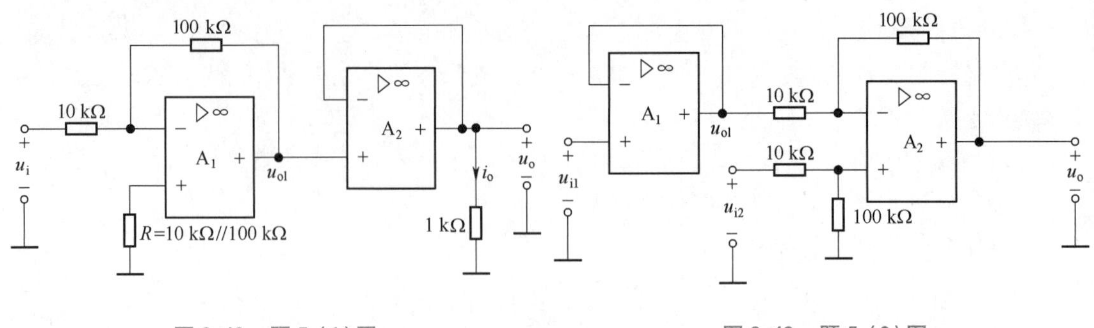

图 3-42　题 5-(1)图　　　　图 3-43　题 5-(2)图

(3)如图 3-44 所示为反相比例求和电路,若输入电压有效值 $U_{i1}=-0.8$ V、$U_{i2}=0.2$ V、$U_{i3}=0.4$ V,试用叠加原理求 u_o的值。

(4)由两级理想运算放大器组成的电路如图 3-45 所示,若输入电压值 $U_i=0.36$ V,试求输出电压 u_{o1}和 u_o的值;运放 A_1和 A_2分别构成什么电路?

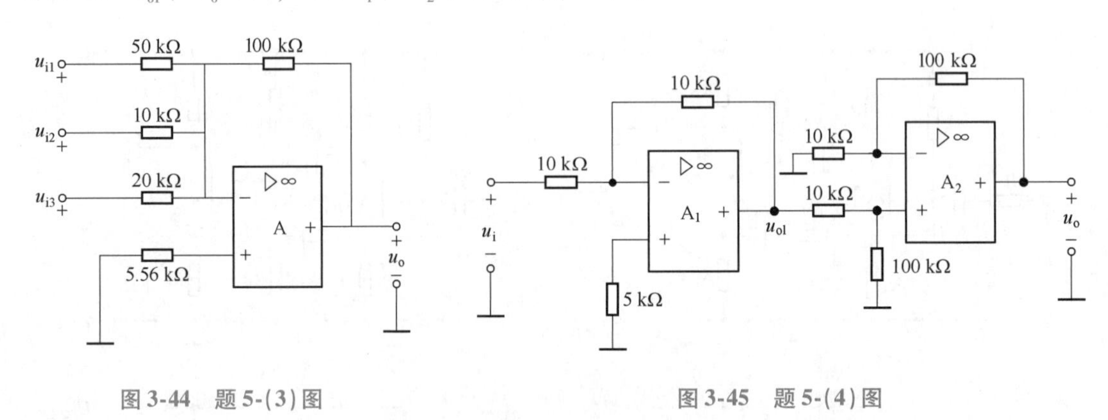

图 3-44　题 5-(3)图　　　　图 3-45　题 5-(4)图

(5)由两级理想运算放大器组成的电路如图 3-46 所示,求 u_o的值。

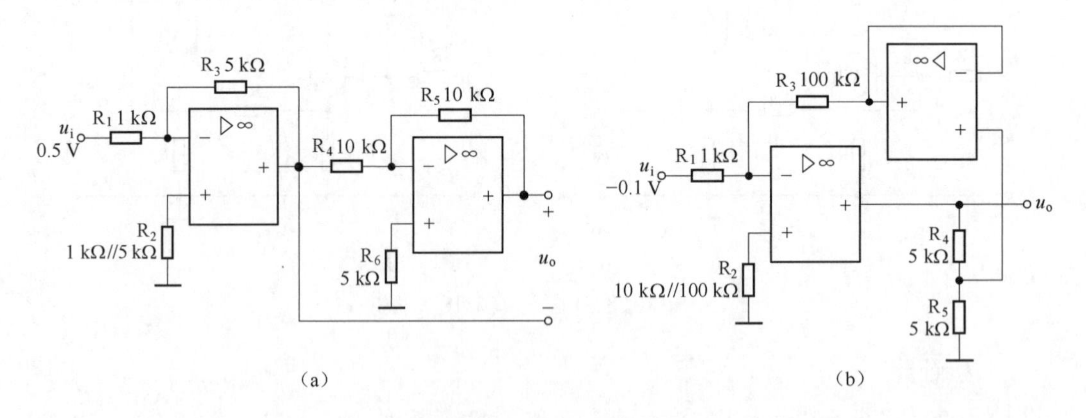

图 3-46　题 5-(5)图

(6)如图 3-47(a)所示电路,集成运放的 $U_{o(sat)}=\pm 10$ V,画出 u_o的输出波形。

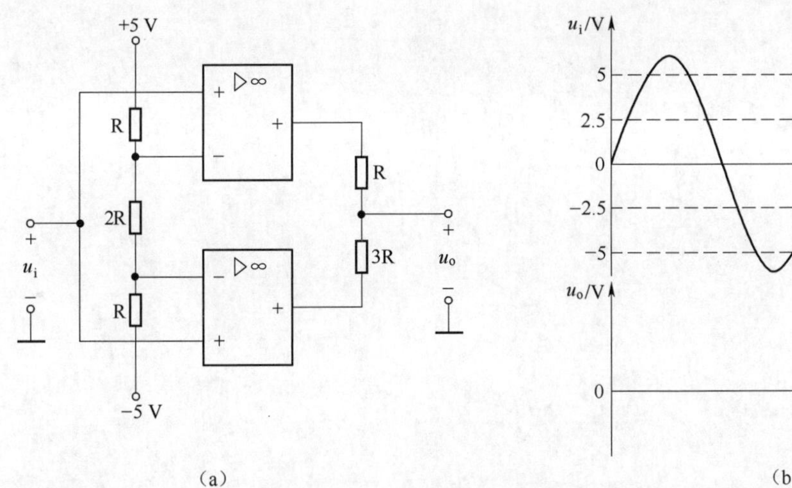

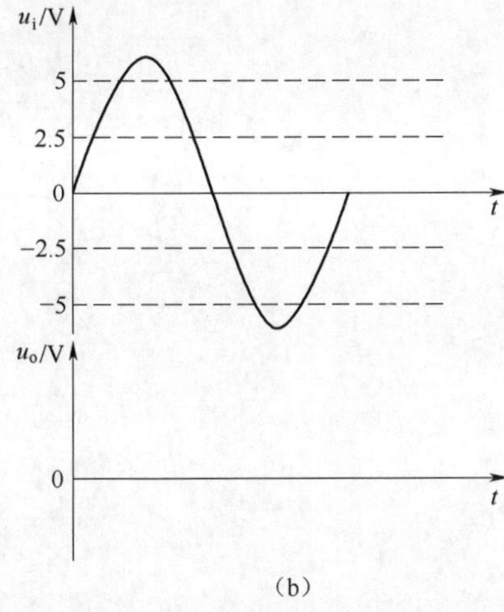

图 3-47　题 5-(6)图

6. 分析故障

(1)某同学在用示波器观察 LM358 构成的比例运算电路的输入、输出电压波形时,发现输入信号是正弦波,但输出信号是变成了矩形波,试分析电路可能出现了什么故障?

(2)如图 3-48 所示电路,扬声器能发声吗?若不能,请加以改正。

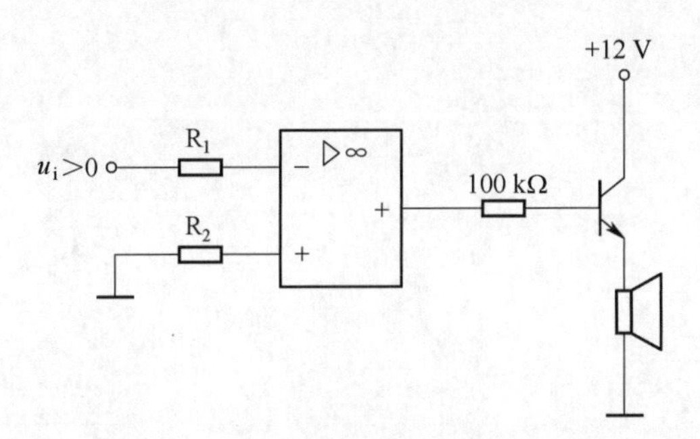

图 3-48　题 6-(2)图

二

数字电子技术基础

第四章 数字电路基础

本章介绍数字信号及数字电路的特点、分类，数制与码制，基本逻辑门电路，复合逻辑门电路，逻辑函数，逻辑代数的基本公式和定律，逻辑函数的化简，TTL 集成逻辑门电路，CMOS 集成逻辑门电路。

能力目标

1. 能够识别常用 TTL、CMOS 集成电路产品，初步掌握查阅集成电路资料的能力。
2. 能正确使用 TTL、CMOS 集成电路，检测其逻辑功能。
3. 能使用基本逻辑门电路进行简单电路的设计和调试。

知识目标

1. 理解数字信号、数字电路的特点、分类。
2. 掌握数制、码制及其相互间的转换。
3. 掌握常用逻辑关系及其表示法。
4. 熟悉逻辑代数的公式和运算法则。
5. 熟悉并掌握常用逻辑门电路及其功能。
6. 了解 TTL 集成门电路和 CMOS 集成门电路。

第一节　数字电路概述

按照所处理的信号形式，现代电子技术分成两大类，即模拟电子技术和数字电子技术。模拟电子电路处理的是模拟信号，数字电子电路处理的是数字信号。随着超大规模集成电路的出现，数字电子技术的应用更为广泛。

知识点一　数字信号与模拟信号

模拟信号是在时间和数值上都连续变化的信号，其波形如图 4-1(a)所示。自然界中绝大多数物理量如温度、速度、湿度、声音和压力等，通过传感器转换成的相应的电信号都是模拟信号，它反映了物理量的真实变化规律。

在时间和数值上都是离散的、不连续的信号，称为数字信号。其波形如图 4-1(b)所示。

与模拟信号相比，数字信号的数码有限，抗干扰能力强，可靠性高，适合远距离传输。数字信号又称为电脉冲信号或电脉冲波，是指在短促时间内出现的突变电压或突变电流。常见的电脉冲信号如图 4-2 所示。

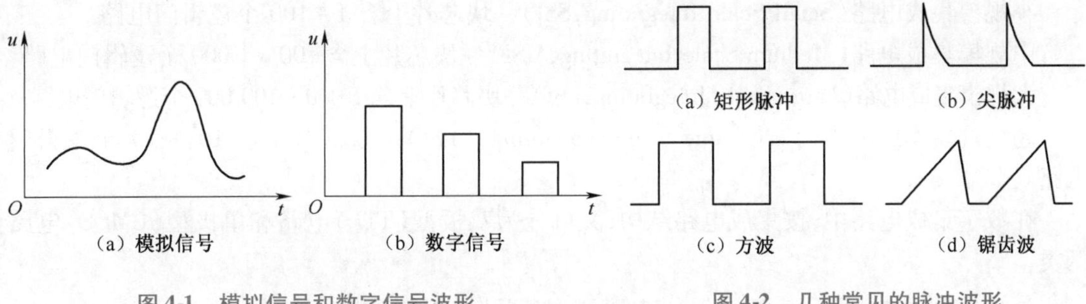

（a）模拟信号　（b）数字信号

图 4-1　模拟信号和数字信号波形

（a）矩形脉冲　（b）尖脉冲　（c）方波　（d）锯齿波

图 4-2　几种常见的脉冲波形

数字电路处理的信号多是矩形脉冲，矩形脉冲信号常用两值逻辑变量表示，即用“逻辑 0”和“逻辑 1”来表示信号的状态，“逻辑 0”表示低电平、“逻辑 1”表示高电平。本书所讲的数字信号通常都是指这种信号。

知识点二　数字电路及其特点

数字电路是产生、传输和处理数字信号的电子电路。数字信号为只有两个数码“0”和“1”的二进制信号，反映在电路上就是低电平和高电平，因此数字电路中的各种半导体器件均工作在开关状态，与模拟电路相比，数字电路具有以下特点：

（1）在数字电路中，通常采用二进制。因此，凡是具有两个稳态的元器件，均可用来表示二进制的两个数码“0”“1”。如晶体管的饱和与截止、开关的闭合与断开等。由于数字电路只需要能正确区分两种截然不同的工作状态即可，所以电路对各元器件参数的精度要求不高，允许有较大的分散性，电路结构也比较简单。这一特点对实现数字电路的集成化十分有利。

（2）抗干扰能力强、精度高。由于数字电路所传送和处理的信号是用 1 和 0 表示的二进制信号，只要外界干扰在电路的噪声容限范围内，电路就能正常工作，因而抗干扰能力强。数字电路传送和处理的二进制信号位数越多，精度越高。因此，可通过提高数字电路所传送和处理的二进制信号的位数来提高精度。

（3）具有“逻辑思维”能力。数字电路能对输入的数字信号进行各种算术运算和逻辑运算、逻辑判断，故又称为数字逻辑电路。

（4）电路结构简单、容易制造，便于集成及系列化生产。通用性强，使用方便灵活。

由于数字电路具有上述特点，因而从最初的分立元件组成的电路到现在的各种通用数字集成电路，得到了十分迅速的发展。数字电路也有一定的局限性，因此，往往把数字电路和模拟电路结合起来，组成一个完整的电子系统，广泛应用于数字通信、自动控制、数字测量仪表以及家用电器等各个技术领域，如电子计算机、智能手机、数字电视及数码相机等等。

知识点三　数字电路的分类

1. 按电路制作工艺，可分为分立元件电路和集成电路两种

分立元件数字电路体积大、重量重、功耗大、可靠性低，现在已基本不用。随着集成电路制作技术的不断发展，现在的数字集成电路具有体积小、重量轻、功耗小、价格低、可靠性高等一系列的优点，因而数字集成电路已取代了分立元件电路。

在数字集成电路中，每个芯片上制作的逻辑门的数量，称作数字集成电路的集成度。按集成度数字集成电路又可分为：

小规模集成电路(Small Scale Integrating,SSI)一块芯片上含 1 ~ 100 个逻辑门电路。

中规模集成电路(Medium Scale Integrating,MSI)一块芯片上含 100 ~ 1 000 个逻辑门电路。

大规模集成电路(Large Scale Integrating,LSI)一块芯片上含 1 000 ~ 100 000 个逻辑门电路。

超大规模集成电路(Very Large Scale Integrating,VLSI)一块芯片上含 $10^5 \sim 10^7$ 个逻辑门电路。

在数字集成电路中,按集成电路结构,又可分为双极型(TTL)电路和单极型(CMOS)电路两类。

2. 按电路功能,可分为组合逻辑电路和时序逻辑电路两类

如果一个逻辑电路的输出信号只与当时的输入信号有关,而与电路原来的状态无关,则称为组合逻辑电路。组合逻辑电路无记忆功能。

如果一个电路的输出信号不仅与当时的输入信号有关,而且还与电路原来的状态有关,则称为时序逻辑电路。时序逻辑电路具有记忆功能。

第二节　数制与码制

数制是计数进位制的简称。

生活中人们最常用的是十进制。而各种数字设备只能处理二进制数或用二进制代码表示的内容,人们所熟悉的十进制数不能被数字设备直接接受和处理,因此,只有把十进制数或其他信息首先转换成二进制数或二进制代码的形式才能被数字系统处理。此外,经数字设备运算、处理的结果仍为二进制数形式,不便于人们识别,为了更好地实现人机对话,我们应当掌握各种数制、各种代码的特点以及相互之间的转换规律。

知识点一　数制

人们在生活和工作中常用的计数进位制主要有:十进制、二进制、八进制、十六进制等。无论用哪种进位计数制,数值的表示都包含两个基本要素:进位基数和数位的权值。

进位基数:在一个数位上,规定使用的数码符号的个数为该进位计数制的进位基数 J,例如十进制数,每个数位规定使用的数码符号为:0,1,2,3,4,5,6,7,8,9,共 10 个符号,因而其进位基数 $J=10$,该数位计满 J 就向其高位进 1,即"逢 J 进一",例如,十进制为逢十进一、二进制为逢二进一、八进制为逢八进一、十六进制为逢十六进一等等。

数位的权值:某个数位上数码为 1 时所表征的数值的大小称为该数位的权值,简称"位权"。例如,十进制中的符号"1",在个位上表示 10^0,即 1;在十位上则表示 10^1,即 10;在百位上则表示 10^2,即 100;在小数点后第一位上表示 10^{-1},即 0.1 等等,因此,要表示一个 J 进制数的大小,可用各数位的数码 k_i 与该数位的权值 J^i 相乘之后累加来表示,这种方法称为按权展开法。下面介绍四种常用的进位计数制及其按权展开情况。

1. 十进制(D)

十进制是以 10 为基数的计数体制。十进制数有 0、1、2、3、4、5、6、7、8、9 十个数码,其进位规则是逢十进一。十进制数用下标"10"或"D"来表示,例如

$$(368.258)_{10}=3\times10^2+6\times10^1+8\times10^0+2\times10^{-1}+5\times10^{-2}+8\times10^{-3}$$

需要指出,虽然十进制数及其运算人们很熟悉,但是,在数字电路中采用十进制数却很不

方便。因为数字电路是通过电路的不同状态来表示数码的，而要使电路具有十个严格区分的状态来表示 0 ~ 9 十个数码，在技术上比较困难。在电路中最容易实现的是两种状态，如电路的“通”与“断”，电平的“高”与“低”等。在这种条件下，采用只有两个数码“0”和“1”的二进制数将是很方便的。因此，在数字电路中广泛采用二进制数。

2. 二进制(B)

二进制是以 2 为基数的计数体制，它的每个数位只有 2 个数码符号，即 0，1，进位基数 $J=2$，其计数规则为逢二进一。二进制数用下标“2”或“B”来表示，例如

$$(111011)_2 = 1\times2^5+1\times2^4+1\times2^3+0\times2^2+1\times2^1+1\times2^0$$

3. 八进制(O)

在数字系统中，二进制数往往很长，读写不方便，一般采用八进制或十六进制对二进制数进行读和写。八进制是以 8 为基数的计数体制，它的每个数位可有 8 个数码符号，即 0，1，2，3，4，5，6，7，进位基数 $J=8$，计数规则为逢八进一。八进制数用下标“8”或“O”来表示，例如

$$(354)_8 = 3\times8^2+5\times8^1+4\times8^0$$

因为 $2^3=8$，所以 3 位二进制数可用 1 位八进制数来表示。

4. 十六进制(H)

十六进制数是以 16 为基数的计数体制，它的每个数位可有 16 个数码符号，即 0，1，2，3，4，5，6，7，8，9，A，B，C，D，E，F，进位基数 $J=16$，其计数规则为逢十六进一。十六进制数用下标“16”或“H”来表示，如

$$(3BD)_{16} = 3\times16^2+11\times16^1+13\times16^0$$

因为 $2^4=16$，所以 4 位二进制数可用 1 位十六进制数来表示。

在计算机应用系统中，二进制主要用于机器内部的数据处理，八进制和十六进制主要用于书写程序，十进制主要用于运算最终结果的输出。

知识点二 数制转换

1. 非十进制数转换为十进制数

将非十进制数转换为十进制数，通常采用“按权展开运算法”。具体步骤是先按权展开成多项式，然后按十进制计算规则求其和，就可以得到等值的十进制数。

【例 4-1】 将 $(111011)_2$ 转换成十进制数。

解： $(111011)_2 = (1\times2^5+1\times2^4+1\times2^3+0\times2^2+1\times2^1+1\times2^0)_{10}$
$= (32+16+8+0+2+1)_{10}$
$= (59)_{10}$

【例 4-2】 将 $(165)_8$ 转换成十进制数。

解： $(165)_8 = (1\times8^2+6\times8^1+5\times8^0)_{10}$
$= (64+48+5)_{10}$
$= (117)_{10}$

【例 4-3】 将 $(5D)_{16}$ 转换成十进制数。

解： $(5D)_{16} = (5\times16^1+13\times16^0)_{10}$
$= (80+13)_{10}$
$= (93)_{10}$

2. 十进制数转换为其他进制数

十进制转换成其他进制数,一般采取"除 J 取余法"。其方法是把十进制正整数逐次用 J 去除,并依次记下余数,一直除到商为0时为止,然后把全部余数从后向前排列,即为转换后的其他进制数。

【例 4-4】 将$(57)_{10}$转换成二进制八进制、十六进制数。

解: 用"除 J 取余倒排列"法得

```
2 | 57 …… 余 1  LSB        8 | 57 …… 余 1  ↑        16 | 57 …… 余 9  ↑
2 | 28 …… 余 0   ↑         8 | 7  …… 余 7  |        16 | 3  …… 余 3  |
2 | 14 …… 余 0   |              0                        0
2 | 7  …… 余 1   |
2 | 3  …… 余 1   |
2 | 1  …… 余 1  MSB
    0
```

即$(57)_{10}=(111001)_2$　　$(57)_{10}=(71)_8$　　$(57)_{10}=(39)_{16}$

3. 二进制数—八进制数—十六进制数互相转换

每一位八进制数正好对应3位二进制数,每一位十六进制数正好对应4位二进制数,所以二进制数转换成八进制数时,将整数部分向左分成3位一组,各组分别用对应的一位八进制数表示,即可得到所求的八进制数,最高位不足3位时,可用0补足,同理,二进制数到十六进制数的转换方法与此相同,只是整数部分向左按4位一组进行分组即可。

【例 4-5】 将$(10101011)_2$转换成八进制数和十六进制数。

解: 二进制数化成八进制数,按3位一组得

二进制　010 101 011

八进制　 2　 5　 3

即　$(10101011)_2=(253)_8$

二进制数化成十六进制数,按4位一组得

二进制　1010 1011

十六进制　A　 B

即　$(10101011)_2=(AB)_{16}$

反之,八进制数(十六进制数)转换成二进制数时,只要将每位八进制数(十六进制数)分别写成相应的3(4)位二进制数,按原来的顺序排列起来即可。

【例 4-6】 将$(726)_8$转换成二进制数。

解: 八进制　7　2　6

二进制　111　010　110

即　$(726)_8=(111010110)_2$

【例 4-7】 将$(9AE)_{16}$转换成二进制数。

解: 十六进制　9　A　E

二进制　1001　1010　1110

即　$(9AE)_{16}=(100110101110)_2$

几种进制数的对照表见表 4-1。

表 4-1　几种进制数的对照表

十进制	二进制	八进制	十六进制
0	0000	0	0
1	0001	1	1
2	0010	2	2
3	0011	3	3
4	0100	4	4
5	0101	5	5
6	0110	6	6
7	0111	7	7
8	1000	10	8
9	1001	11	9
10	1010	12	A
11	1011	13	B
12	1100	14	C
13	1101	15	D
14	1110	16	E
15	1111	17	F

知识点三　码制

码制是指用数字或字符进行的编码。常用的编码有多种,这里只介绍二—十进制编码。

二—十进制编码(又称 BCD 码),是指用四位二进制数表示一位十进制数的编码方法。由于十进制数有 0 ~ 9 十个数码,而四位二进制数码共有十六种不同的组合(状态),可以选取其中的任意十个组合代表 0 ~ 9 十个数码。因此,用四位二进制数码表示一位十进制数时,其编码方案有很多种。表 4-2 列出了常用的几种 BCD 码。

1. 8421BCD 码

8421BCD 码是一种最自然、最简单、使用最多的二—十进制编码。它的每一位有固定的权值,各位从左到右的权值分别为 $8(2^3)$、$4(2^2)$、$2(2^1)$、$1(2^0)$。8421 码的位权和普通四位二进制数的相应位权是一样的,不过,在 8421BCD 码中,不允许 1010、1011、1100、1101、1110、1111 六种组合的二进制码。

表 4-2　几种常用的 BCD 码

十进制数	8421 码	2421 码	5421 码	余 3 码	格雷码
0	0000	0000	0000	0011	0000
1	0001	0001	0001	0100	0001
2	0010	0010	0010	0101	0011

续上表

十进制数	8421码	2421码	5421码	余3码	格雷码
3	0011	0011	0011	0110	0010
4	0100	0100	0100	0111	0110
5	0101	1011	1000	1000	0111
6	0110	1100	1001	1001	0101
7	0111	1101	1010	1010	0100
8	1000	1110	1011	1011	1100
9	1001	1111	1100	1100	1101

用8421BCD码表示十进制数时，只要把十进制数的每一位数码分别用8421BCD码取代即可。反之，若要知道8421BCD码代表的十进制数，只要把8421BCD码以小数点为起点向左、向右每四位分一组，再写出每一组代码代表的十进制数，并保持原排序即可。

【例4-8】 $(95.7)_{10}=(10010101.0111)_{8421BCD}$

$(1000011001010100)_{8421BCD}=(8654)_{10}$

2. 2421BCD码

2421BCD码是有权码，各位从左到右的权值分别为2、4、2、1。

3. 5421BCD码

5421BCD码也是有权码，各位从左到右的权值分别为5、4、2、1。

4. 余3BCD码

余3BCD码是8421BCD码的每个码组加0011形成，余3BCD码的各位无固定的权，为无权码。

【例4-9】 $(95.7)_{10}=(10010101.0111)_{8421BCD}=(11001000.1010)_{余3BCD}$

5. 格雷码(Gray码)

格雷码的特点是任何相邻的两个代码之间(包括首、尾两个代码)只有一位不同，其余各位均相同，因而格雷码也叫循环码、反射码。格雷码属于无权码。格雷码所具有的特点可以降低其产生错误的概率，故常用于通信中。

在数字电路中，还有一些专门处理字母、标点符号、运算符号的二进制代码，如ASCII码、ISO码等。

第三节 逻辑门电路

知识点一 逻辑电路与逻辑函数

数字电路最基本的逻辑单元是逻辑门电路。所谓门电路就是一种开关电路。它可以有一个或多个输入端、一个输出端，输入与输出之间存在一定的逻辑关系，输入条件满足时输出结果，输入条件不满足时不输出结果。电路工作像一扇“门”一样，满足一定的逻辑条件“门打开”,否则“门关闭”,故称为逻辑门电路,也可以称为逻辑开关电路。

1. 逻辑变量

自然界中,许多现象都存在着对立的两种状态,为了描述这种相互对立的状态,往往采用仅有两个取值的变量来表示,这种二值变量就称为逻辑变量。例如,电平的高低、灯泡的亮灭、电动机转与不转等现象都可以用逻辑变量来表示。逻辑变量可以用大写字母如 A、B、C 等表示事件发生的条件,用 Y、L、F 等表示事件的结果。每个逻辑变量只有两个不同的取值,分别是逻辑 0 和逻辑 1,0 和 1 在这里不表示具体的数值,只表示事物相互对立的两种状态。将条件具备和事件发生用逻辑 1 表示、条件不具备和事件不发生用逻辑 0 表示。

2. 逻辑关系、逻辑代数及逻辑函数

所谓逻辑关系是指一定的因果关系,即条件和结果的关系。在数字电路中,用输入信号来反映条件、输出信号来反映结果,电路的输入与输出之间就建立起因果关系(逻辑关系)。

逻辑代数就是用于描述逻辑关系、反映逻辑变量运算规律的数学,它有一套完整的运算规则,包括公理、定理和定律,是分析、设计逻辑电路的数学工具和理论基础。逻辑代数是由英国科学家乔治・布尔(George・Boole)于 19 世纪中叶提出的,因而又称布尔代数。

逻辑函数的定义与普通代数中函数的定义类似。一般地,如果数字电路中的输入逻辑变量 A、B、C…的取值确定之后,输出逻辑变量 Y 的取值也就唯一确定了,那么,就称 Y 是 A、B、C…的逻辑函数。逻辑函数的一般表达式可写作

$$Y=F(A,B,C,\cdots) \tag{4-1}$$

逻辑函数运用逻辑代数的运算规则进行运算。在逻辑代数中,逻辑函数和逻辑变量一样,都只有逻辑 0、逻辑 1 两种取值,这与普通代数有明显的区别。

常用逻辑真值表、逻辑函数表达式、逻辑电路图来表示逻辑函数。

3. 正、负逻辑

在逻辑电路中,存在着正、负两种逻辑体制。用 1 表示高电平、用 0 表示低电平时,是正逻辑体制(简称正逻辑);用 0 表示高电平,用 1 表示低电平,是负逻辑体制(简称负逻辑)。同一电路只能采用一种逻辑体制。若无特别说明,本书中均采用正逻辑体制。

4. 高、低电平

高、低电平是人们在数字电路中用来描述电位高、低的习惯用词。实际的高电平和低电平通常是一个规定的电平范围。各类逻辑门电路的高电平下限值和低电平上限值不一定相同,实际应用时必须注意。如果高电平可在 2.4 ~ 5 V 之间波动、低电平可在 0 ~ 0.8 V 之间波动,则高电平的下限值为 2.4 V,低电平的上限值为 0.8 V。

知识点二　逻辑门电路基础

逻辑门电路分为基本逻辑门电路和复合逻辑门电路两类。

(一)基本逻辑门电路

在逻辑关系中,最基本的逻辑关系只有三种:“与”逻辑、“或”逻辑、“非”逻辑。实现这三种基本逻辑关系的门电路是与门、或门和非门。相应的基本逻辑运算为与运算、或运算、非运算三种。

1. 与门

(1)与逻辑。只有当决定某一种结果的所有条件都具备时,这个结果才能发生,这种逻辑关系称为与逻辑关系,简称与逻辑。如图4-3所示电路中,只有当两只开关都闭合时,灯泡才能亮,只要有一个开关断开,灯就灭。因此灯亮和开关闭合是与逻辑关系。

灯Y的状态与开关A、B的状态之间的逻辑关系见表4-3。我们将开关“闭合”用逻辑1表示、开关“断开”用逻辑0表示,灯“不亮”用逻辑0表示、灯“亮”用逻辑1表示,则表4-4为与逻辑的真值表。

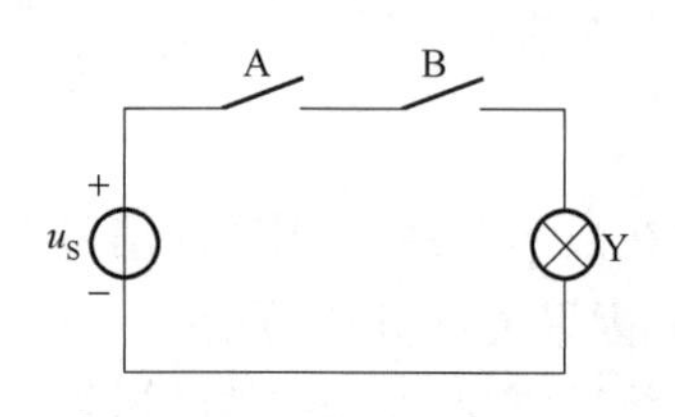

图4-3　与逻辑关系电路

表4-3　与逻辑关系表

A	B	Y
断开	断开	不亮
断开	闭合	不亮
闭合	断开	不亮
闭合	闭合	亮

表4-4　与逻辑真值表

A	*B*	*Y*
0	0	0
0	1	0
1	0	0
1	1	1

与逻辑关系用逻辑函数表达式表示为

$$Y=A\cdot B \quad \text{或} \quad Y=AB \tag{4-2}$$

读作Y等于A“与”B(或Y等于A乘B),与逻辑运算又称为“逻辑乘”。

由表4-4可归纳与逻辑功能为:“全1得1、见0得0”。

(2)二极管与门电路

实现与逻辑的电路称与门,二极管与门电路如图4-4所示,在二极管与门电路中A、B为输入端,Y为输出端。当A、B两输入端均为高电平(设高电平为3 V)时,两个二极管VD_1、VD_2导通,$u_o=3$ V(忽略二极管导通压降),Y也为高电平1,即“全1得1”;当A、B两输入端全为低电平,或有一个输入端为低电平(设低电平为0)时,与低电平连接的二极管就导通,$u_o=0$,Y就为低电平0,即“见0得0”。与门电路逻辑符号如图4-5所示。

对于多输入与门,其逻辑表达式为:$Y=A\cdot B\cdot C\cdot D\cdot\cdots$,逻辑符号如图4-6所示。

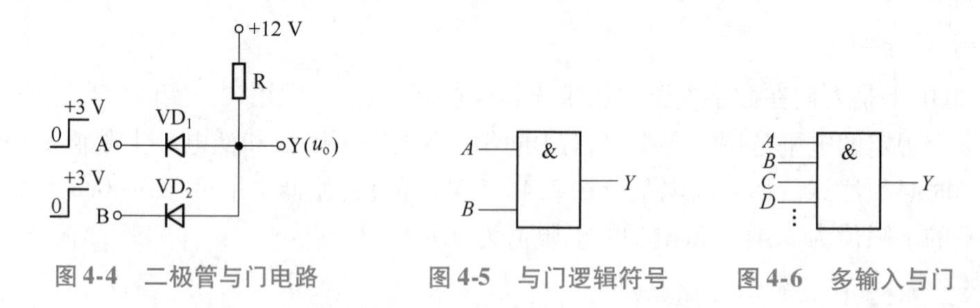

图4-4　二极管与门电路　　图4-5　与门逻辑符号　　图4-6　多输入与门

2. 或门

(1)或逻辑。当决定某一结果的几个条件中,只要有一个或一个以上的条件具备,结果就发生,这种逻辑关系称为或逻辑关系,简称或逻辑。

如图4-7所示电路中,只要两只开关中的任意一只闭合,灯泡就会亮。因此灯亮和开关闭合是或逻辑关系。

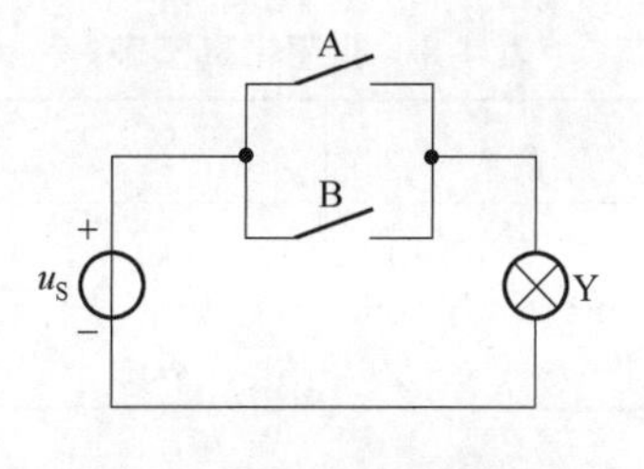

图 4-7　或逻辑关系电路

表 4-5　或逻辑关系表

A	B	Y
断开	断开	不亮
断开	闭合	亮
闭合	断开	亮
闭合	闭合	亮

表 4-6　或逻辑真值表

A	*B*	*Y*
0	0	0
0	1	1
1	0	1
1	1	1

灯 Y 的状态与开关 A、B 的状态之间的逻辑关系见表 4-5。我们将开关"闭合"用逻辑 1 表示、开关"断开"用逻辑 0 表示，灯"不亮"用逻辑 0 表示、灯"亮"用逻辑 1 表示，则表 4-6 为或逻辑的真值表。

或逻辑关系用逻辑函数表达式表示为

$$Y = A + B \tag{4-3}$$

读作 Y 等于 A"或"B（或 Y 等于 A 加 B），或逻辑运算又称为"逻辑加"。

由表 4-6 可归纳或逻辑功能为："全 0 得 0、见 1 得 1"。

（2）二极管或门电路

实现或逻辑的电路称或门，二极管或门电路如图 4-8 所示，在二极管或门电路中 A、B 为输入端，Y 为输出端。当 A、B 两输入端有一端为高电平（设为 3 V）时，与该端连接的二极管就导通，u_o = 3 V（忽略二极管导通压降），Y 也为高电平 1，即"见 1 得 1"；当 A、B 两输入端全为低电平（设为 0）时，两个二极管均能导通，u_o = 0，Y 就为低电平 0，即"全 0 得 0"。或门的逻辑符号如图 4-9 所示。

对于多输入或门，其逻辑表达式为：$Y = A + B + C + D + \cdots$逻辑符号如图 4-10 所示。

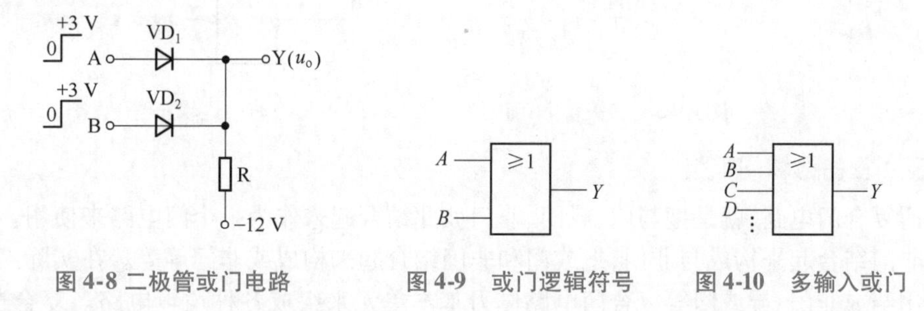

图 4-8 二极管或门电路　　图 4-9　或门逻辑符号　　图 4-10　多输入或门

3. 非门

（1）非逻辑。当某一条件具备时，这件事不发生；而条件不具备时，这件事却发生，这种因果关系称为非逻辑关系，简称非逻辑，或逻辑非。非即为否定。在非逻辑关系中，结果与条件总是相反。

如图 4-11 所示电路中，开关 A 闭合，灯 Y 就会灭；而开关 A 打开，灯 Y 就会亮。因此灯亮和开关闭合是非逻辑关系。

灯 Y 的状态与开关 A 的状态之间的逻辑关系见表 4-7。我们将开关"闭合"用逻辑 1 表示、开关"断开"用逻辑 0 表示，灯"不亮"用逻辑 0 表示、灯"亮"用逻辑 1 表示，则表 4-8 为非逻辑的真值表。

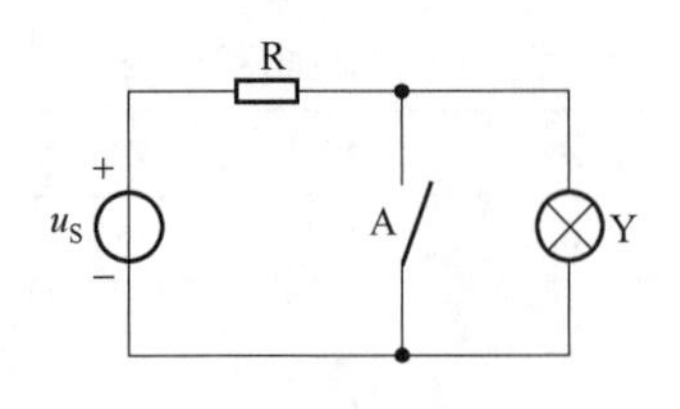

图 4-11　非逻辑关系电路

表 4-7　非逻辑关系表

A	Y
断开	亮
闭合	不亮

表 4-8　非逻辑真值表

A	Y
0	1
1	0

非逻辑关系用逻辑函数表达式表示为

$$Y=\overline{A} \tag{4-4}$$

读作 Y 等于 A“非”。式中,字母 A 上方的短划“ - ”表示非运算,又称对 A 取反。逻辑符号在输出端用小圆圈表示非运算。

由表 4-8 可归纳非逻辑功能为:“见 0 得 1、见 1 得 0”。

(2)三极管非门电路

实现非逻辑的电路称非门,三极管非门电路如图 4-12 所示,在三极管非门电路中,当输入端 A 为高电平(设为 5 V),三极管 VT 导通,输出端 Y 为低电平 0,即“见 1 得 0”;当输入端 A 为低电平,VT 截止,输出端 Y 为高电平,即“见 0 得 1”。因此电路具有“否定”的逻辑功能。

非门电路逻辑符号如图 4-13 所示。

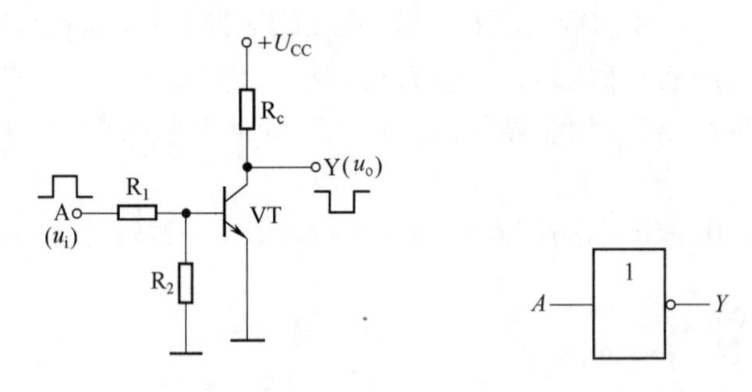

图 4-12　三极管非门电路　　图 4-13　非门逻辑符号

(二)复合逻辑门电路

所谓复合门电路,就是把与门、或门、非门彼此结合起来作为一个门电路来使用。比如,把与门和非门结合起来构成与非门,把或门和非门结合起来构成或非门等等。在实际工作中,还经常使用与或非门、异或门等复合门电路作为基本单元来组成各种逻辑电路。复合逻辑运算由相应的基本逻辑运算组合而成,如与非运算、或非运算、与或非运算、异或运算、同或运算等。

1. 与非门

与非门是与门和非门的复合。与非逻辑运算是与运算和非运算的复合,将输入变量先进行与运算,然后再进行非运算。二输入端与非门的逻辑函数表达式为

$$Y=\overline{AB} \tag{4-5}$$

与非逻辑功能是:“见 0 得 1,全 1 得 0”。与非门的逻辑符号如图 4-14(a)所示。与非逻辑真值表由学习者自行完成。

2. 或非门

或非门是或门和非门的复合。或非逻辑运算是或运算和非运算的复合,将输入变量先进

行或运算,然后再进行非运算。二输入端或非门的逻辑函数表达式为

$$Y=\overline{A+B} \tag{4-6}$$

或非逻辑功能是:"见 1 得 0,全 0 得 1"。或非门的逻辑符号如图 4-14(b)所示。或非逻辑真值表由学习者自行完成。

3. 与或非门

与或非门是与门、或门和非门的复合。与或非逻辑运算是与运算、或运算和非运算的复合。与或非门的逻辑符号如图 4-14(c)所示,先将输入变量 A、B 及 C、D 分别进行与运算,然后进行或运算,最后进行非运算。与或非门的逻辑函数表达式为

$$Y=\overline{AB+CD} \tag{4-7}$$

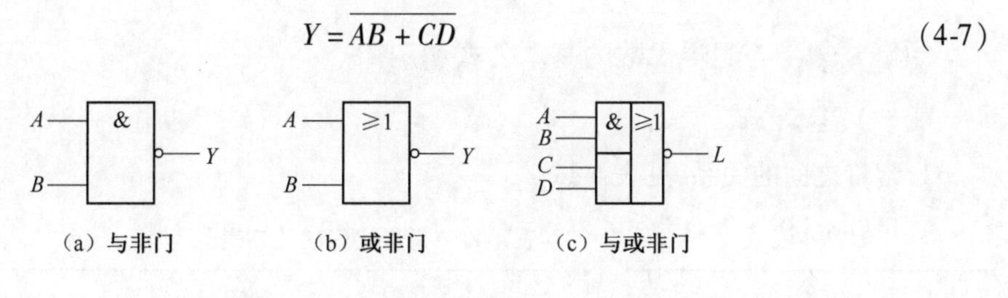

图 4-14　常用复合门逻辑符号

4. 异或门

异或门也是数字电路中常用一种逻辑门电路,它的逻辑符号如图 4-15 所示。异或逻辑运算符号是"⊕"。异或门的逻辑函数表达式为

$$Y=A\oplus B=\overline{A}B+A\overline{B} \tag{4-8}$$

异或逻辑功能是:"相同得 0,相异得 1"。

异或门常用来判断两个输入信号是否相同。其真值表见表 4-9。

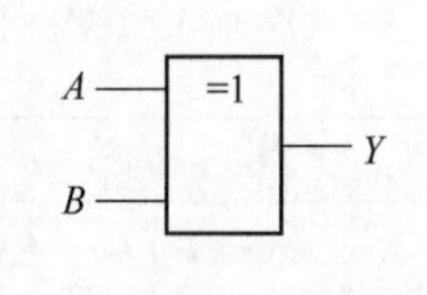

图 4-15　异或门逻辑符号

表 4-9　异或门真值表

A	B	Y
0	0	0
0	1	1
1	0	1
1	1	0

5. 同或门

同或门也称异或非门,它的逻辑符号如图 4-16 所示。同或逻辑运算符号是"⊙"。同或门的逻辑函数表达式为:

$$Y=\overline{A\oplus B}=\overline{\overline{A}B+A\overline{B}}=\overline{A}\,\overline{B}+AB \tag{4-9}$$

同或逻辑功能是:"相同得 1,相异得 0"。

同或门的真值表见表 4-10。

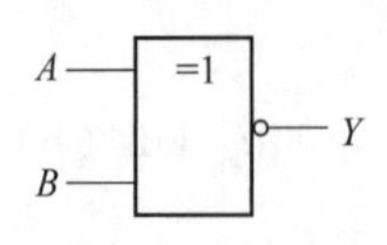

图 4-16　同或门逻辑符号

表 4-10　同或门真值表

A	B	Y
0	0	1
0	1	0
1	0	0
1	1	1

第四节　逻辑代数及逻辑函数的化简

知识点一　逻辑代数的基本公式和定律

（一）基本公式

1. 常量之间的关系，见表 4-11。

表 4-11　常量之间的关系表

$0+0=0$	$0+1=1$	$1+1=1$
$0\cdot0=0$	$0\cdot1=0$	$1\cdot1=1$
$\overline{0}=1$	$\overline{1}=0$	

2. 常量与变量之间的关系，见表 4-12。

表 4-12　常量与变量之间的关系表

$A+0=A$	$A\cdot1=A$
$A+1=1$	$A\cdot0=0$

（二）基本定律

1. 与普通代数相似的定律，见表 4-13。

表 4-13　基本定律

交换律	$A\cdot B=B\cdot A$	$A+B=B+A$
结合律	$A(BC)=(AB)C$	$A+(B+C)=(A+B)+C$
分配律	$A(B+C)=AB+AC$	$A+BC=(A+B)(A+C)$

2. 逻辑代数的一些特殊定律，见表 4-14。

表 4-14　特殊定律

重叠律	$A\cdot A=A$	$A+A=A$
互补律	$A+\overline{A}=1$	$A\cdot\overline{A}=0$
吸收律	$A+AB=A$	$A\cdot(A+B)=A$
非非律（还一律）	$\overline{\overline{A}}=A$	$\overline{\overline{A}}=A$
反演律（摩根定律）	$\overline{AB}=\overline{A}+\overline{B}$	$\overline{A+B}=\overline{A}\cdot\overline{B}$

（三）基本运算规则

1. 代入规则

在任何一个含有变量 A 的逻辑等式中，若用一个逻辑函数 Y 将等式两边的同一变量 A 都替代，则该等式仍然成立，这个规则称为代入规则。利用代入规则可以扩大公式的应用范围。

例如，在反演律 $\overline{AB}=\overline{A}+\overline{B}$ 中，用函数 $Y=AC$ 替代等式中的 A，则有

$$\overline{YB}=\overline{Y}+\overline{B}$$

即

$$\overline{(AC)B}=\overline{AC}+\overline{B}$$

$$\overline{ABC}=\overline{A}+\overline{B}+\overline{C}$$

可见，应用代入规则，可以将两变量的反演律推广到多变量。

2. 反演规则

求逻辑函数 Y 的反函数 $\overline{Y}$ 时，只要将逻辑函数 Y 中所有的“+”变成“·”，“·”变成“+”，“0”变成“1”，“1”变成“0”；“原变量”变成“反变量”，“反变量”变成“原变量”，那么所得到的表达式即为 Y 的反函数 $\overline{Y}$。这个规则称为反演规则。

在使用反演规则时要注意两点：

①必须保证原函数中运算优先顺序不变。

②不是一个变量上的“非号”应保留不变。

【例 4-10】　求 $Y=\overline{AB}+\overline{CD}+0+\overline{D+\overline{E}}$ 的反函数。

解：

$$\overline{Y}=AB\cdot\overline{CD}\cdot 1\cdot(D+\overline{E})=AB\cdot(\overline{C}+\overline{D})\cdot(D+\overline{E})$$

3. 对偶规则

对于任意一个逻辑函数 Y，若将其中所有的“+”变成“·”，“·”变成“+”，“0”变成“1”，“1”变成“0”，所得到的表达式即为原函数式 Y 的对偶函数 Y'，并称 Y' 为 Y 的对偶式。

【例 4-11】　求 $Y=A\,\overline{B}+A(C+1)$ 的对偶式 Y'。

解：

$$Y'=(A+\overline{B})\cdot(A+C\cdot 0)$$

注意：Y 的对偶式 Y' 和 Y 的反演式是不同的，在求 Y' 时不能将原变量和反变量互换。变换时仍要保持原式中运算先后顺序。

对偶定理：若两个逻辑函数相等，则它们的对偶式也相等。即：若 $F=G$，则 $F'=G'$；反之，若 $F'=G'$，则 $F=G$。

比如，分配律 $A(B+C)=AB+AC$。令 $F=A(B+C)$、$G=AB+AC$，则 $F'=A+BC$、$G'=(A+B)(A+C)$，$F'=G'$。

利用对偶定理，可以使要证明和记忆的公式数目减少一半。

（四）常用公式及其证明

逻辑代数常用公式及其证明见表 4-15。

表 4-15　常用公式及其证明

常用公式	证　明
$AB+A\overline{B}=A$	$AB+A\overline{B}=A(B+\overline{B})=A\cdot 1=A$
$A+AB=A$	$A+AB=A(1+B)=A\cdot 1=A$
$A+\overline{A}B=A+B$	$A+\overline{A}B=(AA+AB+A\overline{A})+\overline{A}B$ $=(A+\overline{A})(A+B)$ $=1\cdot(A+B)=A+B$
$AB+\overline{A}C+BC=AB+\overline{A}C$ 推论 $AB+\overline{A}C+BCDE\cdots=AB+\overline{A}C$	$AB+\overline{A}C+BC=AB+\overline{A}C+BC(A+\overline{A})$ $=AB+\overline{A}C+ABC+\overline{A}BC$ $=AB(1+C)+\overline{A}C(1+B)$ $=AB+\overline{A}C$

知识点二　逻辑函数的化简

（一）逻辑函数的表示方法

表示一个逻辑函数有多种方法，常用的有：真值表、逻辑函数表达式、逻辑图和卡诺图等。它们各有特点，又互相联系，还可以相互转换，现加以介绍。

1. 真值表

在前面介绍逻辑代数的基本运算时已多次用到真值表。真值表是将输入逻辑变量的所有可能取值与相应的输出函数值排列在一起而组成的表格。每一个输入变量都有 0 和 1 两种取值，n 个输入变量就有 2^n 个不同的取值组合。将输入变量的全部取值组合和对应的输出函数值全部列成表，即可得到真值表。

【例 4-12】　列出函数 $Y=AB+\overline{A}C$ 的真值表。

由函数式可知，该函数有 A、B、C 三个输入变量，共有八种取值组合，将它们一一代入函数式进行运算，求出相应的输出函数值，便可列出表 4-16 所示的真值表。

表 4-16　$Y=AB+\overline{A}C$ 的真值表

A	B	C	Y
0	0	0	0
0	0	1	1
0	1	0	0
0	1	1	1
1	0	0	0
1	0	1	0
1	1	0	1
1	1	1	1

【例 4-13】　三人表决电路。输入变量 A、B、C 代表表决者，同意为 1，不同意为 0；输出函数 Y 代表表决结果，1 代表通过，0 代表不通过。则当 A、B、C 中有两个或两个以上取值为 1 时，输出为 1；否则，输出为 0。

将输入变量 A、B、C 和输出函数 Y 之间的关系列成表，可得表 4-17 所示的真值表。

表 4-17　表决电路真值表

A	B	C	Y
0	0	0	0
0	0	1	0
0	1	0	0
0	1	1	1
1	0	0	0
1	0	1	1
1	1	0	1
1	1	1	1

任何一个逻辑函数的真值表是唯一的。用真值表表示逻辑函数的优点是直观、明了，可直接看出逻辑函数值和输入变量取值之间的关系。

在列真值表时，输入变量取值的组合一般按 n 位自然二进制数递增的方式列出（既不易遗漏，也不会重复）。

2. 逻辑函数表达式

按照对应的逻辑关系，把输出变量表示为输入变量的与、或、非三种运算的组合，称之为逻辑函数表达式（简称逻辑表达式）。

由真值表可以方便地写出逻辑表达式。方法为：

(1) 找出使输出为 1 的输入变量取值组合。

(2) 取值为 1 的用原变量表示，取值为 0 的用反变量表示，写成一个乘积项。

(3) 将乘积项相加即得逻辑函数表达式。

按照上述方法，由表 4-17 即可写出三人表决电路的逻辑函数表达式为

$$Y = \overline{A}BC + A\overline{B}C + AB\overline{C} + ABC$$

3. 逻辑图

用与、或、非等逻辑符号表示逻辑函数所画出的图形就称为逻辑电路图，简称逻辑图。例如 $Y = AB + \overline{A}C$ 的逻辑图如图 4-17 所示。

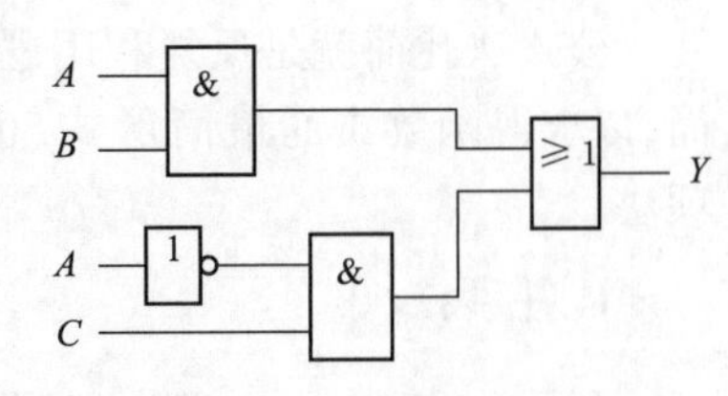

图 4-17　$Y = AB + \overline{A}C$ 的逻辑图

4. 卡诺图

卡诺图是逻辑函数的一种图形表示。如果将各种输入变量取值组合下的输出函数值填入一个特定的方格图内，即可得到逻辑函数的卡诺图。

（二）逻辑函数化简的意义及函数最简式

1. 逻辑函数化简的意义

通常分析实际逻辑问题经真值表得到的逻辑函数，设计出的逻辑电路图往往不是最简。如果在画逻辑图之前将逻辑函数进行化简，就可以得到最简逻辑电路图。这样，能节省器件，

减少连接线，提高电路设计的合理性、经济性和可靠性。

【例 4-14】 化简逻辑表达式 $Y=A+AB+A\overline{BC}+BC+\overline{B}C$

解：$Y=A+AB+A\overline{BC}+BC+\overline{B}C$

$=A(1+B+\overline{BC})+C(B+\overline{B})$

$=A+C$

可以看出，函数 Y 如果按原来的逻辑表达式画逻辑图并制作电路，则需要用一个非门、一个两输入端与非门、四个两输入端与门，一个五输入端或门。所用元器件较多，电路较复杂。但若按化简后的逻辑表达式画逻辑图并制作电路，则只需要一个两输入端或门。

由此可见，同一个逻辑函数可以写成不同形式的逻辑表达式，逻辑表达式越简单，它所表示的逻辑关系越明显，由逻辑表达式画出的逻辑图就越简单，也有利于用最少的电子器件实现这个逻辑函数。

2. 逻辑函数的最简形式

一个逻辑函数的真值表是唯一的，实现的逻辑功能也是唯一的，但其函数表达式可以有许多种。

例如：$Y=AB+\overline{A}C$　　与—或表达式

$Y=\overline{\overline{AB}\cdot\overline{\overline{A}C}}$　　与非—与非表达式

$=\overline{(\overline{A}+\overline{B})\cdot(A+\overline{C})}$　　或—与非表达式

$=\overline{\overline{A}+\overline{B}}+\overline{A+\overline{C}}$　　或非—或表达式

可见，形式最简洁的是与或表达式，也是最常用的形式。逻辑函数的化简目标是将逻辑表达式化简为最简与或表达式。所谓最简与或表达式是指乘积项的项数（门电路）最少，且每个乘积项中的变量数（连接线）也最少。最简与或表达式的含义为：与项（乘积项）的个数最少同时每个与项中的变量最少。

（三）公式法化简

公式法化简就是反复利用逻辑代数的基本定律、常用公式和运算规则对逻辑函数进行化简，以求得函数式的最简形式，也称为代数法化简。常用的有并项法、吸收法、消去法和配项法。

1. 并项法

利用公式 $A+\overline{A}=1$ 消去变量。

【例 4-15】 化简函数　$Y=ABC+AB\overline{C}$

解：　$Y=ABC+AB\overline{C}=AB(C+\overline{C})=AB$

2. 吸收法

利用公式 $A+AB=A$ 消去多余项。

【例 4-16】 化简函数　$Y=\overline{A}\,\overline{B}+\overline{A}\,\overline{B}\,\overline{C}D$

解：　$Y=\overline{A}\,\overline{B}+\overline{A}\,\overline{B}\,\overline{C}D=\overline{A}\,\overline{B}(1+\overline{C}D)=\overline{A}\,\overline{B}$

3. 消去法

利用公式 $A+\overline{A}B=A+B$ 消去多余项。

【例 4-17】 化简函数 $Y=AB+\overline{A}C+\overline{B}C$

解：

$$Y=AB+\overline{A}C+\overline{B}C=AB+(\overline{A}+\overline{B})C$$
$$=AB+\overline{AB}C=AB+C$$

4. 配项法

将某项乘以 $A+\overline{A}$，然后拆成两项，再与其他项合并化简。

【例 4-18】 化简函数 $Y=A\overline{B}+B\overline{C}+\overline{B}C+\overline{A}B$

解：

$$Y=A\overline{B}+B\overline{C}+\overline{B}C+\overline{A}B=A\overline{B}+B\overline{C}+(\overline{A}+A)\overline{B}C+\overline{A}B(\overline{C}+C)$$
$$=\underline{A\overline{B}}+\underline{\underline{B\overline{C}}}+\overline{A}\,\overline{B}C+\underline{A\overline{B}C}+\underline{\underline{\overline{A}B\overline{C}}}+\overline{A}BC$$
$$=A\overline{B}(1+C)+B\overline{C}(1+\overline{A})+\overline{A}C(\overline{B}+B)=A\overline{B}+B\overline{C}+\overline{A}C$$

采用公式法化简，没有固定的步骤可循，依赖于我们对公式掌握、运用的熟练程度，且不易判断化简结果是否最简。

（四）卡诺图化简法

卡诺图化简法是一种比较简便、直观的图形化简法。利用卡诺图化简能直观地看出最终化简结果是否最简。卡诺图的基本组成单元是最小项，所以我们先熟悉最小项及最小项表达式。

1. 最小项

1）最小项的定义及性质

最小项是一个输入变量的乘积项（"与项"），它包含了逻辑函数的全部输入变量，而且每个输入变量都只能以原变量或反变量的形式作为一个因子出现一次。

例如，A、B、C 三输入变量逻辑函数，有 8 个乘积项 $\overline{A}\,\overline{B}\,\overline{C}$、$\overline{A}\,\overline{B}C$、$\overline{A}B\overline{C}$、$ABC$、$A\overline{B}\,\overline{C}$、$A\overline{B}C$、$AB\overline{C}$、$ABC$ 都符合最小项定义，即每个乘积项都有三个变量，每个变量都以原变量或反变量的形式仅出现一次，因此，这 8 个乘积项是三变量 A、B、C 的 8 个最小项。n 个变量有 2^n 个最小项。表 4-18 是三变量最小项的真值表。

表 4-18　三变量最小项的真值表

ABC	$\overline{A}\,\overline{B}\,\overline{C}$	$\overline{A}\,\overline{B}C$	$\overline{A}B\overline{C}$	$\overline{A}BC$	$A\overline{B}\,\overline{C}$	$A\overline{B}C$	$AB\overline{C}$	ABC
000	1	0	0	0	0	0	0	0
001	0	1	0	0	0	0	0	0
010	0	0	1	0	0	0	0	0
011	0	0	0	1	0	0	0	0
100	0	0	0	0	1	0	0	0
101	0	0	0	0	0	1	0	0
110	0	0	0	0	0	0	1	0
111	0	0	0	0	0	0	0	1

由表4-18可分析出最小项具有以下性质：

(1)对任意一个最小项，只有一组变量取值使它为1，其他取值均为0。因此每个最小项仅对应一组变量取值。

(2)任意两个最小项之积恒为0。

(3)全体最小项之和恒为1。

2)最小项编号

为了使用方便，常给最小项进行编号。编号的方法是：将最小项中的原变量记为1、反变量记为0，然后把该最小项所对应的那一组变量取值的二进制数转成相应的十进制数，就是该最小项的编号。例如，在三变量A、B、C的8个最小项中，$\overline{A}\,\overline{B}\,\overline{C}$对应的变量取值的二进制数为000，其十进制数为0，因此，$\overline{A}\,\overline{B}\,\overline{C}$最小项的编号为$m_0$。表4-19是三变量最小项的编号。

表4-19　三变量最小项的编号

A B C	对应十进制数N	最小项名称	编号m_i
0 0 0	0	$\overline{A}\,\overline{B}\,\overline{C}$	m_0
0 0 1	1	$\overline{A}\,\overline{B}\,C$	m_1
0 1 0	2	$\overline{A}\,B\,\overline{C}$	m_2
0 1 1	3	$\overline{A}\,B\,C$	m_3
1 0 0	4	$A\,\overline{B}\,\overline{C}$	m_4
1 0 1	5	$A\,\overline{B}\,C$	m_5
1 1 0	6	$A\,B\,\overline{C}$	m_6
1 1 1	7	$A\,B\,C$	m_7

3)逻辑函数的最小项表达式

任何一个逻辑函数都可以表示为最小项之和的形式，即标准与或表达式。而且这种形式是唯一的，即一个逻辑函数只有一种最小项表达式。

【例4-19】 表4-20是某逻辑函数的真值表，试写出该函数的最小项表达式。

解：将函数$Y=1$的变量取值所对应的各最小项进行求和，就能得到最小项表达式。由表4-20，逻辑函数的最小项表达式为

$$\begin{aligned}Y &= \overline{A}BC + A\overline{B}C + AB\overline{C} + ABC\\ &= m_3 + m_5 + m_6 + m_7\\ &= \sum m(3,5,6,7)\end{aligned}$$

表4-20　某逻辑函数真值表

A	B	C	Y
0	0	0	0
0	0	1	0
0	1	0	0
0	1	1	1
1	0	0	0
1	0	1	1
1	1	0	1
1	1	1	1

可见，由真值表转换成的函数表达式就是最小项表达式。

【例4-20】 将$Y=AB+\overline{B}C$展开成最小项表达式。

解：

$$\begin{aligned}Y &= AB+\overline{B}C = AB(\overline{C}+C)+(\overline{A}+A)\overline{B}C\\ &= AB\,\overline{C}+ABC+\overline{A}\,\overline{B}C+A\overline{B}C\end{aligned}$$

又可表示为　$Y(A,B,C) = m_1 + m_3 + m_6 + m_7 = \sum m(1,3,6,7)$

2. 逻辑函数的卡诺图

卡诺图也称为最小项方格图，它将最小项按逻辑"相邻"规则排列成方格图阵列。n变量的逻辑函数有2^n个最小项，故n变量的卡诺图有2^n个小方块，每个小方块代表一个最小项。

所谓逻辑相邻性，是指两个相邻小方格内所代表的最小项仅有一个变量不同，且互为反变量，而其余变量均相同。

1）卡诺图的画法

画卡诺图时，变量标注在卡诺图的左上角，然后将所有逻辑变量分成行变量和列变量，行变量和列变量的取值决定对应小方格的编号，即最小项的编号。为了使相邻的最小项具有逻辑相邻性，变量的取值按格雷码排列，例如两变量应以 00→01→11→10 的顺序排列。于是，卡诺图相邻小方格的左右、上下、最左与最右、最上与最下及四个角都具有逻辑上的相邻性。二变量、三变量、四变量卡诺图如图 4-18 所示。

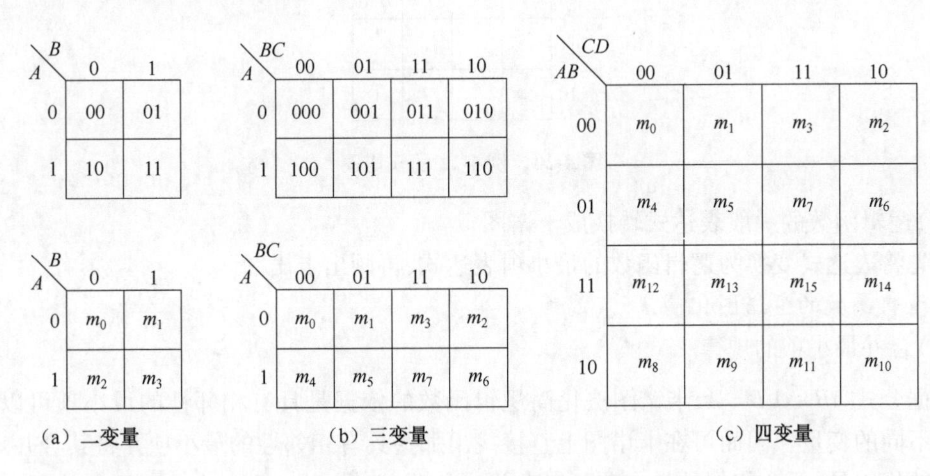

图 4-18　二、三、四变量卡诺图

2）用卡诺图表示逻辑函数

既然任何一个逻辑函数都能表示成最小项表达式，而各最小项与卡诺图中的各小方格相对应，所以可以用卡诺图来表示逻辑函数。

（1）真值表转换成卡诺图

首先根据变量个数画出卡诺图，然后将真值表中 $Y=1$ 对应的最小项在卡诺图相应的小方块中填写 1，称为“置 1”。其余的小方块中为 $Y=0$，不用填。

【例 4-21】　已知函数的真值表见表 4-21，试画出表示该函数的卡诺图。

解：由表 4-21 可见，Y 为三变量的函数，故画出三变量的卡诺图，将真值表中 $Y=1$ 对应的最小项在卡诺图相应的小方块中填 1，得 Y 的卡诺图如图 4-19 所示。

表 4-21　函数真值表

A	B	C	Y
0	0	0	1
0	0	1	0
0	1	0	0
0	1	1	1
1	0	0	0
1	0	1	1
1	1	0	0
1	1	1	1

A \ BC	00	01	11	10
0	1		1	
1		1	1	

图 4-19　例 4-21 的卡诺图

（2）逻辑函数的最小项表达式转换成卡诺图

【例 4-22】 画出函数 $Y(A、B、C、D) = \sum m(0,2,3,5,8,10,15)$ 的卡诺图。

解： 由 Y 的表达式可见，Y 为四变量的函数，故画出四变量的卡诺图，将表达式中所有的最小项在卡诺图相应的小方块中填入 1，得函数的卡诺图如图 4-20 所示。

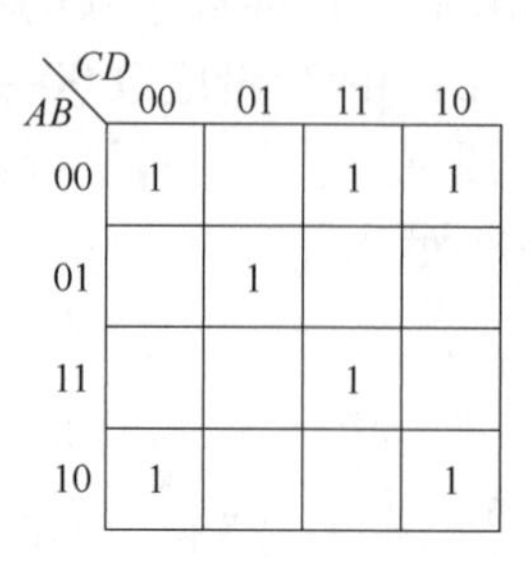

图 4-20 例 4-22 的卡诺图

（3）逻辑函数的一般表达式转换成卡诺图

可先将表达式变换为逻辑函数的最小项表达式，再画出卡诺图。

3）逻辑函数的卡诺图化简法

（1）合并最小项的规律

根据公式 $AB + A\overline{B} = A$，卡诺图法化简逻辑函数的依据是具有相邻性的最小项可以合并，并消去不同的变量。因而可在卡诺图上直接找出那些具有相邻性的最小项并将其合并。合并最小项的规律是：两个相邻的最小项可以合并成一项，消去一个变量，如图 4-21（a）所示；四个相邻的最小项可以合并成一项，消去二个变量，如图 4-21（b）所示；八个相邻的最小项可以合并成一项，消去三个变量如图 4-21（c）；2^n 个相邻的最小项可以合并成一项，消去 n 个变量。

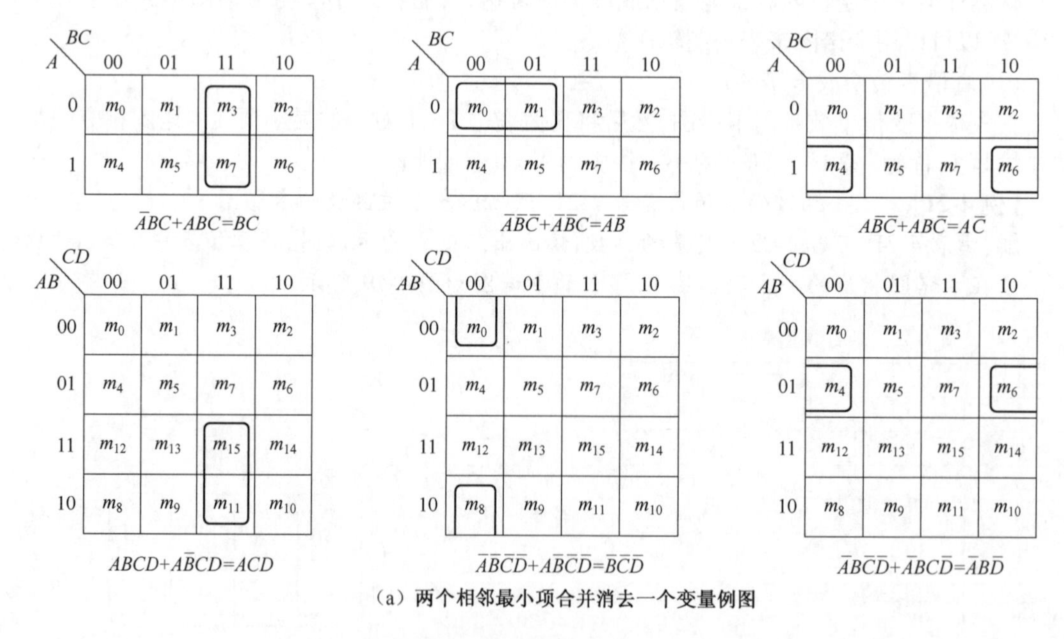

（a）两个相邻最小项合并消去一个变量例图

图 4-21

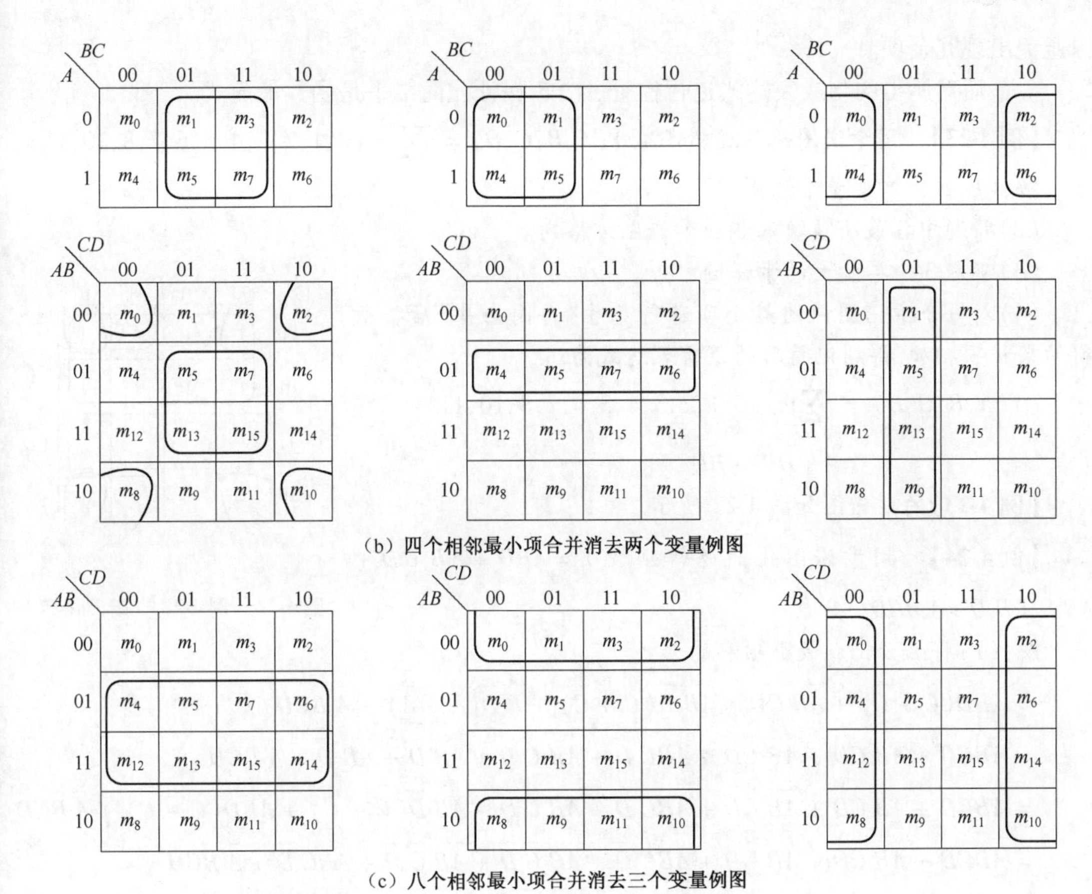

（b）四个相邻最小项合并消去两个变量例图

（c）八个相邻最小项合并消去三个变量例图

图 4-21　卡诺图合并最小项的规律例图

(2)卡诺图化简逻辑函数的步骤

用卡诺图化简逻辑函数，一般按以下四个步骤进行：

①根据逻辑变量数画出卡诺图（n 个变量，画 2^n 个方格）。

②在对应的方格内置“1”。

③将相邻为 1 的方格圈起来（称为卡诺圈）。

④将各个卡诺圈内的最小项进行变量“存同去异”，再将所得的乘积项相加（相“或”），可得到化简后的逻辑表达式。

每一个卡诺圈可简化成一个与项，能否正确画出卡诺圈是卡诺图化简法的关键。一般画卡诺圈的规则是：

a. 每个卡诺圈包含的小方格要尽量多，即卡诺圈尽量大。

所圈的小方格越多，消去的变量越多，由卡诺圈得到的余项所含变量越少，对应的输入端数就越少。但每个卡诺圈包含的小方格必须是 2^n 个。

b. 卡诺圈的个数要最少。

卡诺圈的个数少，所得的乘积项就少，则所用的器件也少。但所有的最小项（即填“1”的方格）都必须圈到，不能遗漏。

c. 每个取值为 1 的小方格可以重复圈多次，但每个卡诺圈中至少应有一个“新”的“1”格，以避免出现冗余项。

d. 最后对所得的与或表达式进行检查、比较,保证化简结果是函数最简式。

【例 4-23】 用卡诺图化简逻辑函数 $Y(A、B、C、D) = \sum m(0,1,2,3,4,5,6,7,8,10,11)$。

解:(1)画出四变量卡诺图。

(2)将题中各最小项填入相应卡诺图方格内。

(3)确定 3 个尽量大的卡诺圈。

(4)对每个卡诺圈内的最小项进行变量“存同去异”后将所得的乘积项相加,得到化简后的逻辑表达式为

$$Y(A、B、C、D) = \sum m(0,1,2,3,4,5,6,7,8,10,11)$$
$$= \overline{A} + \overline{B}\,\overline{D} + \overline{B}C$$

【例 4-23】的卡诺图如图 4-22 所示。

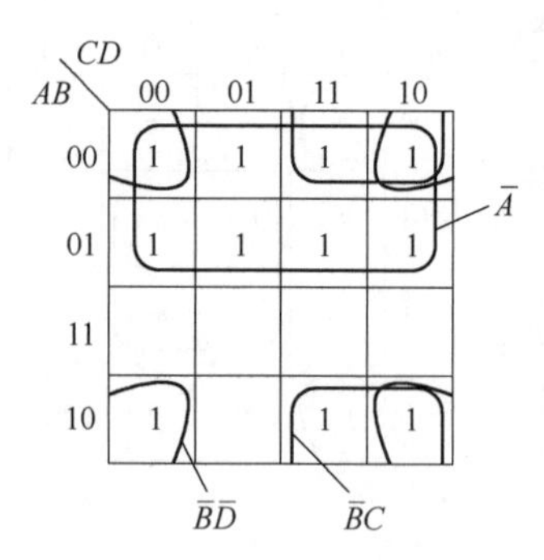

图 4-22 例 4-23 卡诺图化简

【例 4-24】 用卡诺图化简逻辑函数 $Y = ABD + \overline{A}B\,\overline{C}D + AB\,\overline{D} + B\,\overline{D} + \overline{A}\,\overline{B}CD$

解:(1)将函数化成最小项和的形式。

$$Y = ABD(C+\overline{C}) + \overline{A}B\,\overline{C}D + AB\,\overline{D}(C+\overline{C}) + B\,\overline{D}(A+\overline{A}) + \overline{A}\,\overline{B}CD$$
$$= ABCD + AB\,\overline{C}D + \overline{A}B\,\overline{C}D + ABC\,\overline{D} + AB\,\overline{C}\,\overline{D} + AB\,\overline{D} + \overline{A}B\,\overline{D} + \overline{A}\,\overline{B}CD$$
$$= ABCD + AB\,\overline{C}D + \overline{A}B\,\overline{C}D + ABC\,\overline{D} + AB\,\overline{C}\,\overline{D} + AB\,\overline{D}(C+\overline{C}) + \overline{A}B\overline{D}(C+\overline{C}) + \overline{A}\,\overline{B}CD$$
$$= ABCD + AB\,\overline{C}D + \overline{A}B\,\overline{C}D + ABC\,\overline{D} + AB\,\overline{C}\,\overline{D} + \overline{A}B\,\overline{C}\,\overline{D} + \overline{A}BC\,\overline{D} + \overline{A}\,\overline{B}CD$$
$$= m_{15} + m_{13} + m_5 + m_{14} + m_{12} + m_4 + m_6 + m_3$$
$$= \sum m(3,4,5,6,12,13,14,15)$$

(2)将题中各最小项填入相应卡诺图方格内。

(3)确定 3 个尽量大的卡诺圈。

(4)对每个卡诺圈内的最小项进行变量“存同去异”后将所得的乘积项相加,得到化简后的逻辑表达式为

$$Y(A、B、C、D) = \overline{A}\,\overline{B}CD + AB + B\,\overline{C} + B\,\overline{D}$$

【例 4-24】的卡诺图如图 4-23 所示。

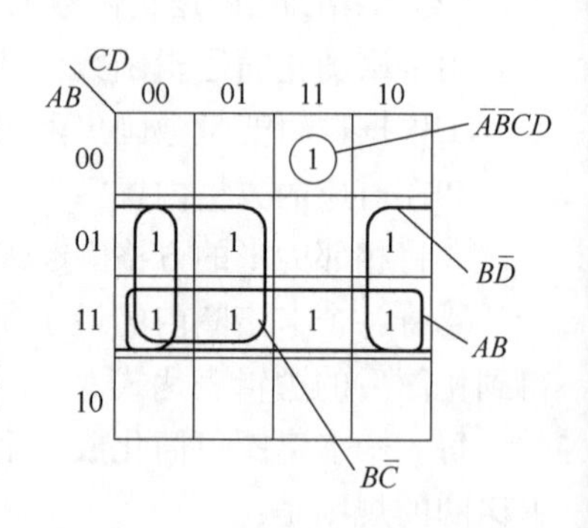

图 4-23 例 4-24 卡诺图化简

卡诺图化简也可以通过置“0”并圈 0 法,得到的逻辑函数最简式即为函数 Y 的反函数 $\overline{Y}$,再运用逻辑代数的基本公式和定律将 $\overline{Y}$ 变换成 Y。

※4)具有无关项的逻辑函数的化简

(1)逻辑函数中的无关项

在某些实际问题的逻辑关系中,会遇到输入变量的取值组合要受到限制,那么这些被约束的最小项就称为约束项,则约束项恒等于 0。有时我们还会遇到在输入变量的某些取值组合下输出函数值是 1 还是 0 都可以,或者这些输入变量的取值组合根本不会出现,这些最小项称为任意项。

约束项和任意项统称无关项，对逻辑函数式不起作用。

(2)具有无关项的逻辑函数的化简

对具有无关项的逻辑函数，可以利用无关项进行化简，会使化简更简单。无关项在卡诺图中用“×”表示，在化简中既可将它们看作0、也可将它们看作1，因为约束项并不影响函数本身。在标准与或表达式中无关项用 $\sum d(\quad)$ 表示。

【例4-25】 设 $ABCD$ 是十进制数 N 的四位二进制编码，当 $N \geqslant 5$ 时输出 Y 为1，求 Y 的最简式。

解：(1)列出真值表

由题意，$ABCD$ 是十进制数 N 的四位二进制编码，当 $ABCD$ 取值为0000～0100时，$Y=0$；当 $ABCD$ 取值为0101～1001时，$Y=1$；1010～1111这六种状态在 $ABCD$ 四位二进制编码中是不会出现的，其对应的最小项为无关项，输出用×表示。真值表见表4-22。

(2)由真值表4-22画卡诺图，画圈合并相邻最小项化简如图4-24所示。

利用无关项化简结果为：$Y=A+BD+BC$

可见，充分利用无关项化简后得到的结果要简单得多。注意：在卡诺圈内被利用的无关项取值自动为1，而卡诺圈外的无关项取值自动为0。

表4-22　例4-25真值表

N	A	B	C	D	Y
0	0	0	0	0	0
1	0	0	0	1	0
2	0	0	1	0	0
3	0	0	1	1	0
4	0	1	0	0	0
5	0	1	0	1	1
6	0	1	1	0	1
7	0	1	1	1	1
8	1	0	0	0	1
9	1	0	0	1	1
/	1	0	1	0	×
/	1	0	1	1	×
/	1	1	0	0	×
/	1	1	0	1	×
/	1	1	1	0	×
/	1	1	1	1	×

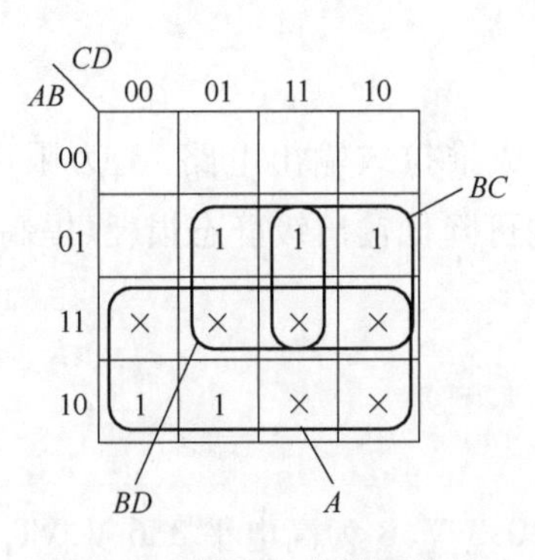

图4-24　例4-25卡诺图化简

第五节　集成逻辑门的识别与检测

前面我们介绍的基本门电路和复合门电路都是分立元件门电路，由二极管、三极管、电阻等元件及连接线组成，存在体积大、功耗大、可靠性差的问题。如果把构成门电路所用的这些分立元件、连接线等都制作在一块半导体芯片上，再封装起来，便构成了集成门电路。随着集成电路制造工艺的飞速发展，门电路已经全部集成化，并在数字电路中得到了广泛使用。目前，使用最多的是 TTL 集成门电路和 CMOS 电路集成门。

知识点一　TTL 集成逻辑门电路

TTL 门电路以双极型晶体管（BJT）为开关元件，电路的输入端和输出端结构都是半导体三极管，故称为三极管—三极管逻辑门电路，简称 TTL 电路。TTL 电路与分立元件门电路相比，具有体积小、功耗低、可靠性高、速度快等优点。

（一）TTL 与非门电路

TTL 与非门是 TTL 电路的基本形式。其电路结构如图 4-25 所示，由输入级、中间倒相级和输出级三部分组成。

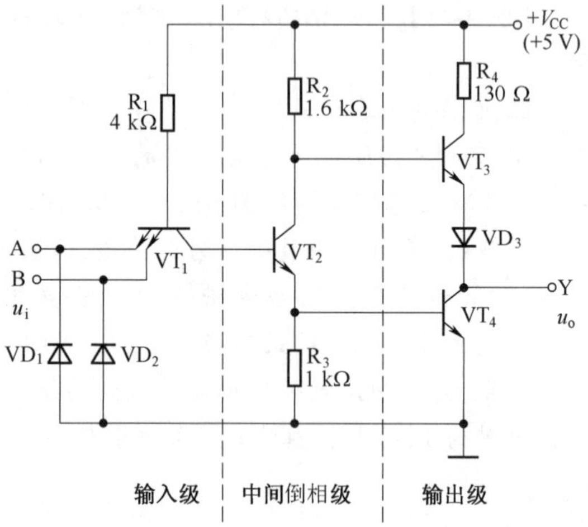

图 4-25　TTL 与非门电路

1. 输入级

输入级由电阻 R_1、二极管 VD_1 和 VD_2、多发射极半导体三极管 VT_1 组成。VD_1、VD_2 为输入端钳位二极管，在输入端出现负极性干扰时将输入端 A、B 的电位钳制在 −0.7 V，以避免 VT_1 发射极被过大电流烧坏；而当输入端信号为正时，VD_1 和 VD_2 都截止，不起作用。

2. 中间倒相级

中间倒相级由 R_2、VT_2、和 R_3 组成，它的作用是通过 VT_2 的发射极和集电极输出相位相反的两路电压信号，其中发射极输出信号与基极同相，集电极输出信号与基极反相，此过程称为倒相。倒相级影响门电路的工作速度。

3. 输出级

输出级由 VT_3、VT_4、R_4 和 VD_3 组成。VT_3 和 VT_4 组成推拉式输出电路，R_4 为限流电阻，VD_3 能保证 VT_3 导通时 VT_4 可靠截止。推拉式输出结构可降低输出级静态损耗、提高带负载能力。

（二）工作原理

1. 输入有低电平

当输入端有一个为低电平时，设输入端 A 为低电平 0.3 V、B 为高电平 3.6 V，VT_1 与 A 端相接的发射结先正向导通，并将 VT_1 的基极电位钳位在 $V_{B1}=u_A+U_{BE1}=0.3\ V+0.7\ V=1\ V$，三极管 VT_2、VT_4 均截止。同时 VT_2 截止使 V_{C2} 接近 $+V_{CC}$，使 VT_3 导通，输出电压为

$$u_o=V_{CC}-U_{BE3}-U_{VD3}=5-0.7-0.7=3.6(V)$$

输出为高电平。通常将 VT_4 截止电路输出高电平，称为 TTL 与非门的关门状态，或称截止状态。

2. 输入全为高电平

当输入端全为高电平时，设输入端 A、B 均为高电平 3.6 V，VT_1 两个发射结同时正向导通，VT_1 的基极电位 $V_{B1}=u_i+U_{BE1}=3.6\ V+0.7\ V=4.3\ V$，则 VT_1 的集电极电位 $V_{C1}=V_{B1}-U_{BC1}=$

4.3 V－0.7 V＝3.6 V，三极管 VT_2、VT_4 均饱和导通。一旦 VT_2、VT_4 导通，VT_1 的基极电位反过来被钳位在 $V_{B1}=U_{BC1}+V_{B2}=0.7\ V+U_{BE2}+U_{BE4}=0.7\ V+1.4\ V=2.1\ V$，$VT_1$ 的发射结截止，VT_1 处于倒置放大工作。由于 VT_2 饱和导通，其集电极电压为

$$V_{C2}=U_{BE4}+U_{CES2}=0.7+0.3=1(V)$$

这个电位不能使 VT_3 和 VD_3 导通，因此 VT_3 和 VD_3 截止。VT_2 饱和导通给 VT_4 送入足够大的基极电流，VT_4 也饱和导通，输出为低电平。

$$u_o=U_{CES4}=0.3(V)$$

通常将 VT_4 饱和导通电路输出低电平，称为 TTL 与非门的开门状态，或称导通状态。

可见，该 TTL 电路的输入与输出之间为与非逻辑关系，即 $Y=\overline{AB}$。

（三）TTL 与非门的电压传输特性

TTL 与非门的电压传输特性，是指在空载的条件下，其他输入端接高电平时，某一输入端的输入电压 u_i 与输出电压 u_o 之间的关系曲线，即 $u_i=f(u_o)$。图 4-26（a）和（b）分别为 TTL 与非门电压传输特性的测试电路和电压传输特性曲线。

AB 段（截止区）：$u_i \leqslant 0.6\ V$，$u_o \approx 3.6\ V$。

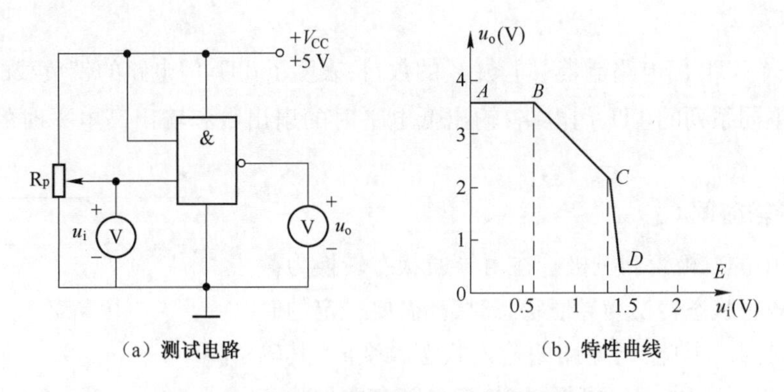

（a）测试电路　　（b）特性曲线

图 4-26　TTL 与非门电压传输特性

BC 段（线性区）：当 $0.6\ V<u_i \leqslant 1.3\ V$ 时，随着 u_i 增加，u_o 呈线性下降，VT_4 仍不能导通。

CD 段（转折区）：当 $1.3\ V<u_i<1.4\ V$ 时，u_o 迅速下降到低电平。

DE 段（饱和区）：$u_i>1.4\ V$ 以后，$u_o=0.3\ V$。

（四）TTL 门电路的主要参数

TTL 门电路种类很多，它们的内部电路、外部特性、参数和典型的 TTL 与非门类似，只是逻辑功能不同。门电路的参数是合理使用门电路的重要依据，在使用中若超出了参数规定的范围，就会引起逻辑功能混乱，甚至损坏集成块。

1. 输出高电平 U_{OH}

U_{OH} 是门电路在正常工作条件下，输出的高电平数值。74 系列门电路的 $U_{OH} \geqslant 2.4\ V$，典型值为 3.6 V。

2. 输出低电平 U_{OL}

U_{OL} 是门电路在正常工作条件下，输出的低电平数值。74 系列门电路的 $U_{OL} \leqslant 0.4\ V$，典型

值为0.3 V。

3. 阈值电压 U_{TH}

TTL门电路输出高、低电平转折点所对应的 u_i 值称为阈值电压 U_{TH}，又称门槛电压。U_{TH} 是门电路输入端高低电平的分界线。当 $u_i < U_{TH}$ 时，输入端相当于低电平；当 $u_i > U_{TH}$ 时，输入端相当于低电平。

4. 开门电平 U_{ON}

U_{ON} 是指电路在带有额定负载情况下，输出电平达到低电平的上限值即标准低电平 U_{SL} 时，所允许的最小输入电平值。U_{ON} 不便于准确测量，用输入高电平最小值"U_{IHmin}"代替。当 $u_i > U_{IHmin}$ 时，输入相当于高电平，输出低电平。通常 $U_{ON} = 2$ V。

5. 关门电平 U_{OFF}

U_{OFF} 是指电路在空载情况下，输出电压达到高电平的下限值即标准高电平 U_{SH} 时，所允许的最大输入电平值。U_{OFF} 也不便于准确测量，用输入低电平最大值"U_{ILmax}"代替。当 $u_i < U_{ILmax}$ 时，输入相当于低电平，输出高电平。通常 $U_{OFF} = 0.8$ V。

6. 扇出系数 N_o

N_o 是指一个TTL门电路能带"同类门"的数目，表明了TTL门电路的带负载的能力。通常 $N_o \geq 8$。对于不同系列的TTL门电路，输出低电平时的扇出数和输出高电平时的扇出数会有不同。

7. 平均传输时间 t_{pd}

TTL电路中的二极管和三极管在由导通状态转换为截止状态，或由截止状态转换为导通状态时，都需要一定的时间，称为开关时间。因此，门电路的输入状态改变时，其输出状态的改变也要滞后一段时间。t_{pd} 是指电路在两种状态间相互转换时所需时间的平均值，表征门电路的开关速度，如图4-27所示。

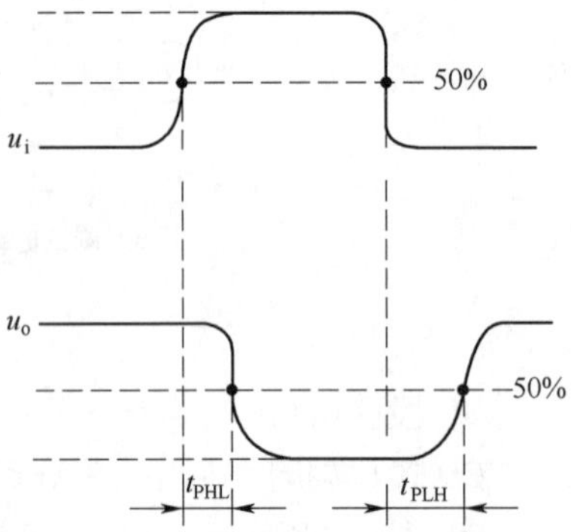

$$t_{pd} = (t_{pLH} + t_{pHL})/2 \tag{4-10}$$

式中 t_{pHL}——输出波形从高电平转换到低电平的延迟时间；

t_{pLH}——输出波形从低电平转换到高电平的延迟时间。

图4-27 TTL反相器的平均延迟时间

TTL门电路的开关速度比较高，通常在3～30 ns。

（五）常用TTL门电路

1. 几种常用的TTL集成门电路

集成电路74LS00为2输入端四与非门，74LS08为2输入端四与门，74LS32为2输入端四或门，74LS86为2输入端四异或门，74LS27为3输入端三或非门，74LS04为六非门。它们的管脚排列如图4-28所示。

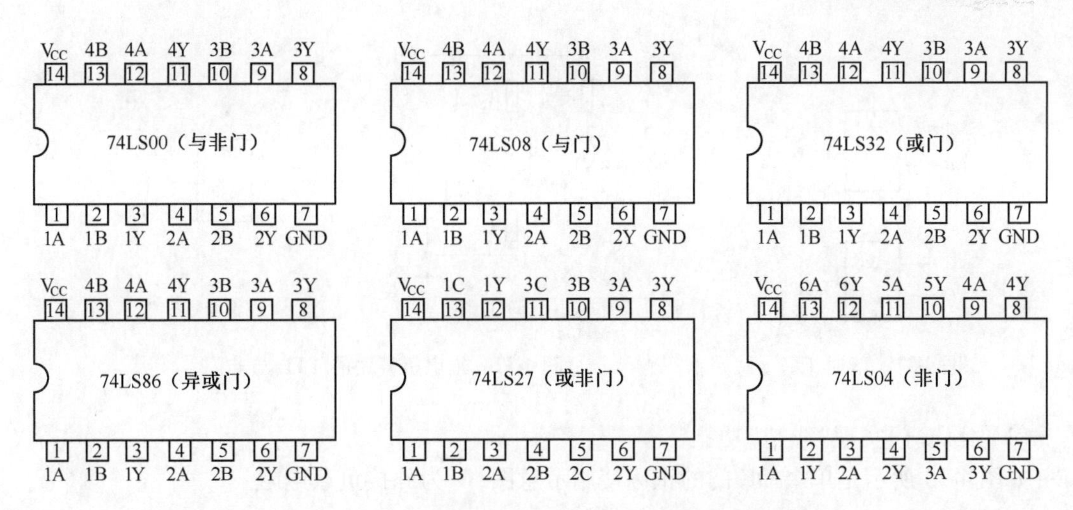

图 4-28　几种常用的 TTL 集成门电路管脚排列图

2. 多输入与非门

集成电路 74LS10 为 3 输入端三与非门，其管脚排列如图 4-29 所示，逻辑表达式为：$Y=\overline{ABC}$。集成电路 74LS20 为 4 输入端二与非门，其管脚排列如图 4-30 所示（NC 表示空脚），逻辑表达式为：$Y=\overline{ABCD}$。

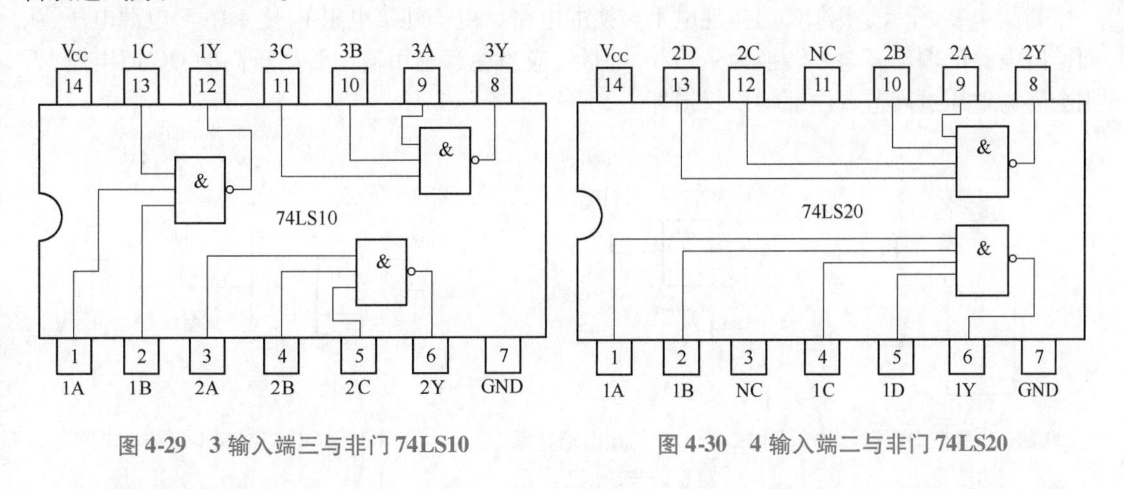

图 4-29　3 输入端三与非门 74LS10　　**图 4-30　4 输入端二与非门 74LS20**

3. 集电极开路输出门（OC 门）

普通 TTL 门电路在使用时有两个方面的局限：一是两个普通 TTL 门电路的输出端不能直接相连，否则，可能会损坏门电路，以与非门为例，如图 4-31 所示；二是普通 TTL 门电路的电源电压是固定 5 V，因此输出高电平也是固定的，典型值 3.6 V，当需要不同输出高电平时则无法满足。集电极开路门（OC 门）就是为克服以上局限性而设计的一种 TTL 门电路，OC 门的输出级半导体三极管集电极是开路的。图 4-32（a）所示电路是集电极开路的 TTL 与非门电路，图 4-32（b）所示逻辑符号中的“◇”表示集电极开路。

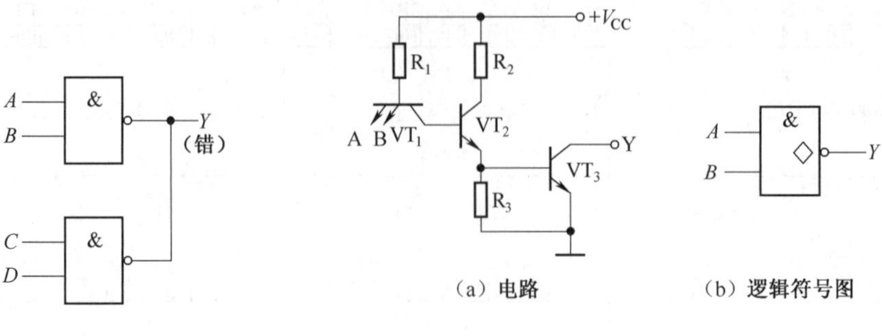

图 4-31　普通 TTL 门　　　　图 4-32　集电极开路的 TTL 与非门

(1)用 OC 门实现"线与"功能

如图 4-33 所示是单个 OC 门的正确使用示意图，R_L为外接负载电阻。

两个集电极开路的与非门并联使用电路如图 4-34 所示。可见，$Y_1=\overline{AB}$，$Y_2=\overline{CD}$，Y_1和 Y_2并联后，只要选择好外接负载电阻 R_L，Y_1和 Y_2中有一个是低电平，Y 就是低电平；Y_1和 Y_2都为高电平时，Y 才是高电平。可见 $Y=Y_1Y_2$，Y 和 Y_1、Y_2之间的连接方式称为"线与"。显然有

$$Y=Y_1\cdot Y_2=\overline{AB}\cdot\overline{CD}=\overline{AB+CD}$$

即，将两个 OC 门结构的与非门输出端并联(线与)，可以实现与或非逻辑功能。

(2)用 OC 门实现电平转换功能

如图 4-35 所示是用 OC 门实现电平转换的电路。由于外接电阻 R_L接 +15 V 电源电压，从而使门电路的输出高电平转换为 +15 V。但是，应当注意选用输出管耐压高的 OC 门电路，否则会因为电压过高造成内部输出管损坏。

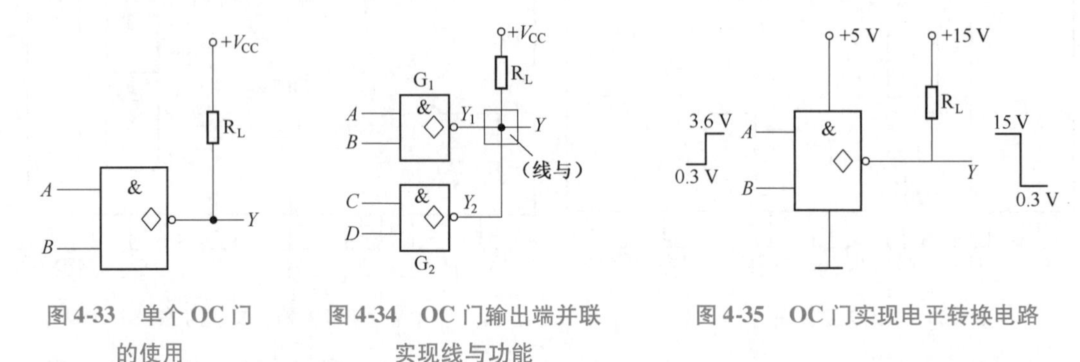

图 4-33　单个 OC 门的使用　　图 4-34　OC 门输出端并联实现线与功能　　图 4-35　OC 门实现电平转换电路

(3)三态输出门电路(TS 门)

TS 门也是常用的一种特殊门电路。TS 门有三种输出状态，即输出高电平、输出低电平和高阻状态，故称三态输出门电路。三态输出与非门的电路结构如图 4-36(a)所示，当控制端 $\overline{EN}=0$ 时，$Y=\overline{AB}$，电路正常工作；当$\overline{EN}=1$ 时，输出端呈现高阻状态(VT_3 和 VT_4 均截止)。逻辑符号如图 4-36(b)所示。图中符号"▽"表示输出为三态。因为当控制端$\overline{EN}=0$ 时，电路输出与非功能，所以称控制端低电平有效，故在$\overline{EN}$端加"。"表示。

反之，如果控制端 EN =1 时，$Y=\overline{AB}$；当 EN =0 时，输出端呈现高阻状态，则称为控制端高电平有效。逻辑符号如图 4-36(c)所示。

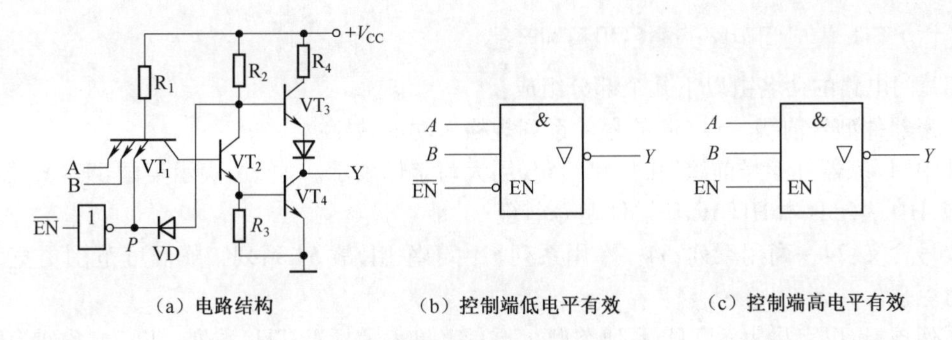

（a）电路结构 （b）控制端低电平有效 （c）控制端高电平有效

图 4-36 三态输出门电路

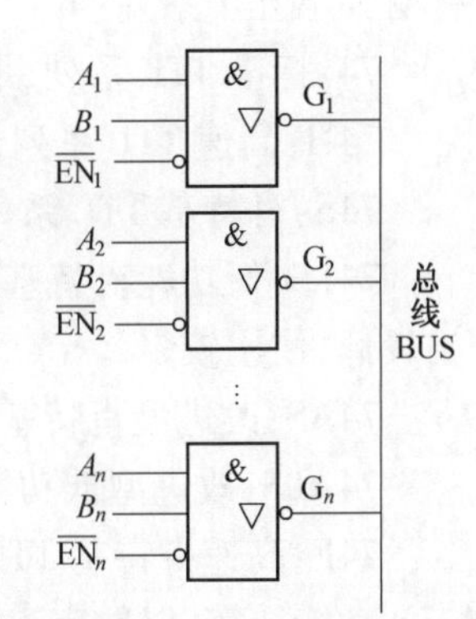

图 4-37 多路信息传送

三态门的主要用途是实现总线的数据传输，如图 4-37 所示。其中，$G_1 \sim G_n$ 均为控制端低电平有效的三态输出与非门。只要保证各门的控制端 EN 轮流为低电平，且在任何时刻只有一个门的控制端为低电平，就可以将各门的输出信号互不干扰地轮流送到数据总线上传输。

（六）TTL 集成门电路的使用注意事项

1. 电源电压

TTL 门电路电源电压 $V_{CC} = 5 \times (1 \pm 5\%)$ V，过大会损坏器件，过小会使电路不能正常工作。

2. 普通 TTL 门电路输出端不能并联

TTL 门电路（OC 门、TS 门除外）的输出端不允许并联使用，也不允许直接与 +5 V 电源或地相连。否则，会引起电路的逻辑混乱并损坏器件。

3. 严禁带电操作

在电源接通时，不允许拔、插集成电路，否则电流的冲击会造成器件的永久性损坏。

4. 多余输入端的处理

TTL 门电路多余输入端一般不悬空，可按下述方法处理：

（1）与其他输入端并联使用，如图 4-38（a）所示。

（2）将不用的输入端按照电路功能要求接电源或接地。比如将与门、与非门的多余输入端接电源，将或门、或非门的多余输入端接地，如图 4-38（b）所示。

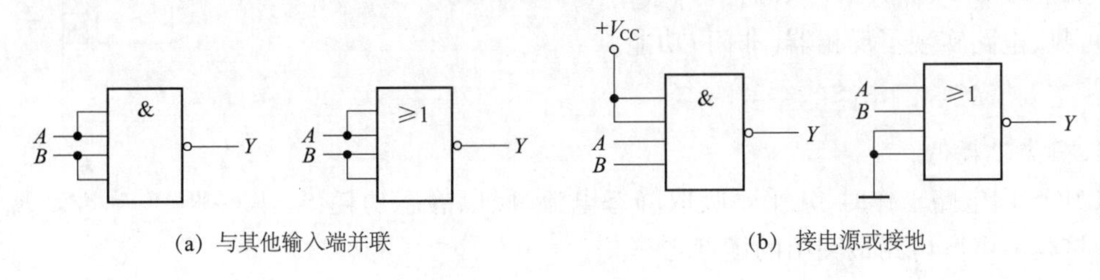

(a) 与其他输入端并联 (b) 接电源或接地

图 4-38 多余输入端的处理

（七）TTL 集成门电路的命名和系列产品

TTL 门电路的命名由以下几个部分组成：

厂家器件型号前缀 + 74/54 族号 + 系列规格 + 功能数字

其中“厂家器件型号前缀”由厂家给定，用大写字母表示。如 SN 表示美国 TEXAS 器件型号前缀，HD 表示日本 HITACHI 器件型号前缀。

族号含义：74—商用系列；54—军用系列。由于军用，故 54 系列工作温度范围更宽，抗干扰能力更强。

系列规格：以字母表示 TTL 系列类型。不写字母表示标准 TTL 系列。以 74 系列为例，具体有如下几个系列：

74：标准 TTL 系列，最早产品，中速器件。

74H：高速 TTL 系列，速度比标准 74 系列高，但功耗大，目前已使用不多。

74S：肖特基 TTL 系列，比标准 74 系列速度高，但功耗大。

74LS：低功耗肖特基 TTL 系列，比标准 74 系列速度高，功耗只有其 1/5。生产厂家多，价格较低，使用较多。

74AS：改进型肖特基 TTL 系列，比 74S 系列速度高一倍，功耗相同。

74ALS：改进型低功耗肖特基 TTL 系列，比 74LS 系列的功耗低、速度快。

74F：高速肖特基 TTL 系列。

功能数字：以数字表示电路的逻辑功能。最后几位的数字相同，逻辑功能也相同。

例如，型号 SN74LS00、HD74ALS00、SN74S00、HD7400 的逻辑功能均相同，都是四－2 输入端与非门。但在电路的工作速度及功耗方面存在明显差别，生产厂家也不同。

知识点二 CMOS 集成逻辑门电路

目前，在数字逻辑电路中，以单极型 MOS 管作开关元件的门电路得到了大量使用。与 TTL 电路比较，MOS 电路虽然工作速度较低，但具有集成度高、功耗低、工艺简单等优点，在大规模集成电路领域内应用极为广泛。在 MOS 电路中，应用最广泛的是 CMOS 电路。

（一）CMOS 门电路的结构

CMOS 门电路是由 NMOS 增强型场效应管和 PMOS 增强型场效应管构成的一种互补对称结构电路。CMOS 反相器电路如图 4-39 所示。

当 $u_i = U_{IL} = 0$ 时，VT_N 截止，VT_P 导通，$u_o = U_{OH} \approx V_{DD}$。

当 $u_i = U_{IH} = V_{DD}$ 时，VT_N 导通，VT_P 截止，$u_o = U_{OL} \approx 0$。

可见，电路实现了反相器（非门）功能。

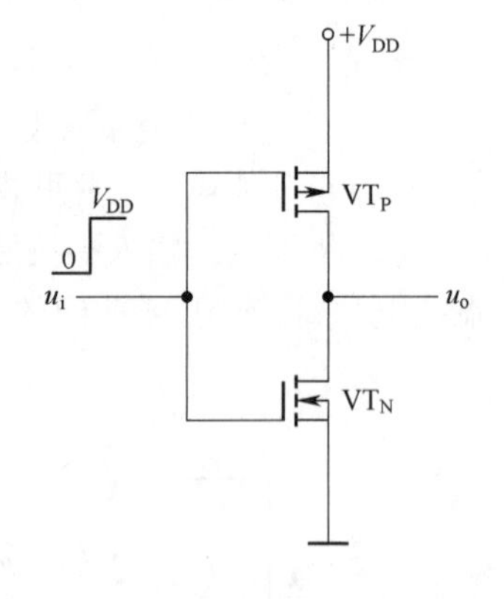

图 4-39 CMOS 反相器

（二）CMOS 门电路的主要特点

1. 静态功耗低

CMOS 门电路工作时，几乎不吸取静态电流，所以静态功耗极低，这是 CMOS 电路最突出的优点之一。

2. 电源电压范围宽

CMOS 门电路的工作电源电压范围很宽，从 3 ~ 18 V 均可正常工作。与严格限制 5 V 电源电压的 TTL 门电路相比使用方便,便于和其他电路接口。

3. 抗干扰能力强

输出高、低电平的差值大(逻辑摆幅大)。因此 CMOS 电路具有较强的抗干扰能力,工作稳定性好。

4. 输入阻抗高,负载能力强,CMOS 电路可以带 50 个同类门以上。

5. 制造工艺简单,集成度高,易于实现大规模集成电路。

6. 工作速度比 74LS 系列低,这是 CMOS 门电路的缺点。

CMOS 门电路和 TTL 门电路虽然电路结构不同,但是在实现同一种逻辑关系时,逻辑功能是相同的。当 CMOS 门电路的电源电压 $V_{DD} = +5$ V 时,它可以与低功耗的 TTL 电路直接兼容。

(三) CMOS 门电路的使用注意事项

1. 防静电

由于 CMOS 电路的输入阻抗高,极易产生感应较高的静电电压,从而击穿 MOS 管栅极极薄的绝缘层,造成器件的永久损坏。为避免静电损坏,应注意以下几点:

(1)存储和运输 CMOS 电路,最好采用金属屏蔽层做包装材料。

(2)所有与 CMOS 电路直接接触的工具、仪表等必须可靠接地。

2. 多余的输入端不允许悬空

输入端悬空极易产生较高的静电感应电压,造成器件的永久损坏。对多余的输入端,可以按功能要求,与门、与非门的多余输入端接电源;或门、或非门的多余输入端接地。

3. 普通 CMOS 输出端不允许并联使用

CMOS 门电路(OD 门、CMOS 三态门除外)的输出端不允许并联使用,也不允许直接与电源 V_{DD} 或地相连。否则,会导致器件损坏。

4. 电源接通时不允许插、拔集成电路

CMOS 门电路的管脚符号 V_{DD} 为电源正极,V_{SS} 接地,不允许反接,在安装电路、插拔电路元件时,必须切断电源,严禁带电操作。

5. 焊接

为了避免由于静电感应而损坏电路,测试仪器和电烙铁要可靠接地。焊接时电烙铁不要带电,用余热焊接。焊接时间不得超过 5 s。

(四) CMOS 系列型号及命名方法

常用的 CMOS 集成电路主要有 4××× 和 74HC 两个系列。

1. 4×××CMOS 系列集成门电路

该 CMOS 系列集成门电路型号命名方式如下:

器件型号前缀 + 器件系列 + 器件功能 + 性能。

其中“器件型号前缀”用大写字母表示。如 CC 表示中国制造的 CMOS 器件,CD 表示美国无线电公司的 CMOS 器件。

器件系列有40××、45××、140××、145××几种，表示系列型号。

器件功能用阿拉伯数字表示器件功能。

性能用大写字母表示器件的工作温度范围。

如CC4025M，其型号意义为：中国制造CMOS器件、40系列、三—3输入或非门、温度范围 -55 ℃ ~ +125 ℃。

2. 74HC CMOS系列集成门电路

74/54HC、74/54HCT系列集成门电路是高速CMOS系列集成电路，具有74LS系列产品的工作速度和CMOS固有的低功耗及电源电压范围宽的特点。74HCT与74LS完全兼容，即最后几位功能数字相同，逻辑功能也相同，外部引脚排列也完全相同。

实作

实作一 常用集成门电路的测试

（一）实作目的

1. 掌握数字电路实训装置的结构与使用方法。
2. 验证常用集成门电路的逻辑功能。
3. 了解74系列集成门电路的管脚排列方法。

（二）实作器材

实作器材见表4-23。

表4-23　实作器材

器材名称	规格型号	电路符号	数量
数字实验箱	TPE-D2	—	1
数字万用表	VC890C+	—	1
导线	—	—	若干
集成门电路器件	74LS08、74LS32、74LS04、74LS00、74LS86、74LS00、CD4001、74LS125	G	各1

（三）实作前预习

数字电路实验箱是数字电路最常用的实验装置，由于其使用灵活方便、无须焊接、不易损坏元器件、器件更换便捷等优势，在电子电路的组装、调试训练中得到了广泛的应用。数字电路实验箱主要由直流稳压电源、信号源、发光二极管（数码管）显示器件、数字逻辑开关及面包板等部分组成。

1. 元件与集成电路的安装

（1）在安装分立元件时，应便于看到其极性和标志，将元件引脚理直后，在需要的地方折弯。为了防止裸露的引线短路，必须使用带套管的导线，不要剪断元件引脚，以便重复使用。一般不要插入引脚直径大于0.8 mm的元件，以免破坏插座内部簧片的弹性。

(2)在安装集成电路时,所有集成块的方向要一致,缺口朝左,便于正确布线和查线。集成块在插入与拔出时要受力均匀,以免造成引脚弯曲或断裂。

2. 正确合理布线

为了避免或减少故障,电路布局和布线必须合理而且美观。

(1)根据信号流程的顺序,采用边安装边调试的方法进行布线。元件安装好了后,先连接电源线和地线。为了查线方便,连线应尽量采用不同颜色。例如,正电源一般选用红色绝缘皮导线,负电源用蓝色绝缘皮导线,地线用黑色绝缘皮导线,信号线用黄色绝缘皮导线,也可根据条件选用其他颜色。

(2)裸线不宜露在外面,以防止与其他导线短路。

(3)必须使连线在集成电路周围通过,不允许将连线跨接在集成电路上,也不得使导线互相重叠在一起,尽量做到横平竖直,这样有利于查线、更换元件及连线。

(4)所有的地线必须连接在一起,形成一个公共参考点。

3. 三态门的高阻状态又称为悬空、悬浮状态。电路在此输出状态时,测其输出电阻为"∞",故称为高阻状态;测其输出电流为0,测其输出电压为0,但不是接地,所以称为悬空、悬浮状态。

(四)实训内容与步骤

1. 与门电路功能测试

74LS08 是四—2 输入与门电路,其引脚排列如图 4-40(a)所示。将其按正确的方法插入面包板中,输入端接逻辑电平开关,输出端接逻辑电平指示。14 脚接 +5 V 电源,7 脚接地,接线方法如图 4-40(b)所示,LED 电平指示灯亮为 1,灯不亮为 0,将逻辑电平和输出电压值记录在表 4-24 中。判断是否满足逻辑关系:$Y = AB$。

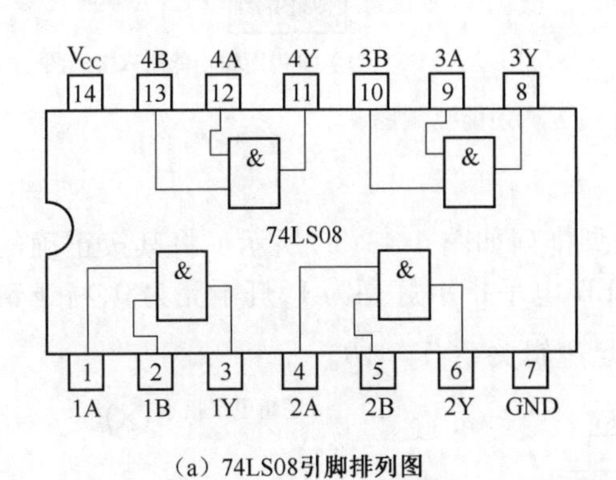

(a) 74LS08引脚排列图

逻辑电平指示
+5 V
14
74LS08
&
1 2 3
7
逻辑开关

(b) 与门逻辑功能测试接线图

图 4-40 与门逻辑功能测试图

2. 或门电路功能测试

74LS32 是四—2 输入或门电路,其引脚排列如图 4-41(a)所示。将其按正确的方法插入面包板中,接线方法如图 4-41(b)所示,LED 电平指示灯亮为 1,灯不亮为 0,将逻辑电平和输出电压值记录在表 4-24 中。判断是否满足逻辑关系:$Y = A + B$。

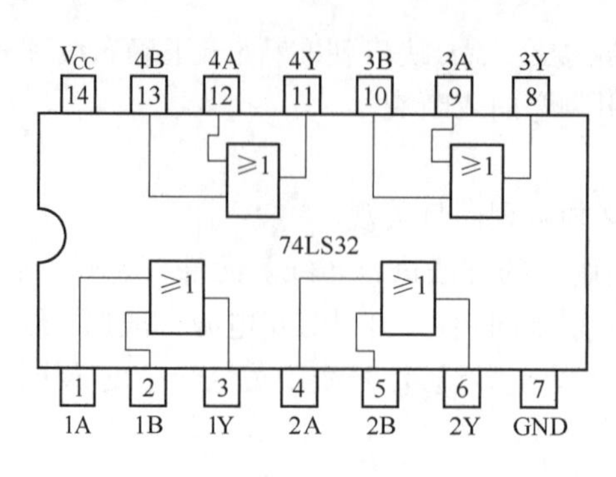

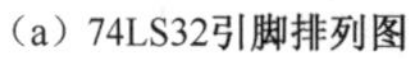
（a）74LS32引脚排列图

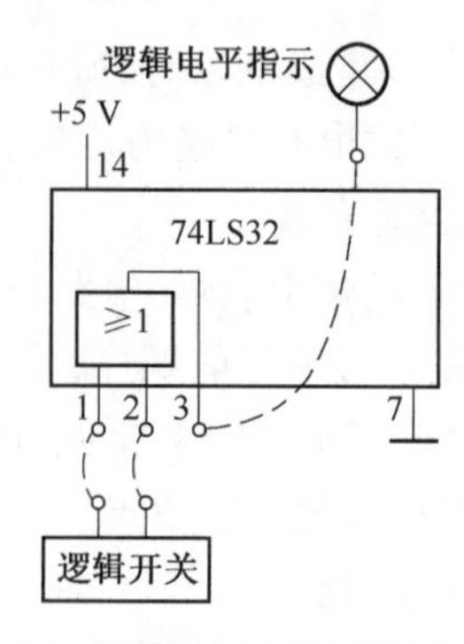

（b）或门逻辑功能测试接线图

图 4-41　或门逻辑功能测试图

3. 非门电路功能测试

74LS04 是六反相器，其引脚排列如图 4-42（a）所示。将其按正确的方法插入面包板中，接线方法如图 4-42（b）所示，LED 电平指示灯亮为 1，灯不亮为 0，将逻辑电平和输出电压值记录在表 4-25 中。判断是否满足逻辑关系：$Y=\overline{A}$。

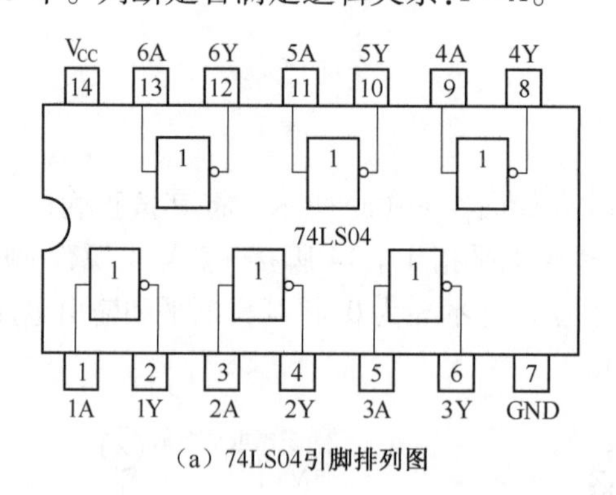

（a）74LS04引脚排列图

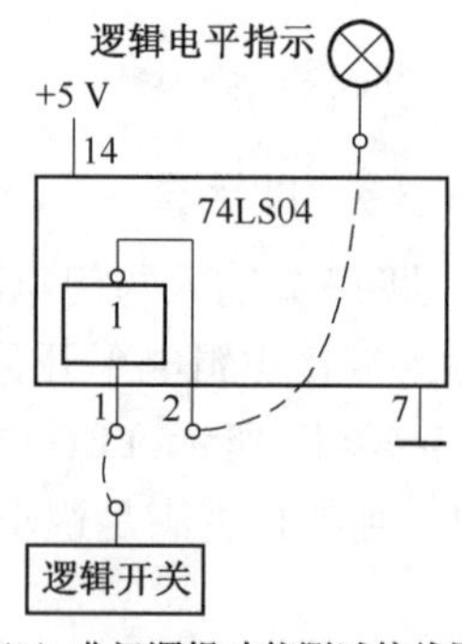

（b）非门逻辑功能测试接线图

图 4-42　非门逻辑功能测试图

4. 与非门电路功能测试

74LS00 是四—2 输入与非门电路，其引脚排列如图 4-43（a）所示。将其按正确的方法插入面包板中，接线方法如图 4-43（b）所示，LED 电平指示灯亮为 1，灯不亮为 0，将逻辑电平和输出电压值记录在表 4-24 中。判断是否满足逻辑关系：$Y=\overline{AB}$。

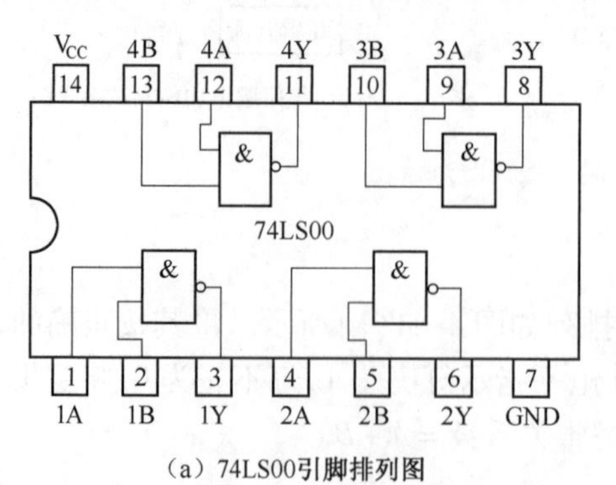

（a）74LS00引脚排列图

（b）与非门逻辑功能测试接线图

图 4-43　与非门逻辑功能测试图

5. 异或门电路功能测试

74LS86 是四—2 输入异或门电路，其引脚排列如图 4-44(a)所示。将其按正确的方法插入面包板中，接线方法如图 4-44(b)所示，LED 电平指示灯亮为 1，灯不亮为 0，将逻辑电平和输出电压值记录在表 4-24 中。判断是否满足逻辑关系：$Y=A\oplus B$。

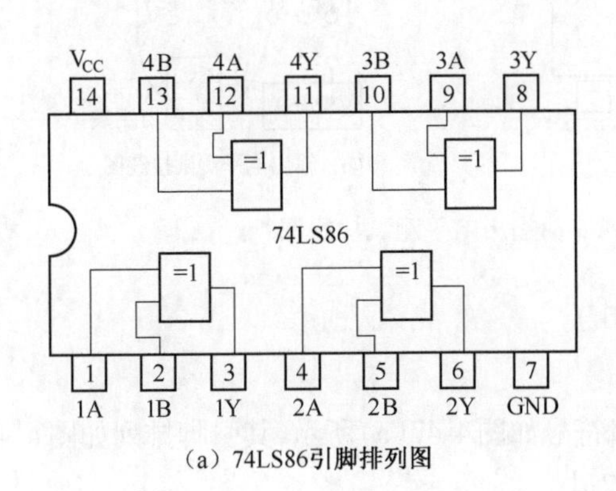

(a) 74LS86引脚排列图

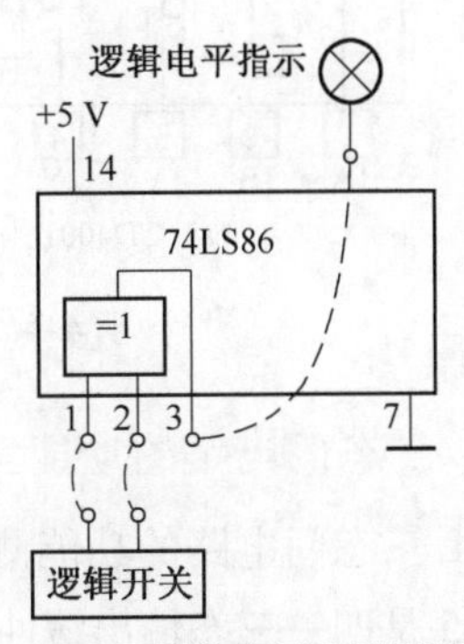

(b) 异或门逻辑功能测试接线图

图 4-44　异或门逻辑功能测试图

6. TTL 门电路和 CMOS 门电路测试

(1) TTL 与非门电路的输出电平测试

常用 TTL 与非门电路 74LS00，其引脚排列如图 4-45(a)所示。接线方法如图 4-45(b)所示，测试输出电平，并将结果记录于表 4-26 中。

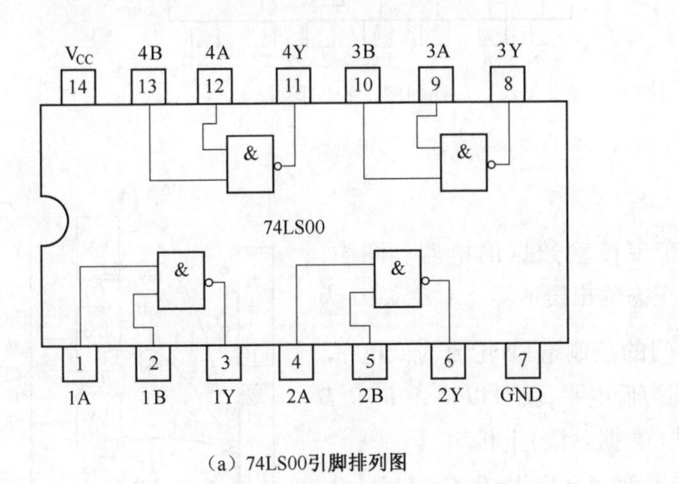

(a) 74LS00引脚排列图

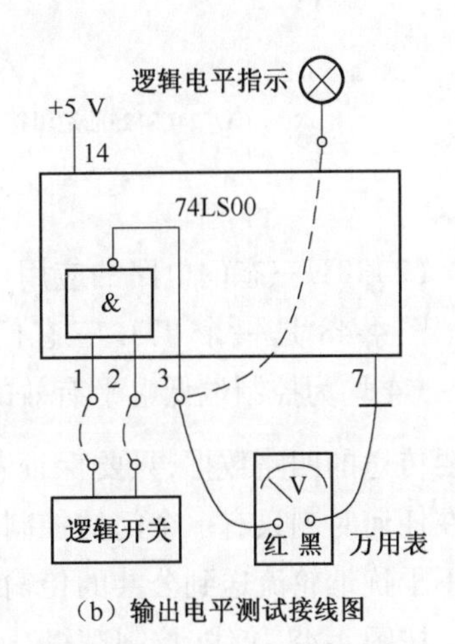

(b) 输出电平测试接线图

图 4-45　TTL 与非门输出电平测试接线图

(2) CMOS 或非门电路的输出电平测试

常用 CMOS 门电路 CD4001 是四—2 输入或非门电路，其引脚排列如图 4-46(a)所示。接线方法如图 4-46(b)所示，测试输出电平，并将结果记录于表 4-26 中。

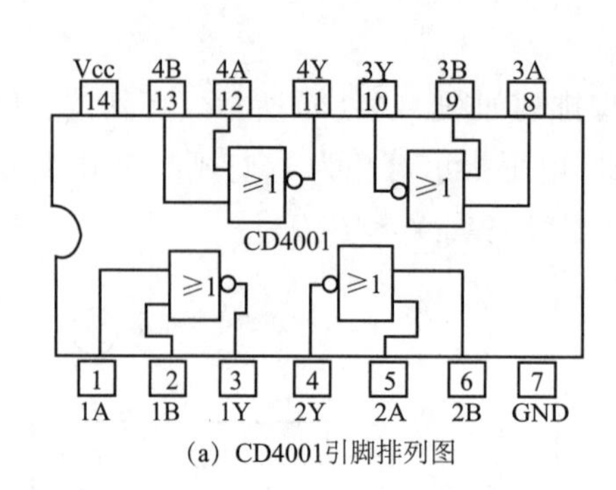

(a) CD4001引脚排列图

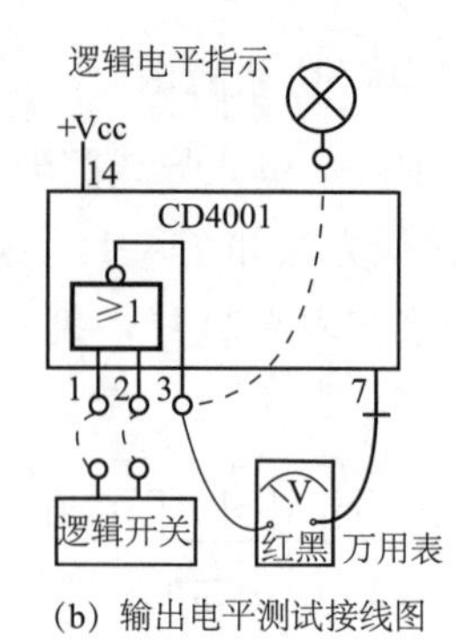

(b) 输出电平测试接线图

图 4-46　CD4001 或非门输出电平测试接线图

7. TTL 三态门电路的功能测试和应用

(1)TTL 三态门电路的功能测试

74LS125 是四—三态输出缓冲器,其逻辑符号如图 4-47(a)所示,其引脚排列如图 4-47(b)所示。测试其逻辑功能,并将结果记录于表 4-27 中。

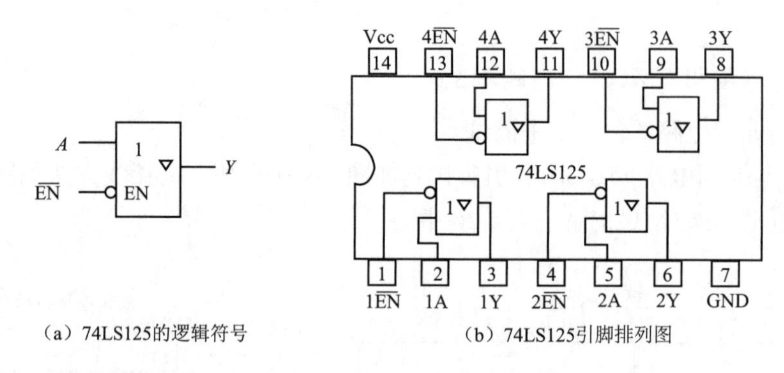

(a) 74LS125的逻辑符号　　(b) 74LS125引脚排列图

图 4-47　74LS125 的逻辑符号和引脚排列图

(2)TTL 三态门电路的应用

图 4-48 是一个 TTL 三态门实现传输数据的电路。图中,G1 ~ G4 均为控制端低电平有效的三态输出缓冲器。A、B、C、D 为需要传送的四路数据,只要保证各门的控制端$\overline{EN}$轮流为低电平,且在任何时刻只有一个门的控制端为低电平,就可以将 A、B、C、D 互不干扰地轮流送到公共的传输线(数据总线)上传输。

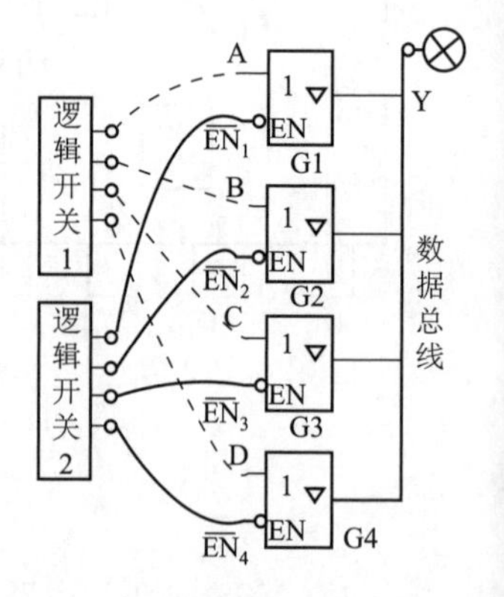

图 4-48　三态门应用电路测试接线图

按图 4-48 接线,控制逻辑开关 1,使 $A=1$,$B=0$,$C=1$,$D=0$。控制逻辑开关 2,使$\overline{EN_1}$、$\overline{EN_2}$、$\overline{EN_3}$、$\overline{EN_4}$分别为低电平,将逻辑电平显示的数据总线上的数据填入表 4-28 中。

(五)测试与观察结果记录

将测试与观察结果记录于 4-24 ~ 表 4-28。

表 4-24　测试 1

芯片名称	输　入		输　出	逻辑关系
	A	*B*	*Y*	
74LS08	0	0		
	0	1		
	1	0		
	1	1		
74LS32	0	0		
	0	1		
	1	0		
	1	1		
74LS00	0	0		
	0	1		
	1	0		
	1	1		
74LS86	0	0		
	0	1		
	1	0		
	1	1		

表 4-25　测试 2

芯片名称	输　入	输　出	逻辑关系
	A	*Y*	
74LS04	0		
	1		

表 4-26　测试 3

芯片名称	电源电压	输出高电平	输出低电平
74LS00	+5 V	U_{OH} =	U_{OL} =
CD4001	+5 V	U_{OH} =	U_{OL} =
CD4001	+10 V	U_{OH} =	U_{OL} =

表 4-27　测试 4

输入		输出
$\overline{EN}$	*A*	*Y*
0	0	
0	1	
1	0	
1	1	

表 4-28　测试 5

控制端	总线数据
$\overline{EN_1}=0$	
$\overline{EN_2}=0$	
$\overline{EN_3}=0$	
$\overline{EN_4}=0$	

（六）实作注意事项

(1)接插集成器件时,要认清定位标记,不得插反。

(2) +5 V 电源,切忌将电源极性接反。

(3)切忌将门电路的输出端直接与+5 V电源或地相连,也不允许接逻辑开关,否则将损坏元器件。

(4)切忌将CMOS门电路多余的输入端悬空。

(5)切忌将TTL门电路和CMOS门电路(OC门、TS门除外)的输出端并联使用。

(七)回答问题

(1)无论输入A、B怎么改变,74LS00的输出始终为0,为什么?

(2)无论输入A、B怎么改变,74LS00的输出始终微亮,为什么?

实作二 简易抢答器的制作与调试

(一)实作目的

1. 进一步掌握简单抢答器的基本结构及其工作。
2. 掌握简单抢答器电路的功能测试。
3. 学习简单抢答器电路的故障分析与处理。
4. 培养良好的操作习惯,提高职业素质。

(二)实作器材

实作器材见表4-29。

表4-29 实作器材

共用器材			
器材名称	规格型号	电路符号	数量
数字实验箱	TPE-D2	—	1
数字万用表	VC890C+	—	1
尖镊子	—	—	1
导线	—	—	若干
二人抢答器			
集成块	74LS04	G1、G2	1
集成块	74LS00	G3、G4	1
四人抢答器			
集成块	74LS04	G1 ~ G4	1
集成块	74LS20	G5 ~ G8	2

(三)实作前预习

1. 二人抢答器

A、B为抢答操作开关,代表A和B两位选手。不使用抢答器时,所有开关全部拨至L(低电平)端。当任意一位选手抢先将某一开关拨至H(高电平)端,则与其对应的指示灯被点亮,显示该选手抢答成功;而紧随其后的其他开关再拨至H端,与其对应的发光二极管不亮,实现互锁。

2. 四人抢答器

A、B、C、D为抢答操作开关,代表A、B、C、D四位选手。不使用抢答器时,所有开关全部拨至 L(低电平)端。当任意一位选手抢将某一开关拨至 H(高电平)端,则与其对应的指示灯被点亮,显示该选手抢答成功;而紧随其后的其他开关再拨至 H 端,与其对应的发光二极管不亮,实现互锁。

（四）实作内容及步骤

(1)正确选择集成芯片,用尖镊子整理好集成芯片的管脚,在数字电路实验箱上按正确方法插好集成芯片。

(2)按图 4-49 连接电路,正确选择元器件,调试并实现简易抢答器功能,并将观察与测试结果记录在表 4-30 中。

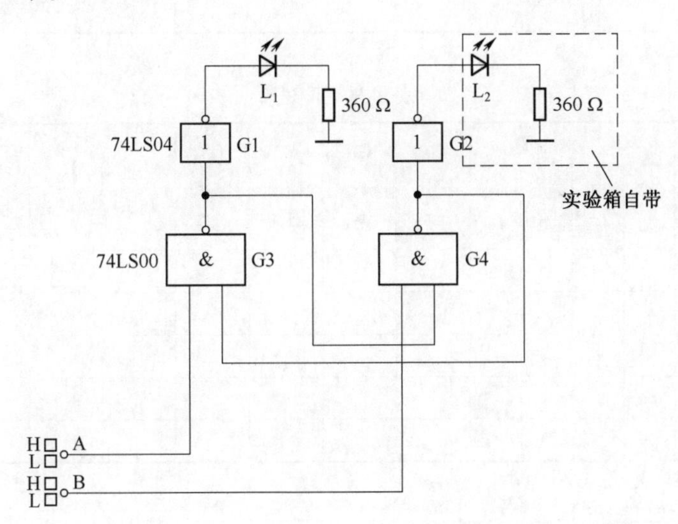

图 4-49　简单二人抢答器连接电路

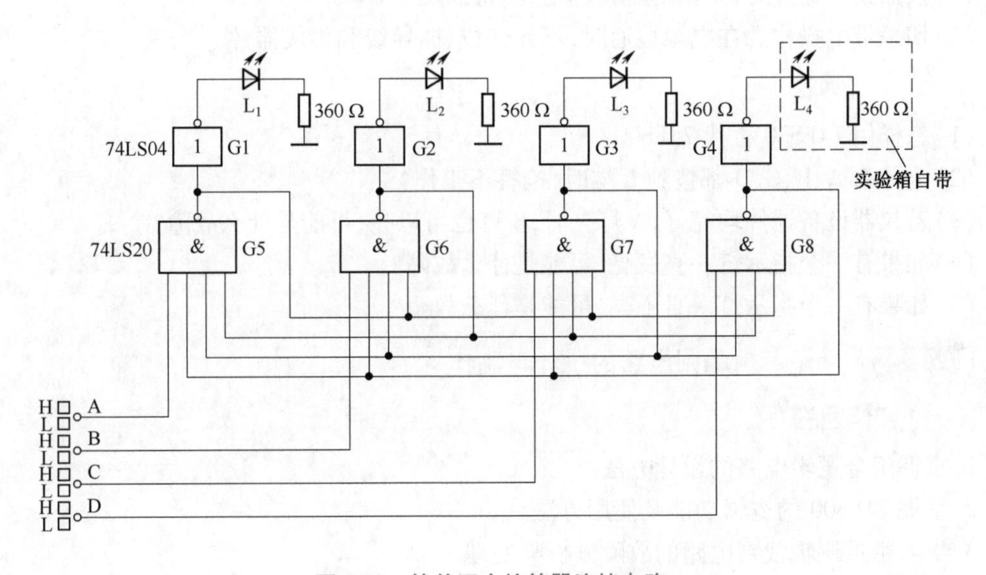

图 4-50　简单四人抢答器连接电路

(3)按图 4-50 连接电路,正确选择元器件,调试并实现简易抢答器功能,并将观察与测试结果记录在表 4-31 中。

（五）测试与观察结果记录

将测试与观察结果记录于表4-30、表4-31。

表4-30 测试1

A		B		G3输出电压	G4输出电压	L_1状态	L_2状态	抢答成功
状态	电压	状态	电压					
L		L						
H		×						
×		H						

表4-31 测试2

A		B		C		D		G5输出电压	G6输出电压	G7输出电压	G8输出电压	L_1状态	L_2状态	L_3状态	L_4状态	抢答成功
状态	电压	状态	电压	状态	电压	状态	电压									
L		L		L		L										
H		×		×		×										
×		H		×		×										
×		×		H		×										
×		×		×		H										

（六）实作注意事项

（1）接插集成器件时，要认清定位标记，不得插反。

（2）切忌带电操作。在电源接通时，不允许拔、插导线和集成器件。

（七）回答问题

（1）怎样用74LS20替代74LS00？

（2）为什么A、B、C、D都拨到L端时，抢答不工作？

（3）若仪器设备器件均完好，A灯亮时，B灯也可以亮，可能是什么故障？

（4）如果有一个指示灯一直发亮，可能是什么故障？

（5）如果有一个指示灯一直不亮，可能是什么故障？

实作三 举重逻辑裁判电路的设计与制作

（一）实作目的

1. 掌握组合逻辑电路的设计方法。
2. 掌握74LS00的逻辑功能及使用方法。
3. 学习举重逻辑裁判电路的故障分析与处理。
4. 培养良好的操作习惯，提高职业素质。

（二）实作器材

实作器材见表4-32。

表 4-32　实作器材

器材名称	规格型号	电路符号	数量
数字实验箱	TPE-D2	—	1
数字万用表	VC890C+	—	1
导线	—	—	若干
集成门	74LS00	G	1

（三）实作前预习

举重逻辑裁判电路的设计步骤如下：

(1)分析设计要求。根据设计要求中提出的逻辑功能，确定输入变量、输出函数以及它们之间的相互关系。

(2)列真值表。根据逻辑功能要求的输入变量、输出函数之间的对应关系列出真值表。

(3)根据真值表写出逻辑表达式，并对逻辑表达式进行化简。

(4)画逻辑电路图。

（四）实训内容及步骤

设计举重裁判电路。要求：举重比赛有三个裁判，一个主裁判，两个副裁判。杠铃完全举起的裁决由每个裁判按下自己面前的按钮来表示，只有两个以上（含两个）的裁判（其中必有主裁判）判明成功时，表明成功的灯才亮。

(1)根据自己设计的逻辑图进行电路安装、调试，并进行功能验证，测试结果填入表 4-33 中。

①列出举重裁判电路的真值表，填入表 4-33 中。

②由真值表写出逻辑表达式并化简，填入表 4-33 中。

③用 74LS00 实现举重裁判电路，画出逻辑电路图，填入表 4-33 中。74LS00 管脚图如图 4-51 所示。

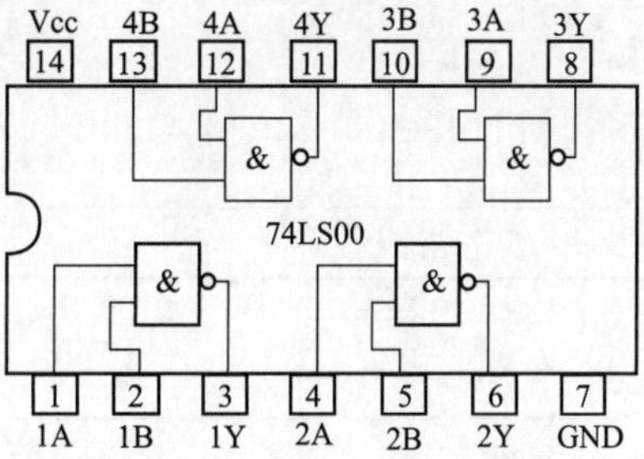

图 4-51　74LS00 管脚图

※(2)分别测试举重裁判电路中 74LS00 各管脚的电压，填入表 4-34 中。

（五）测试与观察结果记录

将测试与观察结果记录于表 4-33、表 4-34。

表 4-33　测试 1

		A	B	C	Y
举重逻辑裁判	真值表	0	0	0	
		0	0	1	
		0	1	0	
		0	1	1	
		1	0	0	
		1	0	1	
		1	1	0	
		1	1	1	
	逻辑函数表达式				

续上表

电路设计	逻辑图				
功能测试	真值表	*A*	*B*	*C*	*Y*
		0	0	0	
		0	0	1	
		0	1	0	
		0	1	1	
		1	0	0	
		1	0	1	
		1	1	0	
		1	1	1	
实作结论					

※表 4-34　测试 2

输出状态	测量电压值(各管脚)													
	1	2	3	4	5	6	7	8	9	10	11	12	13	14
$Y=0$														
$Y=1$														

（六）实作注意事项

(1)严禁带电操作。切忌在通电状态下拔、插导线和集成器件。

(2) +5 V 电源,切忌将电源极性接反。

(3)切忌将门电路的输出端直接与 +5 V 电源或地相连,也不允许接逻辑开关,否则将损坏元器件。

（七）回答问题

(1)经检查 74LS00 的功能正常,但举重逻辑裁判电路的输出始终为 1,可能是什么原因?

(2)经检查 74LS00 的功能正常,但举重逻辑裁判电路的输出始终为 0,可能是什么原因?

实作考核评价

<table>
<tr><th>项目</th><th>步骤</th><th>分数</th><th>序号</th><th>考核内容及评分标准</th><th>配分</th><th>扣分</th><th>得分</th><th>备注</th></tr>
<tr><td rowspan="8">简单抢答器电路的制作与调试</td><td>电路分析</td><td>10</td><td>1</td><td>分析电路，绘制布线图，每错一个元件扣3分，连线错误可根据情况酌情扣分。直至扣完为止</td><td>20</td><td></td><td></td><td></td></tr>
<tr><td rowspan="3">电路连接及测试</td><td rowspan="3">60</td><td>2</td><td>确认元件选择。元件错误一个扣2分，直至扣完为止</td><td>10</td><td></td><td></td><td></td></tr>
<tr><td>3</td><td>根据电路正确连接电路。连线错误一处扣3分，直至扣完为止</td><td>40</td><td></td><td></td><td></td></tr>
<tr><td>4</td><td>接通电源，进行测试。测试结果每错一项扣2分，直至扣完为止</td><td>10</td><td></td><td></td><td></td></tr>
<tr><td>回答</td><td>10</td><td>5</td><td>原因描述合理</td><td>10</td><td></td><td></td><td></td></tr>
<tr><td rowspan="3">整理</td><td rowspan="3">10</td><td>6</td><td>规范操作，不可带电插拔元器件，错误一次扣5分</td><td>5</td><td></td><td></td><td></td></tr>
<tr><td>7</td><td>正确穿戴，文明作业，违反规定，每处扣2分</td><td>2</td><td></td><td></td><td></td></tr>
<tr><td>8</td><td>操作台整理，测试合格应正确复位仪器仪表，保持工作台整洁，每处扣3分</td><td>3</td><td></td><td></td><td></td></tr>
<tr><td colspan="2">时限</td><td>10</td><td colspan="2">时限为45 min，每超1 min扣1分</td><td>10</td><td></td><td></td><td></td></tr>
<tr><td colspan="5">合计</td><td>100</td><td></td><td></td><td></td></tr>
</table>

注意：操作中出现各种人为损坏，考核成绩不合格且按照学校相关规定赔偿。

本章小结

1. 电子电路处理的电信号有模拟信号和数字信号两大类，因此把电子电路分为模拟电路和数字电路。与模拟电路相比较，数字电路的主要特点是采用二进制数；抗干扰能力强；易于集成；除数值运算外，还能进行逻辑运算；采用逻辑代数分析。

2. 在日常生活中常用十进制数，在数字电路中使用二进制数。可以用四位二进制数码来表示一位十进制数码，称为二—十进制编码，简称BCD码。二—十进制编码分为有权码和无权码，其中8421BCD码是最常用的有权码。

3. 数字电路中输入与输出之间的因果关系称为逻辑关系。在逻辑电路中，通常将表示条件的输入量叫作输入逻辑变量，将表示结果的输出量叫作输出逻辑变量。逻辑变量是用来表示逻辑关系的二值变量，它只有逻辑0和逻辑1两种取值，简称0和1，它代表的是两种对立的逻辑状态，而不是具体的数值。输入逻辑变量A、B、C…与输出逻辑变量Y之间是一种逻辑函数关系。基本逻辑是与(and)、或(or)、非(no)三种逻辑。

4. 逻辑代数是分析和设计逻辑电路的数学工具，用来研究逻辑函数与逻辑变量之间的关系。因此必须熟悉逻辑代数的基本定律、基本公式、基本运算规则，掌握逻辑函数的四种表示方法(真值表、逻辑函数表达式、逻辑图、卡诺图)，以及逻辑函数的两种化简方法(公式法、卡诺图法)。

5. 基本逻辑门电路有与门、或门、非门三种，在数字电路中，还经常使用由基本门电路组成的复合门电路，它们有与非门、或非门、与或非门和异或门等。

6. TTL电路是目前双极型集成电路中用得最多的，而CMOS门电路是单极型集成电路中用得最多的。TTL 主要系列有 74、74H、74S、74LS、74AS、74ALS，CMOS 主要系列有 CC4000、74HC、74HCT。

7. 由于 TTL 电路具有开关速度高、抗干扰能力强、带载能力好等优点，因此发展快、应用广。在 TTL 中与非门的应用最多，除了与非门以外，还有或非门、与或非门、与门、或门、异或门等。TTL 普通门电路输出端不能直接并联，特殊的集电极开路门（OC 门）能实现线与功能，常用三态门（TS 门）来传输数据到总线上。使用时应注意它们各自的逻辑功能及引脚连接、工作电压等。

8. CMOS 门是由 PMOS 管与 NMOS 管构成的互补逻辑门。由于 CMOS 门电路具有制造工艺简单、体积小、集成度高，输入阻抗大等优点，且工作电压范围宽 3 ~ 18 V、噪声容限大、扇出系数大、功耗低、速度快，因此发展迅猛，应用广泛。CMOS 门电路除了普通逻辑门以外，还有 OD 门、三态门等，使用时应注意它们各自的逻辑功能及引脚连接、工作电压等。

综合练习题

1. 填空题

(1) 数字信号的特点是在________上和________上都是不连续变化的，其高电平和低电平分别常用________和________来表示。

(2) 信号 0 1 0 1 0 0 1 0 1 1 1 0 1 1 1 0 1 的二进制代码是________________。

(3) 数字电路包含________电路和________电路两大部分。

(4) 晶体三极管作为开关元件时工作在________区和________区。

(5) 逻辑变量是用来表示逻辑关系的二值变量，它只有两种状态，分别用逻辑________和逻辑________表示。

(6) $(1101110010)_2 = (\_\_\_\_\_\_)_8 = (\_\_\_\_\_\_)_{16} = (\_\_\_\_\_\_)_{10} = (\_\_\_\_\_\_)_{8421BCD}$

(7) $(67)_{10} = (\_\_\_\_\_\_)_2$，$(011010010000)_{8421BCD} = (\_\_\_\_\_\_)_{10}$。

(8) $(5E)_{16} = (\_\_\_\_\_\_)_2 = (\_\_\_\_\_\_)_8 = (\_\_\_\_\_\_)_{10} = (\_\_\_\_\_\_)_{8421BCD}$

(9) 基本逻辑关系有________逻辑关系、________逻辑关系和________逻辑关系。

(10) 逻辑代数的三种基本运算是________、________、________。

(11) 逻辑函数的常用表示方法有________、________和________。

(12) 和最小项 $AB\overline{C}$ 相邻的最小项有________、________、________。

(13) 逻辑函数式 $F = AB + AC$ 的最小项表达式为 $F = \sum m(\_\_\_\_\_\_\_\_\_\_)$。

(14) TTL 门电路电源电压为________V，空载时输出高电平为________V，输出低电平为________V。

(15) CMOS 门电路电源电压为________V，空载时输出高电平为________V，输出低电平为________V。

(16) 通常 TTL 门电路的工作速度比 CMOS 门电路的工作速度________，而功耗比 CMOS 门电路的功耗________。

(17) CMOS 门电路的多余输入端不允许________，应接________或________。

(18)OC 门称为________门，多个 OC 门输出端可以直接并联在一起，实现________功能。

2. 判断题

(1)数字电路中的输入、输出信号都是正弦信号。　(　　)

(2)逻辑变量的取值，1 比 0 大。　(　　)

(3)数字电路中用“1”和“0”分别表示两种对立状态，二者无大小之分。　(　　)

(4)若两个函数具有不同的逻辑函数式，则两个逻辑函数必然不相等。　(　　)

(5)若两个函数具有不同的真值表，则两个逻辑函数必然不相等。　(　　)

(6)若两个函数具有不同的逻辑电路，则两个逻辑函数必然不相等。　(　　)

(7)八位二进制数可以表示 256 种不同状态。　(　　)

(8)BCD 码就是 8421BCD 码。　(　　)

(9)八进制数$(18)_8$比十进制数$(18)_{10}$小。　(　　)

(10)在全部输入是“1”情况下，函数 $F=\overline{ABCD}$运算的结果是逻辑“1”。　(　　)

(11)在全部输入是“0”情况下，函数 $F=\overline{A+B+C+D}$运算的结果是逻辑“1”。　(　　)

(12)与非门的逻辑功能是“见 0 得 0，全 1 得 1”。　(　　)

(13)或非门的逻辑功能是“见 1 得 0，全 0 得 1”。　(　　)

(14)门电路 A B & Y的输出 $Y=\overline{AB}$。　(　　)

(15)门电路 A 1 & Y与门电路 A 1 Y的输出相同。　(　　)

(16)异或门的逻辑功能是“相同为 1、相异为 0”。　(　　)

(17)TTL 集成门电路中的内部开关器件是半导体三极管。　(　　)

(18)CMOS 集成门电路中的开关器件是绝缘栅场效应管。　(　　)

(19)TTL 或非门与 CMOS 或非门的逻辑功能完全不同。　(　　)

(20)当 TTL 与非门的输入端悬空时相当于输入为逻辑 1。　(　　)

(21)在干扰影响不大的情况下，CMOS 门电路的多余输入端可以悬空。　(　　)

(22)普通 TTL 逻辑门电路的输出端不可以并联在一起，否则可能会损坏门电路。(　　)

(23)OC 门(集电极开路门)的输出端可以直接相连，实现线与。　(　　)

3. 选择题

(1)数字电路中的三极管工作在______。

A. 饱和区　　B. 截止区

C. 饱和区或截止区　　D. 放大区

(2)3 输入变量的函数共有______个最小项。

A. 3 个　　B. 6 个　　C. 8 个　　D. 9 个

(3)机器电路能识别的数制是______。

A. 二进制　　B. 八进制　　C. 十进制　　D. 十六进制

(4)以下代码中为无权码的为______。

A. 8421BCD 码　　B. 5421BCD 码

C. 2421BCD 码　　D. 格雷码

(5)下列逻辑代数基本运算关系式中不正确的是______。

A. $A+A=A$　　B. $A\cdot A=A$　　C. $A+0=0$　　D. $A+1=1$

(6)以下表达式中符合逻辑运算法则的是______。

A. $C+C=2C$　　B. $1+1=2$

C. $0<1$　　D. $A+1=1$

(7)下图所示门电路中,图______的输出逻辑表达式是 $Y=\overline{AB}$。

A. 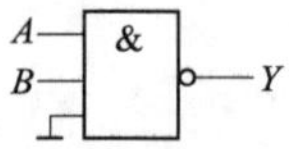 A B & Y　　B. A B +5 V & Y

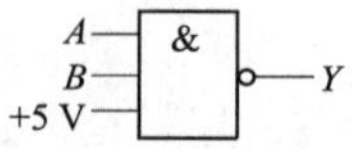

C. 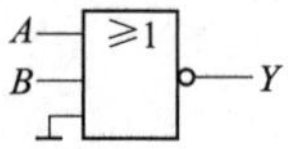 A B ≥1 Y　　D. 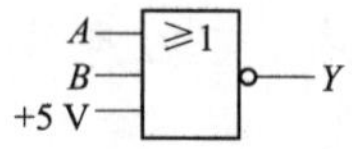 A B +5 V ≥1 Y

(8)OC 门就是______。

A. 集电极开路门　　B. 三态门

C. 与非门　　D. 非门

(9)TTL 门电路电源电压为 5 V 时,其输出高电平为______。

A. 3 V　　B. 5 V　　C. 3.6 V　　D. 0 V

(10)TTL 门电路的电源电压应加______。

A. 3 V　　B. 5 V　　C. 10 V　　D. 15 V

(11)CMOS 集成门电路电源电压范围是______。

A. 0 ~ 5 V　　B. 0 ~ 3.6 V

C. 0 ~ 10 V　　D. 3 ~ 18 V

(12)CMOS 门电路电源电压为 10 V 时,其输出高电平为______。

A. 3.6 V　　B. 5 V　　C. 10 V　　D. 15 V

(13)在 TTL 电路中,输入端悬空,相当于______。

A. 接 CP　　B. 接低电平

C. 接高电平　　D. 不确定

(14)通常 CMOS 门电路的工作速度比 TTL 门电路的工作速度______,而功耗比 TTL 门电路的功耗______。

A. 快　大　　B. 慢　大　　C. 快　小　　D. 慢　小

(15)三态门主要用于______。

A. 提高功率　　B. 两个门电路线与

C. 总线数据传输　　D. 提高速度

4. 分析回答

(1)数字电路与模拟电路相比较有哪些不同?数字电路的主要特点是什么?

(2)什么是 TTL 集成门电路?什么是 CMOS 集成门电路?各有什么优点?

(3)什么是逻辑变量?逻辑函数的常用表达方式有哪几种?

(4)什么是最小项?n 变量逻辑函数有多少个最小项?

5. 分析计算

(1)各种门电路如图 4-52 所示,已知 A、B 波形,试求 Y_1、Y_2、Y_3、Y_4 的逻辑表达式;并画出

Y_1、Y_2、Y_3、Y_4的波形。

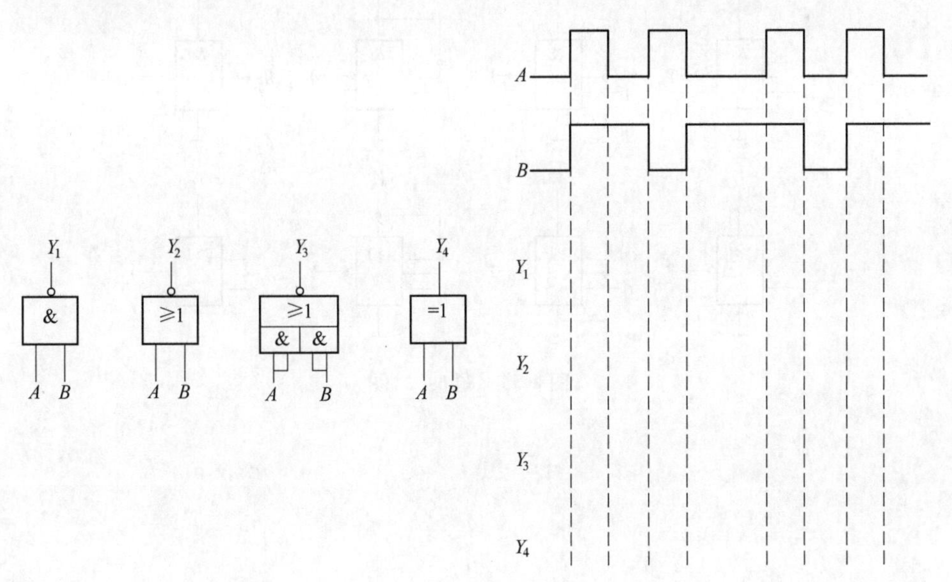

图 4-52　题 5-(1)图

(2)用公式法化简逻辑函数

①$Y=\bar{A}\,\bar{B}\,\bar{C}+A+B+C$

②$Y=AD+A\,\bar{D}+AB+\bar{A}C+BD+ACEF+\bar{B}EF+DEFG$

③$Y=AB+\bar{A}C+\bar{B}C+\bar{C}D+\bar{D}$

④$Y=A+\overline{\bar{B}+\overline{CD}}+\overline{\overline{AD}\cdot\bar{B}}$

⑤$Y=A+B\,\bar{C}+A\cdot\overline{\bar{B}\cdot\bar{C}}+\bar{A}BC$

⑥$Y=(\overline{A\,\bar{B}+\bar{A}B}\cdot C+A\,\bar{B}C)(AD+BC)$

(3)用卡诺图法化简逻辑函数

①$Y=\bar{A}\,\bar{B}+AC+\bar{B}C$

②$Y=ABC+\bar{A}B+\bar{B}C$

③$Y=ABC+ABD+\bar{C}\,\bar{D}+A\,\bar{B}C+\bar{A}C\,\bar{D}+A\,\bar{C}D$

④ $Y(A、B、C、D)=\sum m(0、1、2、3、5、7、8、10)$

⑤ $Y(A、B、C、D)=\sum m(0、1、2、8、9、10、12、13、14、15)$

⑥ $Y(A、B、C、D)=\sum m(0,1,4,9,12,13)+\sum d(2,3,6,10,11,14)$

6. 分析故障

(1)在使用异或门 74LS86 时,发现当输入 A、B 相同时,表示输出 Y 的灯仍然亮着,问可能是什么原因?

(2)如图 4-53 所示的 TTL 门电路中,对于多余引脚的处理,请将错误的加以改正。

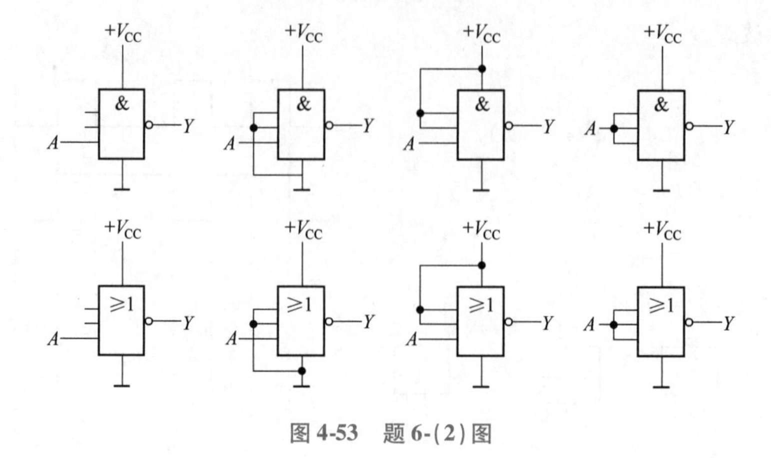

图 4-53　题 6-(2) 图

第五章 组合逻辑电路的基本分析

本章介绍组合逻辑电路及其分析、设计方法，常用集成组合逻辑电路器件如加法器、数据选择器、编码器、译码器及其应用。

能力目标

1. 能分析和设计小规模组合逻辑电路。
2. 能用中规模组合逻辑器件设计组合逻辑电路。
3. 能查找组合逻辑电路的常见故障。

知识目标

1. 理解并掌握小规模组合逻辑电路的分析方法与设计方法。
2. 熟悉和掌握中规模组合逻辑器件如加法器、数据选择器、编码器、译码器的基本工作原理、功能及应用。
3. 掌握LED数码管的原理、功能及使用。

第一节 组合逻辑电路的分析与设计

知识点一 组合逻辑电路简介

按电路逻辑功能的特点来分，数字电路可分为组合逻辑电路和时序逻辑电路。

（一）特点

电路在任一时刻的输出信号都只取决于该时刻的输入信号，而与输入信号作用之前电路原来的状态无关，则该数字电路称为组合逻辑电路。

（二）电路结构

组合逻辑电路仅由门电路组成（门电路是组合逻辑电路的基本单元），电路中无记忆单元，输入与输出之间一般也不含反馈。组合逻辑电路一般有多个输入端和多个输出端，其结构如图5-1所示，图中$X_1,X_2,\cdots,X_n$表示输入变量，$Y_1,Y_2,\cdots,Y_m$表示输出变量，输出与输入间的函数关系可表示为

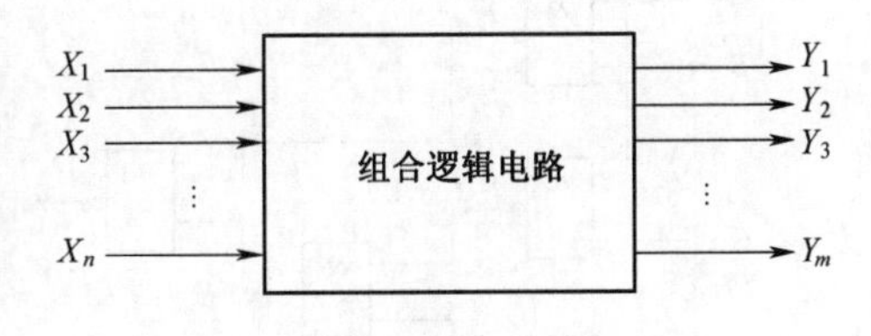

图5-1 组合逻辑电路结构示意图

$$Y_1=F_1(X_1,X_2,\cdots,X_n)$$
$$Y_2=F_2(X_1,X_2,\cdots,X_n)$$

$$Y_3 = F_3(X_1, X_2, \cdots, X_n)$$
$$\vdots$$
$$Y_m = F_m(X_1, X_2, \cdots, X_n)$$

（三）逻辑功能描述

常用真值表、逻辑函数表达式、逻辑图、卡诺图、时序图（波形图）来描述组合逻辑电路的逻辑功能。这些表达方式可互相转换。在未知电路结构和逻辑功能的情况下，可采用测量输入与输出的波形，来分析电路的逻辑功能，再转换为其他表达方式。

知识点二　组合逻辑电路的分析方法

所谓组合逻辑电路的分析，就是对给定的组合逻辑电路进行逻辑分析以确定其逻辑功能。组合逻辑电路分析的一般步骤如图5-2所示。

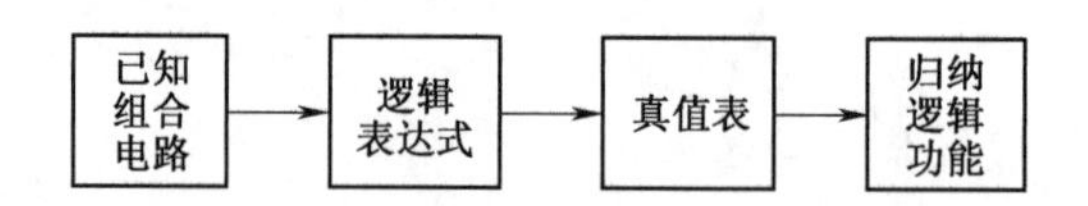

图5-2　组合逻辑电路分析步骤框图

1. 写出逻辑函数表达式。根据已知逻辑图，从输入到输出逐级写出逻辑函数表达式，直至写出输出信号的逻辑函数表达式。

2. 列真值表。根据逻辑函数表达式列出真值表。

3. 归纳电路的逻辑功能。根据真值表，分析真值表中输出函数与输入变量取值之间的关系，归纳电路的逻辑功能。

分析组合逻辑电路的关键是写出输出信号的逻辑函数表达式和列出真值表。

【例5-1】　试分析图5-3所示组合逻辑电路。

解：（1）由逻辑图逐级写输出 Y 的逻辑表达式为

$$Y_1 = \overline{AB} \quad Y_2 = \overline{AC} \quad Y_3 = \overline{B} \quad Y_4 = Y_2 Y_3 = \overline{AC} \cdot \overline{B}$$

$$Y = \overline{Y_1 + Y_4} = \overline{\overline{AB} + \overline{AC} \cdot \overline{B}}$$

（2）列出真值表见表5-1。

（3）分析归纳逻辑功能

当输入变量 A、B 均为1时，输出变量 Y 为1，否则为0。

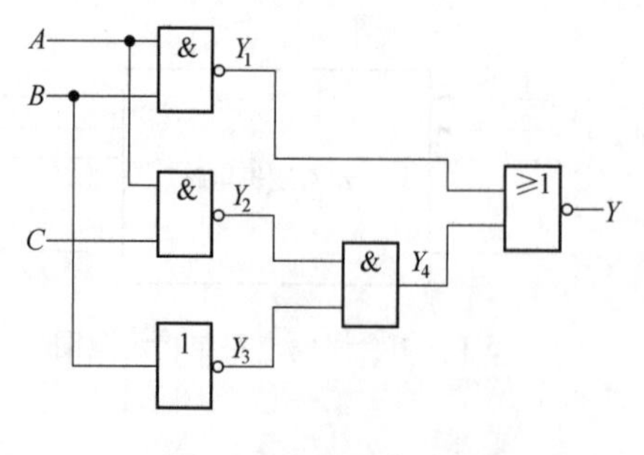

图5-3　例5-1电路图

表5-1　例5-1真值表

A	B	C	Y
0	0	0	0
0	0	1	0
0	1	0	0
0	1	1	0
1	0	0	0
1	0	1	0
1	1	0	1
1	1	1	1

知识点三　组合逻辑电路的设计方法

组合逻辑电路的设计，就是根据给出的实际逻辑问题（逻辑功能），设计出能实现该逻辑功能的最简单逻辑电路。组合逻辑电路的设计步骤与分析步骤相反，如图 5-4 所示。

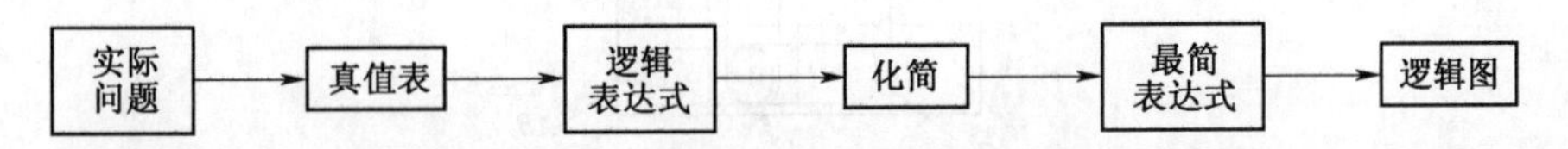

图 5-4　组合逻辑电路设计步骤方框图

（1）分析设计要求，确定输入变量。根据设计要求中提出的逻辑功能，按照功能要求，确定输入变量、输出函数，并进行变量赋值，即用 0 或 1 表示它们的对立状态。这是设计过程中的最关键的一步。

（2）列真值表。根据分析得到的输入与输出函数之间的逻辑关系列出真值表。注意：状态赋值不同，所得的真值表也不同。

（3）根据真值表写出逻辑函数表达式，并化简逻辑函数成最简表达式。

（4）根据最简表达式画小系统组合逻辑电路图。

【例 5-2】　试设计一个火灾报警系统。该火灾报警系统有烟感、温感和紫外光感三种类型的探测器，分别采集烟雾、发热和火焰信号。为了防止误报警，要求：只有当其中两种或两种以上类型的探测器发出火灾检测信号时，报警系统产生报警控制信号。

解：（1）分析题目给定的逻辑功能要求，确定输入变量、输出变量及其 0、1 逻辑赋值。

设输入变量 A、B、C 分别代表三种不同类型的探测器，其中烟感为 A、温感为 B、紫外线光感为 C。当 A、B、C 为 1 时，表示检测出火灾信号；当 A、B、C 为 0 时，表示未检测到火灾信号。

设输出变量 Y 表示报警控制信号，Y 为 1 表示有信号输出，为 0 则表示无信号输出。

（2）列真值表。

根据输入、输出变量逻辑赋值的含义列出真值表见表 5-2。

表 5-2　例 5-2 真值表

A	B	C	Y
0	0	0	0
0	0	1	0
0	1	0	0
0	1	1	1
1	0	0	0
1	0	1	1
1	1	0	1
1	1	1	1

（3）由真值表写逻辑函数表达式

$$Y=\overline{A}BC+A\overline{B}C+AB\overline{C}+ABC$$

(4)卡诺图化简逻辑函数

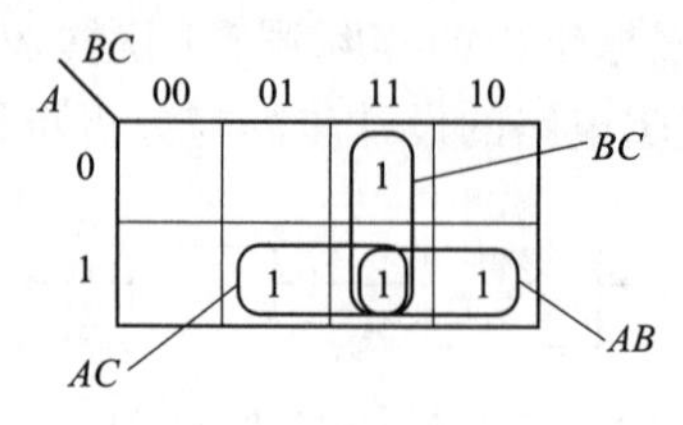

化简得最简式：$Y=AB+AC+BC$。

(5)用与门、或门实现的小系统组合逻辑电路图如图5-5所示。

(6)若用与非门实现，则运用摩根定律作以下变换

$$Y=\overline{\overline{AB+AC+BC}}=\overline{\overline{AB}\cdot\overline{AC}\cdot\overline{BC}}$$

其逻辑电路如图5-6所示。

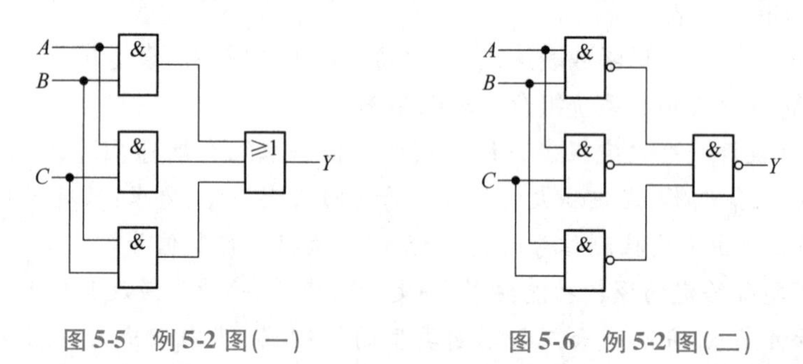

图5-5 例5-2图(一)　　图5-6 例5-2图(二)

第二节 常用集成组合逻辑电路器件

组合逻辑电路的种类很多，常见的有数据选择器、编码器、译码器、数字比较器、加法器等。由于这些电路应用很广，因此，有厂家把这些组合逻辑电路制作成专用的中规模集成器件(MSI)。采用MSI实现逻辑函数可以缩小体积，使电路设计更为简单，大大提高了电路的可靠性。

中规模功能器件的功能往往可以扩展，因此MSI通常设置有一些控制端(又称为使能端)、功能端和级联端等，在不用或少用附加电路的情况下，就能将若干功能器件扩展成位数更多、功能更复杂的电路。本节我们主要学习加法器、数据选择器、编码器、译码器。

知识点一 加法器

在数字系统中，实现算术运算和逻辑运算的电路称为运算电路。算术运算电路一般能实现加、减、乘、除等四则运算，加法器是构成算术运算器的基本单元。

(一)半加器

不考虑来自低位的进位，仅仅只是将本位的两个一位二进制数A_i和B_i相加，称为半加。实现半加运算的组合电路称为半加器，简称HA。

两个本位二进制数A_i和B_i半加时，有两个输入变量A_i(加数)和B_i(加数)；二个输出变量S_i(本位和)和C_i(向相邻高位的进位数)。半加器真值表见表5-3。

由真值表写出逻辑函数表达式

$$\begin{cases} S_i = \overline{A_i}B_i + A_i\overline{B_i} \\ C_i = A_iB_i \end{cases} \tag{5-1}$$

半加器的逻辑图和逻辑符号如图 5-7 所示，它是由异或门和与门组成的，也可以用与非门实现。

表 5-3　半加器真值表

A_i	B_i	S_i	C_i
0	0	0	0
0	1	1	0
1	0	1	0
1	1	0	1

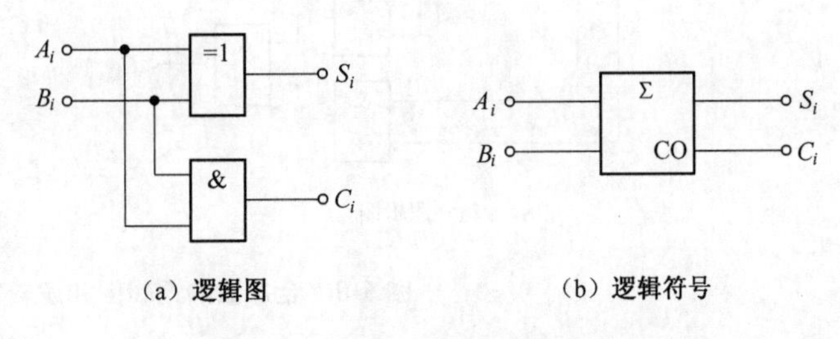

图 5-7　半加器的逻辑图和逻辑符号

(二) 全加器

实际上，两个本位的二进制数 A_i、B_i 与来自低位的进位数 C_{i-1} 三个数相加，称为全加，实现全加运算的组合电路称全加器，简称 FA。

两个本位二进制数 A_i、B_i 和低位进位数 C_{i-1} 全加时，有三个输入变量 A_i(加数)、B_i(加数)和 C_{i-1}(来自低位的进位数)；二个输出变量 S_i(本位和)和 C_i(向相邻高位的进位数)。

全加器真值表见表 5-4。

表 5-4　全加器真值表

输入			输出	
A_i	B_i	C_{i-1}	S_i	C_i
0	0	0	0	0
0	0	1	1	0
0	1	0	1	0
0	1	1	0	1
1	0	0	1	0
1	0	1	0	1
1	1	0	0	1
1	1	1	1	1

由真值表写出逻辑函数表达式为

$$\begin{cases} S_i = \overline{A_i}\,\overline{B_i}C_{i-1} + \overline{A_i}B_i\overline{C_{i-1}} + A_i\overline{B_i}\,\overline{C_{i-1}} + A_iB_iC_{i-1} \\ \quad = (A_i \oplus B_i)\overline{C_{i-1}} + \overline{A_i \oplus B_i}C_{i-1} \\ \quad = A_i \oplus B_i \oplus C_{i-1} \\ C_i = \overline{A_i}B_iC_{i-1} + A_i\overline{B_i}C_{i-1} + A_iB_i\overline{C_{i-1}} + A_iB_iC_{i-1} \\ \quad = (\overline{A_i}B_i + A_i\overline{B_i})C_{i-1} + A_iB_i(\overline{C_{i-1}} + C_{i-1}) \\ \quad = (A_i \oplus B_i)C_{i-1} + A_iB_i \\ \quad = \overline{\overline{(A_i \oplus B_i)C_{i-1}} \cdot \overline{A_iB_i}} \end{cases} \tag{5-2}$$

全加器的逻辑图和逻辑符号如图 5-8 所示。

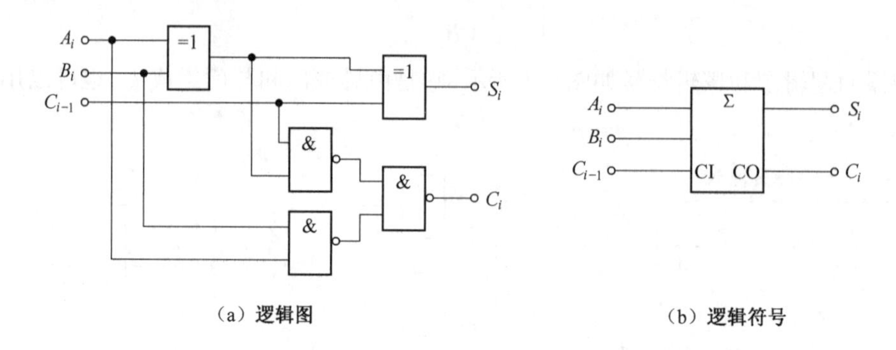

图 5-8 全加器的逻辑图和逻辑符号

全加器能实现两个一位二进制数的相加。74LS283 集成组合逻辑电路是一个四位加法器电路,内部集成了四个全加器,且进位线已接好,可方便实现两个四位二进制数相加。74LS283 的管脚排列图和逻辑符号如图 5-9 所示。在使用中,$A_3A_2A_1A_0$和 $B_3B_2B_1B_0$分别送入四位二进制数,求和结果由 $S_3S_2S_1S_0$输出四位二进制数,CI 是低位来的进位 C_{i-1},向高位的进位 C_i由 CO 送出。将多片 74LS283 进行级联可扩展成八位、十六位等加法器。

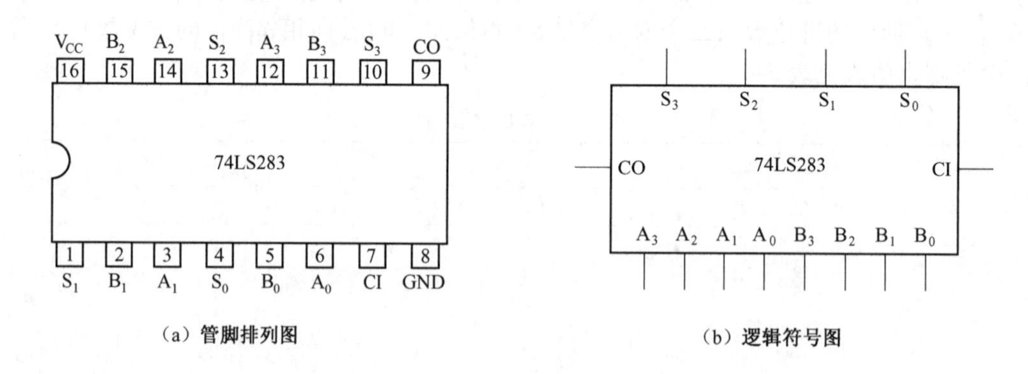

图 5-9 74LS283 的管脚排列和逻辑符号图

知识点二 数据选择器

数据选择器的功能是从多路数据中选择所需要的那一路进行传输,或者是将并行输入转换为串行输出。数据选择器又称多路开关,英文缩写是 MUX。常用的数据选择器有 4 选 1、8 选 1 等。

(一)4 选 1 数据选择器

如图 5-10 所示是 4 选 1 数据选择器原理框图。其中 $D_0 \sim D_3$称为数据输入端,A_0、A_1为地址输入端,当 A_1A_0取不同的数值时,可从 $D_0 \sim D_3$中选取所要的一个,并送到输出端 Y。$\overline{S}$为使能端(又称控制端、选通端),用于控制电路的工作状态和扩展功能,当$\overline{S}=0$ 时,允许数据选通,当$\overline{S}=1$ 时,禁止数据输入。

通常,当 A_1A_0分别为 00、01、10、11 时,依次选择输入端 D_0、D_1、D_2、D_3数据输出,Y 分别为

D_0、D_1、D_2、D_3。由此可得出4选1数据选择器的真值表，见表5-5。

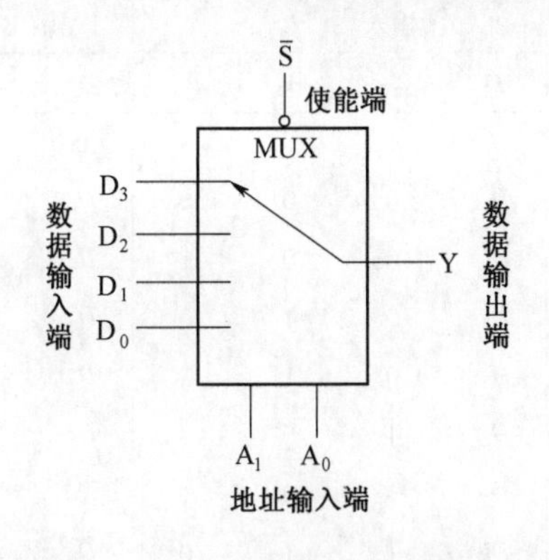

图5-10　4选1数据选择器原理框图

表5-5　4选1数据选择器真值表

输入				输出
$\overline{S}$	D	A_1	A_0	Y
1	×	×	×	0
0	D_0	0	0	D_0
0	D_1	0	1	D_1
0	D_2	1	0	D_2
0	D_3	1	1	D_3

当$\overline{S}=0$时，由真值表可写出输出逻辑表达式

$$Y=D_0\cdot\overline{A}_1\overline{A}_0+D_1\cdot\overline{A}_1A_0+D_2\cdot A_1\overline{A}_0+D_3\cdot A_1A_0 \tag{5-3}$$

实现4选1功能的集成数据选择器有74LS153（双4选1）等，其管脚排列和逻辑符号如图5-11所示。

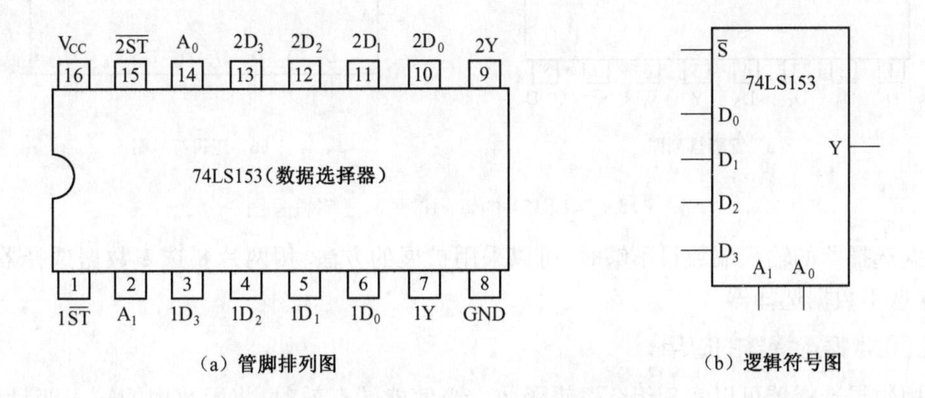

（a）管脚排列图　　（b）逻辑符号图

图5-11　74LS153的管脚排列和逻辑符号图

（二）8选1数据选择器

如图5-12所示是8选1数据选择器原理框图。其中A_2、A_1、A_0为三个地址输入端，当$A_2A_1A_0$分别为000～111时依次可选择D_0～D_7八个数据中的一个。

由此可得出8选1数据选择器的真值表，见表5-6。

当$\overline{S}=0$时，由真值表可写出输出逻辑函数表达式

$$Y=\overline{A}_2\overline{A}_1\overline{A}_0D_0+\overline{A}_2\overline{A}_1A_0D_1+\cdots+A_2A_1A_0D_7=\sum_{i=0}^{7}m_iD_i \tag{5-4}$$

实现8选1功能的集成数据选择器有74LS151，其管脚排列和逻辑符号如图5-13所示。

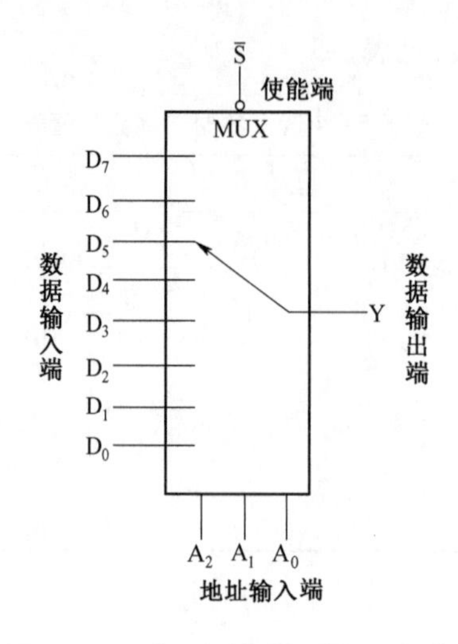

图 5-12　8 选 1 数据选择器原理框图

表 5-6　8 选 1 数据选择器真值表

输入					输出	
$\overline{S}$	D	A_2	A_1	A_0	Y	$\overline{Y}$
1	×	×	×	×	0	1
0	D_0	0	0	0	D_0	$\overline{D_0}$
0	D_1	0	0	1	D_1	$\overline{D_1}$
0	D_2	0	1	0	D_2	$\overline{D_2}$
0	D_3	0	1	1	D_3	$\overline{D_3}$
0	D_4	1	0	0	D_4	$\overline{D_4}$
0	D_5	1	0	1	D_5	$\overline{D_5}$
0	D_6	1	1	0	D_6	$\overline{D_6}$
0	D_7	1	1	1	D_7	$\overline{D_7}$

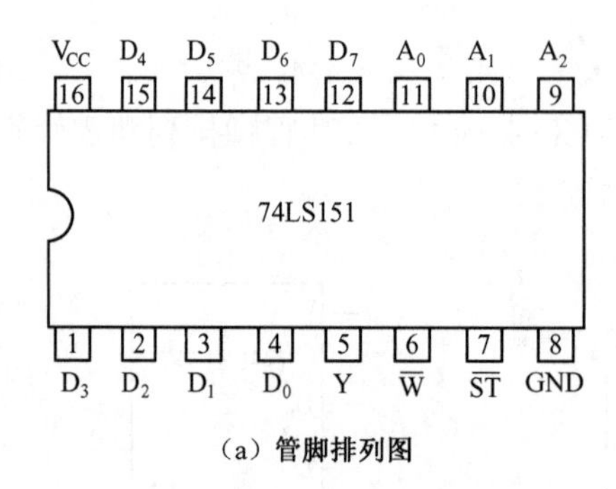

（a）管脚排列图

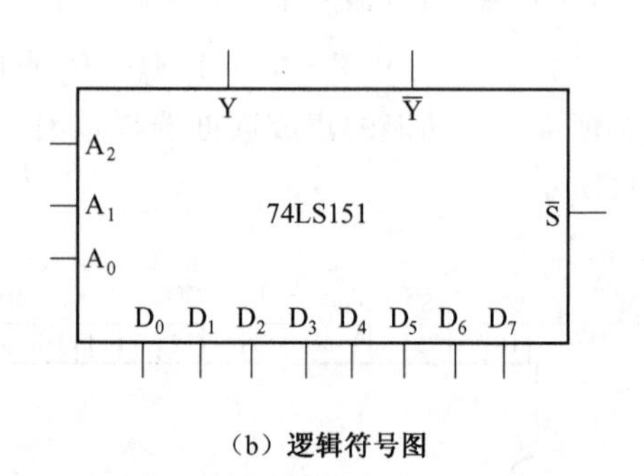

（b）逻辑符号图

图 5-13　74LS151 的管脚排列和逻辑符号图

数据选择器的输入端数目不够时，可以采用扩展的方法，用两片 8 选 1 数据选择器，构成一个 16 选 1 数据选择器。

（三）数据选择器的应用

利用数据选择器可以实现组合逻辑函数。当使能端有效时，将函数中的输入变量送至数据选择器地址输入端，并按要求把数据输入端接成所需状态，便可实现各种功能的组合逻辑函数。

【例 5-3】　试用 8 选 1 数据选择器 74LS151 实现逻辑函数 $Y=\overline{A}B+C$

解：把逻辑函数变换成最小项表达式

$$
\begin{aligned}
Y&=\overline{A}B(C+\overline{C})+C(A+\overline{A})=\overline{A}BC+\overline{A}B\overline{C}+\overline{A}C+AC\\
&=\overline{A}BC+\overline{A}B\overline{C}+\overline{A}C(B+\overline{B})+AC(B+\overline{B})\\
&=\overline{A}BC+\overline{A}B\overline{C}+\overline{A}\,\overline{B}C+\overline{A}BC+A\overline{B}C+ABC\\
&=\overline{A}\,\overline{B}C+\overline{A}B\overline{C}+\overline{A}BC+A\overline{B}C+ABC\\
&=m_1+m_2+m_3+m_5+m_7
\end{aligned}
$$

当 $\overline{S}=0$ 时，8 选 1 数据选择器的输出函数表达式为

$$Y = D_0m_0 + D_1m_1 + D_2m_2 + \cdots + D_6m_6 + D_7m_7$$

将 A、B、C 分别从数据选择器 74LS151 地址端 A_2、A_1、A_0 输入,作为输入变量;Y 端作为输出。$\overline{S}=0$,取

$$D_1 = D_2 = D_3 = D_5 = D_7 = 1, D_0 = D_4 = D_6 = 1$$

画出该逻辑函数的逻辑图,如图 5-14 所示。

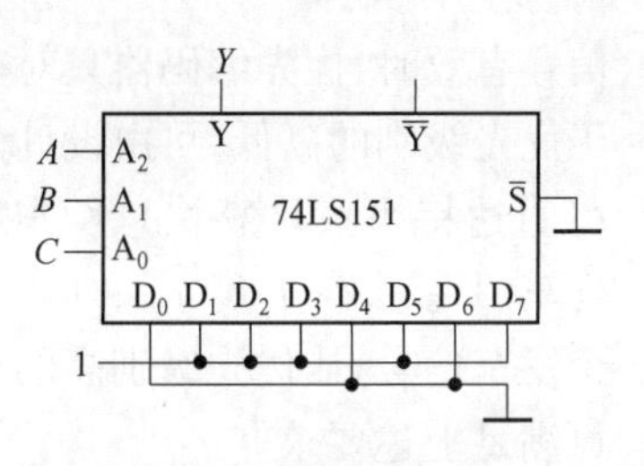

图 5-14　例 5-3 逻辑电路图

知识点三　编码器

在数字系统中,常常需要把某种具有特定意义的输入信号编成相应的若干位二进制代码来处理,这一过程称为编码。能够实现编码的集成组合逻辑电路称为编码器。

(一)二进制编码器

将 2^n 个输入信号变换成相应的 n 位二进制代码输出的编码电路,称为二进制编码器,又称 2^n 线—n 线编码器。

1. 二进制普通编码器

普通编码器的特点:任何时刻,2^n 个输入信号中只允许一个输入信号有效,即只允许一个输入信号请求编码,其他输入信号都无效,否则输出将发生紊乱。以 8 线—3 线二进制普通编码器为例,说明普通编码器的工作原理。8 线—3 线二进制普通编码器的示意图如图 5-15 所示,其中 $I_0 \sim I_7$ 为 8 个需要编码的特定含义信号,Y_2、Y_1、Y_0 为 3 位二进制代码输出。8 线—3 线普通编码器的输入、输出之间的对应关系见表 5-7,表中输入端每次只有一个输入信号有效。

根据表 5-7 可以写出普通 8 线—3 线编码器的逻辑表达式,并且可以画出逻辑图。读者可自行分析。

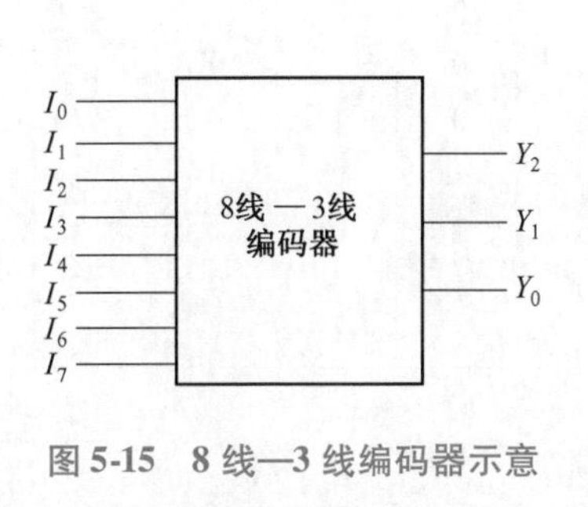

图 5-15　8 线—3 线编码器示意

表 5-7　输入输出对应关系

输入	输出		
I	Y_2	Y_1	Y_0
I_0	0	0	0
I_1	0	0	1
I_2	0	1	0
I_3	0	1	1
I_4	1	0	0
I_5	1	0	1
I_6	1	1	0
I_7	1	1	1

普通编码器的优点是电路简单。但在使用时却有着很大的局限性,因为任何时刻只允许输入一个编码信号,若多个编码信号同时输入,则普通编码器会产生错误的输出。

2. 优先编码器

为了解决普通编码器的使用局限性,一般都把编码器设计成优先编码器。优先编码器是数字系统中实现优先权管理的一个重要逻辑部件,它允许多个输入信号同时有效,即允许多个请求编码的信号同时输入,但是由于我们事先对所有编码输入按优先顺序排了队,当多个输入

信号有效时，优先编码器只对其中优先级别最高的一个进行编码，输出相应的二进制代码。至于优先级别的高低，可由设计人员根据问题的轻重缓急决定。例如，普速铁路线旅客列车分为Z（直达特快）、T（特快）、K（快速）和普通列车等，它们的优先级顺序是Z字头列车高于T字头列车、T字头高于K字头列车、K字头高于普通列车。显然，在同期间同向运行时，只能给出一个发车信号，让优先级别高的列车先通过，其他优先级别低的列车在小站等待。优先编码器便可满足上述要求。

74LS148是8线—3线优先编码器，常用于优先中断系统和键盘编码。74LS148的管脚排列和逻辑符号如图5-16所示，$\overline{I_0}\sim\overline{I_7}$为输入信号端，$\overline{S}$是使能输入端，$\overline{Y_0}\sim\overline{Y_2}$是三个输出端，$\overline{Y_{EX}}$和$\overline{Y_S}$是用于扩展功能的输出端。表5-8是74LS148的真值表。

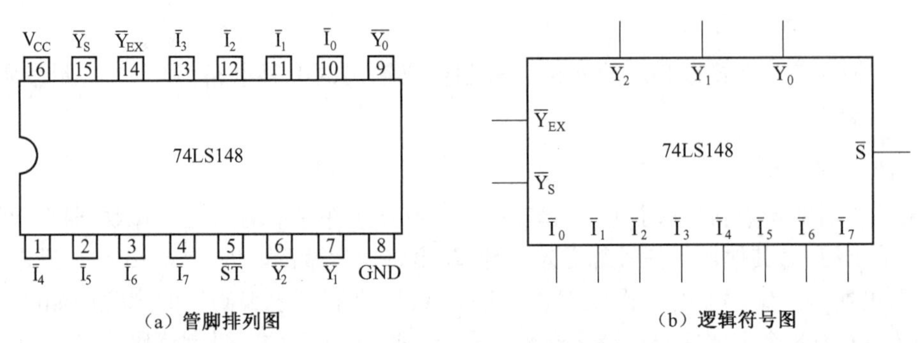

（a）管脚排列图　　（b）逻辑符号图

图5-16　74LS148的管脚排列和逻辑符号图

表5-8　74LS148真值表

输入									输出				
$\overline{S}$	$\overline{I_0}$	$\overline{I_1}$	$\overline{I_2}$	$\overline{I_3}$	$\overline{I_4}$	$\overline{I_5}$	$\overline{I_6}$	$\overline{I_7}$	$\overline{Y_2}$	$\overline{Y_1}$	$\overline{Y_0}$	$\overline{Y_S}$	$\overline{Y_{EX}}$
1	×	×	×	×	×	×	×	×	1	1	1	1	1
0	1	1	1	1	1	1	1	1	1	1	1	0	1
0	×	×	×	×	×	×	×	0	0	0	0	1	0
0	×	×	×	×	×	×	0	1	0	0	1	1	0
0	×	×	×	×	×	0	1	1	0	1	0	1	0
0	×	×	×	×	0	1	1	1	0	1	1	1	0
0	×	×	×	0	1	1	1	1	1	0	0	1	0
0	×	×	0	1	1	1	1	1	1	0	1	1	0
0	×	0	1	1	1	1	1	1	1	1	0	1	0
0	0	1	1	1	1	1	1	1	1	1	1	1	0

（1）使能输入端$\overline{S}$

$\overline{S}$是整个电路的控制端。$\overline{S}=0$时编码器工作，对输入信号$\overline{I_0}\sim\overline{I_7}$进行编码；$\overline{S}=1$时编码器不工作。电路输出无效（伪码）。

（2）输入端$\overline{I_0}\sim\overline{I_7}$

输入端$\overline{I_0}\sim\overline{I_7}$，“非”号表示输入信号低电平有效，即输入端$\overline{I_0}\sim\overline{I_7}$中为低电平的就是有编码输入信号，为高电平的就是无编码信号。由74LS148的真值表可看出，$\overline{I_7}$的优先级最高，$\overline{I_6}$次之，$\overline{I_0}$的优先级最低。只要$\overline{I_7}=0$，其他输入端是即便都为0，电路只对$\overline{I_7}$进行编码，输出与脚标

“7”对应的二进制代码。

(3)输出端$\overline{Y_0}$ ~ $\overline{Y_2}$

输出端$\overline{Y_0}$ ~ $\overline{Y_2}$,“非”号表示编码器 74LS148 的编码输出是反码。例如,当$\overline{I_7}=0$ 时,编码器就对$\overline{I_7}$进行编码,输出$\overline{Y_2}\ \overline{Y_1}\ \overline{Y_0}=\overline{1}\ \overline{1}\ \overline{1}=000$,也就是与脚标“7”的二进制码 111 正好相反。

(4)选通输出端$\overline{Y_S}$和扩展输出端$\overline{Y_{EX}}$

从表中可以看出,$\overline{Y_S}=0$ 表示:电路工作($\overline{S}=0$),但无编码输入($\overline{I_0}$ ~ $\overline{I_7}$输入都是 1)。$\overline{Y_{EX}}=0$ 表示:电路工作($\overline{S}=0$),且有编码输入($\overline{I_0}$ ~ $\overline{I_7}$输入有 0)。当$\overline{Y_S}$和$\overline{Y_{EX}}$都为 1 时,表示电路不工作($\overline{S}=1$)。

(二)10 线—4 线 8421BCD 优先编码器

74LS147 优先编码器的真值表见表 5-9,输入端$\overline{I_1}$ ~ $\overline{I_9}$脚标数字越大优先级别越高,$\overline{I_9}$的优先权最高、$\overline{I_8}$次之、以此类推,$\overline{I_0}$最低,且输入信号低电平有效。输出是反码。如果$\overline{I_1}$ ~ $\overline{I_9}$均为高电平 1 时,隐含着此时是对$\overline{I_0}$编码,则输出$\overline{Y_3}\ \overline{Y_2}\ \overline{Y_1}\ \overline{Y_0}=\overline{0}\ \overline{0}\ \overline{0}\ \overline{0}=1111$,它是 8421BCD 码“0”的反码。

表 5-9　74LS147 优先编码器的真值表

输入									输出			
$\overline{I_1}$	$\overline{I_2}$	$\overline{I_3}$	$\overline{I_4}$	$\overline{I_5}$	$\overline{I_6}$	$\overline{I_7}$	$\overline{I_8}$	$\overline{I_9}$	$\overline{Y_3}$	$\overline{Y_2}$	$\overline{Y_1}$	$\overline{Y_0}$
×	×	×	×	×	×	×	×	0	0	1	1	0
×	×	×	×	×	×	×	0	1	0	1	1	1
×	×	×	×	×	×	0	1	1	1	0	0	0
×	×	×	×	×	0	1	1	1	1	0	0	1
×	×	×	×	0	1	1	1	1	1	0	1	0
×	×	×	0	1	1	1	1	1	1	0	1	1
×	×	0	1	1	1	1	1	1	1	1	0	0
×	0	1	1	1	1	1	1	1	1	1	0	1
0	1	1	1	1	1	1	1	1	1	1	1	0
1	1	1	1	1	1	1	1	1	1	1	1	1

74LS147 的管脚排列和逻辑符号如图 5-17 所示,$\overline{I_1}$ ~ $\overline{I_9}$为输入信号端,$\overline{Y_0}$ ~ $\overline{Y_3}$是四个输出端,也是输入信号低电平有效,反码输出。

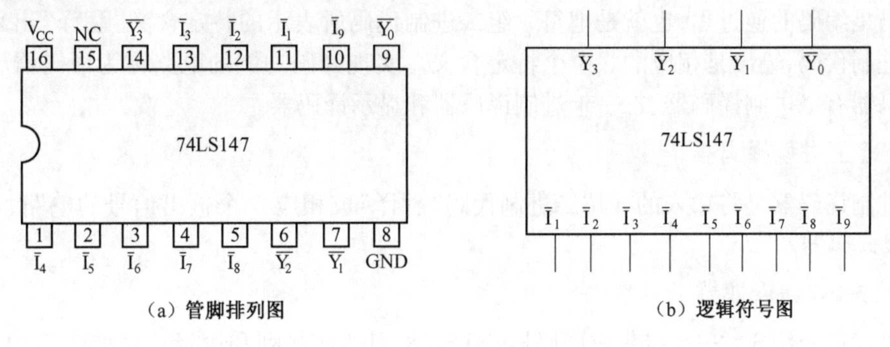

图 5-17　74LS147 的管脚排列和逻辑符号图

CD40147 是一种标准型 CMOS 集成 10 线—4 线 8421BCD 码优先编码器,其管脚排列和逻辑符号如图 5-18 所示,真值表见表 5-10。CD40147 有 10 个输入端$I_0 \sim I_9$,有 4 个输出端$Y_0 \sim Y_3$,是输入信号高电平有效,正码输出。当 10 个输入信号都为 0 时,输出 $Y_3Y_2Y_1Y_0 = 1111$,伪码,表示无编码信号输入。

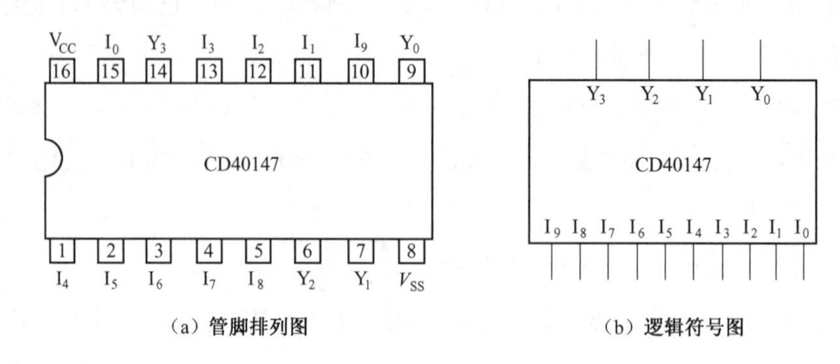

(a) 管脚排列图　　　　(b) 逻辑符号图

图 5-18　CD40147 的管脚排列和逻辑符号图

表 5-10　CD40147 真值表

输入										输出			
I_0	I_1	I_2	I_3	I_4	I_5	I_6	I_7	I_8	I_9	Y_3	Y_2	Y_1	Y_0
0	0	0	0	0	0	0	0	0	0	1	1	1	1
×	×	×	×	×	×	×	×	×	1	1	0	0	1
×	×	×	×	×	×	×	×	1	0	1	0	0	0
×	×	×	×	×	×	×	1	0	0	0	1	1	1
×	×	×	×	×	×	1	0	0	0	0	1	1	0
×	×	×	×	×	1	0	0	0	0	0	1	0	1
×	×	×	×	1	0	0	0	0	0	0	1	0	0
×	×	×	1	0	0	0	0	0	0	0	0	1	1
×	×	1	0	0	0	0	0	0	0	0	0	1	0
×	1	0	0	0	0	0	0	0	0	0	0	0	1
1	0	0	0	0	0	0	0	0	0	0	0	0	0

知识点四　译码器

译码是编码的逆过程,也就是把每一组二进制代码所表示的特定含义“翻译”出来。其输入是二进制代码,输出是相应的一个个特定含义。实现译码功能的电路称为译码器。常用的集成译码器有二进制译码器、二—十进制译码器和显示译码器。

(一)二进制译码器

二进制译码器是将输入的 n 位二进制代码“翻译”成相应 2^n 个输出信号的电路,又称为 n 线—2^n线译码器。

1.3 线—8 线译码器

这里我们介绍 3 线—8 线集成译码器 74LS138,其管脚排列和逻辑符号如图 5-19 所示,真值表见表 5-11。74LS138 有 3 个输入端、8 个输出端,因此称 3 线—8 线译码器。

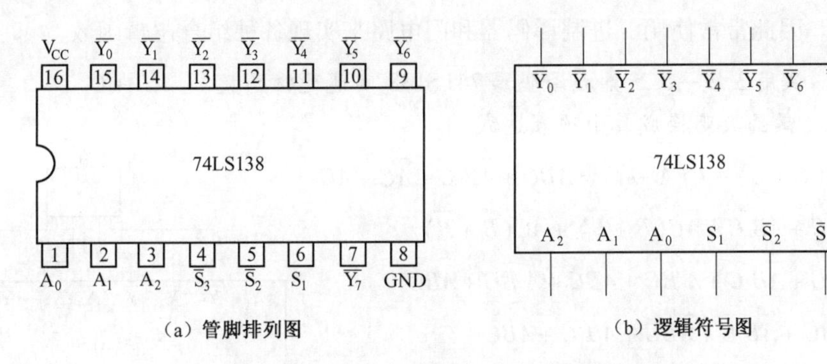

图 5-19　74LS138 的管脚排列和逻辑符号图

表 5-11　74LS138 真值表

输入						输出							
S_1	$\overline{S_2}$	$\overline{S_3}$	A_2	A_1	A_0	$\overline{Y_0}$	$\overline{Y_1}$	$\overline{Y_2}$	$\overline{Y_3}$	$\overline{Y_4}$	$\overline{Y_5}$	$\overline{Y_6}$	$\overline{Y_7}$
0	×	×	×	×	×	1	1	1	1	1	1	1	1
×	1	×	×	×	×	1	1	1	1	1	1	1	1
×	×	1	×	×	×	1	1	1	1	1	1	1	1
1	0	0	0	0	0	0	1	1	1	1	1	1	1
1	0	0	0	0	1	1	0	1	1	1	1	1	1
1	0	0	0	1	0	1	1	0	1	1	1	1	1
1	0	0	0	1	1	1	1	1	0	1	1	1	1
1	0	0	1	0	0	1	1	1	1	0	1	1	1
1	0	0	1	0	1	1	1	1	1	1	0	1	1
1	0	0	1	1	0	1	1	1	1	1	1	0	1
1	0	0	1	1	1	1	1	1	1	1	1	1	0

(1)3 个输入端 A_0、A_1、A_2：输入二进制代码 $A_2A_1A_0=000\sim111$，共 $2^3=8$ 种组合状态。

(2)8 个输出端 $\overline{Y_0}\sim\overline{Y_7}$：输出低电平有效。在正常译码（“使能”）的情况下，$\overline{Y_0}\sim\overline{Y_7}$ 八个输出端中只有一个输出端为低电平，其余输出端为高电平。

(3)3 个使能端 S_1、$\overline{S_2}$、$\overline{S_3}$：只有当 S_1、$\overline{S_2}$、$\overline{S_3}$ 分别为 1、0、0 时，译码器正常译码，否则译码器禁止译码，所有输出 $\overline{Y_0}\sim\overline{Y_7}$ 都为高电平 1。

当 $S=1$、$\overline{S_2}=\overline{S_3}=0$ 时，由真值表可写出输出逻辑函数表达式

$$\overline{Y_0}=\overline{\bar{A}_2\bar{A}_1\bar{A}_0}=\overline{m_0} \qquad \overline{Y_4}=\overline{A_2\bar{A}_1\bar{A}_0}=\overline{m_4}$$

$$\overline{Y_1}=\overline{\bar{A}_2\bar{A}_1A_0}=\overline{m_1} \qquad \overline{Y_5}=\overline{A_2\bar{A}_1A_0}=\overline{m_5}$$

$$\overline{Y_2}=\overline{\bar{A}_2A_1\bar{A}_0}=\overline{m_2} \qquad \overline{Y_6}=\overline{A_2A_1\bar{A}_0}=\overline{m_6}$$

$$\overline{Y_3}=\overline{\bar{A}_2A_1A0}=\overline{m_3} \qquad \overline{Y_7}=\overline{A_2A_1A_0}=\overline{m_7}$$

2. 应用

从输出逻辑表达式可以看出：二进制译码器实质上是一个最小项产生器，即每一个输出对

应一个最小项。因此常常使用二进制译码器和门电路来实现各种组合逻辑函数。

【例 5-4】 试用 3 线—8 线集成译码器 74LS138 实现逻辑函数 $Y=\bar{A}B+C$

解:(1)把逻辑函数变换成最小项表达式

$$
\begin{aligned}
Y &= \bar{A}B(C+\bar{C})+C(A+\bar{A})=\bar{A}BC+\bar{A}B\bar{C}+\bar{A}C+AC \\
&= \bar{A}BC+\bar{A}B\bar{C}+\bar{A}C(B+\bar{B})+AC(B+\bar{B}) \\
&= \bar{A}BC+\bar{A}B\bar{C}+\bar{A}\bar{B}C+\bar{A}BC+A\bar{B}C+ABC \\
&= \bar{A}\bar{B}C+\bar{A}B\bar{C}+\bar{A}BC+A\bar{B}C+ABC \\
&= m_1+m_2+m_3+m_5+m_7 \\
&= \overline{\overline{m_1+m_2+m_3+m_5+m_7}} \\
&= \overline{\overline{m_1}\cdot\overline{m_2}\cdot\overline{m_3}\cdot\overline{m_5}\cdot\overline{m_7}}
\end{aligned}
$$

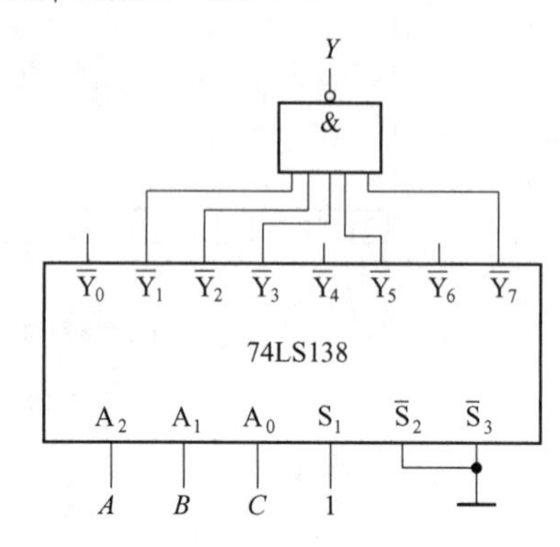

图 5-20 例 5-4 图

(2)比较逻辑函数 Y 与 74LS138 的输出逻辑函数表达式:设 $A=A_2$、$B=A_1$、$C=A_0$,得

$$Y=\overline{\overline{Y_1}\cdot\overline{Y_2}\cdot\overline{Y_3}\cdot\overline{Y_5}\cdot\overline{Y_7}}$$

(3)画出该逻辑函数的逻辑图,如图 5-20 所示。

(二)二—十进制译码器

二—十进制译码器就是将某种二—十进制代码(BCD 码)变换为相应的十进制数码的组合逻辑电路,又称 4 线—10 线译码器。其输入是 BCD 码,为四个输入端 A_3、A_2、A_1、A_0,$A_3A_2A_1A_0$ = 0000 ~ 1001;输出是与 10 个十进制数码相对应的 10 个信号,用$\overline{Y_0}$ ~ $\overline{Y_9}$表示,输出低电平有效。常用的有 74LS42、74LS145、74HC42 等。74LS42 的逻辑符号如图 5-21 所示,真值表见表 5-12。当 $A_3A_2A_1A_0$ = 1010 ~ 1111 时,输出全是 1,称伪码。

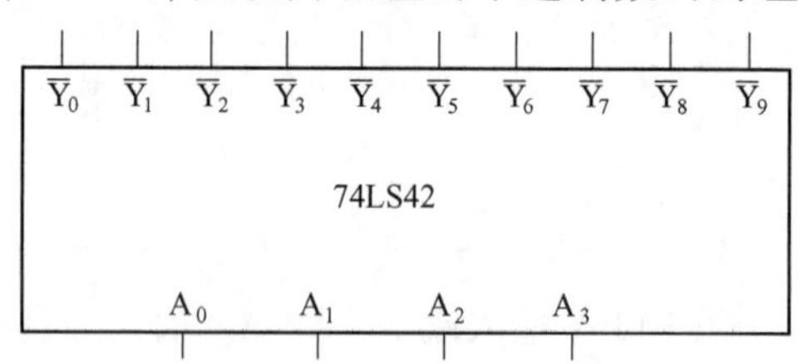

图 5-21 74LS42 的逻辑符号

表 5-12 74LS42 真值表

十进制数	输入				输出									
	A_2	A_2	A_1	A_0	$\overline{Y_0}$	$\overline{Y_1}$	$\overline{Y_2}$	$\overline{Y_3}$	$\overline{Y_4}$	$\overline{Y_5}$	$\overline{Y_6}$	$\overline{Y_7}$	$\overline{Y_8}$	$\overline{Y_9}$
0	0	0	0	0	0	1	1	1	1	1	1	1	1	1
1	0	0	0	1	1	0	1	1	1	1	1	1	1	1
2	0	0	1	0	1	1	0	1	1	1	1	1	1	1
3	0	0	1	1	1	1	1	0	1	1	1	1	1	1
4	0	1	0	0	1	1	1	1	0	1	1	1	1	1
5	0	1	0	1	1	1	1	1	1	0	1	1	1	1
6	0	1	1	0	1	1	1	1	1	1	0	1	1	1
7	0	1	1	1	1	1	1	1	1	1	1	0	1	1

续上表

十进制数	输入				输出									
	A_2	A_2	A_1	A_0	$\overline{Y}_0$	$\overline{Y}_1$	$\overline{Y}_2$	$\overline{Y}_3$	$\overline{Y}_4$	$\overline{Y}_5$	$\overline{Y}_6$	$\overline{Y}_7$	$\overline{Y}_8$	$\overline{Y}_9$
8	1	0	0	0	1	1	1	1	1	1	1	1	0	1
9	1	0	0	1	1	1	1	1	1	1	1	1	1	0
无效输入	1	0	1	0	1	1	1	1	1	1	1	1	1	1
	1	0	1	1	1	1	1	1	1	1	1	1	1	1
	1	1	0	0	1	1	1	1	1	1	1	1	1	1
	1	1	0	1	1	1	1	1	1	1	1	1	1	1
	1	1	1	0	1	1	1	1	1	1	1	1	1	1
	1	1	1	1	1	1	1	1	1	1	1	1	1	1

（三）显示译码器

在数字系统中常常需要把二—十进制代码译成十进制数，并驱动数字显示器显示，方便人们观测使用。所以显示译码器由译码器和功率驱动器两部分组成，驱动器与显示器相连接。通常译码器和功率驱动器都集成在一块芯片上。

1. 七段数码显示器

常见的七段数码显示器有半导体数码管（也称 LED 数码管），这种数码管由多个 PN 结封装而成，PN 结正向导通时辐射发光，辐射波长决定发光颜色，通常有红、绿、橙、蓝、黄等颜色。半导体数码管内部有共阳极和共阴极两种接法，例如 BS201 就是一种带有小数点的七段共阴极半导体数码管，一段就是一个 LED，其管脚排列图和内部接线图如图 5-22（a）和（b）所示，全部 LED 的阴极连接在一起，使用时接地，阳极 a、b、c、d、e、f、g、h 接高电平时点亮相应的 LED。图 5-22（c）和（d）所示分别为发光二极管的共阳引脚图和共阳极接法，全部 LED 的阳极连接在一起，使用时接高电平，阴极 a、b、c、d、e、f、g、h 接低电平时点亮相应的 LED。

各段笔画的组合能显示十进制数 0 ~ 9 及某些英文字母，如图 5-23 所示。

半导体数码管的优点是工作电压低（1.7 ~ 1.9 V），体积小，可靠性高，寿命长（大于 10 000 h），响应速度快（小于 10 ns），颜色丰富等；缺点是耗电较大，工作电流一般为几毫安至几十毫安。

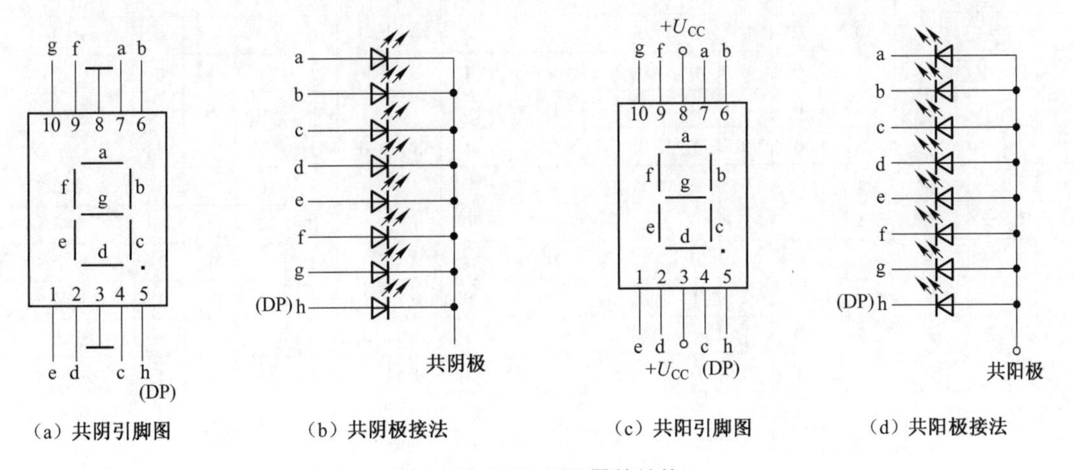

（a）共阴引脚图　（b）共阴极接法　（c）共阳引脚图　（d）共阳极接法

图 5-22　LED 显示器的结构

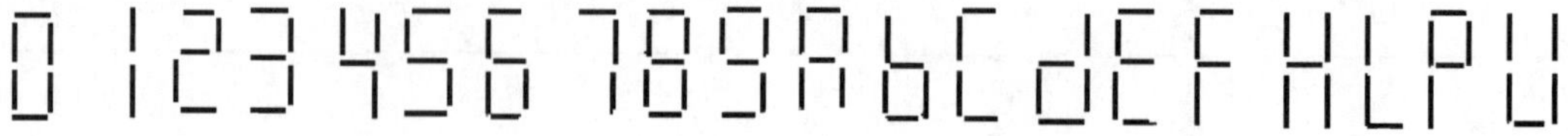

图 5-23　七段数码管显示的数字和英文字母图形

2. 七段显示译码器

七段数码管是利用不同发光段的组合来显示不同的数字和字母图形，因此译码器必须先将需要显示的十进制数码译出，然后经驱动器控制对应的某段显示状态。例如，对于8421BCD 码的 0111 状态，对应的十进制数码是 7，则译码驱动就应使 a、b、c 三段为一种电平，d、e、f、g、h 各段为同一种电平。

74LS48 是中规模集成 BCD 码七段驱动译码器，其管脚排列和逻辑符号如图 5-24 所示，真值表见表 5-13。

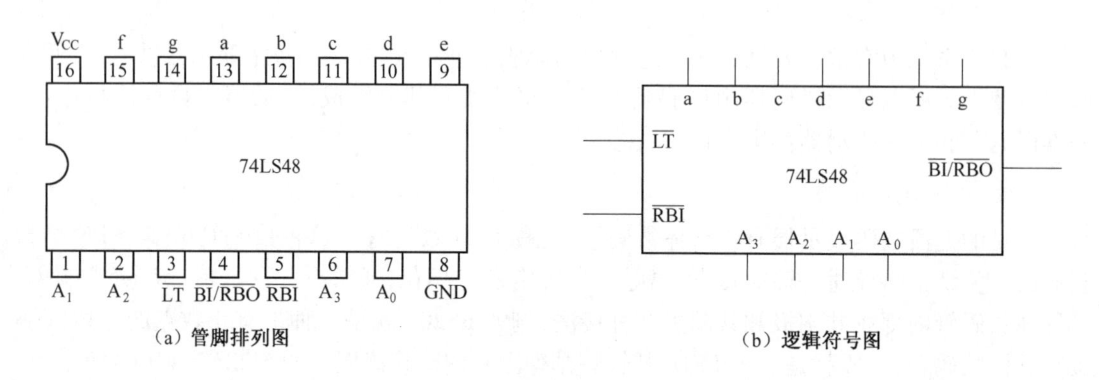

（a）管脚排列图　　（b）逻辑符号图

图 5-24　74LS48 的管脚排列和逻辑符号图

表 5-13　74LS48 真值表

功能	输入						输入/输出	输出							说明
	$\overline{LT}$	$\overline{RBI}$	A_3	A_2	A_1	A_0	$\overline{BI}/\overline{RBO}$	Y_a	Y_b	Y_c	Y_d	Y_e	Y_f	Y_g	
灯测试	0	×	×	×	×	×	1	1	1	1	1	1	1	1	全亮
灭灯	1	×	×	×	×	×	0	0	0	0	0	0	0	0	全灭
灭零	1	0	0	0	0	0	0	0	0	0	0	0	0	0	全灭
0	1	1	0	0	0	0	1	1	1	1	1	1	1	0	显示 0
1	1	×	0	0	0	1	1	0	1	1	0	0	0	0	显示 1
2	1	×	0	0	1	0	1	1	1	0	1	1	0	1	显示 2
3	1	×	0	0	1	1	1	1	1	1	1	0	0	1	显示 3
4	1	×	0	1	0	0	1	0	1	1	0	0	1	1	显示 4
5	1	×	0	1	0	1	1	1	0	1	1	0	1	1	显示 5
6	1	×	0	1	1	0	1	0	0	1	1	1	1	1	显示 6
7	1	×	0	1	1	1	1	1	1	1	0	0	0	0	显示 7
8	1	×	1	0	0	0	1	1	1	1	1	1	1	1	显示 8
9	1	×	1	0	0	1	1	1	1	1	0	0	1	1	显示 9
10	1	×	1	0	1	0	1	0	0	0	1	1	0	1	无效

续上表

功能	输入						输入/输出	输出							说明
	$\overline{LT}$	$\overline{RBI}$	A_3	A_2	A_1	A_0	$\overline{BI}/\overline{RBO}$	Y_a	Y_b	Y_c	Y_d	Y_e	Y_f	Y_g	
11	1	×	1	0	1	1	1	0	0	1	1	0	0	1	无效
12	1	×	1	1	0	0	1	0	1	0	0	0	1	1	无效
13	1	×	1	1	0	1	1	1	0	0	1	0	1	1	无效
14	1	×	1	1	1	0	1	0	0	0	1	1	1	1	无效
15	1	×	1	1	1	1	1	0	0	0	0	0	0	0	无效

$\overline{LT}$——测试灯输入端。$\overline{LT}=0$（低电平有效）且$\overline{BI}/\overline{RBO}=1$时，$Y_a \sim Y_g$输出均为1，显示器七段应全亮，否则说明显示器件有故障。正常译码显示时，$\overline{LT}$应处于高电平，即$\overline{LT}=1$。

$\overline{RBI}$——灭零输入端。该端的作用是将数码管显示的数字0熄灭。当$\overline{RBI}=0$（低电平有效）、$\overline{LT}=1$且$A_3A_2A_1A_0=0000$时，$Y_a \sim Y_g$均输出0，数码管不显示。

$\overline{BI}/\overline{RBO}$——双重功能端。此端可作为输入信号端又可以作为输出信号端。①作为输入端时是熄灭信号输入端$\overline{BI}$，利用$\overline{BI}$端可按照需要控制数码管显示或不显示。当$\overline{BI}=0$时（低电平有效），无论$A_3A_2A_1A_0$状态如何，$Y_a \sim Y_g$均为0，数码管不显示。②作为输出端时是灭零输出端$\overline{RBO}$，当$\overline{RBI}=0$，且$A_3A_2A_1A_0=0000$时，$\overline{RBO}=0$，用于指示灭零状态。

$\overline{RBO}$与$\overline{RBI}$配合使用，可消去混合小数的首位零和无用的尾零。例如一个七位数显示器，要将008.0300显示成8.03，可按图5-25连接。

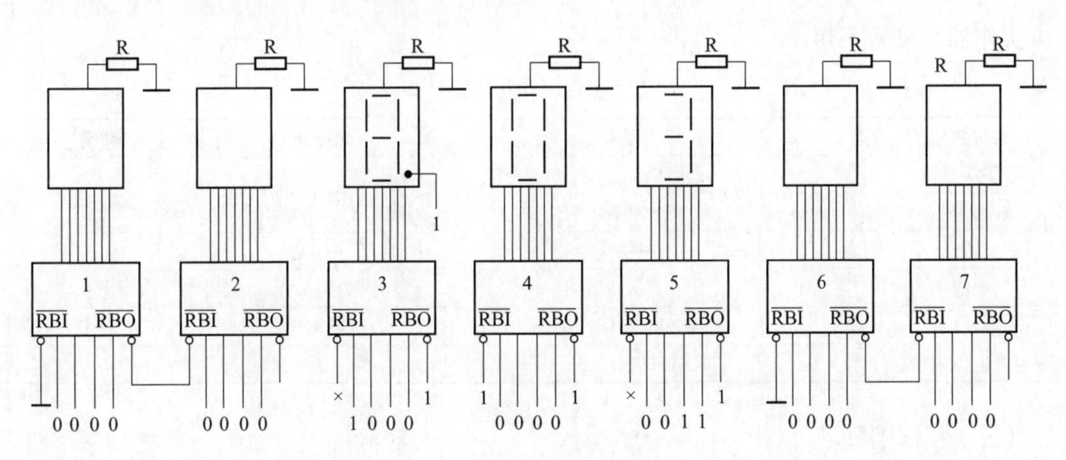

图5-25　具有灭零控制的七位数码显示系统

对于共阴接法的数码管，还可以采用CMOSBCD锁存/7段译码/驱动器CD4511。CD4511的管脚排列图见附录B（十八），第5脚LE为数据锁存控制端，LE=1锁存数据，LE=0译码。

对于共阳接法的数码管，可以采用74LS47等七段译码驱动器，在相同输入条件下，其输出电平与74LS48相反。其管脚排列和逻辑符号如图5-26所示。

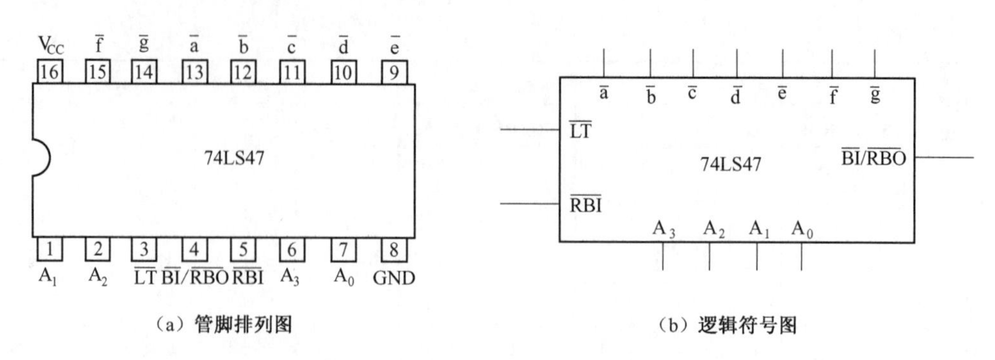

（a）管脚排列图　　（b）逻辑符号图

图 5-26　74LS47 的管脚排列和逻辑符号图

另外，在为半导体数码管选择译码驱动电路时，还需要注意根据半导体数码管工作电流的要求，来选择适当的限流电阻。

实作

实作一　电动机开机指示灯控制电路的设计制作与调试

（一）实作目的

1. 掌握组合逻辑电路的设计方法。
2. 掌握用集成组合逻辑电路器件制作组合逻辑电路的方法。
3. 学习电路的故障分析与处理。
4. 培养良好的操作习惯，提高职业素质。

（二）实作器材

实作器材见表 5-14。

表 5-14　实作器材

器材名称	规格型号	电路符号	数量
数字实验箱	TPE-D2	—	1
数字万用表	VC890C+	—	1
尖镊子	—	—	1
导线	—	—	若干
集成门	74LS00、74LS20	G	各 1
集成组合逻辑电路器件	74LS151、74LS138	—	各 1

（三）实作前预习

1. 3 线—8 线译码器 74LS138

74LS138 是 3 线—8 线二进制译码器集成器件，其管脚排列图和逻辑符号如图 5-19 所示（第 175 页）。利用 74LS138 加门电路可以实现组合逻辑函数。

2. 8 选 1 数据选择器 74LS151

74LS151 是 8 选 1 数据选择器集成器件，其管脚排列图和逻辑符号如图 5-13 所示、输出 Y 的函数表达式见式(5-4)（第 169 页）。利用数据选择器可以实现组合逻辑函数。

（四）实训内容及步骤

用中规模集成电路实现电动机开机指示灯控制电路。

要求：三台电动机 A、B、C，A 开机时 B 必须开机，A 不开机时 B 可开机可不开机；B 开机时 C 也必须开机，B 不开机时 C 可开机可不开机。

(1)列出电动机开机指示灯控制电路的真值表，填入表 5-15 中。

(2)由真值表写出逻辑表达式，填入表 5-15 中。

(3)画出用中规模集成电路 74LS151 实现的电动机开机指示灯控制电路逻辑电路图，填入表 5-15 中。

(4)画出用中规模集成电路 74LS138 实现的电动机开机指示灯控制电路逻辑电路图，填入表 5-15 中。

（五）测试与观察结果记录

测试与观察结果记录于表 5-15。

表 5-15　测试 1

<table>
<tr><td rowspan="5">电路设计</td><td colspan="2" rowspan="2">真值表</td><td>A B C</td><td>Y</td></tr>
<tr><td>0 0 0
0 0 1
0 1 0
0 1 1
1 0 0
1 0 1
1 1 0
1 1 1</td><td></td></tr>
<tr><td colspan="2">逻辑表达式</td><td colspan="2"></td></tr>
<tr><td rowspan="2">逻辑图</td><td>用 74LS151 实现电动机开机指示灯控制电路</td><td colspan="2"></td></tr>
<tr><td>用 74LS138 实现电动机开机指示灯控制电路</td><td colspan="2"></td></tr>
</table>

续上表

<table>
<tr><td rowspan="2">功能测试</td><td rowspan="2">真值表</td><td>A B C</td><td>Y</td></tr>
<tr><td>0 0 0
0 0 1
0 1 0
0 1 1
1 0 0
1 0 1
1 1 0
1 1 1</td><td></td></tr>
<tr><td colspan="2">实作结论</td><td colspan="2"></td></tr>
</table>

（六）实作注意事项

(1)严禁带电操作。切忌在通电状态下拔、插导线和集成器件。

(2) +5 V 电源,切忌将电源极性接反。

(3)切忌将门电路的输出端直接与 +5 V 电源或地相连,也不允许接逻辑开关,否则将损坏元器件。

(4)注意组合逻辑电路使能端的正确连接。

（七）回答问题

(1)若不论输入什么状态,由 74LS138 安装的电动机开机指示灯控制电路的输出始终为 0,可能是什么原因?

(2)若数据选择器 74LS151 的使能端接“1”,则电动机开机指示灯控制电路的输出结果是什么?

实作二 数码显示电路的设计制作与调试

（一）实作目的

1. 掌握集成编码器的使用。
2. 掌握显示译码器的功能和应用。
3. 掌握显示器件的使用方法。
4. 具有查找简单故障的能力。

（二）实作器材

实作器材见表 5-16。

表 5-16　实作器材

器材名称	规格型号	电路符号	数量
数字实验箱	TPE-D2	—	1
数字万用表	VC890C+	—	1
导线	—	—	若干
集成门	74LS04	G	1
集成组合逻辑电路器件	74LS147、74LS48 或 CD4511、共阴极数码管	—	各 1

(三)实作前预习

实作电路框图如图 5-27 所示。优先编码器共有九路输入信号,输入信号低电平有效,当某个输入有效时,经过编码、显示译码器并最终在共阴极数码管上显示对应的数字号(1 ~9)。

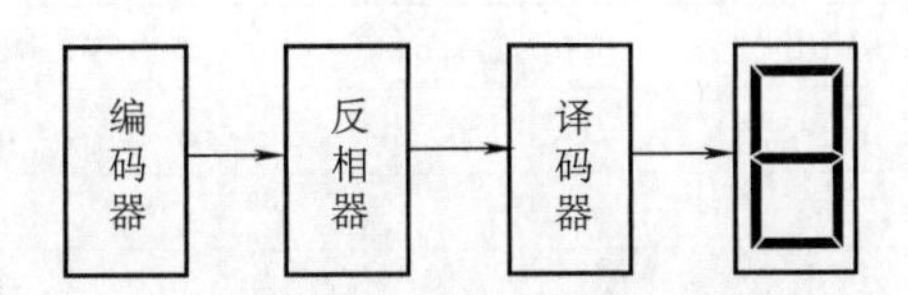

图 5-27　编码译码显示电路的框图

74LS147 是 10 线—4 线优先编码器集成器件,其管脚排列图和逻辑符号如图 5-17 所示。编码器编出的是二进制的数字代码,而人们习惯十进制的数字,因此需要用数字显示电路,显示出便于观测、查看的十进制数字。

常见的七段数码显示器有半导体数码显示器(LED)和液晶显示器(LCD)等。由七段发光二极管组成的数码显示器如图 5-22 所示(第 177 页),利用字段的不同组合,可分别显示出 0 ~9 十个数字,它有共阳极和共阴极两种接法。

七段显示译码器把输入的 BCD 码翻译成驱动七段 LED 数码管各对应段所需的电平。74LS48 和 CD4511 都是有效输出为高电平的中规模集成 BCD 码七段驱动译码器,可直接驱动共阴极七段数码显示器。74LS48 的管脚排列图和逻辑符号如图 5-24 所示(第 178 页)或见附录 B(十八),CD4511 的管脚排列图和逻辑符号见附录 B(十八)。

(四)实训内容与步骤

1. 连接电路

九路输入信号按电路图 5-28 所示接到编码器 74LS147 的九个输入端。检查电路连接,确认无误后再接电源。

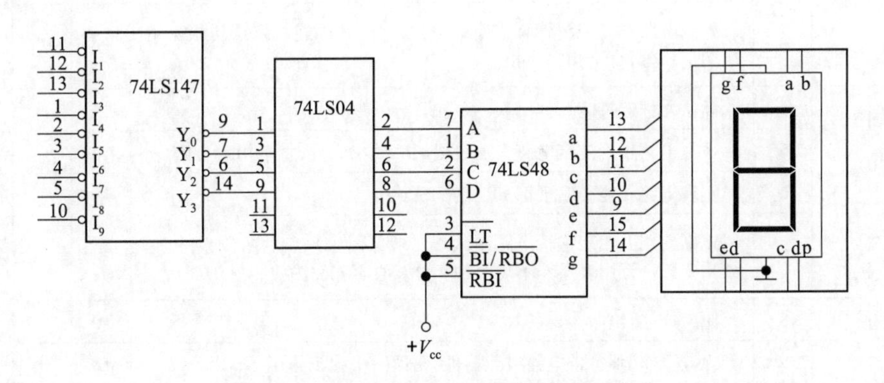

图 5-28　编码译码显示电路接线图

2. 电路功能测试

接通电源,分别对十进制数 0 ~9 进行编码,观察数码管的显示情况。按照表 5-17 的要求进行实作,填写并分析实作结果。

（五）测试与观察结果记录

测试与观察结果记录于表 5-17。

表 5-17　测试 2

编码器输入	编码器输出	译码器输入	74LS48 输出	数码管显示值
	$\overline{Y_3}\,\overline{Y_2}\,\overline{Y_1}\,\overline{Y_0}$	$D\ C\ B\ A$	$a\ b\ c\ d\ e\ f\ g$	
$\overline{I_3}$ 加入低电平				
$\overline{I_6}$ 加入低电平				
所有输入端加入低电平				
所有输入端加入高电平				

（六）注意事项

（1）严禁带电操作。在电源接通时，不允许拔、插集成电路。

（2）注意组合逻辑电路使能端的正确连接。

（3）注意显示译码器与数码管的正确连接。

（七）回答问题

（1）74LS147 的各编码输入端中优先级别最高和最低的分别是哪个输入端？

（2）如果此时$\overline{I_8}$有效，$\overline{I_1}\sim\overline{I_9}$输入信息有可能是什么？数码管显示值为多少？

实作考核评价

项目	步骤	分数	序号	考核内容及评分标准	配分	扣分	得分	备注
火灾报警器的设计制作与调试	电路设计	15	1	分析题意，绘制真值表。真值表每错一项扣 2 分，直至扣完为止	5			
			2	根据真值表写表达式。表达式错误可根据情况扣分	5			
			3	绘制电路图。控制管脚错误每个扣 2 分，其他连线错误可根据情况酌情扣分，直至扣完为止	5			
	电路连接及测试	55	4	确认元件选择。元件错误一个扣 2 分	5			
			5	根据电路正确连接电路。连线错误一处扣 2 分，直至扣完为止	10			
			6	实现电路功能。实现部分功能酌情给分	35			
			7	正确使用万用表进行电路测试。要求保留小数点后两位，每错一处扣 2 分。万用表操作不规范扣 5 分。直至扣完为止	5			
	回答	10	8	原因描述合理	10			
	整理	10	9	规范操作，不可带电插拔元器件，错误一次扣 5 分	5			
			10	正确穿戴，文明作业，违反规定，每处扣 2 分	2			
			11	操作台整理，测试合格应正确复位仪器仪表，保持工作台整洁，每处扣 3 分	3			
时限		10		时限为 45 min，每超 1 min 扣 1 分	10			
合计						100		

注意：操作中出现各种人为损坏，考核成绩不合格且按照学校相关规定赔偿。

本章小结

1. 组合逻辑电路的基本组成单元是门电路,其特点是电路在任一时刻的输出信号仅取决于当前的输入信号,而与原来状态无关,即“无记忆”功能。

2. 分析组合逻辑电路的方法是根据给定的逻辑电路,写出表达式,说明电路的逻辑功能。组合逻辑电路的设计是根据实际功能要求,设计出一个最佳的逻辑电路,其关键步骤是将实际问题抽象为一个逻辑变量问题,列出其真值表,写出表达式。组合逻辑电路的分析与设计步骤是相逆的。

3. 加法器是构成算术运算器的基本单元,它有半加器和全加器两种。

4. 数据选择器的基本功能是在地址输入信号的控制下,从多个数据输入通道中选取所需的信号,相当于一个智能开关。典型的有四选一 74LS153、八选一 74LS151 数据选择器。它的应用十分广泛,可扩展数据通道、可用于构成组合电路来实现逻辑函数、完成数据并行到串行的转换等。

5. 编码是用一组代码来表示文字、符号等特定信息对象的过程。常采用二进制数作代码,n 位二进制数有 2^n 个代码,可表示 2^n 个信号,即为 2^n 个信号编码。在任一时刻只能对一个输入信号进行编码。常见的编码器有二进制编码器、二—十进制编码器等。普通编码器的输入信号中每次只允许有一个信号有效;而优先编码器的输入信号中每次允许多个信号同时有效,但是只为优先级别最高的输入有效信号编码。

6. 译码是将代码的特定含义“翻译”出来,是编码的逆过程。译码器的种类很多,按照功能可分成三类。

①二进制(或称变量)译码器,典型的有 2 线—4 线 74LS139、3 线—8 线 74LS138 译码器。

②二—十进制(或称码制变换)译码器,典型的有 4 线—10 线二—十进制译码器 74LS42。

③显示译码器,常用的显示器件有半导体数码管、液晶显示器等,七段显示译码器 74LS48、CD4511 可直接驱动共阴极的 LED 数码管;七段显示译码器 74LS47 可直接驱动共阳极的 LED 数码管。

综合练习题

1. 填空题

(1) 如果对键盘上 108 个符号进行二进制编码,则至少要________位二进制数码。

(2) 当 10 线—4 线优先编码器 CD40147 的输入端 $I_9I_8I_7I_6I_5I_4I_3I_2I_1I_0=0010110001$ 时,则输出编码是________。

(3) 译码器按用途大致分为三大类,即________译码器、________译码器和________译码器。

(4) 常用的集成组合逻辑电路器件有________、________、________等。

2. 判断题

(1) 组合逻辑电路的基本逻辑单元是门电路,无“记忆”功能。　　(　　)

(2)普通编码器每次只能输入一个有效信号并进行编码。 (　　)

(3)优先编码器只对同时输入的有效信号中的优先级别最高的一个信号编码。 (　　)

(4)组合逻辑电路设计与组合逻辑电路分析的步骤是一样的。 (　　)

(5)组合逻辑电路任一时刻的输出只取决于该时刻的输入,无“记忆”功能。 (　　)

(6)编码与译码是互逆的过程。 (　　)

(7)二进制译码器相当于一个最小项发生器,便于实现组合逻辑电路。 (　　)

(8)共阴极的数码管显示器需选用有效输出为高电平的七段显示译码器来驱动。(　　)

3. 选择题

(1)组成组合逻辑电路的基本单元是______。

A. 场效应管　　B. 触发器

C. 半导体三极管　　D. 门电路

(2)一个74LS151八选一数据选择器的数据输入端有______个。

A. 8　　B. 2　　C. 3　　D. 4

(3)74LS153四选一数据选择器的地址输入信号有______个

A. 4　　B. 3　　C. 8　　D. 2

(4)一个16选一的数据选择器,其地址输入端有______个。

A. 1　　B. 2　　C. 4　　D. 16

(5)若在编码器中有62个编码对象,则要求输出二进制代码位数为______位。

A. 5　　B. 50　　C. 10　　D. 6

(6)十进制数码6的8421BCD码的编码为______。

A. 0110　　B. 1000

C. 0111　　D. 不确定

(7)下列逻辑电路中不是组合逻辑电路的是______。

A. 加法器　　B. 数据选择器

C. 译码器　　D. 寄存器

4. 分析回答

(1)组合逻辑电路在逻辑功能和电路结构上有什么特点?

(2)组合逻辑电路如图5-29所示,试写出输出逻辑函数表达式,列出真值表,分析电路的逻辑功能。

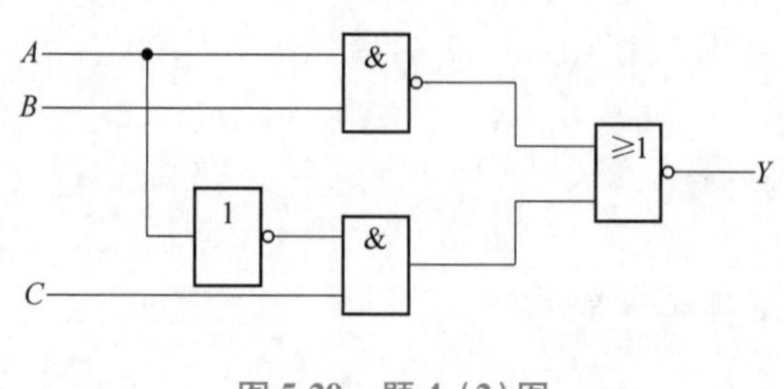

图5-29　题4-(2)图

(3)组合逻辑电路的设计步骤是什么？

(4)全加器和半加器的区别是什么？

(5)数据选择器的基本功能是什么？

(6)试用四选一数据选择器 74LS153 实现逻辑函数：$Y(A,B,C)=\sum m(1,2,5,6)$。

(7)什么是编码？什么是编码器？

(8)什么是译码？译码器有哪些类型？

(9)二线—四线译码器 74LS139 组成的电路如图 5-30 所示，试填写表 5-18。

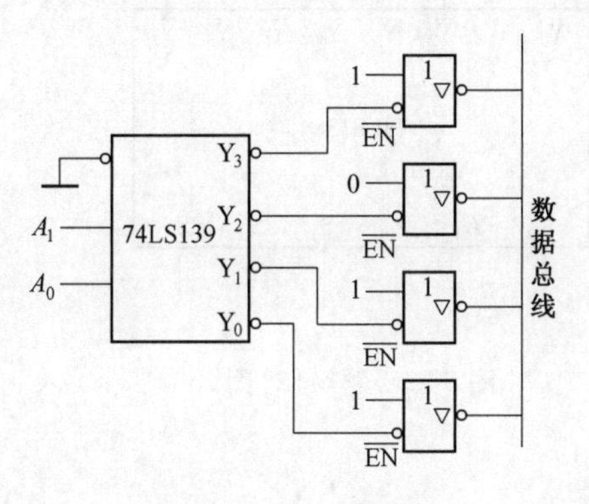

图 5-30　题 4-(9)图

表 5-18　记录表

A_1　A_0	总线上的数据
1　1	
1　0	
0　1	
0　0	

5. 分析设计

(1)举重裁判电路。要求：举重比赛有三个裁判，一个主裁判，两个副裁判。杠铃完全举起的裁决由每个裁判按下自己面前的按钮来决定，只有两个以上(含两个)的裁判(其中必有主裁判)判明成功时，表明成功的灯亮有效。试列出真值表，写出逻辑表达式，画出用 74LS151、74LS138 实现的逻辑图。

(2)设计一个三输入变量的判奇电路。当三个输入变量中有奇数个变量为 1 时，其输出为 1，否则为 0。试列出真值表，写出逻辑表达式，画出用 74LS151、74LS138 实现的逻辑图。

(3)设计一个火灾报警器。火灾报警系统内部设有烟感、温感和红外光感三种不同类型的火灾探测器。为了防止误报警，要求只有当其中两种或两种以上的探测器发出火灾检测信号时，报警系统才会发出报警信号。试列出真值表，写出逻辑表达式，画出用 74LS151、74LS138 实现的逻辑图。

(4)设计一个指示灯的控制电路。某车间有 A、B、C 三台电动机，要求：A 机必须开机；B 机和 C 机中至少有一台开机。如果满足上述要求，则指示灯亮为 1；电动机开机信号有输入为 1，无输入为 0。试列出真值表，写出逻辑表达式，画出用 74LS151、74LS138 实现的逻辑图。

(5)设计一个十字路口直行红、绿、黄三色交通灯故障报警电路。要求三色交通信号灯发生故障，输出为 1 报警。试列出真值表，写出逻辑表达式，画出用 74LS151、74LS138 实现的逻辑图。

(6)试用两片 8 选 1 构成一个 16 选 1 的数据选择器。

6. 分析故障

(1)某同学用数据选择器 74LS153 接成如图 5-31 所示实验电路，现在输出 Y 是什么状态？

试说明理由。

(2)74LS138 的逻辑符号如图 5-32 所示，若在使用时不论 $A_2A_1A_0$ 输入什么状态，输出始终为 $Y=0$，试分析可能是什么原因？

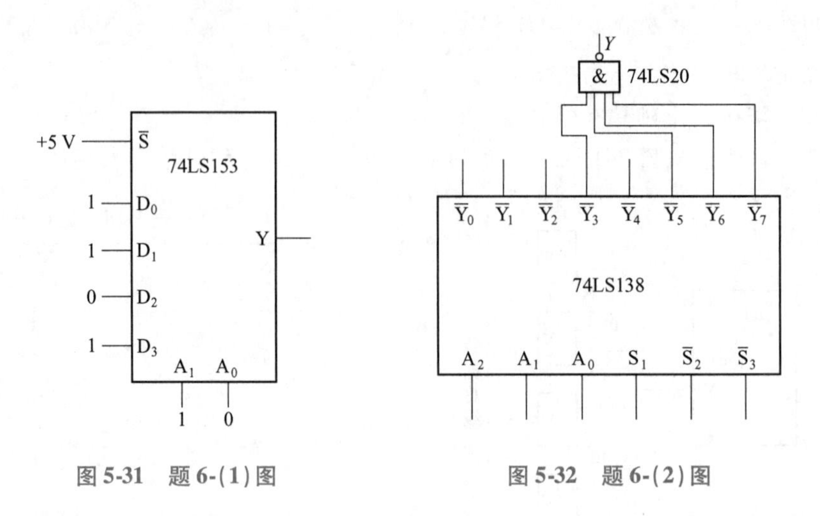

图 5-31　题 6-(1)图　　图 5-32　题 6-(2)图

第六章

时序逻辑电路的基本分析

本章介绍基本 RS 触发器,引入时钟脉冲控制的各种触发器,触发器逻辑功能之间的转换,常用集成触发器,寄存器,单向移位寄存器,双向移位寄存器,异步二进制计数器,同步二进制计数器,集成二进制计数器及其应用,集成十进制计数器及其应用。

能力目标

1. 能简单识别、检测常用集成触发器。
2. 能使用常用集成时序逻辑器件设计时序逻辑电路。
3. 能查找时序逻辑电路的常见故障。

能力目标

1. 掌握常用触发器的逻辑符号、逻辑功能,熟悉常用集成触发器的型号与应用。
2. 掌握同步、异步控制的特点。
3. 掌握数码寄存器的逻辑功能与应用,掌握移位寄存器的基本原理,熟悉集成双向移位寄存器的逻辑功能与应用。
4. 理解二进制计数器的基本原理,掌握集成二进制计数器的逻辑功能与应用,掌握集成十进制计数器的逻辑功能与应用。

数字电路分为组合逻辑电路和时序逻辑电路两大类。时序逻辑电路的特点是:任意时刻的输出状态不仅取决于该时刻的输入信号,还与电路原来的输出状态有关,即时序逻辑电路具有记忆功能,时序逻辑电路的基本单元是具有记忆功能的触发器。组合逻辑电路无记忆功能,其基本单元是门电路。

第一节 触发器

触发器是能存储一位二进制数 0 或 1 的基本单元电路。触发器有两个稳定状态,分别用来表示逻辑 1 和逻辑 0。一般规定 Q 端的状态为触发器的输出状态:$Q=1(\overline{Q}=0)$时称触发器为 1 状态;$Q=0(\overline{Q}=1)$时称触发器为 0 状态。在输入信号作用下,触发器的两个稳定状态可以相互转换(称为翻转),当输入信号消失后,电路能将新建立的状态保持下来,这种电路也称为双稳态电路。

触发器种类较多,按电路结构形式分:有基本 RS 触发器、同步触发器、主从触发器和维持阻塞触发器、边沿触发器等。

按逻辑功能分：有 RS 触发器、JK 触发器、D 触发器、T 触发器、T′触发器。

按触发方式分：有电平触发器、主从触发器和边沿触发器。

按器件类型分：有双极型（TTL）触发器和单极型（CMOS）触发器。

知识点一 基本 RS 触发器

（一）电路组成与逻辑符号

基本 RS 触发器是结构最简单的一种触发器，是各种复杂触发器的基本组成单元。如图 6-1（a）所示电路是由两个与非门交叉反馈连接成的基本 RS 触发器。$\overline{S}$、$\overline{R}$是两个信号输入端，“非号”表示输入信号低电平有效。Q、$\overline{Q}$为两个互补的信号输出端，通常规定以 Q 端的状态作为触发器状态。如图 6-1（b）所示是基本 RS 触发器的逻辑符号，$\overline{S}$、$\overline{R}$端的小圆圈也表示输入信号为低电平有效。

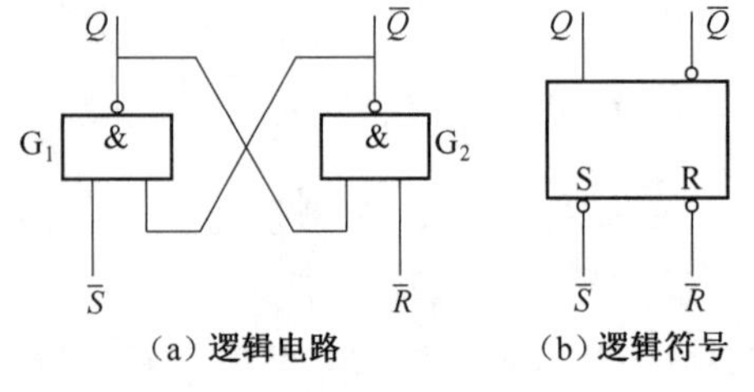

图 6-1 基本 RS 触发器

（二）逻辑功能

1. 逻辑功能分析

（1）当$\overline{S}=\overline{R}=0$ 时，$Q=\overline{Q}=1$。这破坏了 Q 和$\overline{Q}$的互补关系，对于触发器来说，是一种不正常状态，如果随后$\overline{S}$和$\overline{R}$同时返回 1，则触发器的状态均要向 0 转变，究竟哪个为 0 或为 1 是不确定的，故称为“不定”状态。为此，在正常情况下，$\overline{S}$和$\overline{R}$应遵守$\overline{S}+\overline{R}=1$（$R \cdot S=0$）的约束条件，不允许$\overline{S}=\overline{R}=0$ 的情况出现。

（2）当$\overline{S}=0$、$\overline{R}=1$ 时，$\overline{S}=0$ 使与非门 G_1 的输出端 $Q=1$，与非门 G_2 的输入全为 1，$\overline{Q}=0$。输出 $Q=1$、$\overline{Q}=0$ 称为触发器的“1 态”。由于是$\overline{S}$端加入有效的低电平使触发器置 1，故称$\overline{S}$端为置 1 端或置位端。

（3）当$\overline{S}=1$、$\overline{R}=0$ 时，$\overline{R}=0$ 使与非门 G_2 的输出端$\overline{Q}=1$，与非门 G_1 的输入全为 1，$Q=0$。输出 $Q=0$、$\overline{Q}=1$ 称为触发器的“0 态”。由于是$\overline{R}$端加入有效的低电平使触发器置 0，故称$\overline{R}$端为置 0 端或复位端。

（4）当$\overline{S}=\overline{R}=1$ 时，电路维持原来的状态不变。如果原来 $Q=1$、$\overline{Q}=0$，与非门 G_1 由于$\overline{Q}=0$ 而输出 $Q=1$，与非门 G_2 则因输入全部为 1 而使输出$\overline{Q}=0$。如果原来 $Q=0$、$\overline{Q}=1$，与非门 G_2 由于 $Q=0$ 而输出$\overline{Q}=1$，与非门 G_1 则因输入全部为 1 而使输出 $Q=0$。

2. 逻辑功能的描述

在描述触发器的逻辑功能时，我们规定：触发器在接收新的输入信号之前的原稳定状态称为初态，用 Q^n 表示；触发器在接收输入信号之后建立的新稳定状态叫作次态，用 Q^{n+1} 表示。触发器的次态 Q^{n+1} 由输入信号和初态 Q^n 的取值情况决定。触发器的逻辑功能常用以下几种方法描述。

（1）用真值表描述逻辑功能

基本 RS 触发器的真值表见表 6-1。

表 6-1　基本 RS 触发器真值

输入			输出	逻辑功能
$\overline{S}(S)$	$\overline{R}(R)$	Q^n	Q^{n+1}	
0(1)	0(1)	0	×	不定
0(1)	0(1)	1	×	
0(1)	1(0)	0	1	置 1
0(1)	1(0)	1	1	
1(0)	0(1)	0	0	置 0
1(0)	0(1)	1	0	
1(0)	1(0)	0	0	保持
1(0)	1(0)	1	1	

(2)用特征方程描述逻辑功能

描述触发器逻辑功能的函数表达式称为特性方程。由表 6-1 可写出逻辑表达式为

$$Q^{n+1}=\overline{S}\cdot\overline{R}\cdot Q^n+S\cdot\overline{R}\cdot\overline{Q^n}+S\cdot\overline{R}\cdot Q^n$$

如图 6-2 所示，用卡诺图化简得

$$\begin{cases}Q^{n+1}=S+\overline{R}Q^n\\ R\cdot S=0(\text{约束条件})\end{cases}\qquad(6\text{-}1)$$

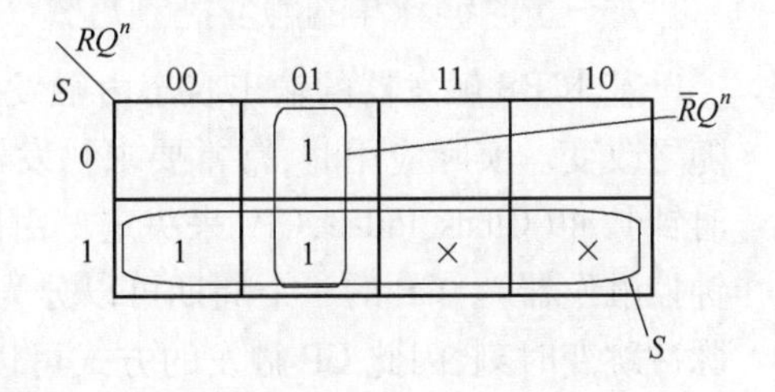

图 6-2　基本触发器次态卡诺图

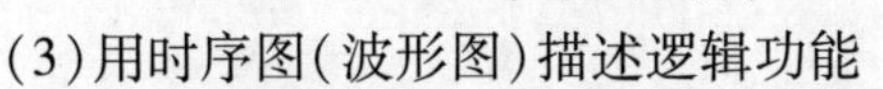

(3)用时序图(波形图)描述逻辑功能

波形图能够更形象地反映基本 RS 触发器的逻辑功能，如图 6-3 所示。

基本 RS 触发器还可以用或非门构成，其逻辑电路与逻辑符号如图 6-4 所示，其输入信号高电平有效。真值表见表 6-2。

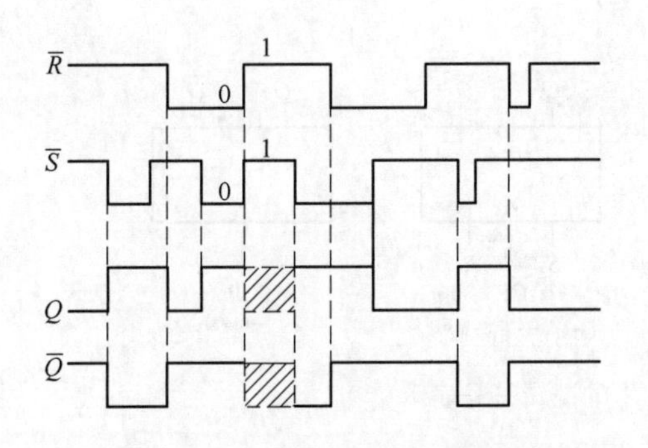

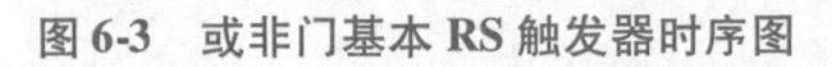

图 6-3　或非门基本 RS 触发器时序图

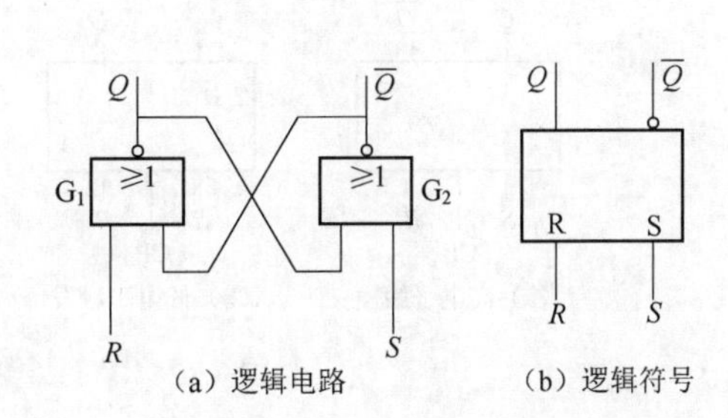

图 6-4　或非门构成的基本 RS 触发器

表 6-2　或非门基本 RS 触发器真值

输入			输出	逻辑功能
R	S	Q^n	Q^{n+1}	
0	0	0	0	保持
0	0	1	1	

续上表

输入			输出	逻辑功能
R	S	Q^n	Q^{n+1}	
0 0	1 1	0 1	1 1	置1
1 1	0 0	0 1	0 0	置0
1 1	1 1	0 1	× ×	不定

知识点二 引入时钟脉冲控制的各种触发器

（一）时钟脉冲的触发控制方式

基本 RS 触发器的输出状态由触发信号直接控制，一旦输入信号发生变化，其输出状态也随之改变。实际应用时，常常要求触发器的状态只在某一指定时刻变化，这个指定时刻可以由时钟脉冲(Clock Pulse,CP)来决定。由同步的时钟脉冲控制的触发器称为同步触发器(或称钟控触发器)。CP 的一个周期可以分为低电平、高电平两个时间段，以及上升沿、下降沿两个脉冲跳变时刻，因此 CP 触发的方式可以分为电平触发方式和边沿触发方式(下降沿或上升沿触发)。

如图 6-5 所示为时钟脉冲一个周期的有效时段。如图 6-6 所示为 CP 有效触发的逻辑符号表示。

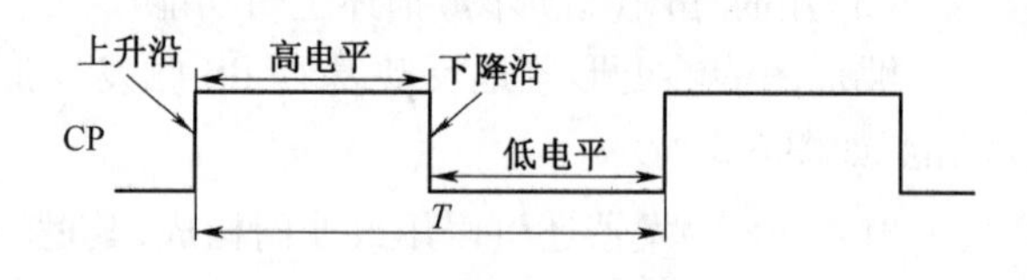

图 6-5　CP 的有效时段图

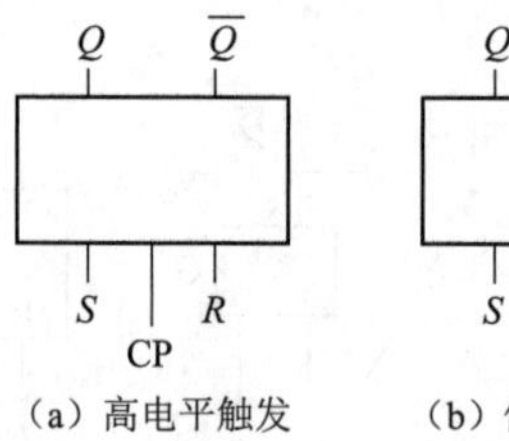

(a) 高电平触发

(b) 低电平触发

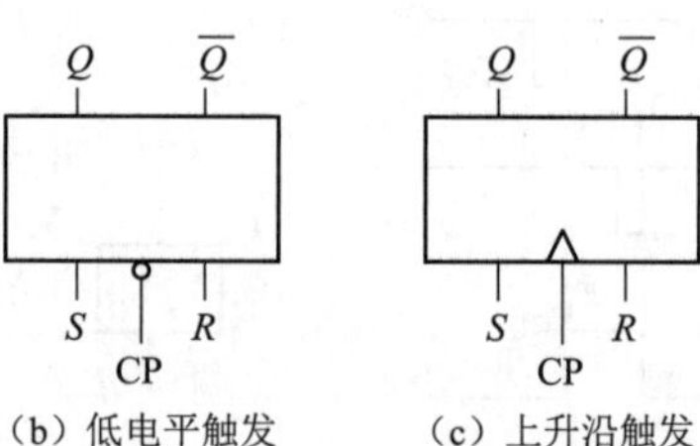

(c) 上升沿触发

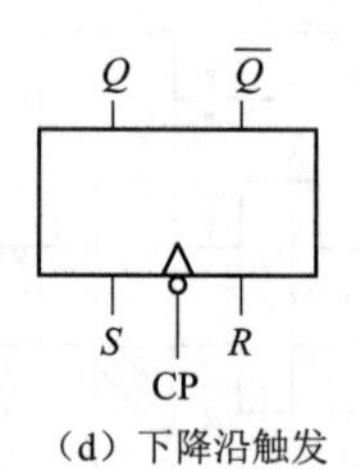

(d) 下降沿触发

图 6-6　CP 有效触发的逻辑符号表示

（二）引入 CP 控制的 RS 触发器

1. 同步 RS 触发器

1) 电路组成与逻辑符号

同步 RS 触发器是同步触发器中最简单的一种，其逻辑电路和逻辑符号如图 6-7 所示。图中在 G_1、G_2组成的基本 RS 触发器的基础上，增加了两个输入控制门 G_3、G_4，来实现时钟脉冲 CP 对输入端 R、S 的控制。

2）逻辑功能

（1）逻辑功能分析

①在 CP = 0 期间，G_3、G_4 被封锁，$Q_3 = Q_4 = 1$，基本 RS 触发器保持原状态不变。

②在 CP = 1 期间，G_3、G_4 解除封锁，将输入信号 R、S 导引进来，同时 $Q_3 = \overline{S}$、$Q_4 = \overline{R}$，触发器按基本 RS 触发器的逻辑功能进行变化

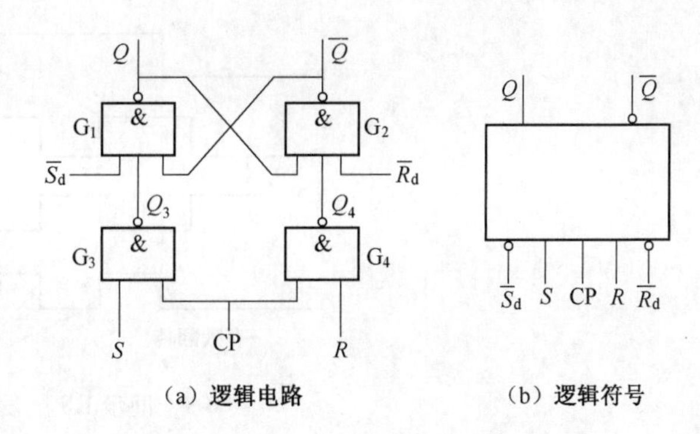

(a) 逻辑电路　　(b) 逻辑符号

图 6-7　同步 RS 触发器

③预置触发器的初始状态：实际使用时，常常需要在 CP 到来之前预先将触发器设置成某种状态，为此，在同步 RS 触发器中设置了直接置位端 $\overline{S}_d$ 和直接复位端 $\overline{R}_d$，当 $\overline{S}_d$ 有效时，立即置 $Q = 1$，与 CP 无关；同样当 $\overline{R}_d$ 有效时，立即置 $Q = 0$，也与 CP 无关。$\overline{S}_d$ 又称异步置位端，$\overline{R}_d$ 又称异步复位端。初始状态设置完毕，应使 $\overline{S}_d$ 和 $\overline{R}_d$ 处于高电平无效，触发器才能正常工作。

（2）逻辑功能的描述

①用真值表描述逻辑功能图。同步 RS 触发器的真值表见表 6-3。CP 高电平触发方式，输入信号 R、S 高电平有效。

②用特征方程描述逻辑功能。在 CP = 1 期间，同步 RS 触发器的特征方程与基本 RS 触发器相同，见式(6-1)。

③用时序图(波形图)描述逻辑功能。同步 RS 触发器的波形图如图 6-8 所示。

表 6-3　同步 RS 触发器的真值

CP	$\overline{S_D}$	$\overline{R_D}$	S	R	Q^n	Q^{n+1}	逻辑功能
×	0	1	0	1	×	1	直接置 1
×	1	0	1	0	×	0	直接置 0
1	1	1	0	0	0	0	保持
1	1	1	0	0	1	1	
1	1	1	0	1	0	0	置 0
1	1	1	0	1	1	0	
1	1	1	1	0	0	1	置 1
1	1	1	1	0	1	1	
1	1	1	1	1	0	×	不定
1	1	1	1	1	1	×	

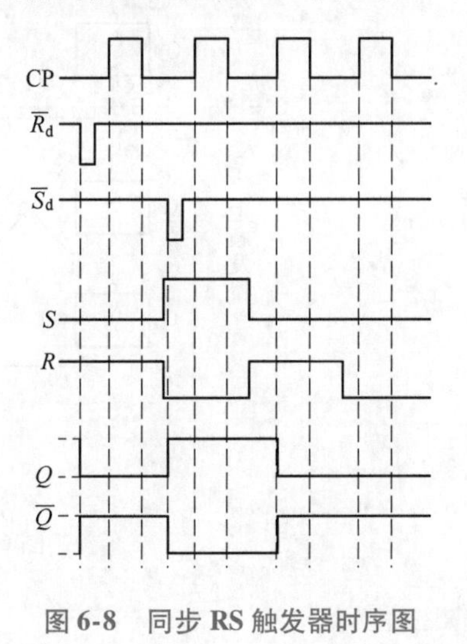

图 6-8　同步 RS 触发器时序图

3）同步 RS 触发器的空翻问题

CP 高电平期间有效的同步 RS 触发器，要求在 CP = 1 期间输入信号 R、S 保持不变，如果 R、S 发生了变化，比如受到外界干扰，可能会引起触发器状态的相应翻转，从而失去同步的意义。在 CP 一个周期内，触发器的状态发生两次及两次以上翻转的现象，称为“空翻”，如图 6-9 所示。“空翻”现象是同步型触发器的主要缺点。

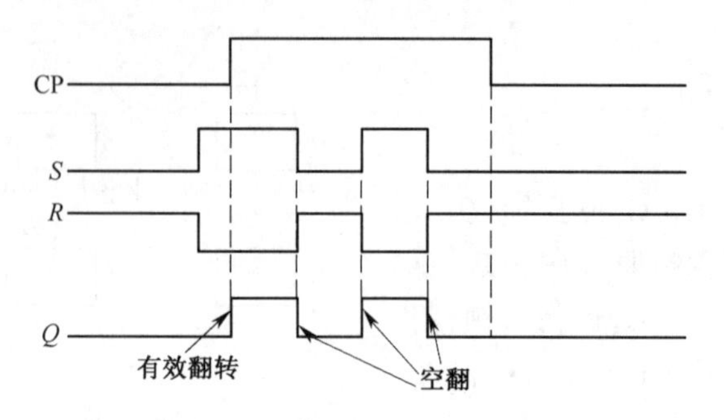

图 6-9　同步 RS 触发器的空翻现象

2. 主从 RS 触发器

CP 电平触发方式引起的触发器的空翻现象，限止了触发器的应用。为了解决同步 RS 触发器的空翻现象，引入主从 RS 触发器。

1）电路组成与逻辑符号

主从 RS 触发器逻辑电路和逻辑符号如图 6-10 所示，逻辑符号输出端加"┐"表示延迟输出。图中主从 RS 触发器由两个同步 RS 触发器组成，主触发器接收 R、S 输入信号，从触发器接收主触发器的输出信号。

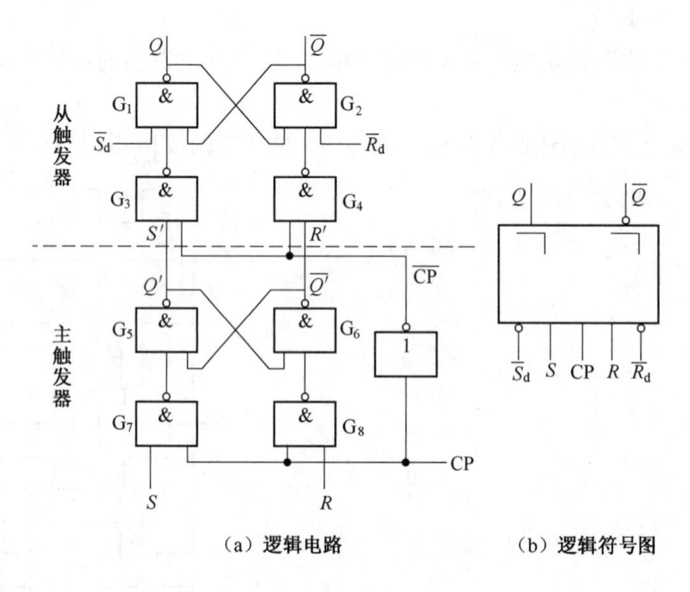

图 6-10　主从 RS 触发器

2）逻辑功能

（1）逻辑功能分析

①在 CP＝1 期间，主触发器按同步 RS 触发器的逻辑功能进行变化，从触发器被封锁，状态保持不变。

②在 CP＝1→0 时刻，即 CP 下降沿到来瞬间：主触发器被封锁，其输出 Q'保持不变；而从触发器解除封锁，将主触发器的输出状态引入后传到 Q 输出端。

也就是说，对整个电路而言，CP＝1 时主触发器接收 R、S 输入信号，为从触发器复制状态做准备,到 CP 下降沿时刻从触发器将复制的主触发器的状态输出。这种主、从触发器的两步隔离工作,有效地防止了空翻现象。

(2)逻辑功能的描述

①用真值表描述逻辑功能。主从 RS 触发器的真值表见表 6-4。CP 下降沿触发方式,输入信号 R、S 高电平有效。

②用特征方程描述逻辑功能。在 CP 下降沿时刻,主从 RS 触发器的特征方程与基本 RS 触发器相同,见式(6-1)。

③用时序图(波形图)描述逻辑功能。主从 RS 触发器的波形图如图 6-11 所示。

主从触发器的问题在于主触发器仍然是一个同步 RS 触发器,仍然要求在 CP = 1 期间,输入信号 R、S 保持不变,以保证一次性翻转。所以,要彻底避免空翻现象,目前大多采用边沿触发器。

表 6-4　主从 RS 触发器的真值

CP	$\overline{S_D}$	$\overline{R_D}$	S	R	Q^n	Q^{n+1}	逻辑功能
×	0	1	0	1	×	1	直接置 1
×	1	0	1	0	×	0	直接置 0
↓	1	1	0	0	0	0	保持
↓	1	1	0	0	1	1	
↓	1	1	0	1	0	0	置 0
↓	1	1	0	1	1	0	
↓	1	1	1	0	0	1	置 1
↓	1	1	1	0	1	1	
↓	1	1	1	1	0	×	不定
↓	1	1	1	1	1	×	

图 6-11　主从 RS 触发器时序图

(三)JK 触发器

将 RS 触发器逻辑电路中的输出交叉引回到输入,同时使 $S = J \cdot \overline{Q^n}$、$R = KQ^n$,便构成了 JK 触发器。JK 触发器解决了 RS 触发器逻辑功能的"不定"状态,是一种功能完善,应用广泛的触发器。JK 触发器按电路结构的不同,分为同步 JK 触发器、主从 JK 触发器和边沿 JK 触发器。

1. 同步 JK 触发器

1)电路组成与逻辑符号:同步 JK 触发器的逻辑电路和逻辑符号如图 6-12 所示。

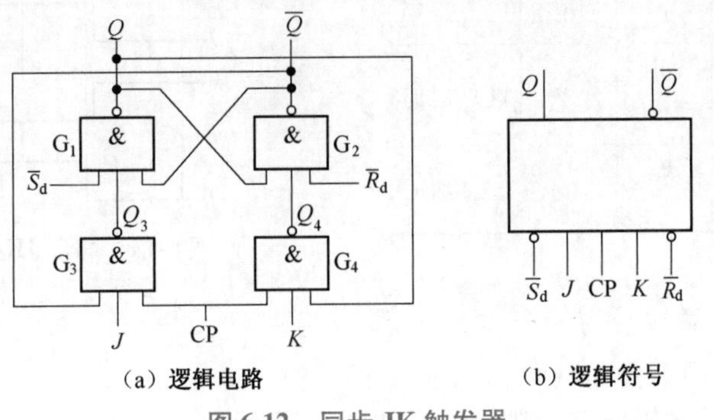

图 6-12　同步 JK 触发器

2)逻辑功能

(1)逻辑功能分析

①在 CP=0 期间,触发器保持原状态不变。

②在 CP=1 期间,G_3、G_4解除封锁。

设触发器原状态 $Q^n=0(\overline{Q^n}=1)$:

当 $J=0$、$K=0$ 时,$Q_3=Q_4=1$,触发器 $Q^{n+1}=Q^n=0$;

当 $J=0$、$K=1$ 时,因 $Q^n=0$、$\overline{Q^n}=1$,故 $S=J\cdot\overline{Q^n}=0$、$R=KQ^n=0$,触发器 $Q^{n+1}=Q^n=0$;

当 $J=1$、$K=0$ 时,因 $Q^n=0$、$\overline{Q^n}=1$,故 $S=J\cdot\overline{Q^n}=1$、$R=KQ^n=0$,触发器 $Q^{n+1}=S=1$;

当 $J=1$、$K=1$ 时,因 $Q^n=0$、$\overline{Q^n}=1$,故 $S=J\cdot\overline{Q^n}=1$、$R=KQ^n=0$,触发器 $Q^{n+1}=S=1$;

设触发器原状态 $Q^n=1(\overline{Q^n}=0)$:

当 $J=0$、$K=0$ 时,$Q_3=Q_4=1$,触发器 $Q^{n+1}=Q^n=1$;

当 $J=0$、$K=1$ 时,因 $Q^n=1$、$\overline{Q^n}=0$,故 $S=J\cdot\overline{Q^n}=0$、$R=KQ^n=1$,触发器 $Q^{n+1}=S=0$;

当 $J=1$、$K=0$ 时,因 $Q^n=1$、$\overline{Q^n}=0$,故 $S=J\cdot\overline{Q^n}=0$、$R=KQ^n=0$,触发器 $Q^{n+1}=Q^n=1$;

当 $J=1$、$K=1$ 时,因 $Q^n=1$、$\overline{Q^n}=0$,故 $S=J\cdot\overline{Q^n}=0$、$R=KQ^n=1$,触发器 $Q^{n+1}=S=0$;

可见,JK 触发器消除了逻辑功能“不定”状态。

(2)逻辑功能的描述

①用真值表描述逻辑功能。同步 JK 触发器的真值表见表 6-5,CP 高电平触发方式。

②用特征方程描述逻辑功能。

将 $S=J\cdot\overline{Q^n}$、$R=KQ^n$代入 RS 触发器的特征方程$Q^{n+1}=S+\overline{R}Q^n$,即得

$$Q^{n+1}=J\cdot\overline{Q^n}+\overline{KQ^n}Q^n=J\cdot\overline{Q^n}+(\overline{K}+\overline{Q^n})Q^n=J\cdot\overline{Q^n}+\overline{K}\cdot Q^n \tag{6-2}$$

③用时序图(波形图)描述逻辑功能。同步 JK 触发器的波形图如图 6-13 所示。

表 6-5　同步 JK 触发器的真值

CP	输入			输出	逻辑功能
	J	K	Q^n	Q^{n+1}	
1	0	0	0	0	保持
1	0	0	1	1	
1	0	1	0	0	置 0(同 J)
1	0	1	1	0	
1	1	0	0	1	置 1(同 J)
1	1	0	1	1	
1	1	1	0	1	计数(翻转)
1	1	1	1	0	

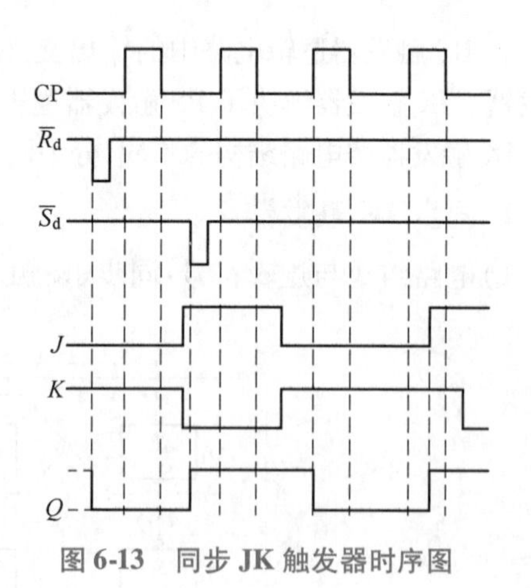

图 6-13　同步 JK 触发器时序图

2. 主从 JK 触发器

1)电路组成与逻辑符号

主从 JK 触发器的逻辑电路和逻辑符号如图 6-14 所示。

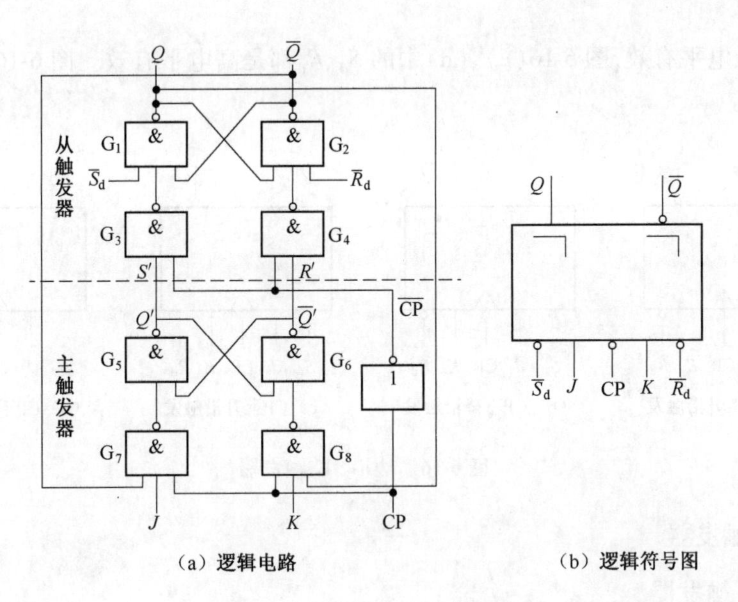

（a）逻辑电路　　　　（b）逻辑符号图

图 6-14　主从 JK 触发器

2）逻辑功能

（1）逻辑功能分析

在 CP =1 期间，J、K 输入信号存入主触发器，从触发器状态不变；CP 下降沿到来时刻，主触发器的状态传到从触发器输出，主触发器状态不变。主从 JK 触发器能有效防止空翻现象。

（2）逻辑功能的描述

①用真值表描述逻辑功能。主从 JK 触发器的真值表见表 6-6，CP 下降沿触发方式。

②用特征方程描述逻辑功能。在 CP 下降沿时刻，主从 JK 触发器的特征方程与同步 JK 触发器相同，见式（6-2）。

③用时序图（波形图）描述逻辑功能。主从 JK 触发器的波形图如图 6-15 所示。

表 6-6　主从 JK 触发器的真值

CP	输入			输出	逻辑功能
	J	K	Q^n	Q^{n+1}	
↓	0	0	0	0	保持
↓	0	0	1	1	
↓	0	1	0	0	置 0（同 J）
↓	0	1	1	0	
↓	1	0	0	1	置 1（同 J）
↓	1	0	1	1	
↓	1	1	0	1	计数（翻转）
↓	1	1	1	0	

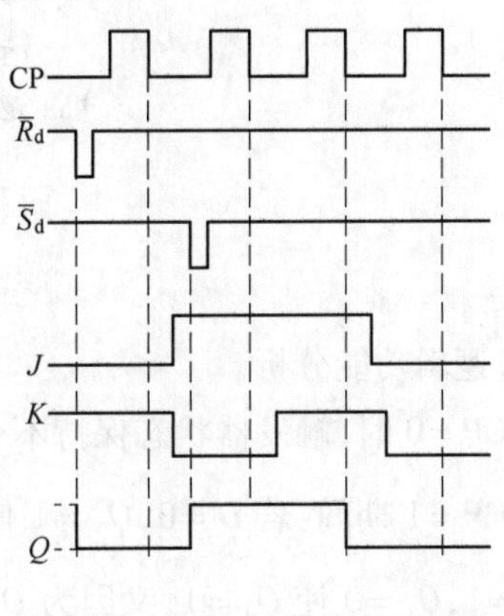

图 6-15　主从 JK 触发器时序图

3. 边沿 JK 触发器

边沿 JK 触发器既能彻底解决“空翻”，又能具有“保持、置 0、置 1、计数”全功能。其逻辑符号如图 6-16 所示。逻辑符号加“^”表示 CP 上边沿触发或下边沿触发。图 6-16（a）、（b）中的$\overline{S_d}$、$\overline{R_d}$都是低电平有效，图 6-16(c)、(d)中的 S_d、R_d都是高电平有效。图 6-16 四个图的逻辑功能完全相同。

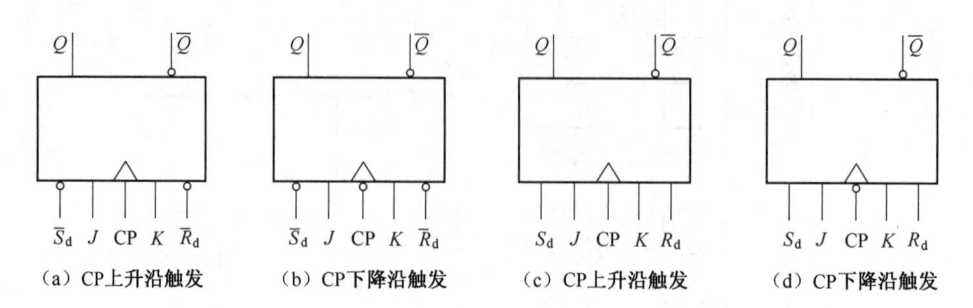

(a) CP上升沿触发　(b) CP下降沿触发　(c) CP上升沿触发　(d) CP下降沿触发

图 6-16　边沿 JK 触发器

(四) D 触发器

1. 同步 D 触发器

1)电路组成与逻辑符号

同步 D 触发器又称 D 锁存器，其逻辑图和逻辑符号如图 6-17 所示。同步 D 触发器只有一个输入信号 D 和一个 CP 输入端，也可以设置直接置位端和直接复位端。

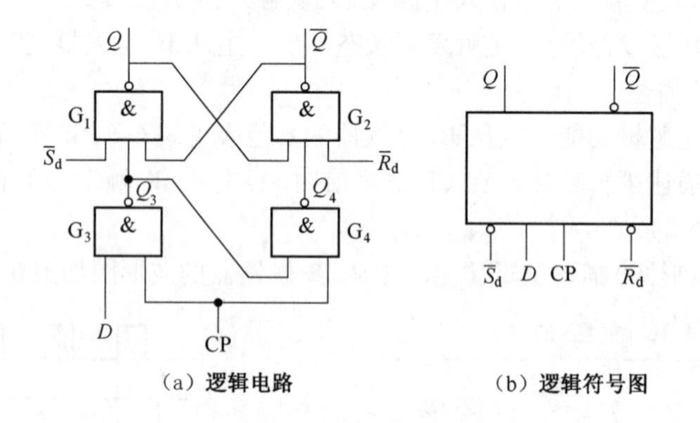

(a) 逻辑电路　(b) 逻辑符号图

图 6-17　同步 D 触发器(D 锁存器)

2)逻辑功能

(1)逻辑功能分析

当 CP = 0 时，触发器状态保持不变；

当 CP = 1 期间：若 $D = 0$，$Q_3 = 1$ 使 $Q_4 = 0$，又因为 $Q_3 = \overline{S}$、$Q_4 = \overline{R}$，此时$\overline{R}$有效，触发器被置 0；若 $D = 1$，$Q_3 = 0$ 使 $Q_4 = 1$，又因为 $Q_3 = \overline{S}$、$Q_4 = \overline{R}$，此时$\overline{S}$有效，触发器被置 1。

(2)逻辑功能的描述

①用真值表描述逻辑功能。同步 D 触发器的真值表见表 6-7，CP 高电平触发方式。

②用特征方程描述逻辑功能。由表 6-7 可写出逻辑表达式为

$$Q^{n+1} = D \cdot \overline{Q^n} + D \cdot Q^n = D \tag{6-3}$$

③用时序图(波形图)描述逻辑功能。同步 D 触发器的波形图如图 6-18 所示。

表 6-7　同步 D 触发器的真值

CP	输入		输出	逻辑功能
	D	Q^n	Q^{n+1}	
1 1	0 0	0 1	0 0	置 0(同 D)
1 1	1 1	0 1	1 1	置 1(同 D)

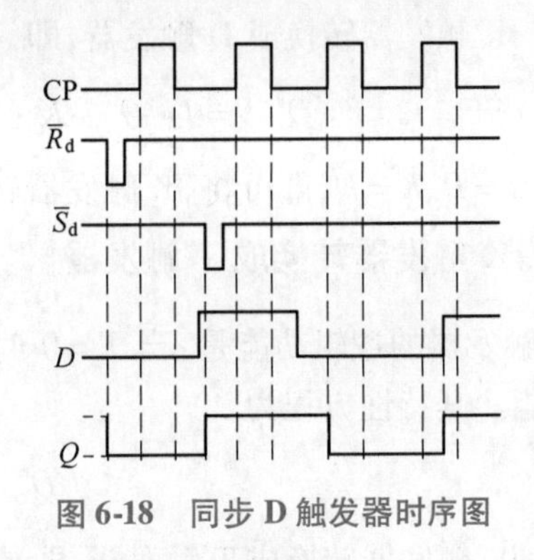

图 6-18　同步 D 触发器时序图

2. 边沿 D 触发器

边沿 D 触发器克服了“空翻”,还具有 D 触发器的“置 0、置 1”功能。其逻辑符号如图 6-19 所示。

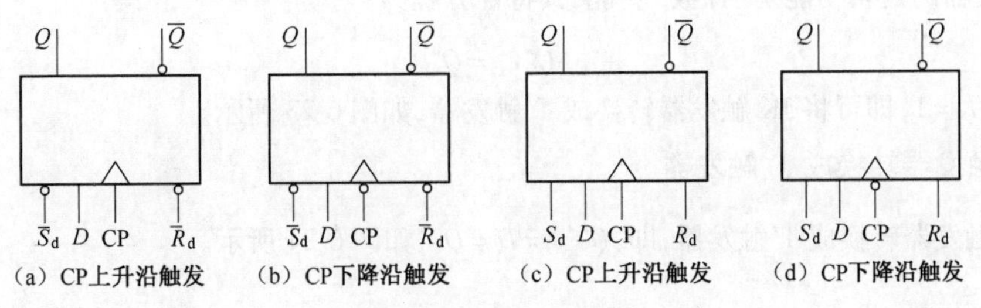

(a) CP上升沿触发　(b) CP下降沿触发　(c) CP上升沿触发　(d) CP下降沿触发

图 6-19　边沿 D 触发器

边沿 D 触发器的时序图如图 6-20 所示。

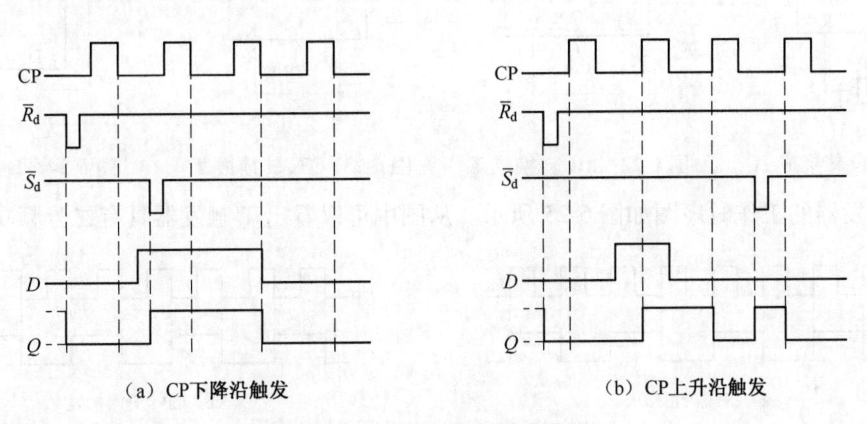

(a) CP下降沿触发　(b) CP上升沿触发

图 6-20　边沿 D 触发器时序图

知识点三　触发器的逻辑功能转换

目前生产的 CP 控制触发器定型产品多为 JK、D 触发器,为了得到其他功能的触发器,可将 JK、D 触发器通过适当连线和附加门电路来实现,这便是触发器的逻辑功能转换。

1. JK 触发器转换成 D 触发器

JK 触发器的特性方程为　$Q^{n+1}=J\cdot\overline{Q^n}+\overline{K}\cdot Q^n$

D 触发器的特性方程为 $Q^{n+1}=D$

将 JK 触发器转换成 D 触发器，即

$$Q^{n+1}=J\cdot\overline{Q^n}+\overline{K}\cdot Q^n=D=D(Q^n+\overline{Q^n})=D\overline{Q^n}+DQ^n$$

令 $J=D$、$K=\overline{D}$，即可将 JK 触发器转换成 D 触发器，如图 6-21 所示。

2. JK 触发器转换成 T 触发器

T 触发器的逻辑功能是：当 $T=0$ 时，$Q^{n+1}=Q^n$，“保持”功能；当 $T=1$ 时，$Q^{n+1}=\overline{Q^n}$，“计数”功能。其特性方程为

$$Q^{n+1}=T\cdot\overline{Q^n}+\overline{T}\cdot Q^n \tag{6-4}$$

将 JK 触发器转换成 T 触发器，即是：$Q^{n+1}=J\cdot\overline{Q^n}+\overline{K}\cdot Q^n=T\cdot\overline{Q^n}+\overline{T}\cdot Q^n$

令 $J=K=T$，即可将 JK 触发器转换成 T 触发器，如图 6-22 所示。

3. JK 触发器转换成 T′触发器

T′触发器的逻辑功能是“计数”功能，其特性方程为

$$Q^{n+1}=\overline{Q^n} \tag{6-5}$$

令 $J=K=1$，即可将 JK 触发器转换成 T′触发器，如图 6-23 所示。

4. D 触发器转换成 T′触发器

将 D 触发器转换成 T′触发器，即：$Q^{n+1}=D=\overline{Q^n}$，如图 6-24 所示。

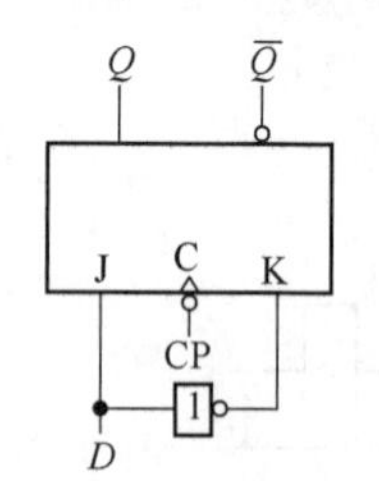

图 6-21 JK 转换成 D

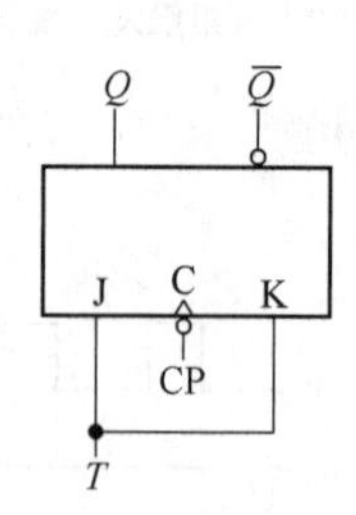

图 6-22 JK 转换成 T

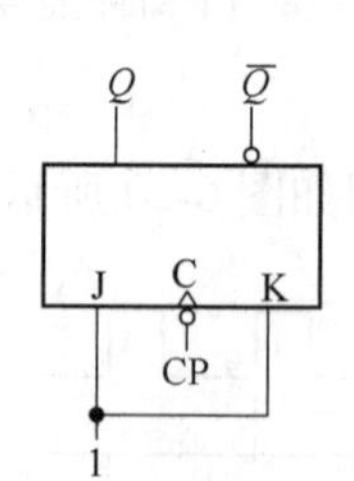

图 6-23 JK 转换成 T′

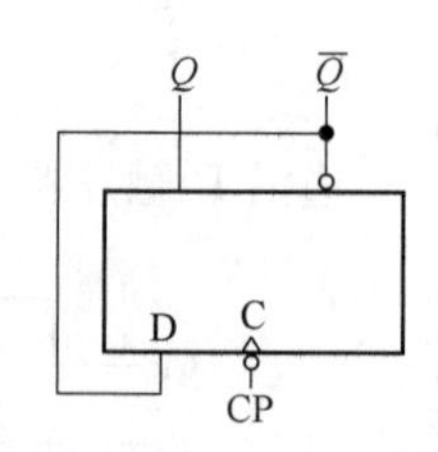

图 6-24 D 转换成 T′

T′触发器的工作时序图如图 6-25 所示。从图中可以看出 T′触发器具有二分频功能。

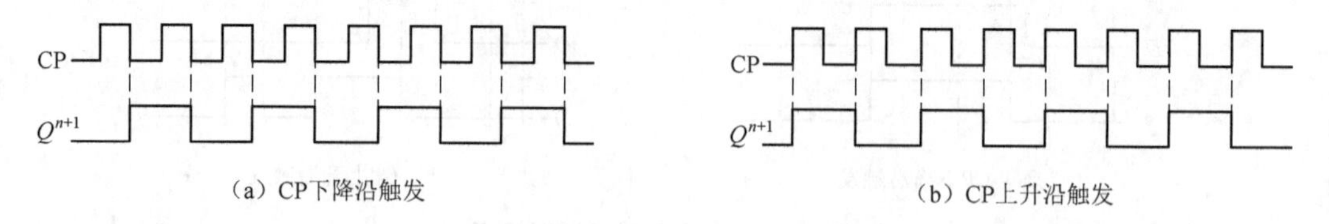

（a）CP下降沿触发　　（b）CP上升沿触发

图 6-25 T′触发器的工作时序图

知识点四 常用集成触发器简介

集成触发器也分 TTL 和 CMOS 两类，它们的内部结构虽然不同，但逻辑功能、逻辑符号是相同的。实际应用时，可通过查阅产品手册，了解其引脚排列和有关参数。下面介绍几种常用的集成 JK 触发器。

74LS111 为 TTL 集成主从双 JK 触发器，芯片的引脚排列如图 6-26 所示。

74LS112 为 TTL 集成边沿双 JK 触发器，CP 下降沿触发，同类型的 CMOS 产品有 74HC112，芯片的引脚排列如图 6-27 所示。

74LS109 为 TTL 集成边沿双 JK 触发器，CP 上升沿触发，同类型的 CMOS 产品有 74HC109，芯片的引脚排列如图 6-28 所示。

CC4027 为 CMOS 集成边沿双 JK 触发器，CP 上升沿触发，芯片的引脚排列如图 6-29 所示。

74LS74 为 TTL 维持阻塞型集成边沿双 D 触发器，CP 上升沿触发，芯片的引脚排列如图 6-30 所示。

CC4013 为 CMOS 集成边沿双 D 触发器，CP 上升沿触发，芯片的引脚排列如图 6-31 所示。

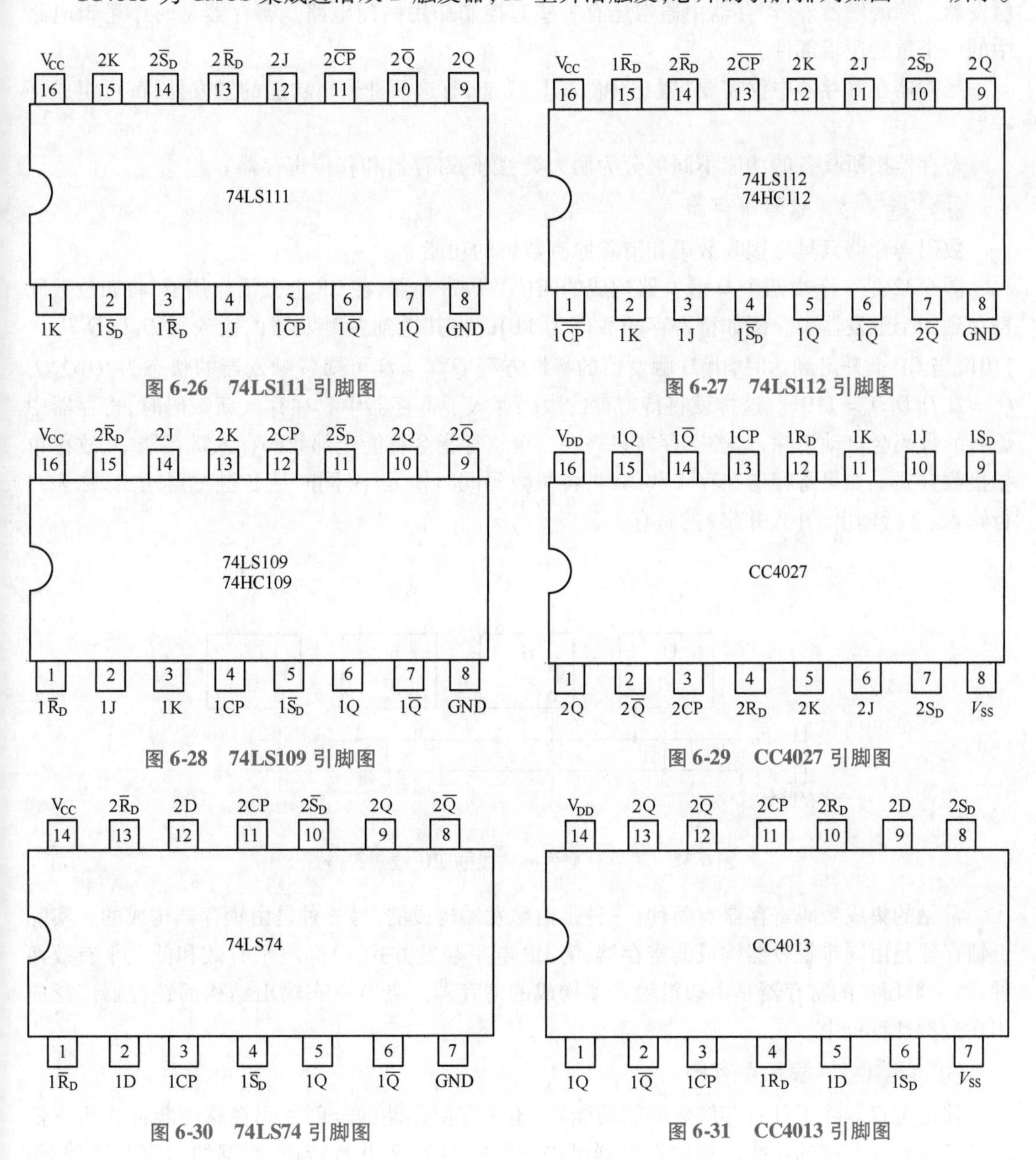

图 6-26　74LS111 引脚图

图 6-27　74LS112 引脚图

图 6-28　74LS109 引脚图

图 6-29　CC4027 引脚图

图 6-30　74LS74 引脚图

图 6-31　CC4013 引脚图

第二节　寄存器

知识点一　寄存器的功能和分类

在计算机和数字系统中，经常需要将运算数据或指令代码等一些数据信息暂时存放起来，留待处理或运算。我们把能够寄存数码的数字逻辑部件称为寄存器。寄存器主要由“记忆单元”触发器组成，每一个触发器能够存放一位二进制数码，存放 n 位二进制数码就应具备 n 个触发器。除触发器外，寄存器中通常还有一些起控制作用的门电路。寄存器是时序逻辑电路中的一个重要逻辑部件。

触发器在寄存器中仅需要“置 0”和“置 1”功能，有这两种逻辑功能的触发器，都可组成寄存器。

寄存器按所具备的功能不同可分为两大类：数码寄存器和移位寄存器。

知识点二　数码寄存器

数码寄存器只具有接收数码和清除原有数码的功能。

图 6-32 是一个由四个 D 触发器构成的四位数码寄存器，在 CP 上升沿作用下，将四位数码寄存到四个触发器中。例如待寄存的数码为 1101，将其送到各触发器的输入端 $D_3D_2D_1D_0=1101$，当 CP 上升沿到达时，由 D 触发器的特性方程 $Q^{n+1}=D$ 可知各触发器的状态为：$Q_3Q_2Q_1Q_0=D_3D_2D_1D_0=1101$。这样就将待寄存的数码存入了寄存器中。在存入新数码时，寄存器中原有的数码会自动清除，这类寄存器只需在一个寄存指令将能全部数码存入寄存器中，故称单拍接收方式。如果寄存器在存入数码时，各位数码同时输入，又同时从各触发器输出，称为并行输入、并行输出（并入并出）的寄存器。

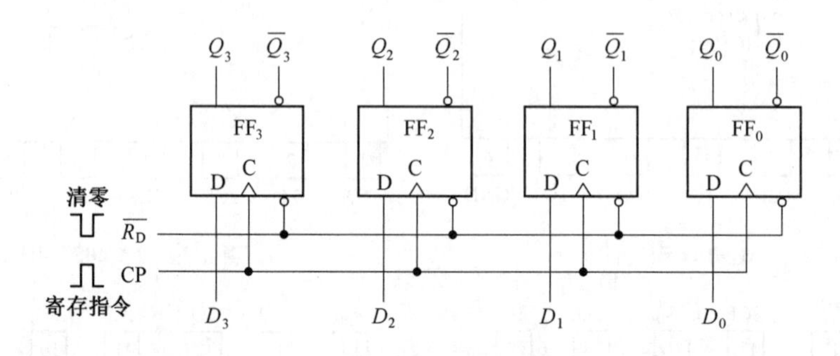

图 6-32　四个 D 触发器构成的四位数码寄存器

常见的集成数码寄存器有两种：一种是由触发器构成的，另一种是由锁存器构成的。实际上锁存器是由同步触发器构成的寄存器，为 CP 电平触发方式，分高电平有效和低电平有效两种；而一般所指的寄存器是由边沿触发器构成的寄存器。具有三态输出结构的锁存器广泛应用在微型计算机中。

知识点三　移位寄存器

移位寄存器除了具有存储数码的功能外，还具有使存储的全部数码在移位脉冲作用下依次进行左移或右移的功能。移位寄存器可进行数据的串行-并行转换、数据的运算及处理，例如将一个四位二进制数左移一位就相当于对该数作乘以 2 的运算、右移一位就相当于对该数作除以 2 的运算。

移位寄存器可分成为单向移位寄存器和双向移位寄存器，其中单向移位寄存器又有单向左移寄存器和单向右移寄存器。

（一）单向移位寄存器

1. 单向左移寄存器

如图 6-33 所示为四个边沿 D 触发器构成的单向左移移位寄存器，图中低位触发器的输出端与相邻高位触发器的输入端相连，数据由最低位触发器的输入端 D_0 送入，D_{SL} 为串行输入端，Q_3 为串行输出端，$Q_0 \sim Q_3$ 为并行输出端。

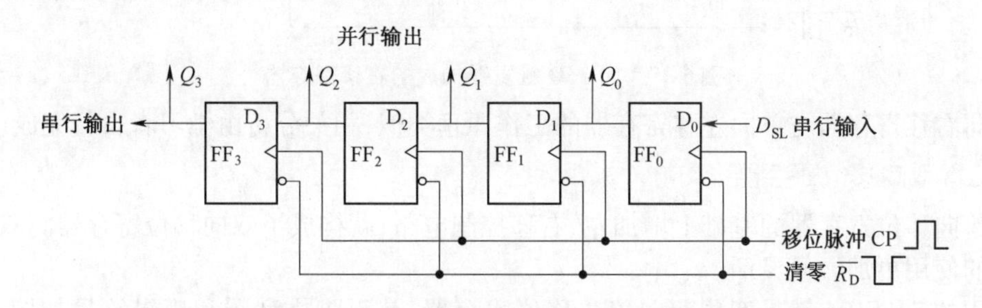

图 6-33　四个 D 触发器构成的左移寄存器

我们来分析将数码 1101 左移送入寄存器的工作情况：假设寄存器的初原始状态为 0000 清零状态。因为寄存器的最高位在最左侧，遵循“远数先送”的原则，应将待存数码的最高位数据先送入。当第 1 个 CP 上升沿到达时，寄存器状态为 $Q_3Q_2Q_1Q_0=0001$；第 2 个 CP 上升沿到达时，$Q_3Q_2Q_1Q_0=0011$；第 3 个 CP 上升沿到达时，$Q_3Q_2Q_1Q_0=0110$；第 4 个 CP 上升沿到达时，$Q_3Q_2Q_1Q_0=1101$。也就是说，经过 4 个 CP 脉冲后，4 位数码全部存入寄存器中，此时并行输出的数码与输入数码相对应，完成了由 4 位串行数据输入转换成并行输出的过程。移位寄存器中数码左移状态见表 6-8，左移工作时序图如图 6-34 所示。

如果将 Q_3 作为串行输出端，再送 4 个 CP 脉冲，就可输出原输入 4 位数码。可见，单向移位寄存器可组成串行输入、并行输出或串行输入、串行输出。

D_{SL} 从数码 1101 的最高位开始输入。

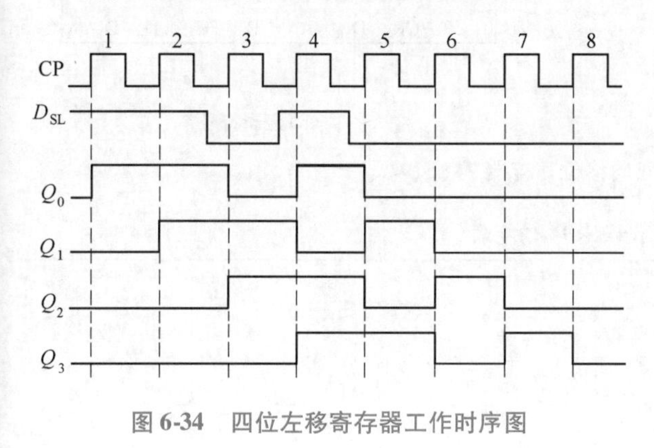

图 6-34　四位左移寄存器工作时序图

表 6-8　移位寄存器中数码左移状态

CP	D_{SL}	Q_3	Q_2	Q_1	Q_0
0	×	0	0	0	0
1	1	0	0	0	1
2	1	0	0	1	1
3	0	0	1	1	0
4	1	1	1	0	1
5	0	1	0	1	0
6	0	0	1	0	0
7	0	1	0	0	0
8	0	0	0	0	0

2. 单向右移寄存器

如图 6-35 所示为四个边沿 D 触发器构成的单向右移移位寄存器，图中高位触发器的输出端与相邻低位触发器的输入端相连，数据由最高位触发器的输入端 D_3 送入，D_{SR} 为串行输入端，Q_0 为串行输出端，$Q_0 \sim Q_3$ 为并行输出端。

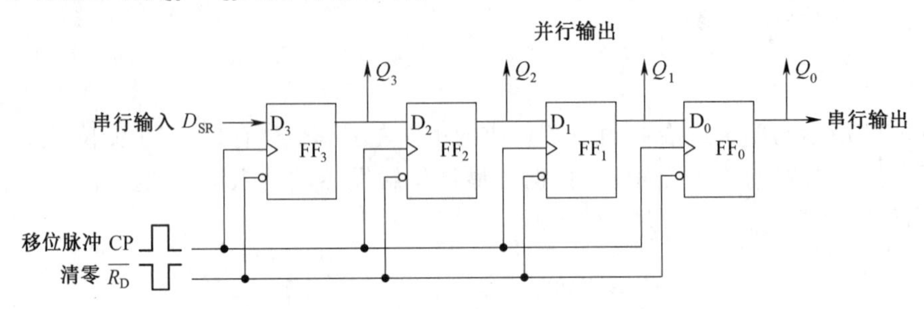

图 6-35　四个 D 触发器构成的右移寄存器

单向右移寄存器与单向左移寄存器的工作原理类似，相关分析由学习者自行完成。

（二）双向移位寄存器

在单向移位寄存器的基础上增加左、右移控制电路，就构成了双向移位寄存器。双向移位寄存器的使用更加方便灵活。

常用的 74LS194 就是四位双向集成移位寄存器，其引脚排列图和逻辑符号如图 6-36 所示，功能表见表 6-9。74LS194 具有异步清零、并行置数、保持、左移、右移的功能。各引脚功能为：$\overline{CR}$为异步清零端，低电平有效；CP 为时钟脉冲输入端；A、B、C、D 为数码并行输入端；Q_A、Q_B、Q_C、Q_D为数码并行输出端；D_{SR}为数码右移串行输入端；D_{SL}为数码左移串行输入端；M_0、M_1为工作方式控制端，当 $M_1M_0=11$ 时为并行置数功能、$M_1M_0=01$ 时为右移功能（数据从 D_{SR}端送入）、$M_1M_0=10$ 时为左移功能（数据从 D_{SL}端送入）、$M_1M_0=00$ 时为保持功能，M_1M_0的四种工作方式对应于寄存器的四个功能。

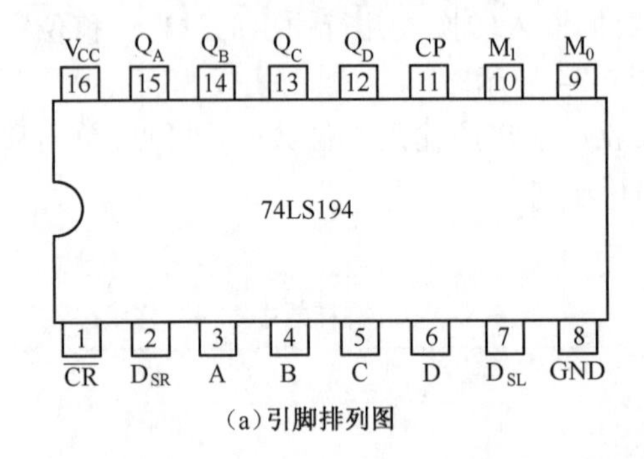

（a）引脚排列图

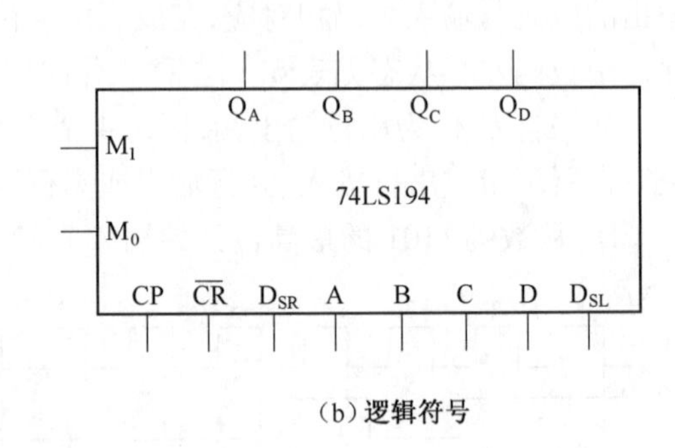

（b）逻辑符号

图 6-36　四位双向移位寄存器 74LS194

表 6-9　74LS194 功能表

输入					输出				功能
清零	方式控制	时钟	串行输入	并行输入					
$\overline{CR}$	M_1M_0	CP	$D_{SL}D_{SR}$	$A\ B\ C\ D$	Q_A^{n+1}	Q_B^{n+1}	Q_C^{n+1}	Q_D^{n+1}	
0	×　×	×	×　×	××××	0	0	0	0	清零

续上表

输入					输出				功能
清零	方式控制	时钟	串行输入	并行输入					
$\overline{CR}$	M_1M_0	CP	$D_{SL}D_{SR}$	$A\ B\ C\ D$	Q_A^{n+1}	Q_B^{n+1}	Q_C^{n+1}	Q_D^{n+1}	
1	× ×	0	× ×	× × × ×	Q_A^n	Q_B^n	Q_C^n	Q_D^n	保持
1	1 1	↑	× ×	$A\ B\ C\ D$	A	B	C	D	并行置数
1	1 0	↑	0 ×	× × × ×	Q_B^n	Q_C^n	Q_D^n	0	左移
1		↑	1 ×	× × × ×	Q_B^n	Q_C^n	Q_D^n	1	
1	0 1	↑	× 0	× × × ×	0	Q_A^n	Q_B^n	Q_C^n	右移
1		↑	× 1	× × × ×	1	Q_A^n	Q_B^n	Q_C^n	
1	0 0	↑	× ×	× × × ×	Q_A^n	Q_B^n	Q_C^n	Q_D^n	保持

（三）集成移位寄存器的应用

1. 环形计数器

将移位寄存器的串行输出端反馈接到移位寄存器的串行输入端，就构成了环形计数器。如图 6-37 所示为 74LS194 构成的环形计数器。

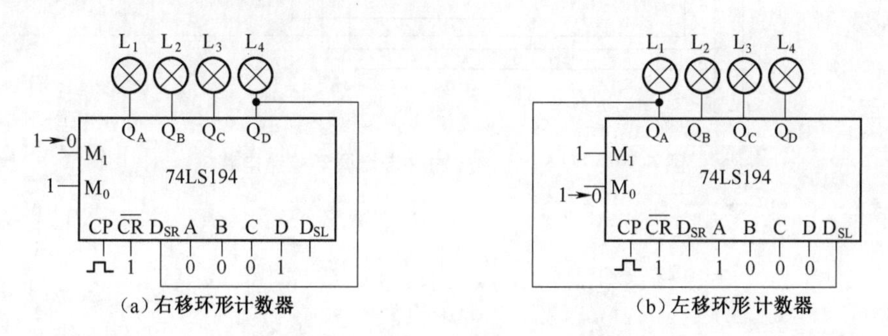

(a) 右移环形计数器　　(b) 左移环形计数器

图 6-37　74LS194 构成的环形计数器

需要注意的是：74LS194 构成的环形计数器初始输出状态不能为全 0 或全 1，因此，环形计数器在工作前先通过置数设定初始输出状态，一般使初始输出状态中有一个 1，其余为 0。n 位环形计数器只需要 n 个 CP 就能移回到设定的初始输出状态。

2. 扭环形计数器

将移位寄存器的串行输出端反相后再反馈接到移位寄存器的串行输入端，就构成了扭环形计数器。如图 6-38 所示。扭环形计数器在清零后便可直接移位工作。n 位扭环形计数器需要 $2n$ 个 CP 才能移回全 0 状态。

3. 广告灯循环控制电路

如图 6-39 所示为两片 74LS194 扩展组成的八位右移扭环形计数器。8 个广告灯 $L_1 \sim L_8$ 点亮顺序依次为 00000000→10000000→11000000→11100000→11110000→11111000→11111100→11111110→11111111→01111111→00111111→00011111→…→00000000→10000000→

11000000→…。每经 16 个 CP，广告灯回到初始状态。

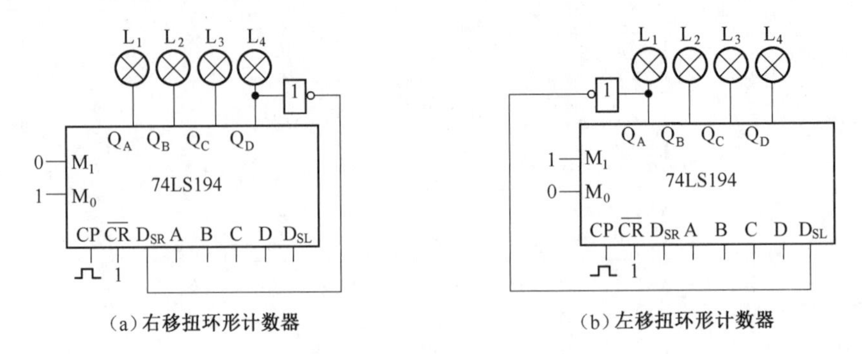

图 6-38　74LS194 构成的扭环形计数器

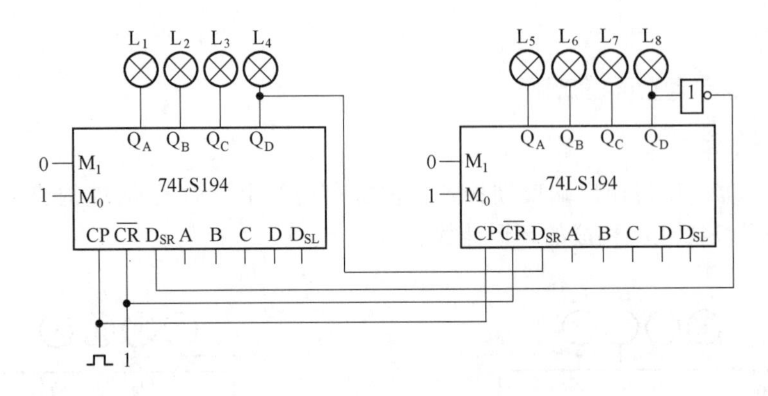

图 6-39　74LS194 构成的广告灯循环控制电路

第三节　计数器

知识点一　计数器的逻辑功能与分类

计数器是数字系统中使用最多的时序电路。计数器不仅用来对时钟脉冲进行计数，还常用于分频、定时、产生节拍脉冲等。

计数器是由“计数单元”构成的，计数单元即是指处于计数(翻转)状态的 T′触发器。

计数器的种类繁多，按计数进位制(计数长度)可分为二进制、十进制及 N 进制计数器；按计数脉冲的引入方式可分为异步计数器和同步计数器；按计数的增减趋势可分为加法、减法及可逆计数器。目前市场上的定型产品有 TTL 型、CMOS 型两种集成计数器。

知识点二　二进制计数器

计数器的计数状态顺序按照 n 位自然二进制的进位规则循环变化时，称为二进制计数器。一个 T′触发器就构成一位二进制计数器，由 n 个 T′触发器组成的二进制计数器称为 n 位二进制计数器，它可以累计 $M=2^n$ 个有效状态，M 称为计数器的“模”或“计数器容量”，也称为“计数器的长度”。n 位二进制计数器有时又称为模 2^n 进制计数器。

(一)异步二进制计数器

如果组成计数器的各触发器不是采用同一时钟脉冲控制,则各触发器不是同时翻转,这就称为异步计数器。

1. 异步二进制加法计数器

(1)下降沿触发的触发器构成的异步二进制加法计数器

①电路组成

如图 6-40 所示是由下降沿 JK 触发器构成的异步 4 位二进制加法计数器,图中每个 JK 触发器都工作在计数状态。异步二进制加法计数器的计数脉冲加到最低位触发器的 CP 端,低位触发器的输出作为相邻高位触发器的时钟脉冲控制。由于二进制数进位规律是“逢二进一”,而低位触发器的输出 Q 端状态从 1→0 进位时,正好满足相邻高位触发器的时钟脉冲下降沿触发方式。故下降沿触发的触发器构成的异步二进制加法计数器必须是低位触发器的输出 Q 端与相邻高位触发器的时钟脉冲端相连接。

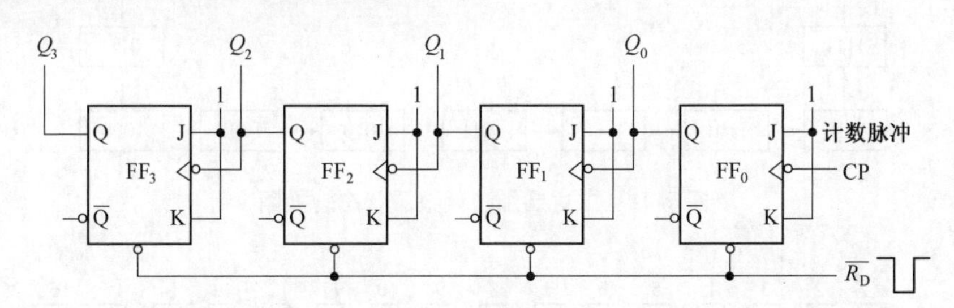

图 6-40　下降沿 JK 触发器构成的异步 4 位二进制加法计数器

②工作原理

计数器清零后,初始状态 $Q_3Q_2Q_1Q_0=0000$,当第 1 个计数脉冲到来后,计数器状态为 $Q_3Q_2Q_1Q_0=0001$;当第 2 个计数脉冲到来后,计数器状态为 $Q_3Q_2Q_1Q_0=0010$;当第 3 个计数脉冲到来后,计数器状态为 $Q_3Q_2Q_1Q_0=0011$;…;第 9 个计数脉冲到来后,$Q_3Q_2Q_1Q_0=1001$;…;第 15 个计数脉冲到来后,$Q_3Q_2Q_1Q_0=1111$;第 16 个计数脉冲到来后,触发器 FF_3 向它的相邻高位进位,$Q_3Q_2Q_1Q_0=0000$,又回到初始状态,同时输出进位脉冲。

③逻辑功能表示

用状态转换表、状态转换图、时序图表示异步二进制加法计数器的逻辑功能,分别见表 6-10、图 6-41、图 6-42。可知,如果计数器从 0000 状态开始计数,在第 16 个计数脉冲输入后,计数器又重新回到 0000 状态,完成了一次计数循环。所以 4 位二进制加法计数器是16($=2^4$)进制加法计数器或称为模 16 加法计数器。

表 6-10　用状态转换表表示异步二进制

CP	$Q_3Q_2Q_1Q_0$	十进制数	CP	$Q_3Q_2Q_1Q_0$	十进制数
0	0 0 0 0	0	3	0 0 1 1	3
1	0 0 0 1	1	4	0 1 0 0	4
2	0 0 1 0	2	5	0 1 0 1	5

续上表

CP	$Q_3Q_2Q_1Q_0$	十进制数	CP	$Q_3Q_2Q_1Q_0$	十进制数
6	0 1 1 0	6	12	1 1 0 0	12
7	0 1 1 1	7	13	1 1 0 1	13
8	1 0 0 0	8	14	1 1 1 0	14
9	1 0 0 1	9	15	1 1 1 1	15
10	1 0 1 0	10	16	0 0 0 0	0
11	1 0 1 1	11			

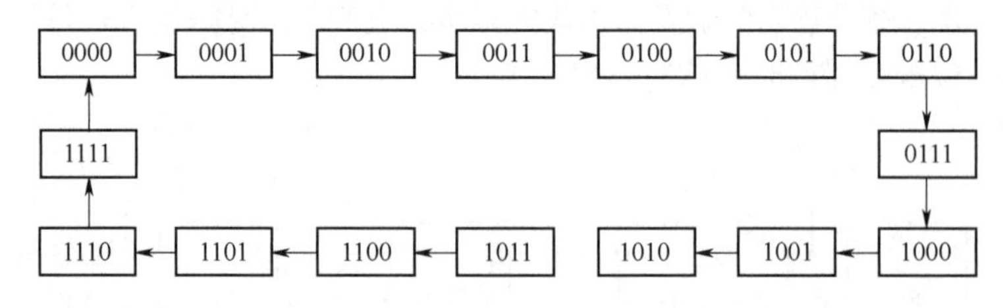

图 6-41　二进制加法计数器状态转换图

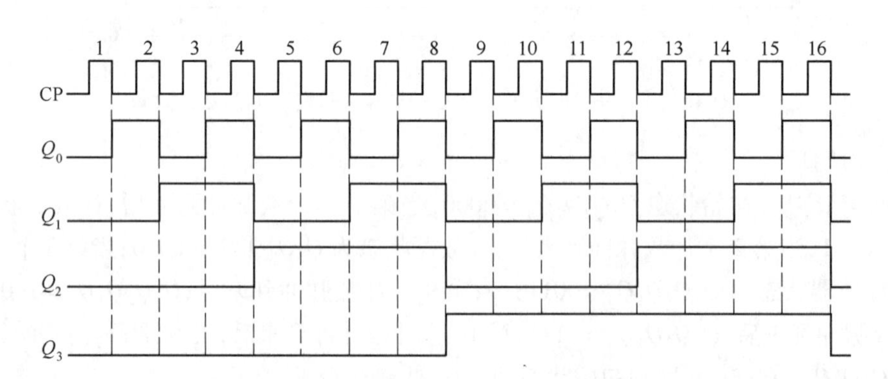

图 6-42　（下降沿触发器）二进制加法计数器的工作时序图

由图 6-42 可以看出，如果计数脉冲 CP 的频率为 f_0，则 Q_0 输出波形的频率为 f_0 的 1/2，称为 f_0 的 2 分频；Q_1 输出波形的频率为 f_0 的 1/4，称为 f_0 的 4 分频；Q_2 输出波形的频率为 f_0 的 1/8，称为 f_0 的 8 分频；Q_3 输出波形的频率为 f_0 的 1/16，称为 f_0 的 16 分频。这说明了计数器具有“分频”功能。

（2）上升沿触发的触发器构成的异步二进制加法计数器

如图 6-43 所示是由上升沿 D 触发器构成的异步 4 位二进制加法计数器，图中每个 D 触发器都工作在计数状态。对于上升沿触发的触发器构成的异步二进制加法计数器，低位触发器的输出 Q 端状态从 1→0 进位时，不能满足相邻高位触发器的时钟脉冲上升沿触发方式，但是此时低位触发器的输出 $\overline{Q}$ 端状态是从 0→1。故上升沿触发的触发器构成的异步二进制加法计数器必须是低位触发器的输出 $\overline{Q}$ 端与相邻高位触发器的时钟脉冲端相连接。

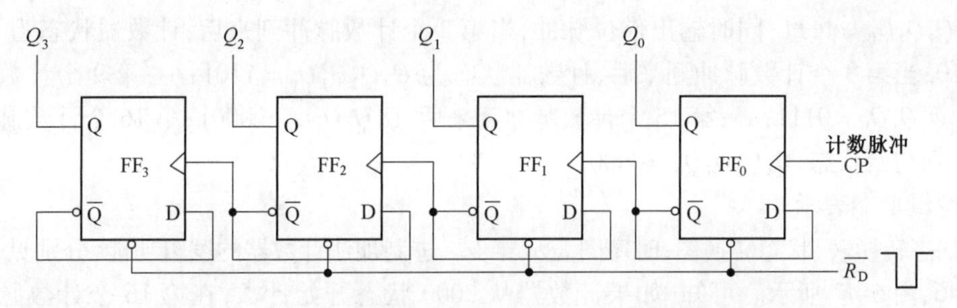

图 6-43　上升沿 D 触发器构成的异步 4 位二进制加法计数器

该计数器的工作原理、状态转换表、状态转换图不再赘述，其工作时序如图 6-44 所示。

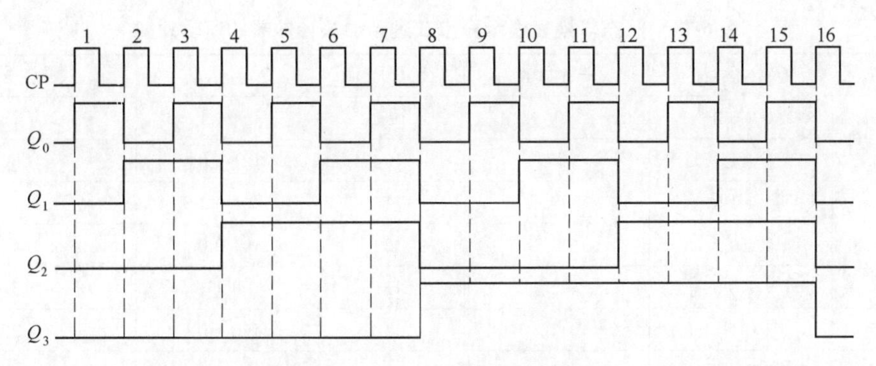

图 6-44　（上升沿触发器）二进制加法计数器的工作时序图

2. 异步二进制减法计数器

(1)下降沿触发的触发器构成的异步二进制减法计数器

①电路组成

如图 6-45 所示是由下降沿 JK 触发器构成的异步 4 位二进制减法计数器，图中每个 JK 触发器都工作在计数状态。异步二进制减法计数器的计数脉冲加到最低位触发器的 CP 端，低位触发器的输出作为相邻高位触发器的时钟脉冲控制。由于低位触发器的输出 Q 端状态从 0→1 时需要向相邻高位触发器借位，此时低位触发器的输出 $\overline{Q}$ 端状态却是从 1→0，正好满足相邻高位触发器的时钟脉冲下降沿触发方式。故下降沿触发的触发器构成的异步二进制减法计数器必须是低位触发器的输出 $\overline{Q}$ 端与相邻高位触发器的时钟脉冲端相连接。

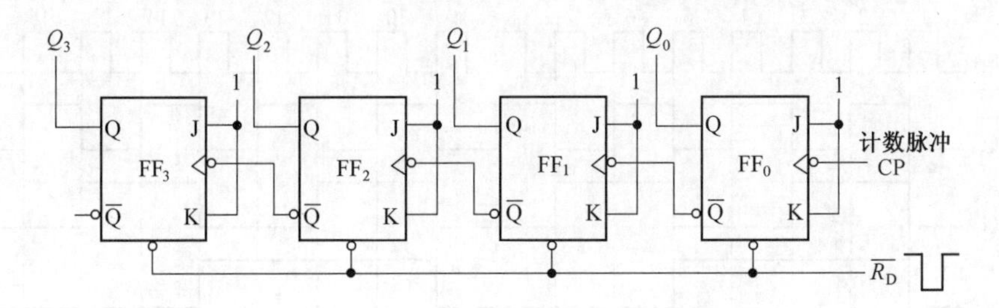

图 6-45　下降沿 JK 触发器构成的异步 4 位二进制减法计数器

②工作原理

计数器清零后，初始状态 $Q_3Q_2Q_1Q_0=0000$，当第 1 个计数脉冲到来后，计数器状态全部翻

转为 $Q_3Q_2Q_1Q_0=1111$,同时输出借位脉冲;当第 2 个计数脉冲到来后,计数器状态为 $Q_3Q_2Q_1Q_0=1110$;当第 3 个计数脉冲到来后,计数器状态为 $Q_3Q_2Q_1Q_0=1101$;…;第 9 个计数脉冲到来后,$Q_3Q_2Q_1Q_0=0111$;…;第 15 个计数脉冲到来后,$Q_3Q_2Q_1Q_0=0001$;第 16 个计数脉冲到来后,又回到初始状态,$Q_3Q_2Q_1Q_0=0000$。

③逻辑功能表示

用状态转换表、状态转换图、时序图表示异步二进制加法计数器的逻辑功能,分别见表 6-11、如图 6-46、图 6-47 所示。可知,如果计数器从 0000 状态开始计数,在第 16 个计数脉冲输入后,计数器又重新回到 0000 状态,完成了一次计数循环。所以 4 位二进制减法计数器也是 16($=2^4$)进制减法计数器或称为模 16 减法计数器。

表 6-11 状态转换表表示异步二进制加法计数器的逻辑功能

CP	$Q_3Q_2Q_1Q_0$	十进制数	CP	$Q_3Q_2Q_1Q_0$	十进制数
0	0 0 0 0	0	9	0 1 1 1	7
1	1 1 1 1	15	10	0 1 1 0	6
2	1 1 1 0	14	11	0 1 0 1	5
3	1 1 0 1	13	12	0 1 0 0	4
4	1 1 0 0	12	13	0 0 1 1	3
5	1 0 1 1	11	14	0 0 1 0	2
6	1 0 1 0	10	15	0 0 0 1	1
7	1 0 0 1	9	16	0 0 0 0	0
8	1 0 0 0	8			

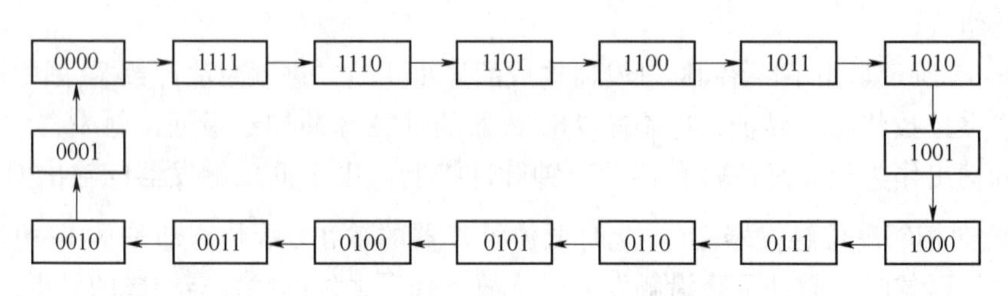

图 6-46 二进制减法计数器状态转换图

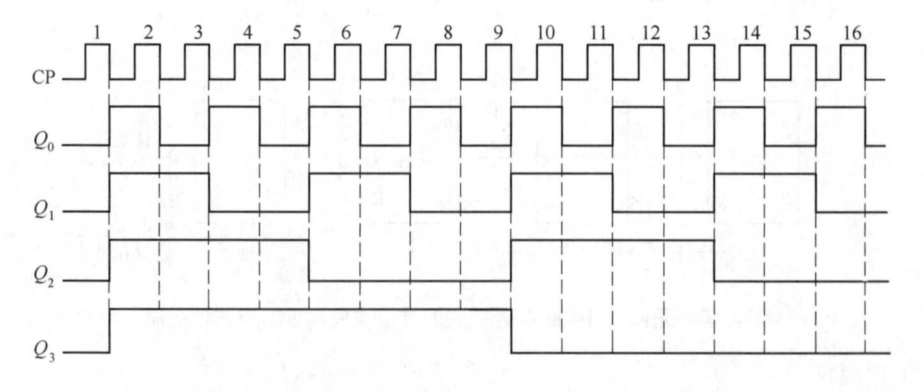

图 6-47 (下降沿触发器)二进制减法计数器的工作时序图

(2)上升沿触发的触发器构成的异步二进制减法计数器

如图6-48 所示是由上升沿 D 触发器构成的异步4 位二进制减法计数器,图中每个 D 触发器都工作在计数状态。对于上升沿触发的触发器构成的异步二进制减法计数器,低位触发器的输出 Q 端状态从 0→1 借位时,正好满足相邻高位触发器的时钟脉冲上升沿触发方式。故上升沿触发的触发器构成的异步二进制减法计数器必须是低位触发器的输出 Q 端与相邻高位触发器的时钟脉冲端相连接。

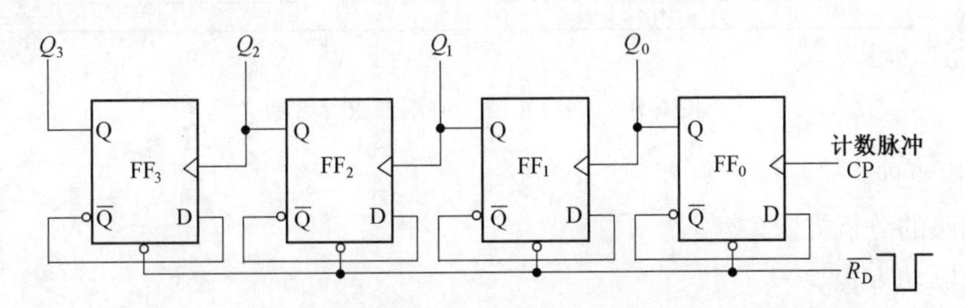

图 6-48　上升沿 D 触发器构成的异步 4 位二进制减法计数器

该计数器的工作原理、状态转换表、状态转换图不再赘述,其工作时序图如图 6-49 所示。

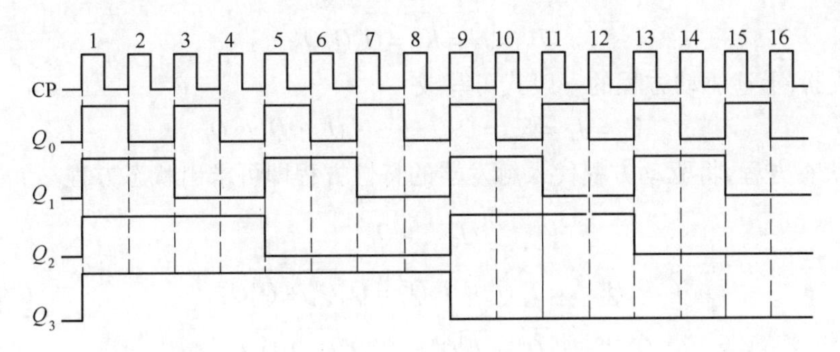

图 6-49　(上升沿触发器)二进制减法计数器的工作时序图

(二)同步二进制计数器

在计数器中如果各触发器的时钟脉冲输入端均由同一计数脉冲 CP 控制,各触发器的翻转均在 CP 的作用下同时完成,这就是同步计数器。

1. 同步二进制加法计数器

(1)电路组成

如图 6-50 所示为同步 4 位二进制加法计数器,电路由下降沿触发的 JK 触发器组成 T 触发器。当 $T=0$ 时,$Q^{n+1}=Q^n$,为保持功能;当 $T=1$ 时,$Q^{n+1}=\overline{Q^n}$,为计数功能。低位触发器 FF_0 始终处于计数状态。同步二进制加法计数器的计数脉冲加到每个触发器的 CP 端,高位触发器的 J、K 输入信号来自其所有低位触发器的 Q 输出端信号相“与”。当全部低位触发器的输出 Q 端状态从 1→0 进位时,高位触发器的状态发生翻转。故同步二进制加法计数器必须是全部低位触发器的输出 Q 端相“与”后接入高位触发器的 J、K 输入端。

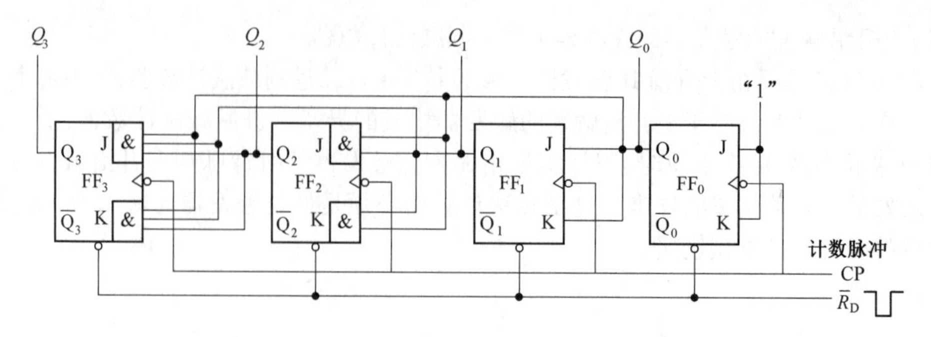

图 6-50　同步 4 位二进制加法计数器

(2)工作原理

时序电路的分析方法。

①写出驱动方程

$$T_0 = J_0 = K_0 = 1$$
$$T_1 = J_1 = K_1 = Q_0^n$$
$$T_2 = J_2 = K_2 = Q_1^n Q_0^n$$
$$T_3 = J_3 = K_3 = Q_2^n Q_1^n Q_0^n$$

n 位计数器,上述驱动方程的一般式可写成

$$T_n = J_n = K_n = Q_{n-1}^n \cdot \cdots \cdot Q_2^n \cdot Q_1^n \cdot Q_0^n$$

②求出状态方程,将驱动方程代入触发器的特性方程即可求出状态方程。

$$Q_0^{n+1} = \overline{Q_0^n}$$
$$Q_1^{n+1} = T_1\overline{Q_1^n} + \overline{T_1}Q_1^n = Q_0^n\overline{Q_1^n} + \overline{Q_0^n}Q_1^n$$
$$Q_2^{n+1} = T_2\overline{Q_2^n} + \overline{T_2}Q_2^n = Q_1^nQ_0^n\overline{Q_2^n} + \overline{Q_1^nQ_0^n}Q_2^n$$
$$Q_3^{n+1} = T_3\overline{Q_3^n} + \overline{T_3}Q_3^n = Q_2{}^nQ_1^nQ_0^n\overline{Q_3^n} + \overline{Q_2^nQ_1^nQ_0^n}Q_3^n$$

③进行状态计算,并列出状态表。从各触发器的状态方程可知,FF_0始终处于计数状态,来一个 CP 脉冲它就翻转一次;FF_1在 $Q_0^n=1$ 时处于计数状态,$Q_0^n=0$ 时处于保持状态;FF_2在 Q_1^n、Q_0^n都为 1 时处于计数,否则保持;FF_3在 Q_2^n、Q_1^n、Q_0^n都为 1 时处于计数,否则保持。于是可推出各触发器的翻转规律为:

计数器清零后,初始状态 $Q_3Q_2Q_1Q_0=0000$,当第 1 个计数脉冲到来后,计数器状态为 $Q_3Q_2Q_1Q_0=0001$;当第 2 个计数脉冲到来后,计数器状态为 $Q_3Q_2Q_1Q_0=0010$;当第 3 个计数脉冲到来后,计数器状态为 $Q_3Q_2Q_1Q_0=0011$;…;第 9 个计数脉冲到来后,$Q_3Q_2Q_1Q_0=1001$;…;第 15 个计数脉冲到来后,$Q_3Q_2Q_1Q_0=1111$;第 16 个计数脉冲到来后,触发器 FF_3向它的相邻高位进位,$Q_3Q_2Q_1Q_0=0000$,又回到初始状态,同时输出进位脉冲。状态转换表见表 6-12。

表 6-12　状态转换表

CP	$Q_3{}^nQ_2{}^nQ_1{}^nQ_0{}^n$	$Q_3^{n+1}Q_2^{n+1}Q_1^{n+1}Q_0^{n+1}$
0	0000	0000
1	0000	0001

续上表

CP	$Q_3{}^nQ_2{}^nQ_1{}^nQ_0{}^n$	$Q_3^{n+1}Q_2^{n+1}Q_1^{n+1}Q_0^{n+1}$
2	0001	0010
3	0010	0011
4	0011	0100
5	0100	0101
6	0101	0110
7	0110	0111
8	0111	1000
9	1000	1001
10	1001	1010
11	1010	1011
12	1011	1100
13	1100	1101
14	1101	1110
15	1110	1111
16	1111	0000

④画状态转换图和时序图。4 位同步二进制加法计数器的状态转换图和时序图，与异步二进制加法计数器一样。由于各触器也为时钟脉冲下降沿触发，因此它的状态转换图、时序图分别如图 6-41、图 6-42 所示。

2. 同步二进制减法计数器

如图 6-51 所示为同步 4 位二进制减法计数器，与同步二进制加法计数器不同的是当全部低位触发器的输出 Q 端状态从 0→1 借位时，高位触发器的状态发生翻转。故同步二进制减法计数器必须是全部低位触发器的输出$\overline{Q}$端相“与”后接入高位触发器的 J、K 输入端。

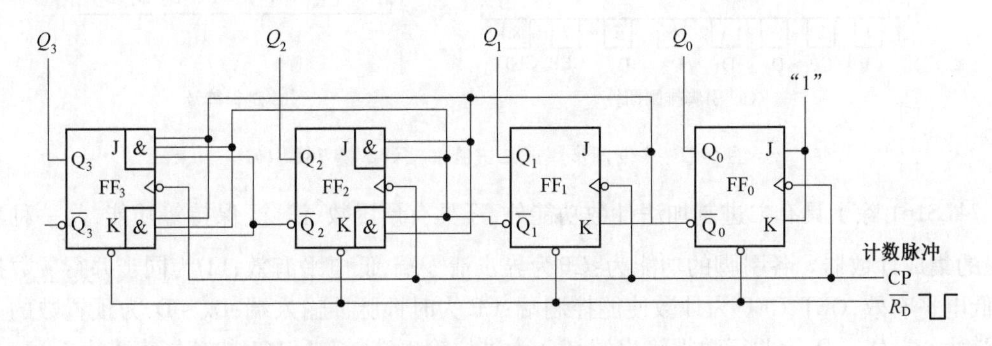

图 6-51　同步 4 位二进制减法计数器

如图 6-51 所示的工作原理分析及状态计数列表由学习者自己进行。其状态转换图、时序图分别如图 6-46、图 6-47 所示。

在二进制计数器的基础上，利用一定的方法跳过多余的状态就可以是十进制计数器、N 进制计数器。例如十进制计数器就是跳过了 4 位二进制计数器的 1010 ~ 1111 这六个状态，五进制计数器就是跳过了 3 位二进制计数器的 101 ~ 111 这三个状态，等等。我们在数字系统中会经常使用十进制计数器。

既能加计数又能减计数的计数器叫作可逆计数器。在可逆计数器的电路中加入了相应的控制逻辑电路，有加、减工作方式控制端。当输入不同的控制信号时，计数器的状态转换规律可以分别按加法计数器或减法计数器的计数规律进行工作。

一般来说，异步二进制计数器电路比较简单，级数增加也不会加重计数脉冲的负担，但因逐级传送，其工作频率比同步二进制计数器低，各级触发器相差也比同步二进制计数器大。

知识点三　常用集成计数器及其应用

目前市场上的各系列中规模集成计数器一般分为同步计数器和异步计数器两大类，主要有集成二进制计数器和BCD码集成十进制计数器。中规模集成计数器功能比较完善，如有预置数、清除、保持、计数等多种功能，通用性强，便于扩展，应用十分广泛。

（一）集成二进制计数器

常见的异步二进制计数器集成器件有4位的74LS293、74HC293、74LS177、74LS197等。

常见的同步二进制计数器集成器件有4位的74LS161与CC40161、74LS163与CC40163、74LS169、74LS193与CC40193等。

我们以4位同步集成二进制加法计数器74LS161为例，介绍集成二进制加法计数器的功能及应用。

1. 74LS161的功能

如图6-52所示为74LS161的引脚排列图和逻辑符号。

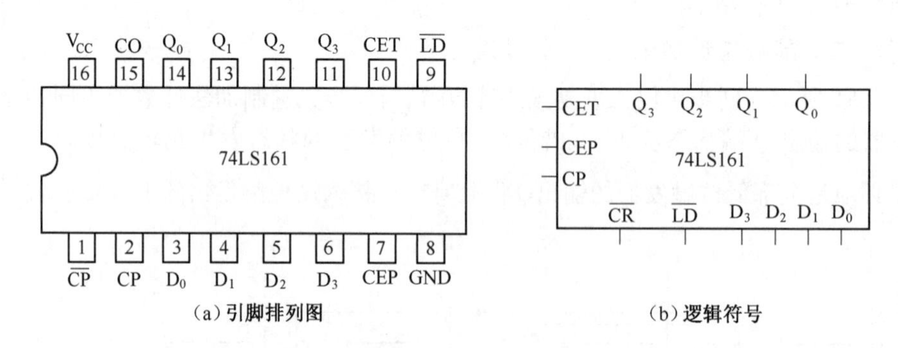

（a）引脚排列图　　（b）逻辑符号

图6-52　4位同步集成二进制加法计数器74LS161

74LS161除了具有二进制加法计数功能外，还具有预置数、清除、保持等功能，是一种功能较强的集成计数器。各引脚的功能为：$\overline{CR}$为异步清零端，低电平有效；$\overline{LD}$为同步并行置数控制端，低电平有效；CET、CEP为计数使能控制端；CP为时钟脉冲输入端；$D_0 \sim D_3$为预置数的并行数据输入端；$Q_0 \sim Q_3$为并行数据输出端；CO为进位输出端。74LS161的功能表见表6-13。

表6-13　74LS161的逻辑功能表

功能	输入状态									输出状态			
	$\overline{CR}$	$\overline{LD}$	CEP	CET	CP	D_3	D_2	D_1	D_0	Q_3	Q_2	Q_1	Q_0
异步清零	0	×	×	×	×	×	×	×	×	0	0	0	0

续上表

功能	输入状态									输出状态			
	$\overline{CR}$	$\overline{LD}$	CEP	CET	CP	D_3	D_2	D_1	D_0	Q_3	Q_2	Q_1	Q_0
同步置数	1	0	×	×	↑	D_3	D_2	D_1	D_0	D_3	D_2	D_1	D_0
保持	1	1	0	×	×	×	×	×	×	Q_3	Q_2	Q_1	Q_0
	1	1	×	0	×	×	×	×	×	Q_3	Q_2	Q_1	Q_0
计数	1	1	1	1	↑	×	×	×	×	加计数			

74LS161 的四个逻辑功能讨论如下：

①异步清零功能

当$\overline{CR}=0$时，不论其他控制端为何种状态，计数器直接置零，内容全部清除，即 $Q_3Q_2Q_1Q_0=0000$。由于这种清零与 CP 无关，不需要时钟脉冲的同步作用，称异步清零。

②预置数功能

$\overline{CR}=1$，若预置数控制端$\overline{LD}=0$，在 CP 上升沿到达时，计数器输出 $Q_3Q_2Q_1Q_0=D_3D_2D_1D_0$，即将输入数据 $D_3D_2D_1D_0$置入计数器中。实现同步并行置数需要 1 个 CP。

③保持功能

$\overline{CR}=1$、$\overline{LD}=1$，只要 CEP、CET 中有一个为 0，则无论有无计数脉冲 CP 输入，计数器保持原状态不变。

④计数功能

当$\overline{CR}=1$、$\overline{LD}=1$、CEP = CET = 1 时，在 CP 上升沿作用下，计数器作 4 位二进制加法计数功能，当计数到 $Q_3Q_2Q_1Q_0=1111$ 状态时，进位输出端 CO = 1，送出一个正脉冲进位信号，再来一个 CP，计数器回到初始状态"0000"，同时 CO = 0。

2. 74LS161 的应用

常见的集成计数器芯片只有几种应用面广的产品，当需要任意进制的计数器时，可利用现成的中规模集成计数器典型产品经过外电路的不同连接来得到。以 74LS161 为例，讲述集成计数器构成任意 N 进制计数器的应用。

(1)采用"反馈复位法"构成 N 进制计数器

反馈复位法就是将数据输出端 $Q_3Q_2Q_1Q_0$任意状态中的全部"1"同时送入门电路，而门电路的输出与计数器的清零控制端$\overline{CR}$连接，使$\overline{CR}$有效，这就构成了任意进制计数器。如图 6-53 所示为用 74LS161 构成的反馈复位法十一进制计数器的逻辑电路图和状态转换图。图中各功能端的状态设置为$\overline{LD}=1$，预置数无效；而 CEP = CET = 1，计数器处在计数状态；输出 Q_3、Q_1、Q_0端作为与非门的输入，与非门的输出接到$\overline{CR}$端。计数器在 $Q_3Q_2Q_1Q_0=0000\sim1010$ 期间正常计数，$\overline{CR}=1$ 当第 11 个 CP 到来时，计数器状态为 $Q_3Q_2Q_1Q_0=1011$，$\overline{CR}=\overline{Q_3Q_1Q_0}=0$，使计数器置 0，复位到起始状态 $Q_3Q_2Q_1Q_0=0000$，这样就构成了十一进制计数器。用这种方法构成的 N 进制计数器计数初始状态始终是从 0000 开始的。

用这种方法存在两个问题：①存在短暂的过渡状态问题，例如在 11 进制计数器中，当计数到1010时，再输入一个计数脉冲理应回到0000，但置0反馈复位法却要先进入到1011状态，才使$\overline{CR}=0$，其后计数器才复位，复位后$\overline{CR}$恢复1，计数器又开始新一轮计数。这样在计数过程中总会出现1011的过渡状态。尽管过渡状态时间极短，但这是“复位法”必须出现的。②存在着异步置0复位的可靠性问题，因为过渡状态的短暂时间会使$\overline{CR}=0$的保持时间不够长，由于组成计数器的各触发器性能和负载不同，但凡有一个使$\overline{CR}=0$的触发器翻转到0，则$\overline{CR}=1$，计数器无法清0，造成错误动作。

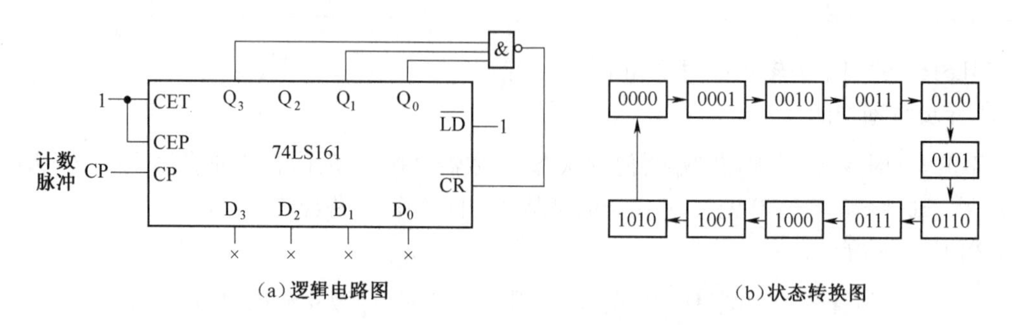

（a）逻辑电路图　　（b）状态转换图

图6-53　反馈复位法构成的十一进制加法计数器

根据上述原理，只要将$Q_3Q_2Q_1Q_0$不同的状态（0010～1111）通过与非门反馈到复位端便可以构成二至十五进制中的任意N进制计数器。“反馈复位法”构成N进制计数器的电路简单、经济，虽然存在问题，但仍有比较多的应用场合。

（2）采用“预置数复位法”构成N进制计数器

预置数复位法就是将数据输出端$Q_3Q_2Q_1Q_0$任意状态中的全部“1”同时送入门电路，而门电路的输出与计数器的预置数控制端$\overline{LD}$连接，使$\overline{LD}$有效，这就构成了任意进制计数器。如图6-54所示为用74LS161构成的预置数复位法十一进制计数器的逻辑电路图和状态转换图。图中各功能端的状态设置为$\overline{CR}=CEP=CET=1$，数据输入端输入$D_3D_2D_1D_0=0000$，输出Q_3、Q_1端作为与非门的输入，与非门的输出接到$\overline{LD}$端。计数器在$Q_3Q_2Q_1Q_0=0000\sim1001$期间正常计数，$\overline{LD}=1$；当第10个CP到来时，$Q_3Q_2Q_1Q=1010$，$\overline{LD}=0$有效，为置数作好准备，在第11个CP脉冲到达时计数器置入0000，$Q_3Q_2Q_1Q_0=0000$，这样就构成了十一进制计数器。

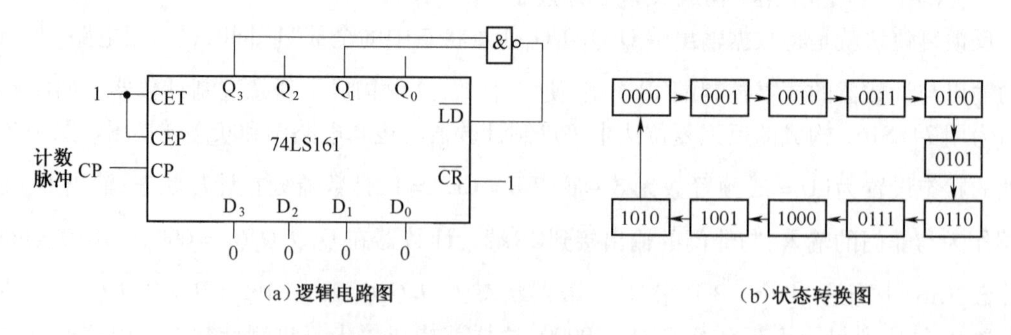

（a）逻辑电路图　　（b）状态转换图

图6-54　预置数复位法构成的自然态序十一进制加法计数器

一旦计数器恢复到0000状态，$\overline{LD}=1$，计数器又继续新一轮计数，在连续CP作用下，计数器从 0000、0001、…1010～0000…循环计数，得到自然序态的十一进制计数。

由于 74LS161 的预置数是同步式的，即$\overline{LD}=0$后，还要等下一个 CP 到来时才置入数据 $D_3D_2D_1D_0$，而这时$\overline{LD}=0$的信号已稳定建立，置 0 可靠性高，也无过渡状态。

根据上述原理，只要将 $Q_3Q_2Q_1Q_0$不同的状态（0010-1111）通过与非门反馈到预置数端便可以构成二至十五进制中的任意 N 进制计数器。

预置数复位法还可以实现非自然序态的 N 进制计数器。例如计数器是从 0011、0100、…1100、1101 循环计数，得到非自然序态的十一进制计数。这种电路接法是在数据输入端输入 $D_3D_2D_1D_0=0011$，输出端 Q_3、Q_2、Q_0作为与非门的输入，与非门的输出接到$\overline{LD}$端。计数器在 $Q_3Q_2Q_1Q_0=0011\sim1100$ 期间正常计数，当第 10 个 CP 到来时，$Q_3Q_2Q_1Q=1101$，$\overline{LD}=0$有效，为置数作好准备，在第 11 个 CP 到达时计数器被置成 $Q_3Q_2Q_1Q_0=0011$，这样就构成了非自然序态的十一进制计数器。如图 6-55 所示为用 74LS161 构成的预置数复位法非自然序态的十一进制计数器的逻辑电路图和状态转换图。

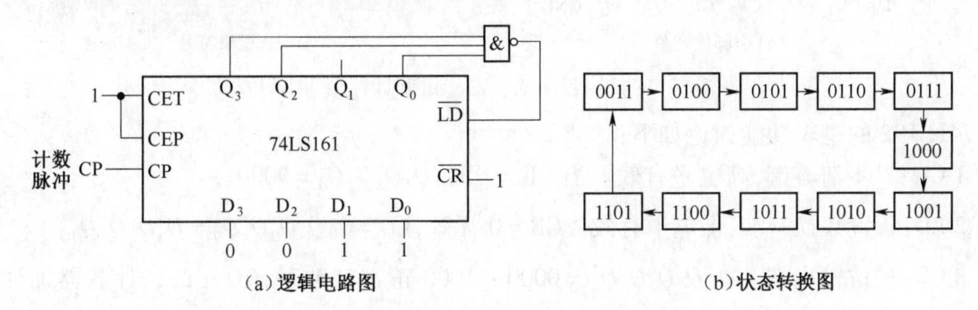

（a）逻辑电路图　　（b）状态转换图

图 6-55　预置数复位法构成的非自然态序十一进制加法计数器

（3）采用进位输出置数最小法构成 N 进制计数器

进位输出置最小数法是利用进位输出端 CO 与预置数控制端$\overline{LD}$构成任意 N 进制计数器，其数据输入需要预置的最小数由(2^n-N)来确定。例如十一进制 $N=11$，则预置最小数为$2^4-11=5$，即 $D_3D_2D_1D_0=0101$。如图 6-56 所示为用 74LS161 构成的进位输出置数最小法十一进制计数器的逻辑电路图和状态转换图。在图中初态预置成 0101，当计数到 1111 状态时进位输出端 CO＝1，$\overline{LD}=0$，计数器被置成 $Q_3Q_2Q_1Q_0=0101$。当计数器状态为 0101 时，进位输出端 CO＝0，$\overline{LD}=1$，计数器又开始新一轮非自然序态的十一进制计数。二至十五进制中的任意进制计数器都可以实现，初始状态从 $D_3D_2D_1D_0$开始。

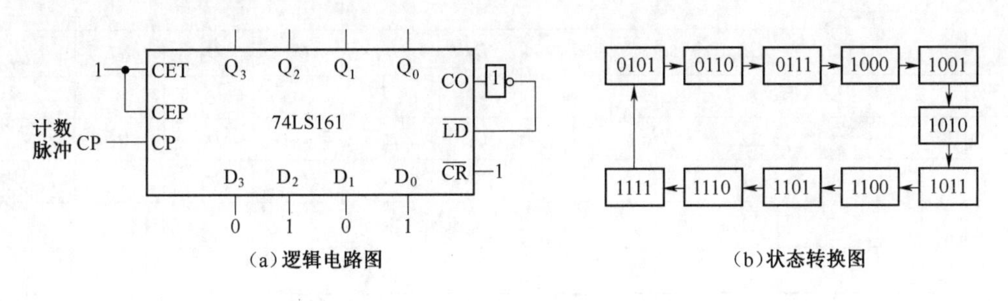

（a）逻辑电路图　　（b）状态转换图

图 6-56　CO 置最小数法构成非自然态序十一进制加法计数器

（二）集成十进制计数器

常见的十进制计数器的集成器件有4位同步的74LS160与CC40160、74LS162与CC40162、74LS190、74LS192与CC40192、74LS390（双4位）等。

我们以4位同步可逆十进制计数器74LS192为例，介绍集成十进制加法计数器的功能及应用。

1. 74LS192的功能

如图6-57所示为74LS192的引脚排列图和逻辑符号。

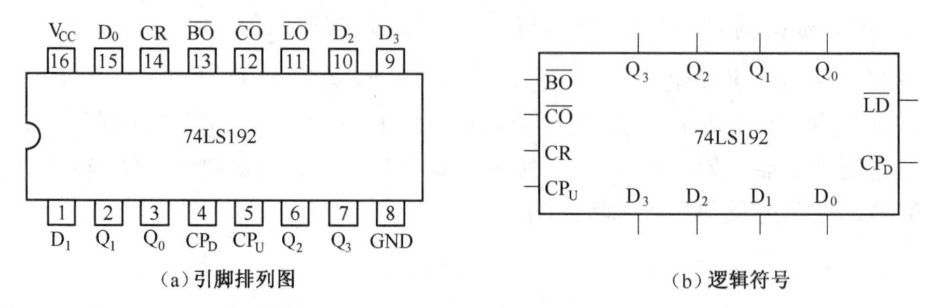

图6-57　4位同步集成可逆十进制计数器74LS192

74LS192的逻辑功能讨论如下：

①CR：异步清零端，高电平有效。当CR＝1时，$Q_3Q_2Q_1Q_0=0000$。

②$\overline{LD}$：预置数控制端，低电平有效。CR＝0无效，$\overline{LD}=0$，$Q_3Q_2Q_1Q_0=D_3D_2D_1D_0$。

③$\overline{CO}$：进位输出端。在$Q_3Q_2Q_1Q_0=0000\sim1000$正常计数时，$\overline{CO}=1$；当计数器加计数到$Q_3Q_2Q_1Q_0=1001$，在该计数脉冲CP变为低电平时，$\overline{CO}=0$，输出进位负脉冲信号，准备向高位进位；再来一个计数脉冲CP，$Q_3Q_2Q_1Q_0=0000$，$\overline{CO}=1$，向高位计数器送进位信号。

④$\overline{BO}$：借位输出端。在$Q_3Q_2Q_1Q_0=1001\sim0001$正常计数时，$\overline{BO}=1$；当计数器减计数到$Q_3Q_2Q_1Q_0=0000$时，在该计数脉冲CP变为低电平时，$\overline{BO}=0$，输出借位负脉冲信号，准备向高位借位；再来一个计数脉冲CP，$Q_3Q_2Q_1Q_0=1001$，$\overline{BO}=1$，向高位计数器送借位信号。

⑤CP_U：加计数时为计数脉冲输入端，减计数时为高电平有效。

⑥CP_D：减计数时为计数脉冲输入端，加计数时为高电平有效。

74LS192的逻辑功能见表6-14。

表6-14　74LS192的逻辑功能

输入								输出			
CR	$\overline{LD}$	CP_U	CP_D	D_3	D_2	D_1	D_0	Q_3	Q_2	Q_1	Q_0
1	×	×	×	×	×	×	×	0	0	0	0
0	0	×	×	D_3	D_2	D_1	D_0	D_3	D_2	D_1	D_0
0	1	1	1	×	×	×	×	Q_3	Q_2	Q_1	Q_0
0	1	↑	1	×	×	×	×	加计数			
0	1	1	↑	×	×	×	×	减计数			

2. 74LS192 的应用

(1)构成十进制计数器

74LS192 构成十进制加、减法计数器的逻辑电路图如图 6-58 所示。

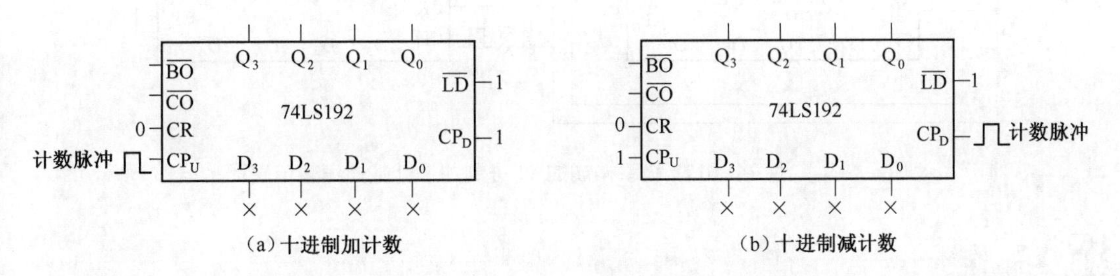

图 6-58　74LS192 构成十进制加、减法计数器逻辑电路图

(2)用“反馈复位法”实现任意进制加法计数器

一片 74LS192 可以实现十以内任意 N 进制加法计数器。如图 6-59 所示为 74LS192 采用反馈复位法构成的六进制加法计数器的逻辑电路图和状态转换图。如图 6-60 所示为 74LS192 采用反馈复位法构成的八进制加法计数器的逻辑电路图和状态转换图。

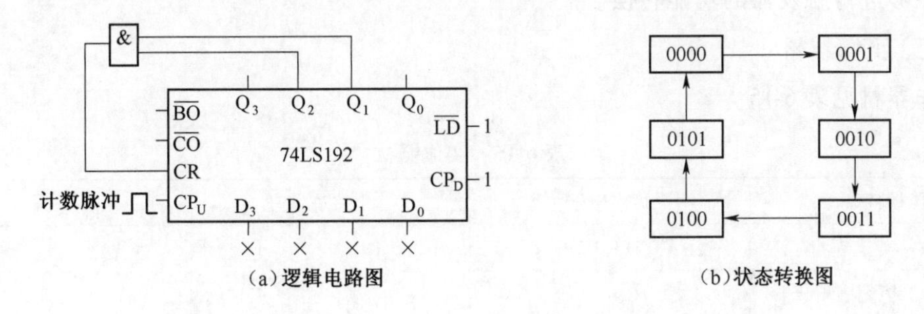

图 6-59　74LS192 采用反馈复位法构成的六进制加法计数器

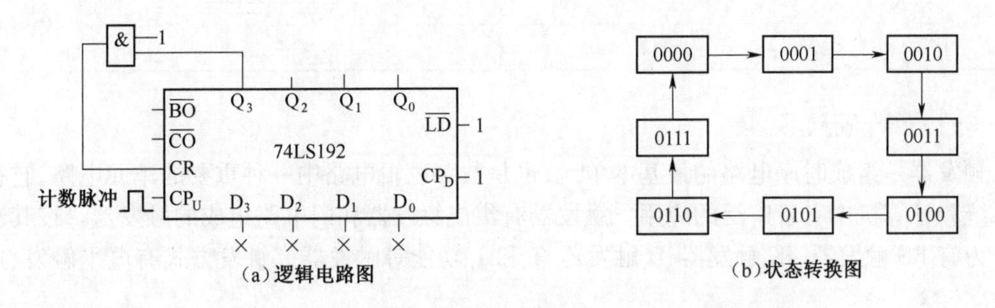

图 6-60　74LS192 采用反馈复位法构成的八进制加法计数器

(3)用多片 74LS192 级联实现大容量计数器

用二片 74LS192 级联,可以构成十以上百以内任意 N 进制加法计数器;用三片 74LS192 级联,可以构成百以上千以内任意进制加法计数器。级联越多,计数容量越大,模 $M = M_1 \cdot M_2 \cdots$。如图 6-61 所示为二片 74LS192 及门电路构成的 82 进制加法计数器逻辑电路图。

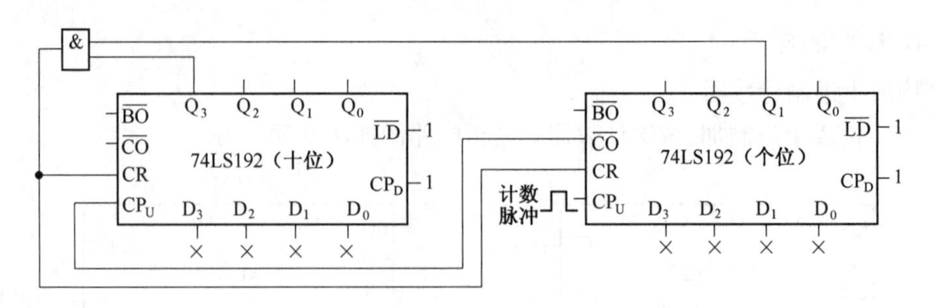

图 6-61　二片 74LS192 级联构成的 82 进制加法计数器逻辑电路图

实作

实作一　触发器逻辑功能的测试与转换

（一）实作目的

1. 熟悉集成触发器的逻辑功能。
2. 掌握集成触发器的测试方法。
3. 能够进行触发器的功能转换。

（二）实作器材

实作器材见表 6-15。

表 6-15　实作器材

器材名称	规格型号	电路符号	数量
数字实验箱	TPE-D2	—	1
数字万用表	VC890C+	—	1
尖镊子	—	—	1
导线	—	—	若干
集成时序逻辑电路器件	74LS112、74LS74	—	各 1

（三）实作前预习

触发器是组成时序电路的最基本单元，也是数字逻辑电路中一种重要的单元电路，它在数字系统和计算机中有着广泛的应用。触发器有集成触发器和门电路组成的触发器。按其功能可分为有 RS 触发器、JK 触发器、D 触发器、T 和 T′功能等触发器。触发方式有电平触发、边沿触发。

1. JK 触发器

边沿 JK 触发器 74LS112 内含两个下降沿 JK 触发器，触发器的置位端、复位端和时钟输入端各自独立，其管脚图和逻辑符号如图 6-62 所示。

2. D 触发器

集成 D 触发器 74LS74 内含两个上升沿 D 触发器，触发器的置位端、复位端和时钟输入端各自独立，其管脚图和逻辑符号如图 6-63 所示。

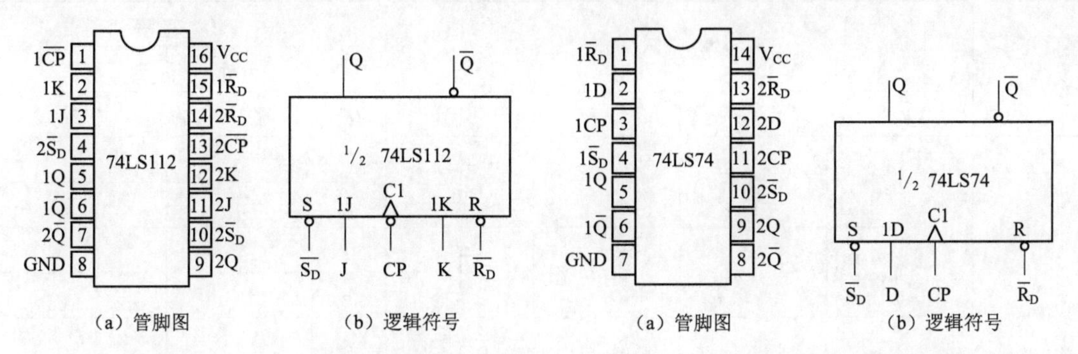

图 6-62　JK 触发器 74LS112 管脚图和逻辑符号　　　图 6-63　D 触发器 74LS74 管脚图和逻辑符号

（四）实训内容、步骤及测试观察记录

1. JK 触发器 74LS112 的功能检测

（1）异步复位端$\overline{R_D}$和置位端$\overline{S_D}$的功能测试

①$Q^n=0$，$\overline{Q^n}=1$ 时，将$\overline{R_D}$、$\overline{S_D}$、J、K 端分别接逻辑开关 K_1、K_2、K_3、K_4；CP 接连续脉冲；Q 端接指示灯 L_1。分别令$\overline{R_D}$、$\overline{S_D}$为 00、01、10、11，观察 Q 端的状态并记录在表 6-16 中。

②$Q^n=1$，$\overline{Q^n}=0$ 时，重复上述操作，观察并记录在表 6-16 中。

（2）逻辑功能测试

$\overline{R_D}$、$\overline{S_D}$为高电平，拨动 K_3、K_4 使 J、K 端分别为 00、01、10、11，CP 接单脉冲，观察并记录当 CP 为↓时 Q 端状态的变化，填入表 6-16 中。

（3）验证边沿触发的特点

分别在 CP＝0 和 CP＝1 期间、CP 为↑时，改变 J、K 端状态，观察触发器状态 Q 是否变化。

表 6-16　测试 1

	输　入				现态	次　态	
						分析	测试
	$\overline{R_D}$	$\overline{S_D}$	J　K	CP	Q^n	Q^{n+1}	Q^{n+1}
置数	0	0	×　×	×	0		
					1		
	0	1	×　×	×	0		
					1		
	1	0	×　×	×	0		
					1		
	1	1	×　×	×	0		
					1		

续上表

	输入				现态	次态	
						分析	测试
	$\overline{R_D}$	$\overline{S_D}$	$J\ K$	CP	Q^n	Q^{n+1}	Q^{n+1}
测试	1	1	0 0	↓	0		
					1		
	1	1	0 1	↓	0		
					1		
	1	1	1 0	↓	0		
					1		
	1	1	1 1	↓	0		
					1		
结论							

2. D 触发器 74LS74 的功能检测

(1)异步复位端$\overline{R_D}$和置位端$\overline{S_D}$的功能测试

①$Q^n=0$,$\overline{Q^n}=1$ 时,将$\overline{R_D}$、$\overline{S_D}$、D 端分别接逻辑开关 K_1、K_2、K_3;CP 接连续脉冲;Q 端接指示灯 L_1,分别令$\overline{R_D}$、$\overline{S_D}$为 00、01、10、11,观察 Q 端的状态并记录在表 6-17 中。

②$Q^n=1$,$\overline{Q^n}=0$ 时,重复上述操作,观察并记录在表 6-17 中。

(2)逻辑功能测试

$\overline{R_D}$、$\overline{S_D}$为高电平,拨动 K_3 使 D 端分别接高、低电平,CP 接单脉冲,观察并记录当 CP 为↑时,Q 端状态的变化,填入表 6-17 中。

(3)验证边沿触发的特点

分别在 CP=0 和 CP=1 期间、CP 为↓时,改变 D 端状态,观察触发器状态 Q 是否变化,将观察到的结果记录于表 6-17。

表 6-17　测试 2

	输入				现态	次态	
						分析	测试
	$\overline{R_D}$	$\overline{S_D}$	D	CP	Q^n	Q^{n+1}	Q^{n+1}
置数	0	0	×	×	0		
					1		
	0	1	×	×	0		
					1		
	1	0	×	×	0		
					1		
	1	1	×	×	0		
					1		

续上表

	输　入				现态	次　态	
						分析	测试
	$\overline{R_D}$	$\overline{S_D}$	D	CP	Q^n	Q^{n+1}	Q^{n+1}
测试	1	1	0	↑	0		
					1		
	1	1	1	↑	0		
					1		
结论							

3. 用 74LS112 构成 T′触发器的功能检测

写出图 6-64 由 JK 触发器构成的 T′触发器的次态逻辑表达式，填入表 6-18。

选用 74LS112 的其中一个 JK 触发器按图 6-64 连接构成 T′触发器。

CP 接连续脉冲信号，用双踪示波器观测 CP 和输出端 Q 的波形，画在表 6-18 中。

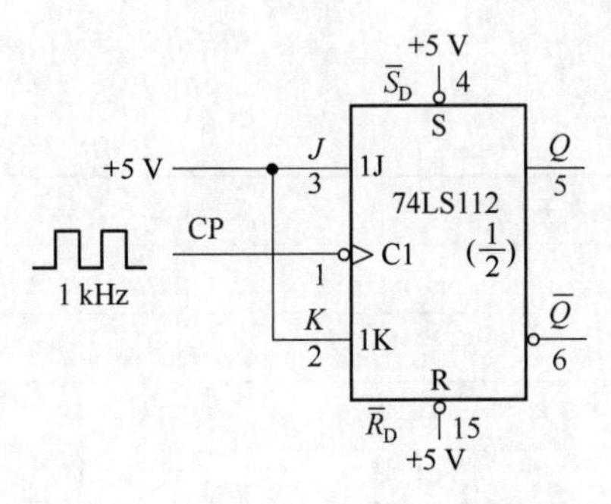

图 6-64　74LS112 构成的 T′触发器

表 6-18　测试 3

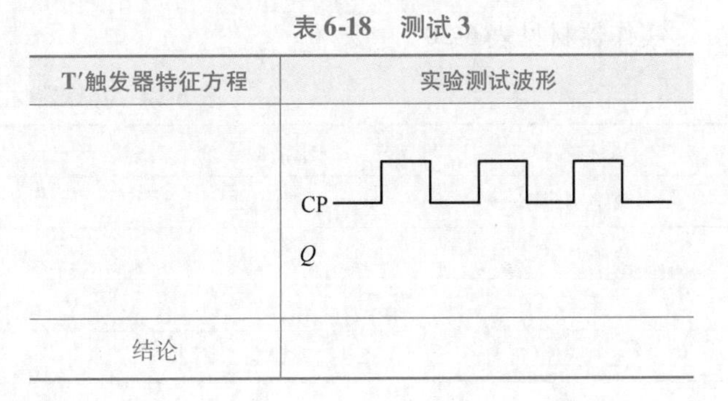

T′触发器特征方程	实验测试波形
	CP Q
结论	

4. 用 74LS74 构成 T′触发器的功能检测

写出图 6-65 由 D 触发器构成的 T′触发器的次态逻辑表达式，填入表 6-19。

选用 74LS74 的其中一个 D 触发器按图 6-65 连接构成 T′触发器。

CP 接连续脉冲信号，用双踪示波器观测 CP 和输出端 Q 的波形，画在表 6-19 中。

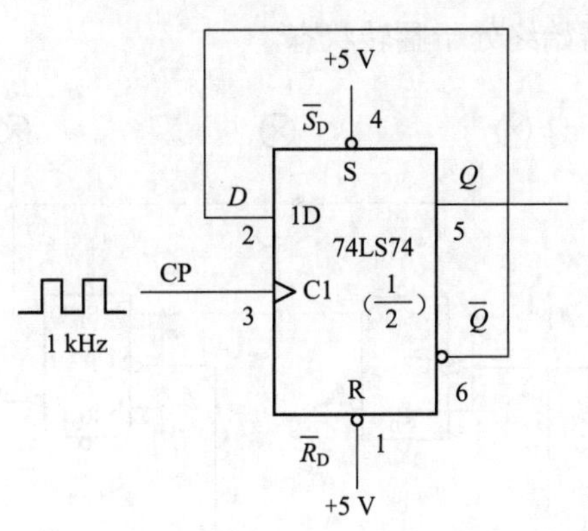

图 6-65　74LS74 构成的 T′触发器

表 6-19　测试 4

T′触发器特征方程	实验测试波形
	CP Q
结论	

（五）注意事项

(1)严禁带电操作,在电源接通时,不允许拔、插集成电路。

(2) +5 V 电源,切忌将电源极性接反。

(3)注意触发器异步置位端和异步复位端的正确连接。

（六）回答问题

(1)在进行 JK 触发器功能测试时,输出端 Q 接的灯始终不亮,试分析故障原因。

(2)在进行 D 触发器功能测试时,输出端 Q 接的灯一直亮,试分析故障原因

实作二 广告灯控制电路的制作与调试

（一）实作目的

1. 掌握 JK 触发器的逻辑功能和使用方法。
2. 掌握触发器的触发方式。
3. 能正确制作广告灯控制电路,电路功能符合要求,具有查找简单故障的能力。

（二）实作器材

实作器材见表 6-20。

表 6-20 实作器材

器材名称	规格型号	电路符号	数量
数字实验箱	TPE-D2	—	1
数字万用表	VC890C+	—	1
导线	—	—	若干
集成组合逻辑电路器件	74LS112	—	1

（三）实作前预习

1. JK 触发器的特性方程。
2. JK 触发器的特性功能真值表。

从特征功能真值表和特征方程可知,JK 触发器的输出次态 Q^{n+1} 具有保持、置 0、置 1 和翻转四种状态,且不存在不定状态。当 $J=K=1$ 时,触发器始终处于翻转状态。

（四）实训内容与步骤

1. 广告灯控制电路制作调试

(1)广告灯控制电路如图 6-66 所示。该电路由两个 JK 触发器构成。

(2)用一片 JK 触发器 74LS112 实现广告灯电路的安装,按图 6-66 正确连接电路,使电路在时钟脉冲信号作用下,三个灯的亮暗按图 6-67 所示顺序变化。观察三个灯的变化情况,记录在表 6-21 中。

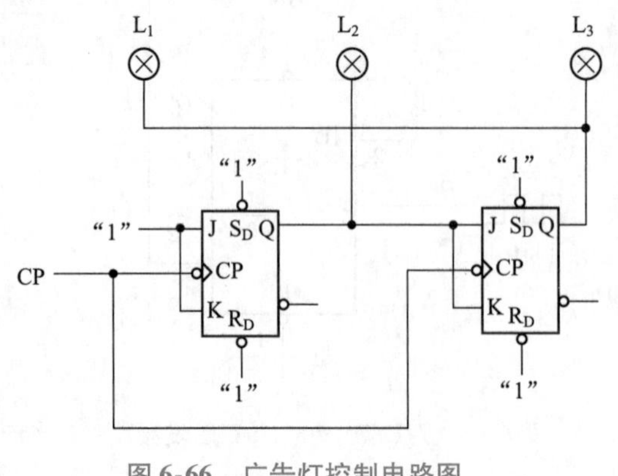

图 6-66 广告灯控制电路图

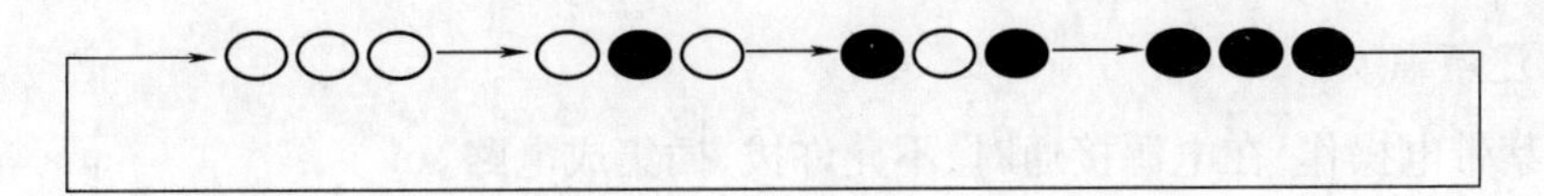

图 6-67　广告灯亮暗变化规律

2. 电路逻辑关系检测

若第二个触发器的$\overline{S}_{D}=1$、$\overline{R}_{D}=0$，观察三个灯的变化情况，记录在表 6-22 中；若第一个触发器的$\overline{S}_{D}=0$、$\overline{R}_{D}=1$，观察三个灯的变化情况，记录在表 6-23 中。

（五）测试与观察结果记录

将测试与观察结果记录于表 6-21 ~ 表 6-23。

表 6-21　测试 1

CP 脉冲	L_1	L_2	L_3
1			
2			
3			
4			
5			
6			
波形图	CP L_1 L_2 L_3		

表 6-22　测试 2

CP 脉冲		L_1	L_2	L_3
	1			
	2			
$\overline{S}_{D}=1$ $\overline{R}_{D}=0$	3			
	4			
	5			

表 6-23　测试 3

CP 脉冲		L_1	L_2	L_3
	1			
	2			
$\overline{S}_{D}=0$ $\overline{R}_{D}=1$	3			
	4			
	5			

（六）注意事项

(1)严禁带电操作,在电源接通时,不允许拔、插集成电路。

(2) +5 V电源,切忌将电源极性接反。

(3)注意触发器异步置位端和异步复位端的正确连接。

（七）回答问题

(1)电路测试时,发现三盏灯始终不亮,是什么原因?

(2)电路测试时,发现三盏灯始终全亮,是什么原因?

实作三 移位寄存器的功能测试与应用

（一）实作目的

1. 熟悉集成移位寄存器74LS194的功能及引脚排列。
2. 完成74LS194的功能测试。
3. 熟练使用74LS194构成计数器、分频器。
4. 学会制作并调试相关应用电路。

（二）实作器材

实作器材见表6-24。

表6-24 实作器材

器材名称	规格型号	电路符号	数量
数字实验箱	TPE-D2	—	1
数字万用表	VC890C+	—	1
导线	—	—	若干
集成门	74LS00、74LS04	G	各1
集成组合逻辑电路器件	74LS194	—	1

（三）实作前预习

移位寄存器可分为单向移位寄存器和双向移位寄存器,双向移位寄存器是在单向移位寄存器的基础上增加一定的控制电路而构成。74LS194是较典型的也是应用很广泛的双向移位寄存器,74LS194的管脚排列和逻辑符号如图6-36所示(第204页)。74LS194具有清零、保持、并行置数、左移、右移等功能。

（四）实训内容与步骤

1. 74LS194的逻辑功能测试

按表6-25变化各输入信号$\overline{C_r}$、M_1、M_0、D_{SL}、D_{SR}、A、B、C、D、CP,观察输出Q_A、Q_B、Q_C、Q_D的值,将结果填入表6-25。

2. 环形计数器

将移位寄存器的串行输出端反馈接到移位寄存器的串行输入端,就构成了环形计数器。74LS194构成的右移环形计数器电路如图6-37(a)所示(第205页)。

注意74LS194构成的环形计数器的初始状态不能全为0或全为1,因此该电路需要先预置初始状态,一般使初始状态中有一个1,其余为0。具体做法是:

(1)并行数据输入端 $ABCD=0001$,$M_1M_0=11$,送一个CP脉冲上升沿,则 $Q_AQ_BQ_CQ_D=0001$,初始状态设定完毕。

(2)74LS194的 $M_1M_0=01$,此时移位寄存器工作在右移状态,在CP脉冲作用下实现环形计数器的功能。

在表6-26中记录右移环形计数器的状态转换结果。

3. 扭环形计数器

将移位寄存器的串行输出端反相后在接到移位寄存器的串行输入端,就构成了模数 $M=2n$(n 为移位寄存器中触发器的个数)的扭环形计数器。扭环形计数器是一个偶数进制的计数器。扭环形计数器的初始状态 $ABCD=0000$ 即可。

74LS194构成的右移扭环形计数器电路见图6-38(a)(第206页),在表6-27中记录其状态转换结果。

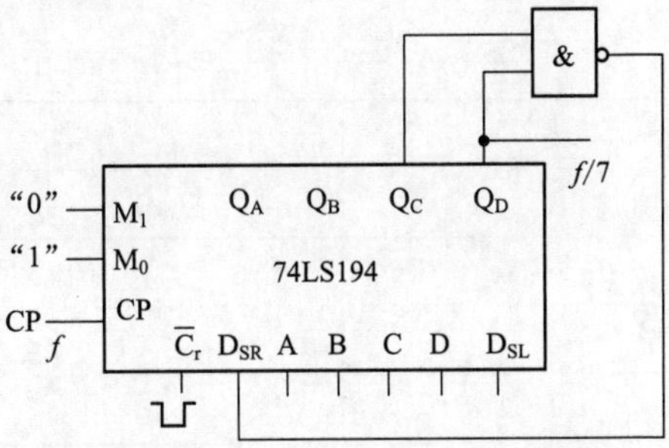

※4. 奇数分频器

图6-68 74LS194构成的7进制计数器

图6-68是由双向移位寄存器74LS194构成的7分频(7进制计数)电路,测试它的状态转换,并在表6-28中记录结果。

(五)测试与观察结果记录

将测试与观察结果记录于表6-25~表6-28。

表6-25　测试1

输入					输出				功能
清零	方式控制	时钟	串行输入	并行输入					
$\overline{C_r}$	M_1M_0	CP	$D_{SL}D_{SR}$	$A\ B\ C\ D$	Q_A	Q_B	Q_C	Q_D	
0	× ×	×	× ×	××××					
1	1 1	↑	× ×	A B C D					
1	1 0	↑	0 ×	××××					
1	1 0	↑	1 ×	××××					
1	0 1	↑	× 0	××××					
1	0 1	↑	× 1	××××					
1	0 0	↑	× ×	××××					

表6-26　测试2

CP	输出状态			
	Q_A	Q_B	Q_C	Q_D
0				

续上表

CP	输出状态			
	Q_A	Q_B	Q_C	Q_D
1				
2				
3				
4				
5				

表 6-27 测试 3

CP	输出状态			
	Q_A	Q_B	Q_C	Q_D
0				
1				
2				
3				
4				
5				
6				
7				
8				
9				

表 6-28 测试 4

CP	输出状态			
	Q_A	Q_B	Q_C	Q_D
0				
1				
2				
3				
4				
5				
6				
7				
8				

（六）注意事项

（1）严禁带电操作，在电源接通时，不允许拔、插集成电路。

（2）+5 V 电源，切忌将电源极性接反。

（3）注意环形计数器中寄存器初始状态的设置。

（七）回答问题

（1）由 74LS194 构成扭环型计数器，操作者误把 M_1、M_0 输入 11，试分析输出结果。

（2）由 74LS194 构成扭环型计数器，操作者误把 M_1、M_0 输入 10，试分析输出结果。

实作四　集成计数器功能测试与应用

（一）实作目的

1. 熟练掌握集成计数器的功能测试及使用方法。
2. 能设计安装并调试任意进制的计数器。
3. 能熟练设计制作任意进制的计数译码显示电路。

（二）实作器材

实作器材见表 6-29。

表 6-29　实作器材

器材名称	规格型号	电路符号	数量
数字实验箱	TPE-D2	—	1
数字万用表	VC890C+	—	1
导线	—	—	若干
集成门	74LS08	G	1
集成组合逻辑电路器件	74LS192、74LS48（或 CD4511）、共阴极数码管 LDD580	—	各 2

（三）实作前预习

1. 计数器

在时序逻辑电路中，计数器是常用的电路。它由具有记忆功能的触发器及门电路组成，计数器具有计数和分频的功能，还用于定时及进行数字运算等。

74LS192 是应用较为广泛的同步可逆十进制计数器，其管脚排列和逻辑符号如图 6-57 所示。74LS192 有异步清零、异步预置数、加减可逆计数和保持功能。加计数时计数脉冲接 CP_U 输入端，CP_D 端接 1；减计数时计数脉冲接 CP_D 输入端，CP_U 端接 1。

2. 译码显示

74LS48 或 CD4511 是中规模集成 BCD 码七段驱动译码器，输出高电平有效，应选用共阴极七段数码管。

接线时，74LS48 或 CD4511 的输入端 A_0、A_1、A_2、A_3 接 74LS192 的输出端 Q_0、Q_1、Q_2、Q_3，从而实现数字的计数结果显示。

（四）实训内容与步骤

1. 74LS192 逻辑功能测试

按照图 6-69 所示正确连线，再按照表 6-30 控制各个逻辑开关的状态，观察输出指示灯的状态并填入表 6-30 中。其中加计数功能测试结果填入表 6-31，减计数功能测试结果填入表 6-32。

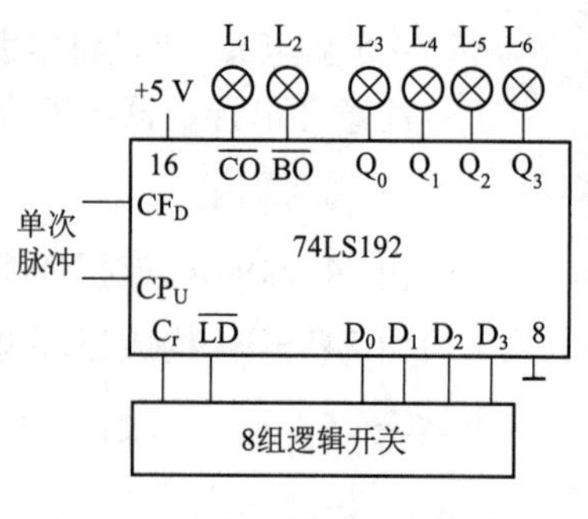

图 6-69　74LS192 功能测试图

2. 任意进制加法计数器

利用集成计数器的复位端，采用反馈复位法，用一片 74LS192 可以实现十以内任意进制加法计数器，用两片 74LS192 可以实现百以内任意进制加法计数器。

用 74LS192 设计一个 6 进制计数、译码、显示电路，制作并完成功能测试。

①在图 6-70 上设计 6 进制计数、译码、显示电路。

②按照设计图完成电路的制作、调试，并观察结果是否符合要求：加入时钟脉冲，数码管显示器的数字是按加法计数的规律从 0 到 5 循环显示。

※3. 用两片 74LS192 设计制作一个 18 进制的计数、译码、显示电路，制作并完成功能测试。

①在图 6-71 上设计 18 进制计数、译码、显示电路。

②按照设计图完成电路的制作、调试，并观察结果是否符合要求：加入时钟脉冲，数码管显示器的数字是按加法计数的规律从 0 到 17 循环显示。

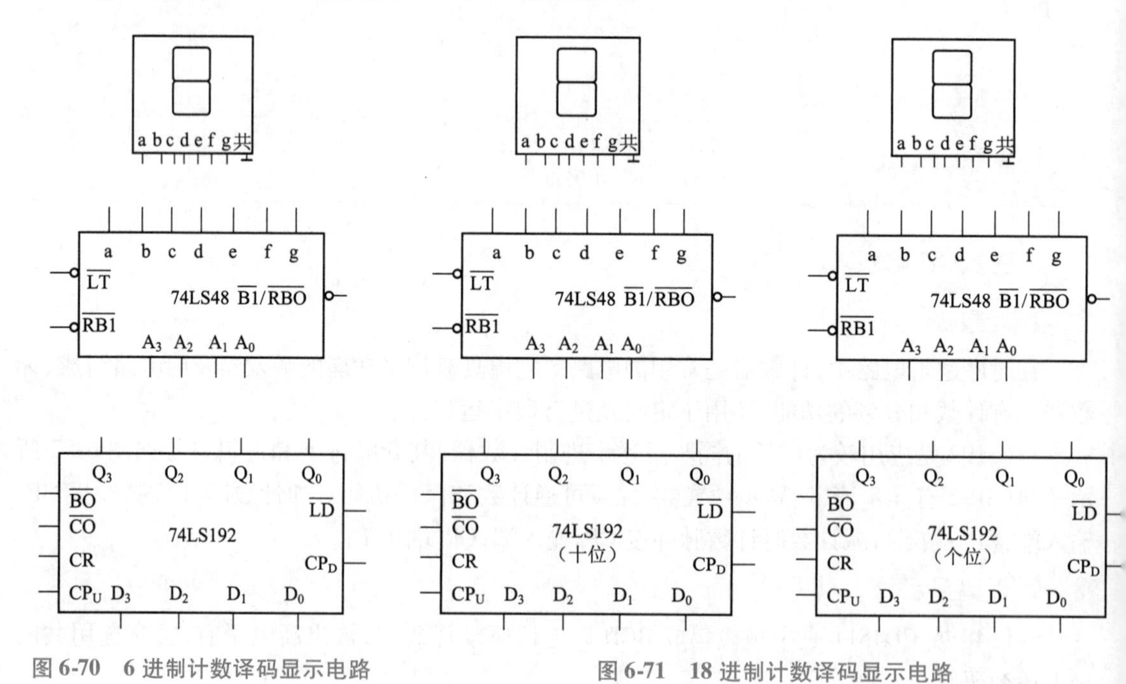

图 6-70　6 进制计数译码显示电路

图 6-71　18 进制计数译码显示电路

（五）测试与观察结果记录

将测试与观察结果记录于表 6-30 ~ 表 6-32。

表 6-30　测试 1

输入								输出和功能			
CR	$\overline{LD}$	CP_U	CP_D	D_3	D_2	D_1	D_0	Q_3	Q_2	Q_1	Q_0
1	×	×	×	×	×	×	×				
0	0	×	×	d	c	b	a				
0	1	↑	1	×	×	×	×				
0	1	1	↑	×	×	×	×				

表 6-31　测试 2

	CP	输出状态			
		Q_3	Q_2	Q_1	Q_0
加法计数器	0				
	1				
	2				
	3				
	4				
	5				
	6				
	7				
	8				
	9				
	10				

表 6-32　测试 3

	CP	输出状态			
		Q_3	Q_2	Q_1	Q_0
减法计数器	0				
	1				
	2				
	3				
	4				
	5				
	6				
	7				
	8				
	9				
	10				

（六）注意事项

（1）严禁带电操作，在电源接通时，不允许拔、插集成电路。

（2）+5 V 电源，切忌将电源极性接反。

（3）注意七段数码管的限流保护。注意选择共阴极数码管。

（七）回答问题

（1）由 74LS192 构成的 14 进制计数器，操作者误把$\overline{LD}$输入 0，试分析输出结果。

（2）一个由 74LS192，74LS48 及共阴七段数码管构成的 6 进制计数、译码、显示电路，如果只显示偶数数字，试分析可能是什么原因？如果只显示奇数数字，试分析可能是什么原因？

实作考核评价

项目	步骤	分数	序号	考核内容及评分标准	配分	扣分	得分	备注
*N*进制计数器的基本制作与调试	电路设计	10	1	用74LS192和74LS08实现6进制加法计数器(清零复位法)。控制及输入线每错一根扣1分,与门错误扣3分,计数进制接线错误扣2分。直至扣完为止	5			
			2	绘制数码管及CD4511逻辑图,控制管脚每错一个扣2分,数码管与CD4511输出接线每错一根扣1分。直至扣完为止	5			
	电路连接及测试	60	3	确认元件选择。元件错误一个扣2分	5			
			4	正确连接电路。连线错误一处扣2分,直至扣完为止	20			
			5	实现电路功能。能实现部分功能,酌情给分	25			
			6	单脉冲下或连续脉冲下计数电路测试,接线错误扣5分	5			
			7	正确使用万用表进行电路测试。要求保留小数点后两位,每错一处扣2分。万用表操作不规范扣5分。直至扣完为止	5			
	回答	10	8	原因描述合理	10			
	整理	10	9	规范操作,不可带电插拔元器件,错误一次扣5分	5			
			10	正确穿戴,文明作业,违反规定,每处扣2分	2			
			11	操作台整理,测试合格应正确复位仪器仪表,保持工作台整洁,每处扣3分	3			
时限		10	时限为45 min,每超1 min扣1分		10			
合计					100			

注意:操作中出现各种人为损坏,考核成绩不合格且按照学校相关规定赔偿。

本章小结

1. 时序电路由触发器和门电路组成,输出与输入之间有反馈,有记忆功能,其特点是电路的输出状态既与当前的输入状态有关,还与电路原来的状态有关。

2. 触发器是时序电路的基本单元。按逻辑功能分为RS、JK、D、T、T′触发器;按电路结构分为基本RS触发器、同步触发器、主从触发器、维持阻塞触发器和边沿触发器;按CP触发方式分为电平触发(CP=1或CP=0)、边沿触发方式。

3. 基本RS触发器是构成各种触发器的基础,它有两个稳态0和1,可存储一位二进制数,若要存储一个n位二进制数,需要n个触发器;同步触发器又称钟控触发器,因为电平触发方式而存在空翻问题;主从触发器为下降沿延迟触发,有一次性翻转问题;边沿触发器彻底解决了空翻和一次性翻转问题。RS触发器的逻辑功能不全,存在"不定"状态;JK触发器克服了"不定"状态,是功能完善的触发器,具有保持、置0、置1、计数功能;D触发器有D锁存器和边沿触发器两种,具有置0、置1功能;T′触发器是计数触发器,又称计数单元。各类触发器之间可进行功能转换,它们的逻辑功能均可用特性表、特性方程和状态转换图来描述。

4. 寄存器分数码寄存器和移位寄存器，由触发器组成，n 个触发器组成的寄存器能存储 n 位二进制信息。数码寄存器可实现并入并出存数，一次仅需要 1 个节拍 CP；移位寄存器可实现串入、串出存数，串入、串出各需要 4 个节拍 CP。在移位脉冲作用下移位寄存器可实现数码的左移或右移，利用它可实现数据的串-并行转换、数据的运算及处理。

5. 计数器具有计数和分频等功能。计数器可分二进制、十进制和 N 进制计数器，也可分为加法、减法和可逆计数器，还可分为同步和异步计数器。异步二进制计数器的电路连接要注意计数单元触发器是下降沿触发还是上升沿触发，异步计数器的优点是电路简单，缺点是计数速度慢，因此在高速数字系统中，大多采用同步计数器。目前市场上生产的中规模集成计数器，有同步计数器和异步计数器两大类，通常的集成芯片主要是 BCD 码十进制和四位二进制计数器。

6. 本章主要介绍了 4 位同步二进制计数器 74LS161 和同步可逆计数器 74LS192 两种中规模集成计数器，它们都具有异步清零、预置数、保持和计数功能。在构成任意进制计数器时，常采用反馈复位法、预置数复位法、进位输出置最小数法。

7. 采用多片中规模集成计数器级联可以实现大容量计数器，其模 $M = M_1 \cdot M_2 \cdots$

综合练习题

1. 填空题

(1) 常用的触发器有________、________、________等。

(2) 触发器有________个稳态，存储 8 位二进制信息要________个触发器。

(3) 触发器有两个互补的输出端 Q、$\overline{Q}$，定义触发器的“1”状态为________，“0”状态为________，可见触发器的状态指的是输出端________端的状态。

(4) 边沿触发器的触发方式分为________触发和________触发两种。

(5) JK 触发器的特征方程是 $Q^{n+1}=$________，D 触发器的特征方程是 $Q^{n+1}=$______。

(6) 时序逻辑电路按照其触发器是否有统一的时钟控制分为________时序电路和________时序电路。

(7) 时序逻辑电路的输出不仅取决于同一时刻的________，而且还与输入信号作用前的________状态有关。

(8) 常用的集成时序逻辑电路器件有________、________等。

(9) T 触发器的特征方程是 $Q^{n+1}=$________，T′触发器的特征方程是 $Q^{n+1}=$________。

(10) 寄存器按照功能不同可分为________寄存器和________寄存器。

(11) 四位左移移位寄存器，其输入数码加在最______位触发器的输入端，在 CP 的作用下，输入数码从 Q ________向 Q ________方向移动。

(12) 四位右移移位寄存器，其输入数码加在最______位触发器的输入端，在 CP 的作用下，输入数码从 Q ________向 Q ________方向移动。

(13) 计数器具有________和________功能。

(14) 构成一个 6 进制计数器至少需采用________个触发器。若将一个频率为 8kHz 的矩形波变换为 1 kHz 的矩形波，应采用________电路。

2. 判断题

(1)时序逻辑电路含有记忆功能的器件。 (　　)

(2)触发器是时序逻辑电路的基本单元。 (　　)

(3)触发器的有 Q 端和$\overline{Q}$端两个输出端,储存 8 位二进制信息只需要 4 个触发器。 (　　)

(4)同步触发器存在空翻现象,主从触发器彻底克服了空翻。 (　　)

(5)电平触发方式是在 CP 上升沿或下降沿时,触发器状态才发生翻转。 (　　)

(6)数码寄存器只具有接收数码和清除原有数码的功能。 (　　)

(7)寄存器和数据选择器都是常用时序逻辑电路。 (　　)

(8)同步计数器的工作速度比异步计数器的工作速度慢。 (　　)

(9)同步计数器受 CP 脉冲控制,异步计数器不受 CP 脉冲控制。 (　　)

(10)计数器的模是指构成计数器的触发器的个数。 (　　)

(11)把两个十进制计数器级联可得到 20 进制计数器。 (　　)

3. 选择题

(1)n 个触发器可以构成能寄存______位二进制数码的寄存器。

A. n-1　　B. n　　C. $n+1$　　D. 2^n

(2)上升沿触发器的输出状态只在______情况下才可能改变。

A. CP 由 1 到 0　　B. CP 由 0 到 1　　C. CP = 1 时　　D. CP = 0 时

(3)一个八进制计数器至少需要______个触发器。

A. 3　　B. 4　　C. 5　　D. 10

(4)对于 JK 触发器,若 $J=K=1$,则可完成______触发器的逻辑功能。

A. RS　　B. T′　　C. T　　D. D

(5)下列电路中,触发器在 CP 下降沿按 $Q^{n+1}=\overline{Q^n}$ 工作的电路是______。

(6)下列电路中,触发器在 CP 触发边沿按 $Q^{n+1}=0$ 工作的电路是______。

(7)欲使 D 触发器按 $Q^{n+1}=\overline{Q^n}$ 工作,应使输入 $D=$______。

A. 0　　B. Q　　C. $\overline{Q}$　　D. 1

(8)具有保持置 0、置 1、保持、翻转全功能的触发器是______。

A. JK 触发器　　B. T 触发器　　C. D 触发器　　D. T′触发器

(9)已知D触发器的输入 $D=0$,在时钟的作用下,则触发器的次态输出为______。

A. 0　　B. 1　　C. CP　　D. 不确定

(10)图 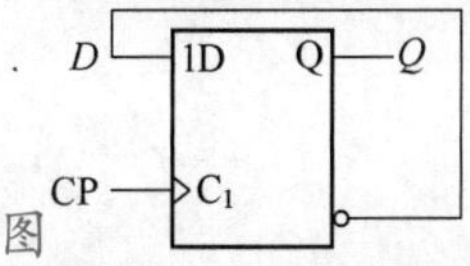　　所示电路,若输入 CP 脉冲的频率为 100 kHz,则输出 Q 的频率为______。

A. 500 kHz　　B. 200 kHz　　C. 100 kHz　　D. 50 kHz

(11)为实现将 JK 触发器转换为 D 触发器,应使______。

A. $K=D$、$J=\overline{D}$　　B. $J=D$、$K=\overline{D}$　　C. $J=K=D$　　D. $J=K=\overline{D}$

(12)下列触发器中有"不定"逻辑功能的是______。

A. RS 触发器　　B. JK 触发器　　C. D 触发器　　D. T 触发器

(13)有且只有置 0 和置 1 功能的触发器是______。

A. RS 触发器　　B. JK 触发器　　C. D 触发器　　D. T 触发器

(14)一个四位数码寄存器内部有______个 D 触发器。

A. 3　　B. 4　　C. 5　　D. 10

(15)4 位移位寄存器,串行输入时,经______个 CP 脉冲后,4 位数码全部移入寄存器中。

A. 1　　B. 4　　C. 8　　D. 2

(16)四位并行输入寄存器输入一个新的四位数据时,需要______个 CP 时钟脉冲信号。

A. 0　　B. 1　　C. 2　　D. 4

(17)n 位串行输入寄存器输入一个新的 n 位数据时,需要______个 CP 时钟脉冲信号

A. $n-1$　　B. 1　　C. n　　D. $n+1$

(18)四位串行输入寄存器输入一个新的四位数据,再将这四位数据串行输出,需要______个 CP 时钟脉冲信号。

A. 1　　B. 4　　C. 8　　D. 2

(19)同步计数器和异步计数器比较,同步计数器的显著优点是______。

A. 工作速度高　　B. 触发器利用率高　　C. 电路简单　　D. 不受时钟 CP 控制

(20)n 个触发器可以构成最大计数长度(进制数)为______的计数器。

A. n　　B. $2n$　　C. n^2　　D. 2^n

(21)下列逻辑电路中是时序逻辑电路的是______。

A. 译码器　　B. 加法器　　C. 计数器　　D. 编码器

(22)若要将 4 kHz 的矩形波信号变换为 1 kHz 矩形波信号,应采用______。

A. 十进制计数器　　B. 四进制计数器　　C. 二进制计数器　　D. 三进制计数器

(23)同步计数器和异步计数器比较,其差异在于后者______。

A. 没有触发器　　B. 没有统一的时钟脉冲控制

C. 没有稳定状态　　D. 输出只与内部状态有关

(24)一个 9 进制计数器计数到第 76 个 CP 脉冲时的四位输出 $Q_3Q_2Q_1Q_0=$______。

A. 0100　　B. 0011　　C. 0101　　D. 1000

4. 分析回答

(1)时序电路在逻辑功能和电路结构上有何特点？它与组合电路相比较有哪些不同？

(2)触发器有哪几种电路结构形式？有哪几种触发方式？

(3)触发器的逻辑功能有哪些？

(4)触发器的“空翻”现象是什么？如何克服？

(5)主从触发器的“一次性翻转”问题是什么？

(6)为什么说T′触发器是二分频触发器？

(7)同步时序电路和异步时序电路在电路结构上和动作特点上有何不同。

(8)计数器内的触发器个数与计数器的模有什么关系？

(9)采用“反馈复位法”构成 N 进制计数器存在什么问题？

(10)如图6-72所示，设各触发器的初态均为 $Q^n=0$，试画出在CP脉冲连续作用下各触发器输出 Q^{n+1} 的波形。

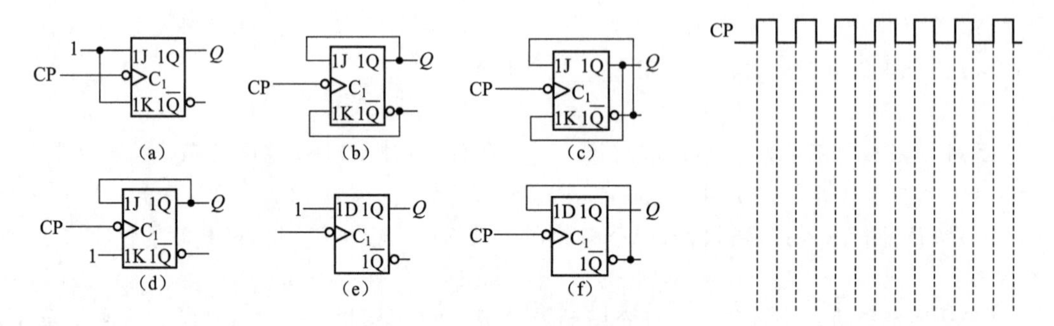

图6-72　题4-(10)图

(11)如图6-73所示电路，已知各触发器的初始状态均为0，试画出在CP控制下 Q_1^{n+1}、Q_2^{n+1} 的波形。

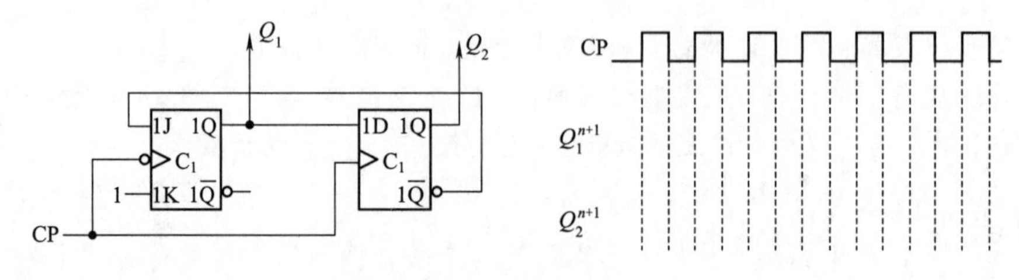

图6-73　题4-(11)图

5. 分析设计

(1)采用反馈复位法设计一个由74LS161及门电路构成的13进制计数器，画出逻辑图和状态转换图。

(2)采用预置数复位法设计一个由74LS161及门电路构成的12进制计数器，画出逻辑图和状态转换图。

(3)用进位输出置最小数法设计一个由74LS161及门电路构成的9进制计数器，画出逻辑图和状态转换图。

(4)采用反馈复位法设计一个由 74LS192 及门电路构成的任意 n 进制加法计数器,画出逻辑图和状态转换图。

(5)采用反馈复位法设计一个由 74LS192 及门电路构成的 56 进制加法计数器,画出逻辑图。

6. 分析故障

(1)某同学用集成 JK 触发器 74LS112 接成如图 6-74 所示实验电路,电路中所有元器件没有故障,但是 LED 始终不亮,试简单分析电路故障并改正。

(2)某同学用 D 触发器 74LS74 接成如图 6-75 所示实验电路后发现,发光二极管 VD 一直亮,且不受输入信号控制,试简单分析可能是什么原因并改正?

(3)某同学用四线—二线译码器 74LS139 接成如图 6-76 所示电路,该同学想只让发光二极管 VD_3 不亮,试分析图中接线是否能实现?为什么?

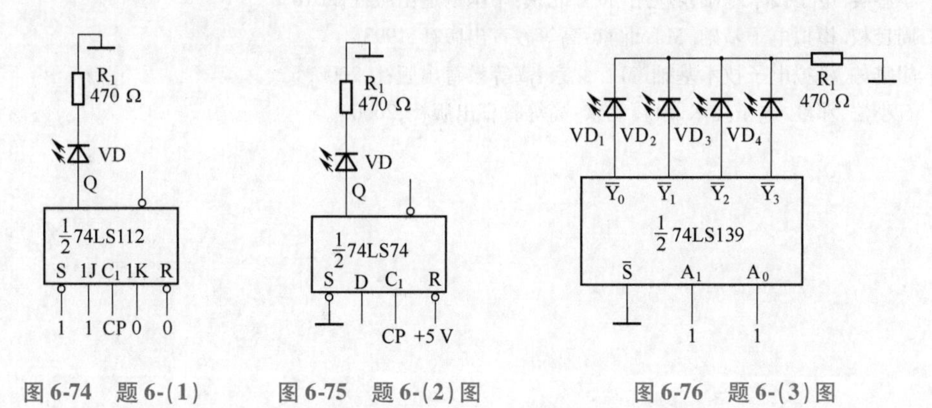

图 6-74　题 6-(1)　　图 6-75　题 6-(2)图　　图 6-76　题 6-(3)图

(4)一个由 74LS192、CD4511 及共阴七段数码管构成的十进制计数、译码、显示电路,如果不管输入信号如何变化,数码管上数字都显示 8,试分析可能是什么原因?

(5)一个由 74LS192,74LS48 及共阴七段数码管构成的十进制计数、译码、显示电路,如果只显示 0,2,4,6,8 等 5 个数字,试分析可能是什么原因?如果只显示 1、3、5、7、9 等 5 个数字,试分析可能是什么原因?

参考文献

[1] 康华光.电子技术基础[M].北京:高等教育出版社,2003.
[2] 申凤琴.电工电子技术及应用[M].北京:机械工业出版社,2010.
[3] 马祥兴.电子技术及应用[M].北京:中国铁道出版社,2006.
[4] 丁群.数字电子技术[M].南京:南京大学出版社,2013.
[5] 戚磊.模拟电子技术分析与应用[M].南京:南京大学出版社,2013.
[6] 李春英.电子技术基础及应用[M].北京:中国铁道出版社,2018.
[7] 周良权.模拟电子基础[M].北京:高等教育出版社,1993.
[8] 胡宴如.模拟电子技术基础[M].北京:高等教育出版社,2000.
[9] 石小法,邓红.电子技术[M].北京:高等教育出版社,2000.

参考答案

项目一

1. 略
2. √ × × √ × × √ √ ×
3. C D A B C A D A C D
4. (1)(a)导通,$U_O = 6$ V (b)截止,$U_O = 6$ V (c)截止,$U_O = -12$ V

   (d)截止,$U_O = 0$ (e)导通,$U_O = -12$ V

   (f)VD_1 先导通并钳位,使 VD_2 截止,$U_O = 0$

   (2)(a)$U_O = 20.4$ V,$U_O = 22.4 \sim 23.4$ V (b)$U_O = 5.94$ V,$U_O = 7.94 \sim 8.94$ V
5. 略

项目二

1. 略
2. √ × × × × √ × × √ × ×

   √ √ √ × √ √ × × √ × ×
3. B B B C C B D A B C D B C B A C B D A B
4. 略
5. (1)(a)Q(26 μA,2.6 mA,4.2 V) S 断开,$A_u = -230$;S 闭合,$A_u = -115$

   $r_i = 1.3$ kΩ $r_o = 3$ kΩ

   (b)Q(40 μA,1.52 mA,-5.92 V) S 断开,$A_u = -160$;S 闭合,$A_u = -80$

   $r_i = 0.95$ kΩ $r_o = 4$ kΩ

   (c)Q(30 μA,1.5 mA,6.75 V) S 断开,$A_u = -64$;S 闭合,$A_u = -32$

   $r_i = 1.17$ kΩ $r_o = 1.5$ kΩ

   (d)Q(50 μA,2 mA,-4 V) S 断开,$A_u = -98$;S 闭合,$A_u = -49$

   $r_i = 820$ Ω $r_o = 2$ kΩ

微变等效电路(略)

(2)Q(21 μA,2.1 mA,6.33 V) $r_{be} = 1.54$ kΩ $A_u = 0.99$ $r_o = 15$ Ω

S 断开,$r_i = 143$ kΩ S 闭合,$r_i = 97$ kΩ 变小

(3)$r_{be1} = 1.6$ kΩ $r_{be2} = 1.9$ kΩ $r_{i2} = 113$ kΩ $R'_{L1} = R_{c1} // r_{i2} = 2.92$ kΩ

$A_u = A_{u1} \cdot A_{u2} = -181$ $r_i = r_{be1} = 1.6$ kΩ $r_o = r_{o2} = 19$ Ω

$$U_o = |A_u| U_i = |A_u| \frac{r_{be1}}{r_{be1} + R_s} \times U_s = 1.1 \text{ V}$$

(4) $A_u = -5$　　$r_i = 5\ \text{M}\Omega$　　$r_o = 5\ \text{k}\Omega$

(5) ① $U_i = 9\ \text{V}, U_{om} = 9\sqrt{2}\ \text{V}, P_o = 5.0625\ \text{W}$　　$P_E = 9.12\ \text{W}$　　$\eta = P_o/P_E = 55.5\%$

② $U_{im} = 18\ \text{V}, U_{om} = 18\ \text{V}, P_o = 10.125\ \text{W}$　　$P_E = 12.9\ \text{W}$　　$\eta = P_o/P_E = 78.5\%$

③ $U_{im} = 20\ \text{V}$,输出会发生失真。

6. 略

项 目 三

1. 略

2. √　×　√　√　√　√　√　√　×　×　×

3. C　B　C　A　D　B　A　B

4. (5)⑥(a)电流并联交流负反馈　　(b)交直流正反馈

(c)电压并联交直流负反馈　　(c)电压串联交直流负反馈

5. (1) $u_{o1} = 6\ \text{V}$　　$u_o = 6\ \text{V}$　　$i = 6\ \text{mA}$　　A_1 为反相比例运算电路

A_2 为电压跟随器

(2) $u_{o1} = 0.2\ \text{V}$　　$u_o = 2\ \text{V}$　　A_1 为电压跟随器　　A_2 为减法运算电路

(3) $u_{i2} = u_{i3} = 0$　　$u_{o1} = 1.6\ \text{V}; u_{i3} = u_{i1} = 0$　　$u_{o2} = -2\ \text{V}; u_{i2} = u_{i1} = 0$　　$u_{o3} = -2\ \text{V}$

$u_o = u_{o1} + u_{o2} + u_{o3} = -2.4\text{V}$

(4) $u_{o1} = -0.36\ \text{V}$　　$u_o = -3.6\ \text{V}$　　A_1 为反相比例运算电路　　A_2 为同相比例运算电路

(5) (a) $u_{o1} = -2.5\ \text{V}$　　$u_o = 5\ \text{V}$

(b) $u_o = 20\ \text{V}$

(6) 略

6. 略

项 目 四

1. 略

2. ×　×　√　×　√　×　√　×　×　×　√

×　√　×　√　×　√　√　×　√　×　√　√

3. C　C　A　D　C　D　B　A　C　B　D　C　C　D　C

4. 略

5. (1) 略

(2) ① $Y = 1$　　② $Y = A + C + BD + \overline{B}EF$　　③ $Y = AB + C + \overline{C}D + \overline{D}$

④ $Y = A + B$　　⑤ $Y = A + B$　　⑥ $Y = ACD + BC$

(3) ① $Y = \overline{A} \cdot \overline{B} + AC$　　② $Y = C + \overline{A}B$　③ $Y = A + \overline{D}$

④ $Y = \overline{A}D + \overline{B} \cdot \overline{D}$　⑤ $Y = AB + \overline{B} \cdot \overline{C} + \overline{B} \cdot \overline{D}$　　⑥ $Y = \overline{A} \cdot \overline{B} + B\,\overline{D} + A\,\overline{C}D$

6. 略

项 目 五

1. 略
2. √ √ √ × √ √ √ √
3. D A D C D A D
4. 略
5. 略
6. 略

项 目 六

1. 略
2. √ √ × × × √ × × × × ×
3. B B A B B A C A A D B A
   C B B B C C A D C B B A
4. 略
5. 略
6. 略

附　　录

附录 A　常用半导体元器件参数及型号

（一）常用小功率整流二极管型号

U_{RM}(V)	$I_P=1$ A $U_{PM}<1.0$ V, $T_{JM}=175$ ℃	$I_P=1.5$ A $U_{PM}<1.0$ V, $T_{JM}=175$ ℃	$I_P=2$ A	$I_P=3$ A $U_{PM}<1.2$ V, $T_{JM}=170$ ℃
50	1N4001	1N5391	PS201	1N5400
100	1N4002	1N5392	PS202	1N5401
200	1N4003	1N5393	PS203	1N5402
300		1N5394		1N5403
400	1N4004	1N5395	PS205	1N5404
500		1N5396		1N5405
600	1N4005	1N5397	PS207	1N5406
800	1N4006	1N5398	PS208	1N5407
1 000	1N4007	1N5399	PS209	1N5408

U_{RM}最高反向工作电压，I_P额定整流电流，U_{PM}最大正向压降，T_{JM}最高结温。

（二）常用小功率三极管特性

型号	类型	反压 U_{ceo}	电流 I_{cm}	功率 P_{cm}	可代换型号
8050	SI-NPN	25 V	1.5 A	1 W	
8550	SI-PNP	25 V	1.5 A	1 W	
9011	SI-NPN	30 V	30 mA	400 mW	150 MHz,3DG6,3DG8
9012	SI-PNP	20 V	0.5 A	625 mW	150 MHz,3CG2,3CG21
9013	SI-NPN	20 V	0.5 A	625 mW	150 MHz,3DG12
9014	SI-NPN	45 V	0.1 A	450 mW	100 MHz,3DG8
9015	SI-PNP	45 V	0.1 A	450 mW	150 MHz,3CG21
9016	SI-NPN	20 V	25 mA	400 mW	620 MHz,3DG6,3DG8
9018	SI-NPN	15 V	50 mA	400 mA	1 GHz,3DG80

附录B 常用集成电路管脚图

（一）四—2 输入逻辑门

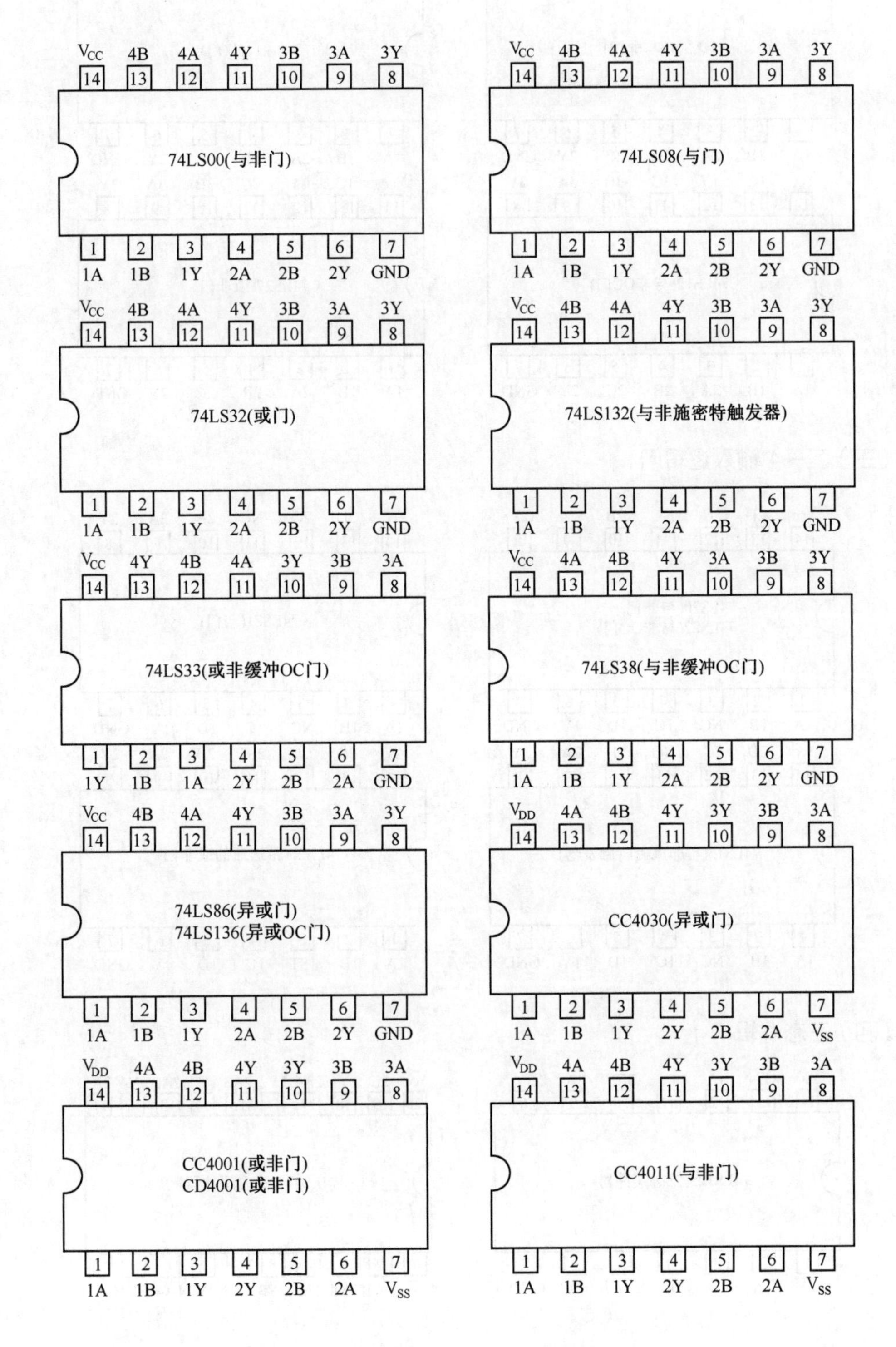

（二）三—3 输入逻辑门

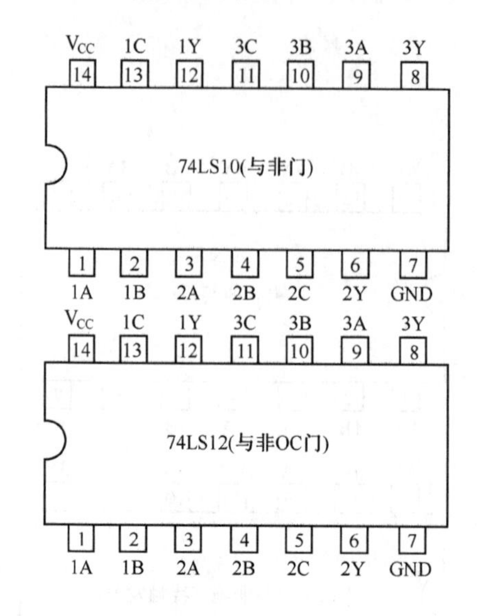

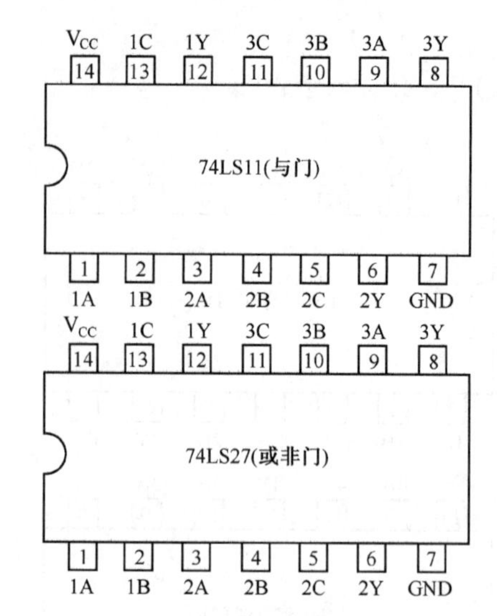

（三）二—4 输入逻辑门

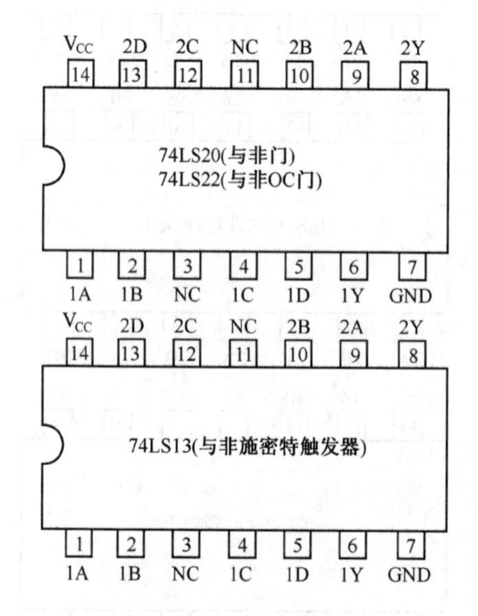

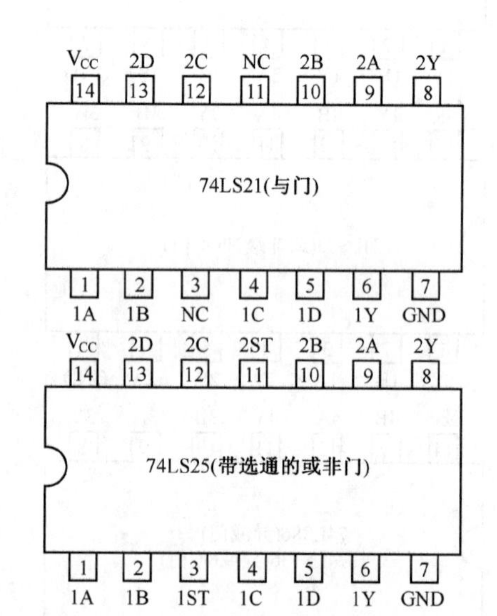

（四）三态逻辑门

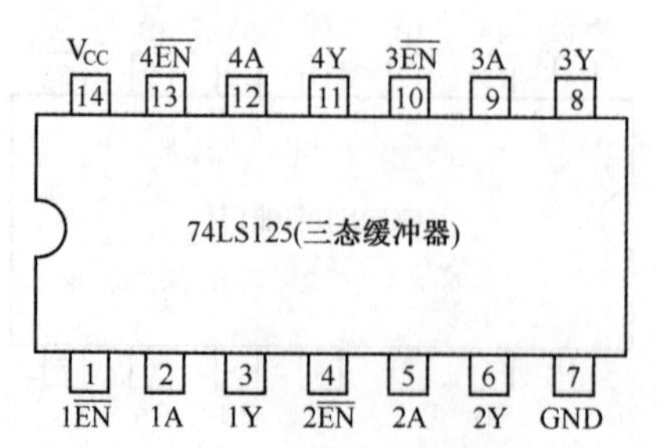

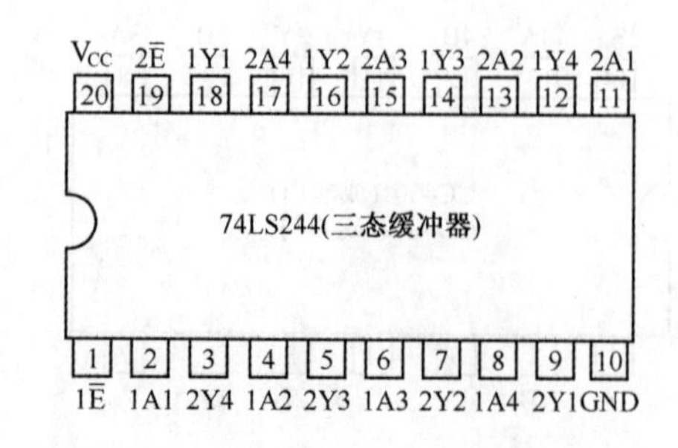

（五）4 路 2—3—3—2 输入与或非门

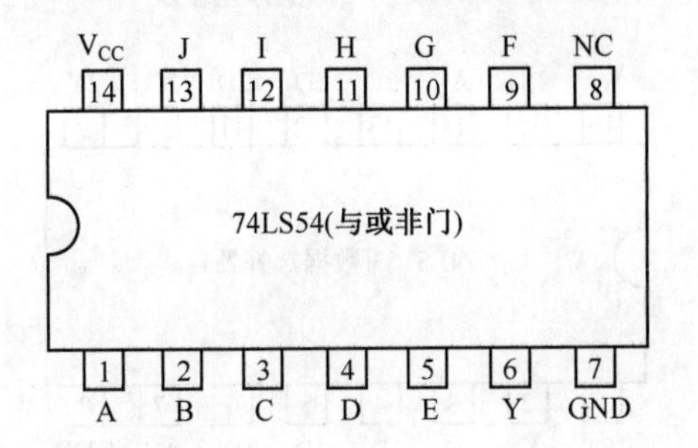

（六）2 组 3—3、2—2 输入与或非门

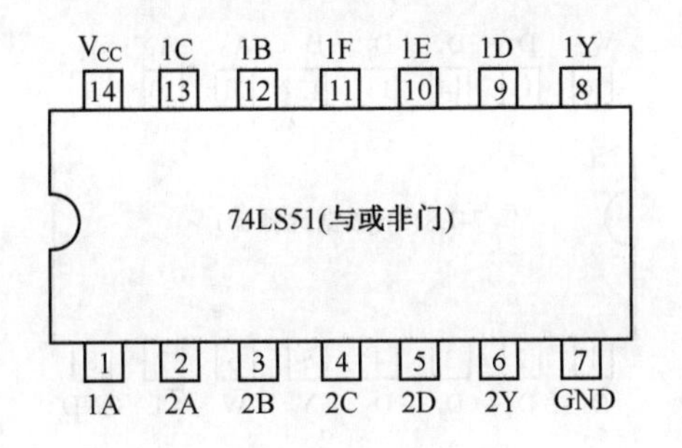

（七）六反相器

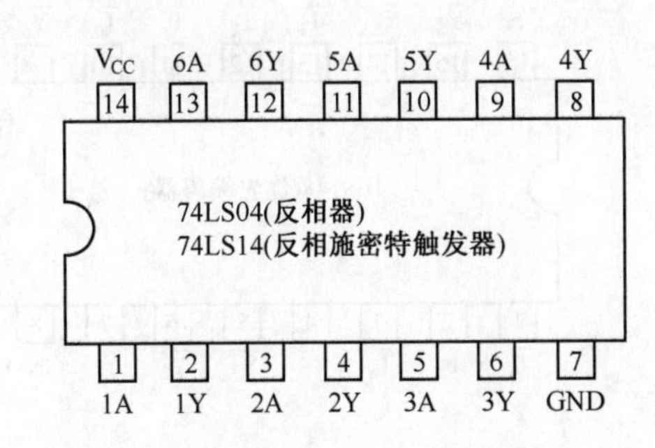

V_{CC} $2\overline{E}$ $2A_2$ $2Y_2$ $2A_1$ $2Y_1$ $1A_4$ $1Y_4$
16 15 14 13 12 11 10 9
74LS368(六反相总线驱动器
两组控制，三态输出)
1 2 3 4 5 6 7 8
$1\overline{E}$ $1A_1$ $1Y_1$ $1A_2$ $1Y_2$ $1A_3$ $1Y_3$ GND

（八）8 输入逻辑门

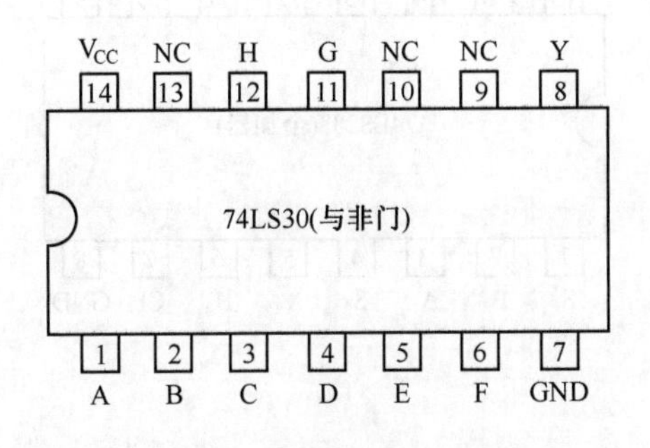

（九）12 输入逻辑门（三态）

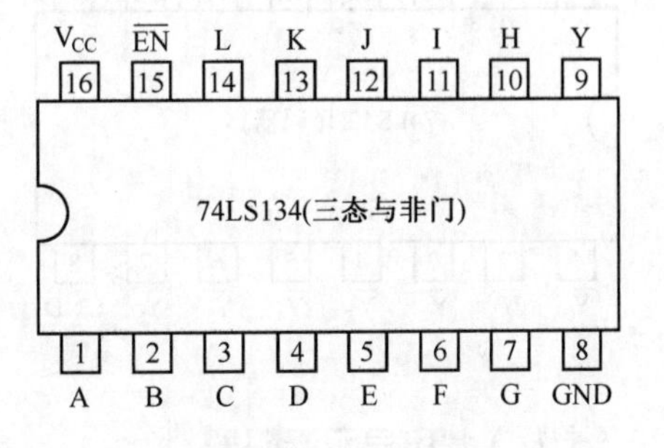

（十）3 线—8 线译码器

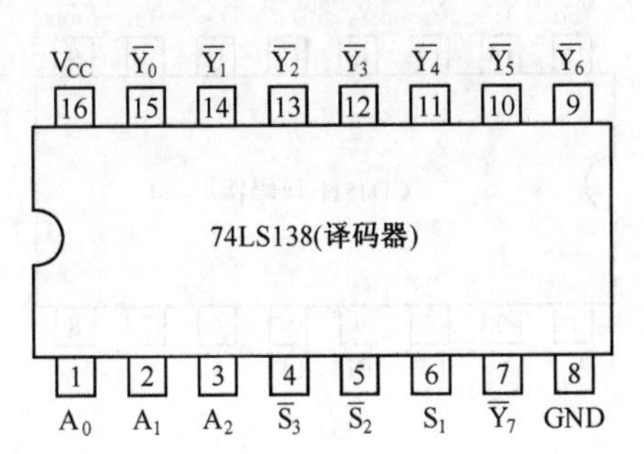

（十一）双 2 线—4 线译码器

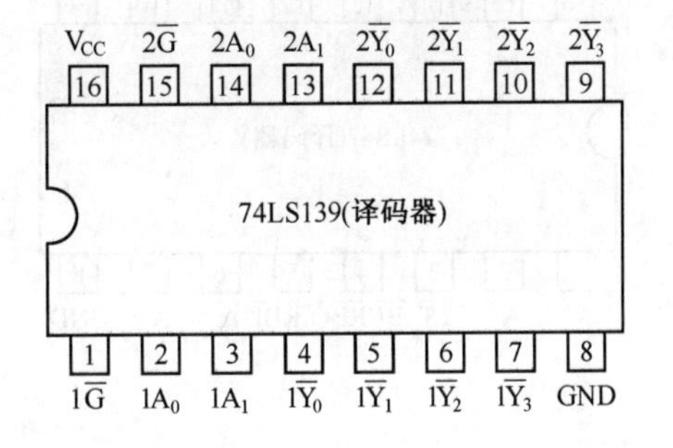

（十二）8 选 1 数据选择器

（十三）双 4 选 1 数据选择器

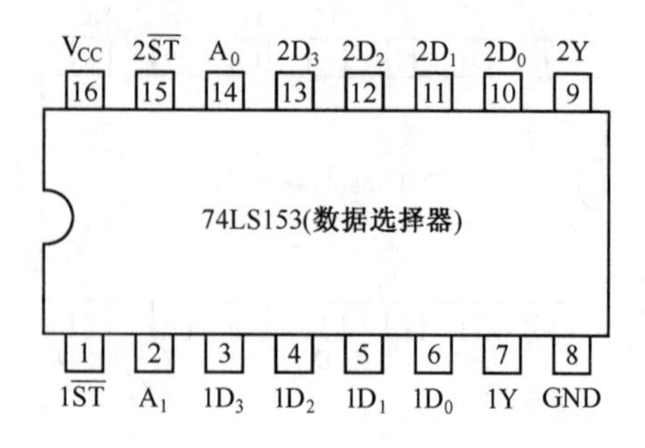

（十四）10 线—4 线优先编码器

（十五）8 线—3 线优先编码器

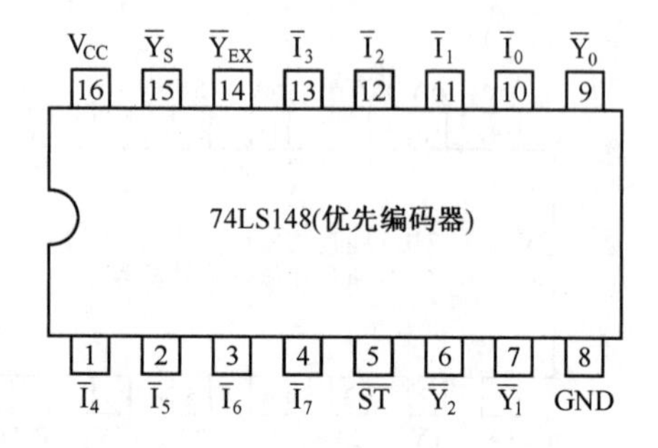

（十六）4 线—10 线 8421BCD 码译码器

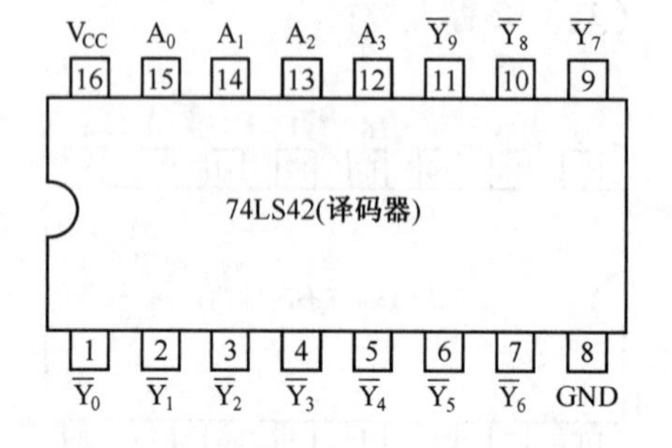

（十七）4 位二进制超前进位全加器

（十八）七段显示译码器

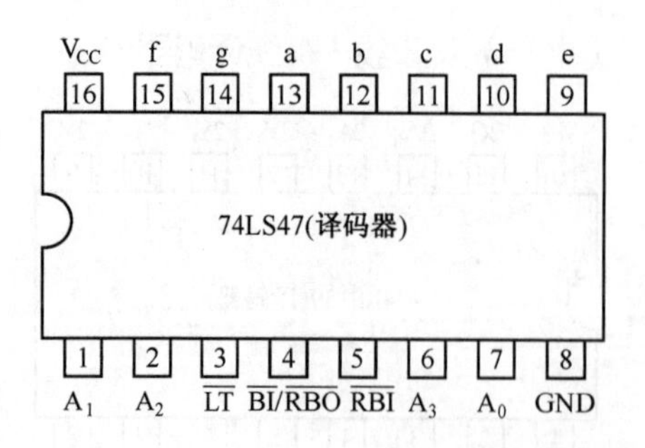

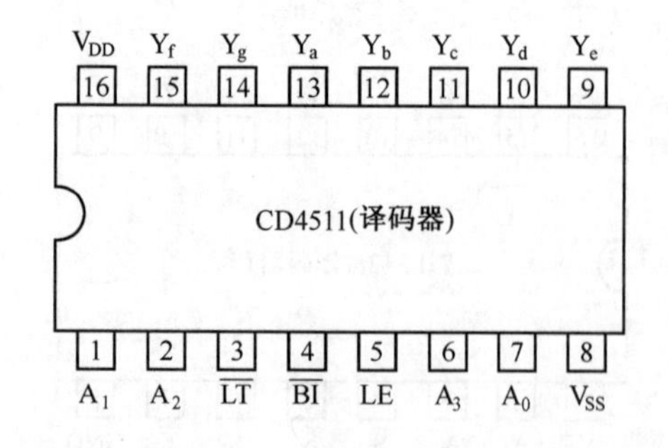

（十九）双 JK 主从触发器

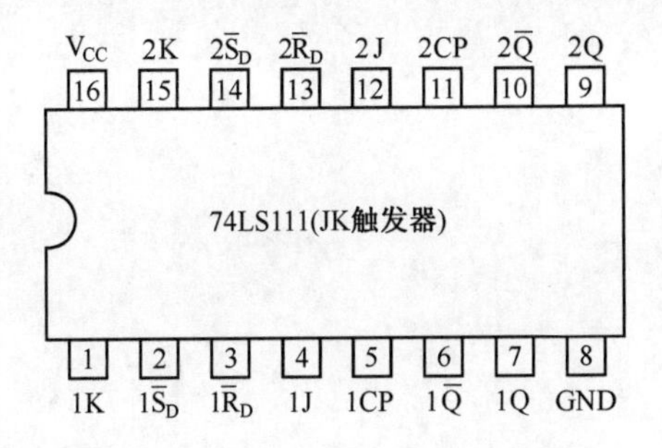

（二十）双上升沿 D 触发器

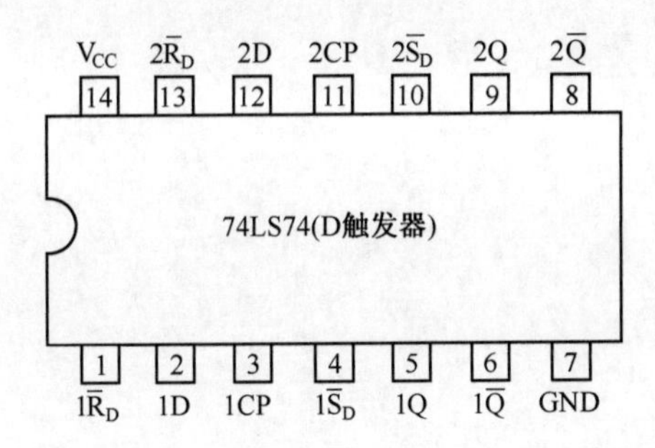

（二十一）单稳态触发器

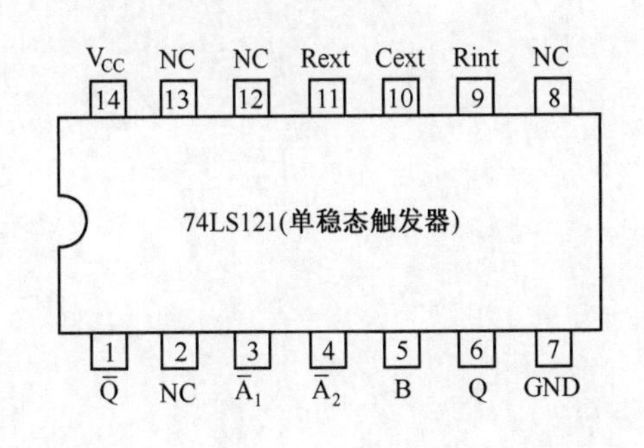

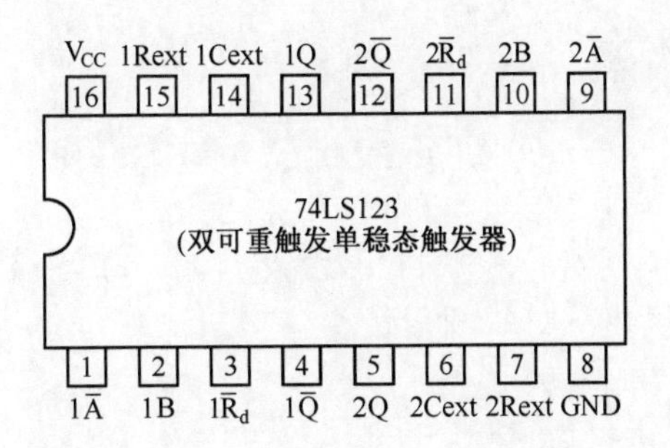

（二十二）计数器

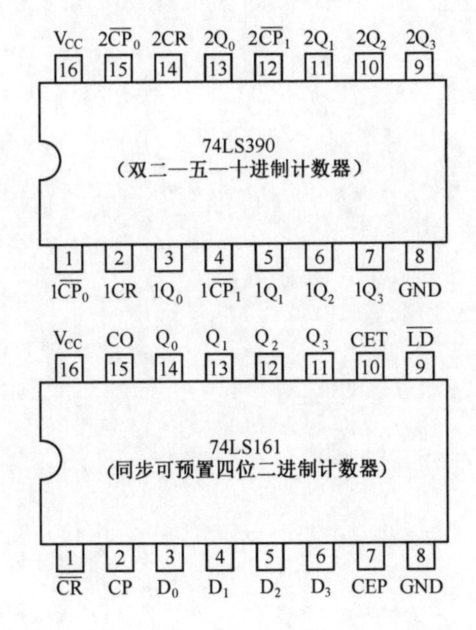

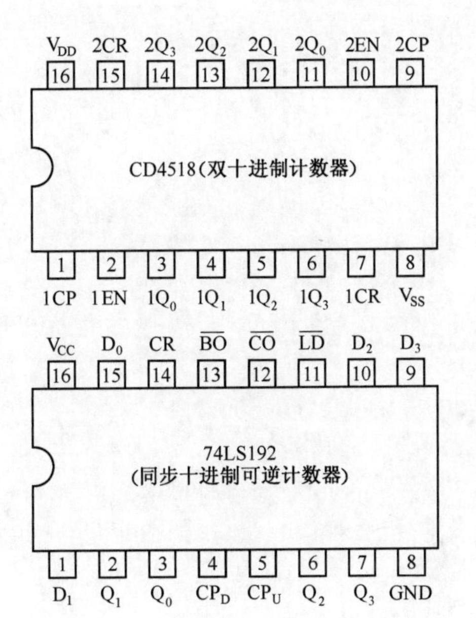